U0859545

普通高等学校“十三五”数字化建设规划教材

大学物理学

（上）

主　编　范仰才
副主编　张春华　朱燕娟
　　　　张　欣

北京大学出版社
PEKING UNIVERSITY PRESS

内 容 简 介

本教材依据教育部颁布的《理工科类大学物理课程教学基本要求》的精神，结合当前地方本科院校的教学实际，在总结编者长期从事工科大学物理教学一线实践经验的基础上，吸取国内外优秀教材之精华编写而成. 内容大致涵盖基本要求中A类内容和择要遴选有关B类内容. 全书分上、下两册. 上册包括力学、热学、振动和波动与波动光学；下册包括电磁学、近代物理基础. 本教材注重内容的高和新. 在高视点精选经典内容的同时，适当加强了近代物理及高新科技物理基础的介绍. 在撰述上力求物理概念与原理准确、简洁、透彻、重点突出、图像清晰.

本教材适合地方本科院校工科各专业或理科非物理专业的大学物理课程教材或教学参考书.

图书在版编目(CIP)数据

大学物理学. 上 / 范仰才主编. — 北京：北京大学出版社，2018.12
ISBN 978-7-301-30175-3

Ⅰ. ①大… Ⅱ. ①范… Ⅲ. ①物理学—高等学校—教材 Ⅳ. ①O4

中国版本图书馆CIP数据核字(2018)第293399号

书　　名 大学物理学（上）
DAXUE WULIXUE (SHANG)
著作责任者 范仰才 主 编
责 任 编 辑 赵晴雪 陈小红
标 准 书 号 ISBN 978-7-301-30175-3
出 版 发 行 北京大学出版社
地　　址 北京市海淀区成府路205号 100871
网　　址 http://www.pup.cn
电 子 信 箱 zpup@pup.cn
新 浪 微 博 @北京大学出版社
电　　话 邮购部 010-62752015 发行部 010-62750672 编辑部 010-62754271
印 刷 者 长沙超峰印刷有限公司
经 销 者 新华书店
787毫米×1092毫米 16开本 17印张 415千字
2018年12月第1版 2018年12月第1次印刷
定　　价 49.80元

本书配套云资源使用说明

本书配有网络云资源，资源类型包括：名家简介、动画视频和应用拓展.

一、资源说明

1. 名家简介：提供相关科学家的简介，加强学生对科学发展史的了解，从而提高学生对物理的认识，以及学习物理的兴趣.

2. 动画视频：针对重要知识点、抽象内容，提供相关演示动画，便于学生理解和掌握.

3. 应用拓展：结合具体应用场景，针对应用物理知识进行拓展.

二、使用方法

1. 打开微信的“扫一扫”功能，扫描关注公众号(公众号二维码见封底).

2. 点击公众号页面内的“激活课程”.

3. 刮开激活码涂层，扫描激活云资源(激活码见封底).

4. 激活成功后，扫描书中的二维码，即可直接访问对应的云资源.

注：1. 每本书的激活码都是唯一的，不能重复激活使用.

2. 非正版图书无法使用本书配套云资源.

前　言

本教材依据教育部《理工科类大学物理课程教学基本要求》(以下简称"基本要求"),结合作者长期从事工科大学物理教学实践经验编写而成.教材包括了"基本要求"A类除几何光学外的全部知识点,并对B类知识点有选择性地做了适当拓展,特别注重近代物理以及高新科技物理基础的介绍.

本教材的主要特点如下.

1. 精选经典内容,更新了教学体系

教材按力学、热学、振动和波动、波动光学、电磁学、近代物理的顺序编写.力学篇幅大大缩减,质点力学中删去了一些与中学物理重复的内容,加强了对矢量性、变力作用下运动的分析,动量、能量及其守恒定律等重要概念的阐述.教学体系上兼顾分散难点和学生的可接受性,把对高等数学要求相对较高的电磁学的内容安排到波动光学后(下册)讲授.经过我们多年教改实践证明,这样安排教学体系和教学内容,学生比较容易接受,教学效果比较好,特别适合分两学期授课的大学物理课程.

2. 加强了近代物理及高新科技物理基础的内容

近代物理的内容包括狭义相对论、量子物理基础、核物理与粒子物理、激光和固体的量子理论.很多教材将狭义相对论的内容置于质点力学后,本教材将其置于近代物理篇是出于两方面考虑:一是上册内容偏多,二是从物理学发展史角度考虑.量子物理的内容按量子论发展的先后次序编写,更有利于学生了解量子概念的诞生和发展的过程;量子力学中避开了烦琐的数学推导,着重物理概念、重要结论的阐述.为适应一些专业及学有余力的学生自学需要,本教材在适当地方介绍了一些当今高新技术领域中的基础物理原理,如低温与超导、熵与信息、全息技术、光纤通信、光学信息处理、液晶、等离子体、纳米技术、遥感技术等,还引入了非线性物理的一些基本概念,如混沌、非线性光学等.尽管有些内容学生不一定能完全理解,但有利于学生开阔视野、了解物理学与科学技术的关系,激发学生的求知欲和培养学生的独立思考能力.

3. 增加了物理学发展史及物理学原理在工程或生活中应用的介绍

在每篇的卷首语中,简明扼要地介绍了该分支学科的形成和发展历史;特别注意在适当章节处增加物理学原理在工程或生活中应用的实例.实践表明:物理教材或教学中适当融入物理学史及物理学原理在工程或生活中应用的实例,不仅有助于学生对所学物理知识的理解,发展学生以科学探究为主的多种能力,还有助于提高学生的科学素养和人文精神,激发学生对物理学的兴趣与热爱.

4. 习题特点鲜明且难度适中

本教材在每个重要知识点后选编了少量思考题，以利于学生理解和掌握相应的基本概念；每一章末选编了一定数量的习题，习题题型多样，包括选择题、填空题和计算题等. 习题紧扣教学内容且难度适中，还特别选编了少量与日常生活和现代科技相关的习题.

全书分上、下两册. 教材中带“*”的内容或章节多为开“窗口”的内容，教师可根据各校不同专业大学物理课程学时情况自行取舍；若将带“*”号的内容除去，不会影响教材的整体性. 本教材是在《大学物理学》(复旦大学出版社，2016) 的基础上修订完成的. 修订中，保留了原教材的风格和特色，更正了原教材中少量错漏和叙述欠确切的内容和语句，调整了思考题，基本做到了全书风格统一，叙述精练、透彻，语句通顺、严谨，重点突出，难度适中.

本教材编写分工如下：第 1，2 章由张欣编写；第 4，5 章及阅读材料(3)，(4) 由朱燕娟编写；第 6，7，8，9，10 章及阅读材料(6) 由张春华编写；第 3，11，12，14 章，全书习题，阅读材料(1)，(2)，(5)，(11)，前言，绪论和附录 1，2，3，4 由范仰才编写；第 13 章由李文华编写；第 15，17 章及阅读材料(14) 由方允编写；第 16 章及阅读材料(10) 由陈丽编写；第 18 章由姚源卫编写. 参加本教材阅读材料编写的还有：王博编写阅读材料(7)，李群编写阅读材料(8)，周金运编写阅读材料(9)，刘美希编写阅读材料(12)，(13)，赵韦人编写阅读材料(15)，肖万能编写阅读材料(16). 由范仰才任主编并负责全书的修改、统稿和定稿工作. 苏文华、沈辉构思并设计了全书在线课程教学资源的结构与配置；余燕、付小军、邹杰编辑了教学资源内容，并编写了相关动画文字材料；马双武、邓之豪、熊太知组织并参与了动画制作及教学资源的信息化实现. 苏文章、魏楠提供了版式和装帧设计方案. 在此一并感谢.

本教材的编写得到广东省教育厅以及广东工业大学教育教学质量工程建设项目的鼎力资助；广东工业大学物理与光电工程学院的同行以及一些兄弟院校的同行对本教材的编写给予了极大的关注和支持；编写过程中参考了国内外一些优秀教材，吸取了优秀教学改革的成果，编者在此一并表示感谢.

由于编者水平有限，书中难免存在不妥和疏漏之处，恳请使用本教材的广大师生批评指正.

编　者

2018 年 7 月

目　　录

第2篇　热　学

第4篇 波动光学

绪　　论

物理学的研究对象

自然界是由物质组成的，世界是物质的世界. 存在于我们周围和我们意识之外的客观实在都是物质. 物质有两种不同的形态：一类是实物，包括宏观物体和微观粒子，它的范围大至日、月、星辰，小至分子、原子、基本粒子；另一类是场，包括引力场、电磁场、量子场等. 两种基本形态中，场是更基本的，每种粒子对应于一种场，各种不同粒子的场互相重叠地充满整个空间.

物质运动和物质间的相互作用是物质的普遍属性，物质的物理运动具有粒子和波动两种图像：宏观物体的机械运动（包括天体运动和分子的无规则热运动）呈现粒子图像；而场运动则呈现波动图像. 在微观领域，无论是实物还是场都呈现波粒二象性. 近代物理证明，自然界物质间的相互作用可以归结为四种：引力相互作用、电磁相互作用、强相互作用和弱相互作用. 研究发现，实物间的相互作用是通过场来传递的，实物激发场，场再作用于另一实物.

物质运动和相互作用总是在一定的空间和一定的时间发生的. 空间是物质运动广延性的反映，时间则是物质运动过程持续性的体现. 在时空均匀和各向同性条件下，物质的运动和相互作用过程遵循一系列守恒定律；而在高速和强场情况下，时空的几何性质和量度与物质的分布和运动有密切关系.

物理学就是研究物质的基本结构、基本运动形式、相互作用及其转化规律的自然科学. 工科（非物理类）大学物理课程的内容体系包括：(1) 力学（质点力学和刚体力学）；(2) 热学（气体动理论和热力学基础）；(3) 振动和波动（机械振动及其传播规律）；(4) 波动光学（光的干涉、衍射和偏振）；(5) 电磁学（电磁场的运动规律和电磁相互作用）；(6) 近代物理基础（狭义相对论和量子物理基础）.

物理学与科学技术的关系

物理学是一切自然科学和工程技术的基础. 它的基本理论渗透在自然科学的各个领域，应用于生产技术的许多部门. 物理学的发展引发了一次次的技术革命，推动着社会和人类文明的发展. 可以说，社会的每一次重大的进步都与物理学的发展紧密相连. 18 世纪中叶，牛顿力学的建立和热力学的发展，不仅有力地推动了其他学科的进步，而且适应了研制蒸汽机和发展机械工业的社会需要，引起了第一次工业革命，极大地改变了工业生产的面貌. 19 世纪，在法拉第、麦克斯韦电磁场理论的推动下，人们成功地制造出电机、电器和电信设备，引起了工业电气化，使人类进入了应用电能的时代，给人类的生产和生活带来巨大的变化. 这就是第二次工业革命. 20 世纪以来，由于相对论和量子力学的建立，人们对原子、原子核结构的认识日益深入，在此基础上，人们实现了原子核能和人工放射性同位素的利用；促成了半导体、核磁共振、激光、超导、红外遥感、信息技术等新兴技术的发展；许多边缘学科、新兴工业如雨后春笋般地发展起来，现代科学技术正在经历一场伟大的革命，人类进入了以原子能、计算机应用、自动化、半导体、激光、空间科学等高新技术为特征的信息时代. 这就是第三次工业革命.

总之,物理学已成为基础学科中发展最快、影响最深的一门学科. 20 世纪以来,它一方面向认识的深度进军,另一方面又向应用的广度发展,它在发掘新能源、新材料以及革新新工艺过程、检测技术等方面,提供了丰富的实验资料和理论依据;而许多新技术、新工艺的实现又大大地发展了生产力. 生产技术的发展反过来也为物理学的进一步研究准备了雄厚的物质条件,形成相辅相成、齐头并进的局面. 当代自然科学发展特点之一,正是科学研究和工业技术的关系日益密切,从研究到应用的速度越来越快,周期越来越短. 工业技术不断地向自然科学提出新的课题且有待解决,许多发现和发明已很少带偶然性,而是人们有意识地、有目的地进行系统研究的结果. 科学应当先行于技术,应当充分发挥理论对实践的指导作用. 物理学与技术科学、生产实践的关系生动地体现了理论与实践之间的辩证关系. 现在,全世界正面临着以信息、能源、材料、生物工程和空间技术等为核心的一场新技术革命,在这些高新科技领域中必将不断地涌现人们今天尚不知道的一系列新技术和新产品. 物理学以其最广泛和最基本的内容正成为各个新兴学科的先导,近代物理在量子论和粒子物理等研究方向上的突破和成熟可能孕育和萌发科学和技术的新芽,建立在物理学等自然科学基础上的高科技在 21 世纪将出现史无前例的辉煌,使人类文明进入更高级的阶段.

努力学习大学物理

物理学的发展过程,是人类对客观世界认识过程中的一个重要组成部分. 物理学中不少规律和理论是直接由生产实践中总结出来的,但更多的物理发现却来自长期的科学实验. 因此,科学实验和生产实践都是推动科学技术发展的强大动力和源泉. 物理学的研究方法一般是在观察和实验的基础上,对物理现象进行分析、抽象和概括,从而建立物理定律,进而形成物理理论,再回到实践中去经受检验.

21 世纪的大学生肩负着全面建设小康社会和实现中华民族伟大复兴的历史使命. 要使自己能在飞速发展的科学技术面前有所独创、有所作为,对人类进步做出较大的贡献. 大学阶段是人生科学生涯中打基础、练就基本功、提高综合素质最关键的阶段,必须重视基础理论特别是物理学的学习. 物理学是辩证唯物主义的坚实的自然科学基础,学习物理必须以辩证唯物主义为指导. 通过学习能对物质最普遍、最基本的运动形式和规律有比较全面而系统的认识,树立辩证唯物主义的世界观,掌握物理学中的基本概念和基本原理以及研究问题的思想与方法,同时在科学实验能力、计算机能力和抽象思维能力等方面受到严格的训练,培养分析问题和解决问题的能力,提高科学素养. 应该指出,大学物理学中所讲述的只是基本的内容,而且物理学和其他学科一样发展迅速,新发现和新成果不断涌现,我们一方面要牢固地掌握物理学的基础理论,同时也要经常关注物理学的新成就,扩大知识面. 扎扎实实地练好基本功,掌握新的知识,使自己成为理想远大、热爱祖国、追求真理、勇于创新的人,成为德才兼备、全面发展的人,成为视野开拓、胸怀宽广的人,成为知行统一、脚踏实地的人,为全面建设小康社会和实现中华民族的伟大复兴贡献自己应有的力量.

第1篇

力　学

力学是物理学的重要组成部分，是物理学最早形成的学科，它起源于公元前 4 世纪古希腊学者亚里士多德关于力产生运动的说法，以及我国《墨经》中关于杠杆原理的论述等，但其成为一门科学则始于 17 世纪伽利略论述惯性运动，继而牛顿提出力学三大运动定律. 以牛顿运动定律为基础的力学称为牛顿力学或经典力学. 它研究的对象是物体的机械运动. 经过 300 多年的发展，力学形成了严谨的理论体系和完备的研究方法. 它的许多概念和原理具有广泛的适用性，从而使力学成为物理学和许多工程技术的理论基础. 20 世纪以来，量子力学、相对论的建立以及对混沌等问题的研究，对经典力学带来了巨大的冲击，使人们对力学的认识发生了重大的改变. 物理学的近代发展揭示了经典力学只在宏观低速领域内适用，然而，经典力学一方面在相当广阔的尺度和速率范围内仍具有较大的实用价值；另一方面，经典力学的一些重要概念和定律（如动量、角动量、能量及其守恒定律）在包括高速和微观领域在内的整个物理学中仍然适用. 经典力学不仅没有失去它原有的光辉和存在的价值，而且仍保持着其重要地位，在自然科学和工程技术的广阔领域内，牛顿力学仍然能够较精确地解决广泛的理论和实际问题.

本篇主要讨论经典力学，包括质点力学和刚体力学基础，以牛顿运动定律为基础展开，着重阐明能量、动量、角动量等概念及其相应的守恒定律.

第1章 质点运动学

力学是研究物体机械运动的规律.宏观物体之间(或物体内各部分之间)相对位置的变动称为机械运动.经典力学中,通常把力学分为静力学、运动学和动力学.本章只研究运动学规律.运动学是从几何的观点来描述物体的运动,即研究物体的空间位置随时间变化的关系,而不涉及引起物体运动和改变运动状态的原因.

本章首先定义描述质点运动的物理量,如位矢、位移、速度、加速度等,进而讨论这些量随时间变化的关系,然后讨论曲线运动中的法向加速度和切向加速度及圆周运动的角量描述,最后介绍不同参考系中速度和加速度的变换关系.

位移、速度和加速度是运动学中重要的物理量,它们都具有相对性、瞬时性和矢量性,反映了物体的基本特性.只有掌握了这些特性,才能正确理解这些物理量的意义.

§1.1 参考系 坐标系 物理模型

1.1.1 参考系和坐标系

宇宙万物,大至日、月、星辰,小至原子、分子,都在不停地运动着.运动是绝对的,但对运动的描述却是相对的.例如,坐在运动着的火车上的乘客看同车厢的乘客是"静止"的,看车外地面上的人却向后运动;反过来,在车外路面上的人看见车内乘客随车前进,而路边一同站着的人静止不动.大量此类观察表明,描述一个物体的运动时,必须选择另一物体作参考,被选作参考的物体称为参考系.图1-1中,确定飞鸟M的运动时,可选某房子作参考系,也可选正在做匀速直线运动的汽车作参考系.同一物体的运动在不同参考系中会有不同的图像,称为运动描述的相对性.

为了定量描述物体的位置随时间变化的关系,还必须在参考系上建立一个坐标系,如图1-1中的直角坐标系 $Oxyz$ 或 $O'x'y'z'$.选定坐标系后(不必在图中画出参考物了),物体的位置就可以用它在这个坐标系中的三个坐标 (x,y,z) 或 (x',y',z') 来描述.力学中常用的坐标系有直角坐标系、极坐标系、自然坐标系等.实际问题中应根据研究问题的方便和简洁确定选用哪种坐标系,不同的坐标系虽然得到的描述物体运动的函数形式不同,但对物体运动所作的描述结论应是相同的.

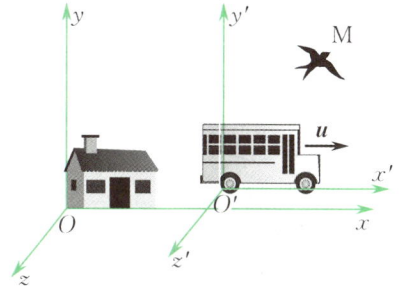

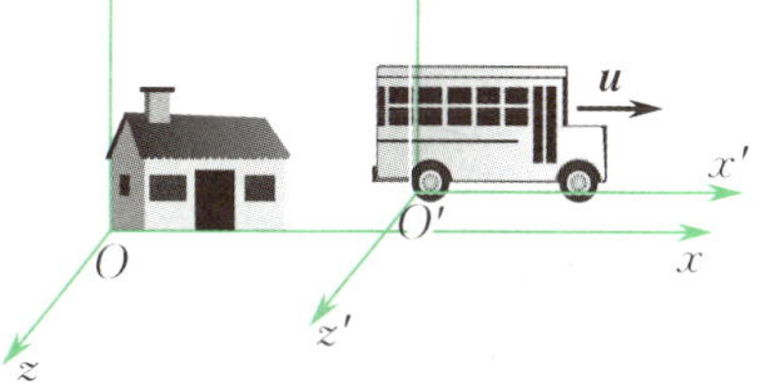

图1-1 参考系和坐标系

1.1.2 物理模型

在物理学中,为了突出研究对象的主要性质,常把研究对象加以简化,使之抽象成理想模型.理想模型保留了实际物体的主要特征,而忽略了一些次要的因素.质点就是力学中的一种理想模型.众所周知,任何物体都有一定的形状和大小,但如果物体的形状和大小对研究它的运动不起作用或所起的作用可以忽略时,就可以用一个只有质量而没有形状和大小的几何点来表示该物体,这个抽象化的点就称为质点.以下情况均可以把运动物体当质点处理:

(1) 物体上各点的运动情况相同,即物体做平动.

(2) 物体的大小比起它运动的空间距离小很多,物体可以看成质点.例如,当研究地球绕太阳转动时,由于地球直径(约为 1.28×10^{7} m) 比地球与太阳的距离(约为 1.50×10^{11} m) 小得多,地球上各点的运动情况可视为相同,地球可以当作质点处理;当研究地球本身的自转时则不能把地球当作质点.

如果所研究的物体不能当作一个质点处理,可以把物体看成是许多质点的集合——质点系,研究了其中每一个质点的运动之后,整个物体的运动情况就清楚了.

在以后的学习中,读者还将看到,在物理学的每一个领域里都会遇到物理模型,除了上面谈到的质点、质点系外,还有刚体、理想气体、简谐振子、平面简谐波、点电荷、绝对黑体等.把实际问题理想化,建立物理模型的研究方法是科学研究的基本方法.实际问题多种多样且错综复杂,对某一实际问题得出的结论不具有普遍意义,只有建立理想模型,才能使问题大大简化,而由理想模型得出的结论与大多数实际情况是相当符合的.可以毫不夸张地说,正是各种各样的物理模型,把人们的认识一步一步地引向物理世界的深处.

§ 1.2 质点运动的描述

1.2.1 位置矢量 运动方程

为了描述运动质点的位置,首先选择参考系,然后在参考系上建立坐标系,如图 1-2 所示.任意时刻质点 P 在直角坐标系中的位置可用所在点的三个坐标(x,y,z)来确定,或者用从原点 O 指向 P 点的有向线段 $\overrightarrow{OP}=\boldsymbol{r}$,称为位置矢量,简称位矢或矢径.相应地,坐标 x,y,z 就是位矢 $\boldsymbol{r}$ 在坐标轴上的三个分量.

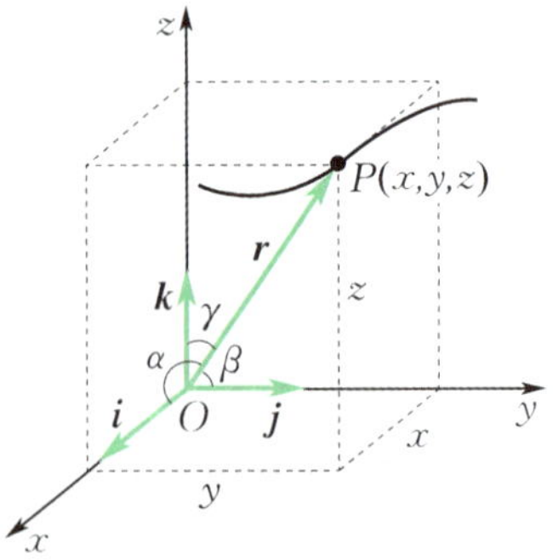

图 1-2 位置矢量

直角坐标系中,位矢 $\boldsymbol{r}$ 可表示为

$$\boldsymbol{r}=x\boldsymbol{i}+y\boldsymbol{j}+z\boldsymbol{k}, \tag{1-1}$$

式中 $\boldsymbol{i},\boldsymbol{j},\boldsymbol{k}$ 分别表示沿 x,y,z 三个坐标轴正方向的单位矢量.位矢 $\boldsymbol{r}$ 的大小和方向余弦分别为

$$|\boldsymbol{r}|=r=\sqrt{x^2+y^2+z^2}, \tag{1-2}$$

$$\cos\alpha=\frac{x}{r},\ \cos\beta=\frac{y}{r},\ \cos\gamma=\frac{z}{r}. \tag{1-3}$$

质点运动时,其空间位置不断随时间变化,这时质点的坐标 x,

y, z 和位矢 $\boldsymbol{r}$ 都是时间的函数. 描述质点空间位置随时间变化的函数式,称为质点的运动方程,即

$$x = x(t),\ y = y(t),\ z = z(t) \tag{1-4a}$$

或

$$\boldsymbol{r} = \boldsymbol{r}(t), \tag{1-4b}$$

其中,式(1-4a)是运动方程的参数式或分量式,而式(1-4b)是运动方程的矢量式. 知道了运动方程,就能确定任一时刻质点的位置,从而确定质点的运动. 运动学的主要任务之一,就是根据各种问题的具体条件,求解质点的运动方程.

质点运动的空间路径称为轨迹. 轨迹为直线时,称为直线运动. 轨迹为曲线时,称为曲线运动. 从式(1-4a)中消去时间 t 即得轨迹方程:

$$f(x, y, z) = 0. \tag{1-5}$$

1.2.2　位移

如图 1-3 所示,设质点沿曲线运动,t 时刻质点在 A 点,位矢为 $\boldsymbol{r}_A$,经过 Δt 时间,即 $t+\Delta t$ 时刻,质点运动到 B 点,位矢为 $\boldsymbol{r}_B$. 在 Δt 时间内,位置矢量的增量

$$\Delta \boldsymbol{r} = \boldsymbol{r}_B - \boldsymbol{r}_A \tag{1-6}$$

称为质点在 Δt 时间内的位移. 位移是描述质点位置变化大小和方向的物理量,就是从起始位置 A 指向终点位置 B 的一个矢量. 位移的运算遵守矢量运算法则.

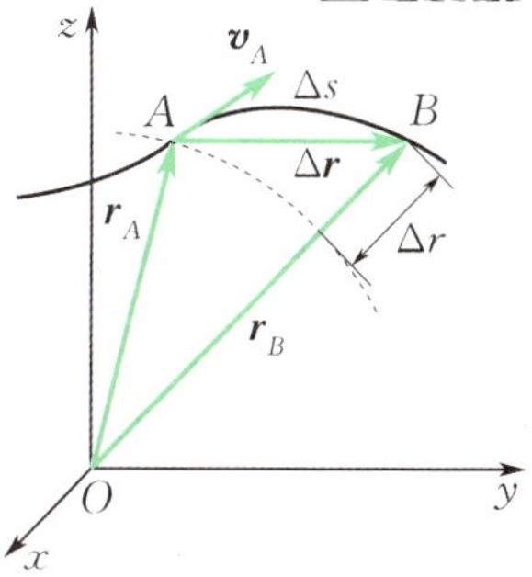

图 1-3　位移与路程

在直角坐标系中,位移的表达式为

$$\begin{aligned}\Delta \boldsymbol{r} &= (x_B - x_A)\boldsymbol{i} + (y_B - y_A)\boldsymbol{j} + (z_B - z_A)\boldsymbol{k} \\ &= \Delta x\boldsymbol{i} + \Delta y\boldsymbol{j} + \Delta z\boldsymbol{k},\end{aligned}$$

位移的大小为

$$|\Delta \boldsymbol{r}| = \sqrt{(\Delta x)^2 + (\Delta y)^2 + (\Delta z)^2}.$$

注意:位移的大小或位移的模只能记作 $|\Delta \boldsymbol{r}|$,而不能记作 Δr(见图 1-3). Δr 通常表示位矢大小的增量,即 $\Delta r = |\boldsymbol{r}_B| - |\boldsymbol{r}_A|$;而 $|\Delta \boldsymbol{r}|$ 则是位矢增量的大小,即 $|\Delta \boldsymbol{r}| = |\boldsymbol{r}_B - \boldsymbol{r}_A|$,两者显然不等.

质点在 Δt 时间内所经轨迹的长度(如图 1-3 中弧线 AB 的长度)称为路程,以 Δs 表示. 路程是标量,而位移是矢量. 一般情况下,某段有限时间内,$|\Delta \boldsymbol{r}| \neq \Delta s$;当 Δt 趋于零时,两者的极限值相同,即 $\lim\limits_{\Delta t \to 0}\Delta s = \lim\limits_{\Delta t \to 0}|\Delta \boldsymbol{r}|$,也就是 $\mathrm{d}s = |\mathrm{d}\boldsymbol{r}|$.

1.2.3　速度

速度是描述质点位置变化的快慢和方向的物理量. 设一质点 P 沿曲线运动,Δt 时间内的位移为 $\Delta \boldsymbol{r}$,可以用 $\dfrac{\Delta \boldsymbol{r}}{\Delta t}$ 来粗略描述质点在 Δt 内位置变化的快慢和方向,称为质点在 Δt 内的平均速度,即

$$\overline{\boldsymbol{v}} = \frac{\Delta \boldsymbol{r}}{\Delta t}. \tag{1-7}$$

平均速度是矢量,其方向与 $\Delta \boldsymbol{r}$ 相同. 平均速度的大小与所取的时间间隔 Δt 有关,在 Δt 时间内,质点各个时刻的运动情况不一定相同,可以时快时慢,方向也可以不断变化. 显然,平均速度不能反映质点运动的真实细节. 如果要精确地知道质点在某一时刻或某一位置的实际运动情况,

应使 Δt 尽量减小,当 Δt 趋近于零时,平均速度的极限值(即位矢对时间的变化率)就称为质点在 t 时刻的瞬时速度,简称速度,即

$$\boldsymbol{v}=\lim_{\Delta t\to 0}\frac{\Delta \boldsymbol{r}}{\Delta t}=\frac{\mathrm{d}\boldsymbol{r}}{\mathrm{d}t}. \tag{1-8}$$

上式表明:速度是位矢对时间的一阶导数.速度的方向就是 Δt 趋近于零时 $\Delta \boldsymbol{r}$ 的极限方向.如图 1-3 所示,当 Δt 趋近于零时,B 点无限地靠近 A 点,$\Delta \boldsymbol{r}$ 的极限方向即为轨迹在 A 点的切线方向,因此质点速度的方向是沿该时刻质点所在处运动轨迹的切线并指向质点前进的一方.

在国际单位制(以下简称 SI)中,速度的单位为米每秒($\mathrm{m\cdot s^{-1}}$).

在直角坐标系中,速度矢量可以表示为

$$\boldsymbol{v}=\frac{\mathrm{d}\boldsymbol{r}}{\mathrm{d}t}=\frac{\mathrm{d}x}{\mathrm{d}t}\boldsymbol{i}+\frac{\mathrm{d}y}{\mathrm{d}t}\boldsymbol{j}+\frac{\mathrm{d}z}{\mathrm{d}t}\boldsymbol{k}=v_x\boldsymbol{i}+v_y\boldsymbol{j}+v_z\boldsymbol{k}. \tag{1-9}$$

瞬时速度的大小称为瞬时速率,简称速率,即

$$v=|\boldsymbol{v}|=\sqrt{v_x^2+v_y^2+v_z^2}. \tag{1-10}$$

若质点在 Δt 时间内通过的路程为 Δs,则质点在 Δt 时间内的平均速率定义为

$$\bar{v}=\frac{\Delta s}{\Delta t}. \tag{1-11}$$

质点在 t 时刻的速率为

$$v=\lim_{\Delta t\to 0}\frac{\Delta s}{\Delta t}=\frac{\mathrm{d}s}{\mathrm{d}t}, \tag{1-12}$$

即速率等于质点所走过的路程对时间的变化率.因路程和时间都是标量,所以速率是一个标量.

注意:速度的大小即为速率,但平均速度的大小并不等于平均速率,即 $|\bar{\boldsymbol{v}}|\neq\bar{v}$.因为一般情况下,$|\Delta \boldsymbol{r}|\neq\Delta s$,仅当 Δt 趋近于零时,$|\mathrm{d}\boldsymbol{r}|=\mathrm{d}s$,所以速率等于速度的大小.

1.2.4 加速度

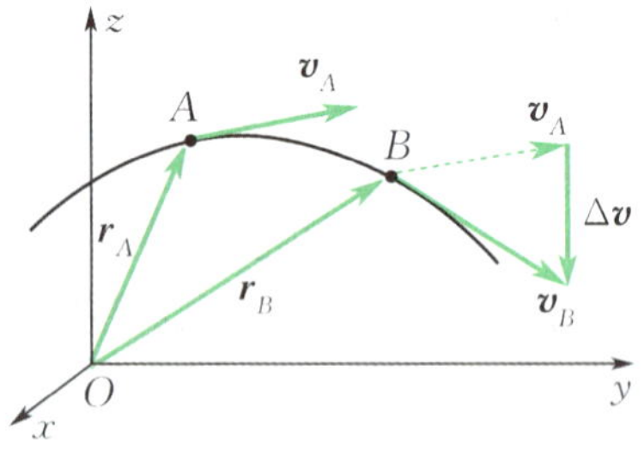

图 1-4 速度的增量

加速度是描述质点速度随时间变化快慢的物理量.如图 1-4 所示,设质点沿曲线运动,t 时刻质点在 A 点,速度为 $\boldsymbol{v}_A$,$t+\Delta t$ 时刻,质点到达 B 点,速度变为 $\boldsymbol{v}_B$,则 Δt 时间内质点速度的增量为 $\Delta\boldsymbol{v}=\boldsymbol{v}_B-\boldsymbol{v}_A$,可以用 $\frac{\Delta \boldsymbol{v}}{\Delta t}$ 来粗略描述质点在 Δt 时间内速度变化的平均快慢程度,称为质点在 Δt 时间内的平均加速度,即

$$\bar{\boldsymbol{a}}=\frac{\Delta \boldsymbol{v}}{\Delta t}. \tag{1-13}$$

平均加速度只能反映 Δt 内质点速度的平均变化率.要准确描述质点在某一时刻或某一位置处的速度变化率,须引入瞬时加速度.质点在某一时刻或某一位置处的瞬时加速度(简称加速度)等于该时刻附近 Δt 趋近于零时平均加速度的极限值,即

$$\boldsymbol{a}=\lim_{\Delta t\to 0}\frac{\Delta \boldsymbol{v}}{\Delta t}=\frac{\mathrm{d}\boldsymbol{v}}{\mathrm{d}t}=\frac{\mathrm{d}^2\boldsymbol{r}}{\mathrm{d}t^2}. \tag{1-14}$$

可见,加速度是速度对时间的一阶导数或位矢对时间的二阶导数.

在 SI 中,加速度的单位为米每二次方秒($\mathrm{m\cdot s^{-2}}$).

在直角坐标系中,加速度可以表示为

$$\boldsymbol{a}=\frac{\mathrm{d}\boldsymbol{v}}{\mathrm{d}t}=\frac{\mathrm{d}^2\boldsymbol{r}}{\mathrm{d}t^2}=\frac{\mathrm{d}v_x}{\mathrm{d}t}\boldsymbol{i}+\frac{\mathrm{d}v_y}{\mathrm{d}t}\boldsymbol{j}+\frac{\mathrm{d}v_z}{\mathrm{d}t}\boldsymbol{k}=\frac{\mathrm{d}^2x}{\mathrm{d}t^2}\boldsymbol{i}+\frac{\mathrm{d}^2y}{\mathrm{d}t^2}\boldsymbol{j}+\frac{\mathrm{d}^2z}{\mathrm{d}t^2}\boldsymbol{k}=a_x\boldsymbol{i}+a_y\boldsymbol{j}+a_z\boldsymbol{k}. \tag{1-15}$$

加速度的大小

$$a=|\boldsymbol{a}|=\sqrt{a_x^2+a_y^2+a_z^2}, \tag{1-16}$$

加速度的方向是当 Δt 趋于零时，平均加速度$\dfrac{\Delta\boldsymbol{v}}{\Delta t}$ 或速度增量 $\Delta\boldsymbol{v}$ 的极限方向. 应该明确，加速度是矢量，无论速度的大小发生变化还是速度的方向发生变化，都有加速度.

1.2.5　运动学中的两类问题

质点运动学的问题一般可分为两类.

1. 第一类问题

已知质点的运动学方程，求质点在任意时刻的速度和加速度. 这类问题的求解方法主要是运用高等数学中的导数运算，常把这类问题称为微分问题.

例 1-1

已知质点的运动方程为 $\boldsymbol{r}=(3t+5)\boldsymbol{i}+\left(\frac{1}{2}t^2+3t-4\right)\boldsymbol{j}$(SI). (1) 计算并图示质点的运动轨迹；(2) 求第 1 s 内的位移；(3) 求 $t=4$ s 时刻质点的速度和加速度.

解　(1) 由运动方程知

$$x=3t+5,\ y=\frac{1}{2}t^2+3t-4,$$

消去时间 t，得轨迹方程

$$y=\frac{1}{18}(x^2+8x-137)\text{(SI)}.$$

列表(见表 1-1)，描出轨迹曲线如图 1-5 所示.

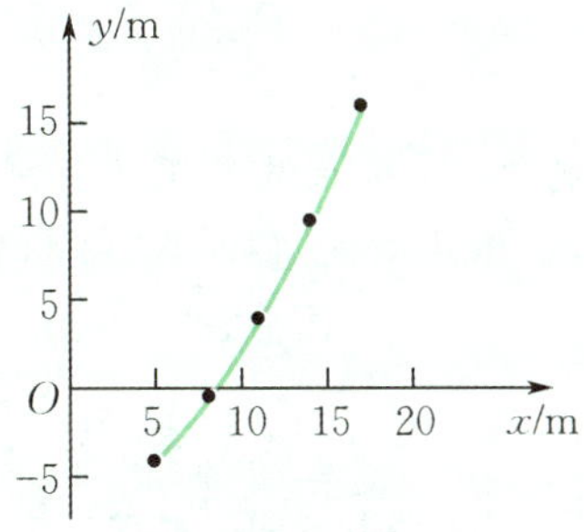

图 1-5

表 1-1　例 1-1 数据

t/s	0	1	2	3	4
x/m	5	8	11	14	17
y/m	−4	−0.5	4	9.5	16

(2) 第 1 s 内的位移

$$\Delta\boldsymbol{r}=\boldsymbol{r}(1)-\boldsymbol{r}(0)=\left(8\boldsymbol{i}-\frac{1}{2}\boldsymbol{j}\right)\text{m}-(5\boldsymbol{i}-4\boldsymbol{j})\text{m}=(3\boldsymbol{i}+3.5\boldsymbol{j})\text{m}.$$

(3) 因为

$$\boldsymbol{v}=\frac{\mathrm{d}\boldsymbol{r}}{\mathrm{d}t}=[3\boldsymbol{i}+(t+3)\boldsymbol{j}]\text{m}\cdot\text{s}^{-1},$$

$$\boldsymbol{a}=\frac{\mathrm{d}\boldsymbol{v}}{\mathrm{d}t}=\boldsymbol{j}\ \text{m}\cdot\text{s}^{-2},$$

所以 $t=4$ s 时，

$$\boldsymbol{v}=(3\boldsymbol{i}+7\boldsymbol{j})\text{m}\cdot\text{s}^{-1},\ \boldsymbol{a}=\boldsymbol{j}\ \text{m}\cdot\text{s}^{-2},$$

即速度大小为

$$v=\sqrt{3^2+7^2}\ \text{m}\cdot\text{s}^{-1}=7.6\ \text{m}\cdot\text{s}^{-1},$$

方向与 x 轴正方向夹角为

$$\theta=\arctan\frac{v_y}{v_x}=\arctan\frac{7}{3}=66.8°,$$

加速度大小为 1 m·s^{-2}，方向沿 y 轴正方向.

例 1-2

如图 1-6 所示，在离湖面高为 h 的岸上，有人用绳子拉船靠岸，收绳的速率恒为 v_0，求船在离岸边的距离为 x 时的速度和加速度.

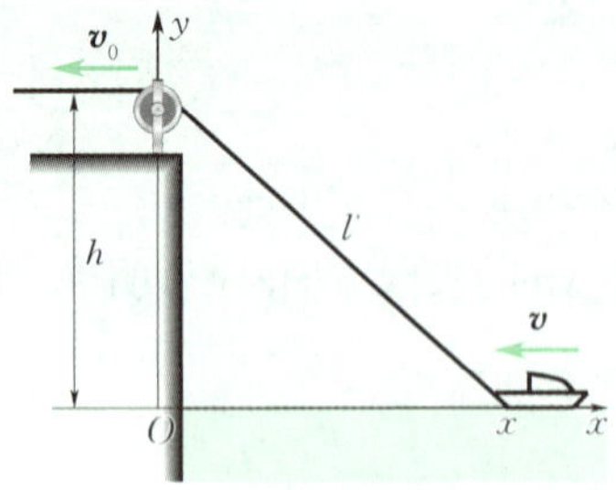

图 1-6

解 建立如图 1-6 所示的坐标系,以 l 表示船到定滑轮的绳长,则任意时刻船的位置坐标为

$$x=\sqrt{l^2-h^2}.$$

因为 l 是 t 的函数,上式就是小船的运动方程 $x=x(t)$,将上式对时间 t 求导,得小船的运动速度

$$v=\frac{\mathrm{d}x}{\mathrm{d}t}=\frac{l}{\sqrt{l^2-h^2}}\frac{\mathrm{d}l}{\mathrm{d}t}=-\frac{\sqrt{x^2+h^2}}{x}v_0,$$

负号表示船在水面上靠岸的速度方向与 x 轴正向相反.

将上式对时间 t 再求导,可得船的加速度

$$a=\frac{\mathrm{d}v}{\mathrm{d}t}=-\left[\frac{\mathrm{d}}{\mathrm{d}l}\left(\frac{l}{\sqrt{l^2-h^2}}\right)v_0\right]\frac{\mathrm{d}l}{\mathrm{d}t}$$
$$=-\frac{v_0^2h^2}{x^3},$$

负号表示加速度 $\boldsymbol{a}$ 的方向与 x 轴的正方向相反. 由于 $\boldsymbol{a}$ 与 $\boldsymbol{v}$ 同向,小船是加速靠岸的.

虽然本例中没有明确给出船的运动学方程,但可根据题设条件建立坐标系后,找出船的位置和其他有关变量的关系,建立运动学方程,用微分法求得船的速度和加速度.

2. 第二类问题

已知质点的加速度及初始条件($t=0$ 时刻的初位置和初速度),求任意时刻的速度和位置矢量(或运动学方程). 这类问题的求解方法主要是运用高等数学中的积分运算,常把这类问题称为积分问题.

例 1-3

质点沿 x 轴运动,加速度为 a,开始时($t=0$)质点位于 $x=x_0$ 处,速度 $v=v_0$,求质点在任意时刻的速度和位置.

解 由加速度定义式 $a=\frac{\mathrm{d}v}{\mathrm{d}t}$,得

$$\mathrm{d}v=a\mathrm{d}t,$$

两边积分并注意初始条件,有

$$v-v_0=\int_{v_0}^{v}\mathrm{d}v=\int_0^t a\mathrm{d}t,$$

即 t 时刻的速度为

$$v=v_0+\int_0^t a\mathrm{d}t. \qquad ①$$

同理,由速度定义式 $v=\frac{\mathrm{d}x}{\mathrm{d}t}$,得

$$\mathrm{d}x=v\mathrm{d}t,$$

两边积分并注意初始条件,有

$$x-x_0=\int_{x_0}^{x}\mathrm{d}x=\int_0^t v\mathrm{d}t,$$

即 t 时刻的位置坐标为

$$x=x_0+\int_0^t v\mathrm{d}t. \qquad ②$$

作为特例,设质点做匀变速直线运动,此时 a 为常数,依次对式 ① 和式 ② 积分,可得

$$v=v_0+at, \qquad ③$$

$$x=x_0+v_0t+\frac{1}{2}at^2. \qquad ④$$

由式 ③ 和式 ④ 消去时间 t 可得

$$v^2-v_0^2=2a(x-x_0). \qquad ⑤$$

以上 ③,④,⑤ 三式就是读者早已熟悉的匀变速直线运动的公式.

例 1-4

一质点沿 x 轴运动，加速度为 $a=-kv^2$，式中 k 为正常数，设 $t=0$ 时，质点位于 $x=0$ 处，速度 $v=v_0$. 求：(1) $v=v(t)$；(2) $v=v(x)$.

解 (1) 由加速度定义式 $a=\dfrac{\mathrm{d}v}{\mathrm{d}t}$，得

$$\mathrm{d}v=a\mathrm{d}t=-kv^2\mathrm{d}t,$$

分离变量得

$$\frac{\mathrm{d}v}{v^2}=-k\mathrm{d}t,$$

两边积分，代入初始条件，得

$$\int_{v_0}^{v}\frac{\mathrm{d}v}{v^2}=-k\int_0^t\mathrm{d}t,$$

积分上式并整理得

$$v=\frac{v_0}{1+kv_0t}.$$

(2) 因为

$$a=\frac{\mathrm{d}v}{\mathrm{d}t}=\frac{\mathrm{d}v}{\mathrm{d}x}\frac{\mathrm{d}x}{\mathrm{d}t}=v\frac{\mathrm{d}v}{\mathrm{d}x}=-kv^2,$$

分离变量并积分

$$\int_{v_0}^{v}\frac{\mathrm{d}v}{v}=-k\int_0^x\mathrm{d}x=-kx,$$

即

$$\ln\frac{v}{v_0}=-kx,$$

$$v=v_0\mathrm{e}^{-kx}.$$

思考题

1-1 什么是位置矢量？位置矢量和位移矢量有什么区别？怎样选取坐标原点可使两者一致？

1-2 一质点做平面运动，已知其运动方程为 $\boldsymbol{r}=\boldsymbol{r}(t)$，速度为 $\boldsymbol{v}=\boldsymbol{v}(t)$. 在下列两种情况下，质点做什么运动？

(1) $\dfrac{\mathrm{d}r}{\mathrm{d}t}=0,\dfrac{\mathrm{d}\boldsymbol{r}}{\mathrm{d}t}\neq 0$；(2) $\dfrac{\mathrm{d}v}{\mathrm{d}t}=0,\dfrac{\mathrm{d}\boldsymbol{v}}{\mathrm{d}t}\neq 0$.

1-3 质点做平面运动，已知其运动方程的直角坐标分量为 $x=x(t)$，$y=y(t)$. 在计算质点的速度和加速度的大小时，有人先由 $r=\sqrt{x^2+y^2}$，求出 $r=r(t)$，再由 $v=\dfrac{\mathrm{d}r}{\mathrm{d}t}$ 和 $a=\dfrac{\mathrm{d}v}{\mathrm{d}t}$ 求得结果. 你认为这种做法对吗？如果不对，错在什么地方？

§1.3 自然坐标系中的速度和加速度

质点做平面曲线运动时，如果已知质点相对参考系的运动轨迹，采用自然坐标系来描述质点的运动较方便.

所谓自然坐标系，就是以质点运动轨迹上的某一点作为坐标的原点 O、轨迹曲线为坐标轴 s 建立的坐标系. 坐标轴的方向分别取轨迹切线和法线两正交方向，并规定：切向坐标轴沿质点前进方向的切向为正，单位矢量为 $\boldsymbol{e}_t$；法向坐标轴沿轨迹的法向凹侧为正，单位矢量为 $\boldsymbol{e}_n$，如图 1-7 所示. 与直角坐标系

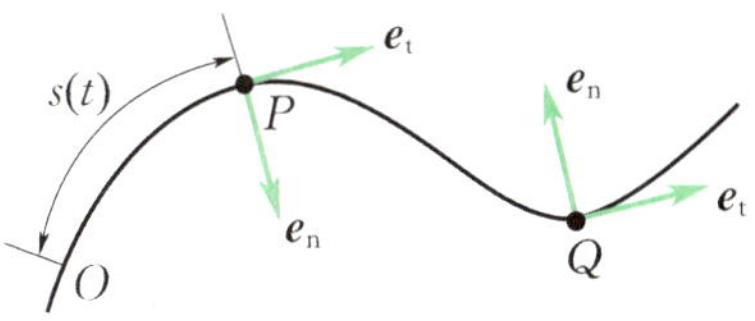

图 1-7 自然坐标系

不同的是,自然坐标系中单位矢量的方向随位置变化.换言之,自然坐标系中,质点带着坐标系中的单位矢量一起运动.

选取坐标原点后,质点的位置可用轨迹弧长 s 来描述.质点运动时,s 是 t 的标量函数,即

$$s=s(t), \tag{1-17}$$

这就是以自然坐标表示的质点运动学方程.

1.3.1 自然坐标系中的速度和加速度

由瞬时速率的定义 $v=\dfrac{ds}{dt}$,同时考虑到速度始终沿质点运动轨迹的切线方向,自然坐标系中质点的速度可表示为

$$\boldsymbol{v}=\frac{ds}{dt}\boldsymbol{e}_t=v\boldsymbol{e}_t. \tag{1-18}$$

由加速度定义,可得

$$\boldsymbol{a}=\frac{d}{dt}(v\boldsymbol{e}_t)=\frac{dv}{dt}\boldsymbol{e}_t+v\frac{d\boldsymbol{e}_t}{dt}. \tag{1-19}$$

式(1-19)表明,在曲线运动(自然坐标系)中,质点的加速度由两个分量组成:第一个分量$\dfrac{dv}{dt}\boldsymbol{e}_t$是质点速度大小随时间变化导致的加速度分量,方向沿切向,称为切向加速度,用 $\boldsymbol{a}_t$ 表示,即

$$\boldsymbol{a}_t=\frac{dv}{dt}\boldsymbol{e}_t; \tag{1-20}$$

第二个分量$v\dfrac{d\boldsymbol{e}_t}{dt}$是质点速度方向(单位矢量 $\boldsymbol{e}_t$)改变导致的加速度分量,称为法向加速度,用$\boldsymbol{a}_n$表示.下面借助图 1-8 来推导 $\boldsymbol{a}_n$ 的大小和方向.

设 t 时刻质点在 P 点,切向单位矢为 $\boldsymbol{e}_t(t)$,$t+\Delta t$ 时刻质点运动到 Q 点,切向单位矢变为 $\boldsymbol{e}_t(t+\Delta t)$.$\Delta t$ 足够小时,路程 Δs 可以看作是曲率半径为ρ 的一段圆弧,Δt 内切向单位矢的增量为 $\Delta\boldsymbol{e}_t$,其大小$|\Delta\boldsymbol{e}_t|=|\boldsymbol{e}_t|\Delta\theta$(见图 1-8(b)),因为$|\boldsymbol{e}_t|=1$,所以$|\Delta\boldsymbol{e}_t|=\Delta\theta$.又因为 Δt 趋于零时,$\Delta\boldsymbol{e}_t$的方向趋近于垂直 $\boldsymbol{e}_t(t)$ 的方向,即沿 $\boldsymbol{e}_n$的方向,所以

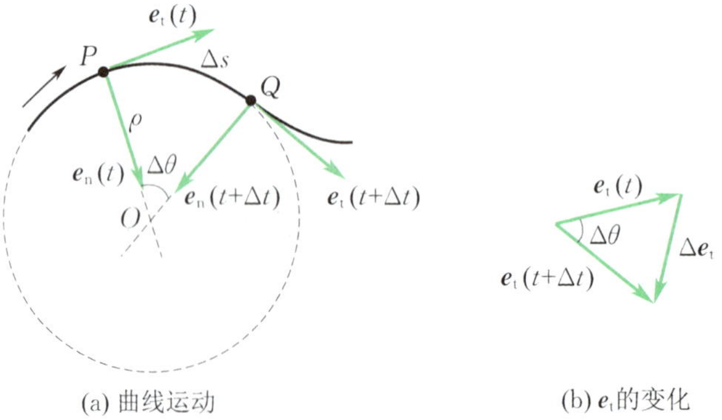

图 1-8 自然坐标系中的加速度

$$\frac{d\boldsymbol{e}_t}{dt}=\lim_{\Delta t\to 0}\frac{\Delta\boldsymbol{e}_t}{\Delta t}=\lim_{\Delta t\to 0}\frac{\Delta\theta}{\Delta t}\boldsymbol{e}_n=\frac{1}{\rho}\lim_{\Delta t\to 0}\frac{\Delta s}{\Delta t}\boldsymbol{e}_n=\frac{v}{\rho}\boldsymbol{e}_n.$$

这样,法向加速度 $\boldsymbol{a}_n$ 表示为

$$\boldsymbol{a}_n=v\frac{d\boldsymbol{e}_t}{dt}=\frac{v^2}{\rho}\boldsymbol{e}_n, \tag{1-21}$$

式(1-19)写成

$$\boldsymbol{a}=\boldsymbol{a}_{\mathrm{t}}+\boldsymbol{a}_{\mathrm{n}}=\frac{\mathrm{d}v}{\mathrm{d}t}\boldsymbol{e}_{\mathrm{t}}+\frac{v^2}{\rho}\boldsymbol{e}_{\mathrm{n}}. \tag{1-22}$$

加速度 $\boldsymbol{a}$ 的大小

$$a=|\boldsymbol{a}|=\sqrt{a_{\mathrm{n}}^2+a_{\mathrm{t}}^2},$$

$\boldsymbol{a}$ 的方向可用它与速度 $\boldsymbol{v}$ 的夹角 θ 来表示,即

$$\theta=\arctan\frac{a_{\mathrm{n}}}{a_{\mathrm{t}}}.$$

综上所述,曲线运动中,质点的加速度 $\boldsymbol{a}$ 由切向加速度 $\boldsymbol{a}_{\mathrm{t}}$ 和法向加速度 $\boldsymbol{a}_{\mathrm{n}}$ 两个相互垂直的分矢量合成.切向加速度 $\boldsymbol{a}_{\mathrm{t}}$ 与质点速度 $\boldsymbol{v}$ 方向一致,只影响速度 $\boldsymbol{v}$ 的大小,不改变 $\boldsymbol{v}$ 的方向,它描述质点速度大小变化的快慢;法向加速度 $\boldsymbol{a}_{\mathrm{n}}$ 与质点速度 $\boldsymbol{v}$ 垂直,不影响速度 $\boldsymbol{v}$ 的大小而只改变速度 $\boldsymbol{v}$ 的方向,它描述质点速度方向变化的快慢.

1.3.2 圆周运动

圆周运动是一般平面曲线运动的特例,即轨迹处处曲率半径恒等于 R,质点速度的方向始终沿圆周的切线方向.因此,对圆周运动的描述常采用以平面自然坐标系为基础的线量和以平面极坐标系为基础的角量来描述.

1. 圆周运动的角量描述

质点做圆周运动时,常用角位移、角速度、角加速度等角量来描述.如图 1-9 所示,质点做半径为 R 的圆周运动,以圆心 O 为原点建立极坐标系,质点的极径 $r=R$ 是一个常量,任一时刻 t 质点在圆周上的位置可由角 θ 完全确定,角 θ 称为质点的角位置.一般以从参考方向逆时针旋转的角为正.当质点运动时,角位置 θ 是时间 t 的函数,即

$$\theta=\theta(t), \tag{1-23}$$

这就是质点做圆周运动时以角位置表示的运动学方程.

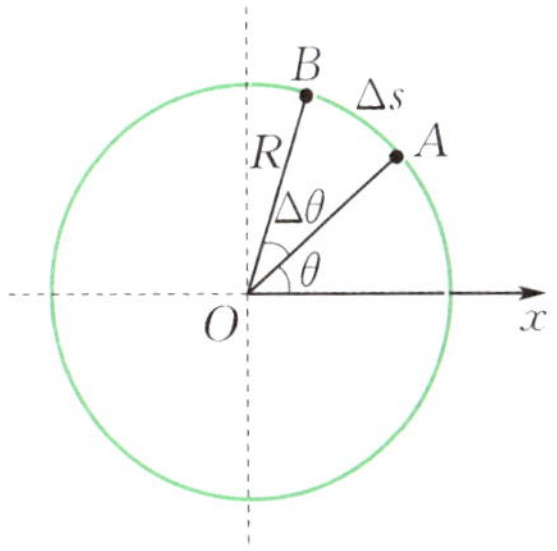

图 1-9 圆周运动的角量描述

在时间 Δt 内,质点沿圆周运动由 A 运动到 B,其极径转过了角 $\Delta\theta$,$\Delta\theta$ 称为质点在 Δt 时间内的角位移,其正负的规定与角位置相同.

与前面定义速度、加速度(通常称为线速度、线加速度)类似,质点的角位置对时间的变化率称为质点的角速度,用 ω 表示,即

$$\omega=\lim_{\Delta t\to 0}\frac{\Delta\theta}{\Delta t}=\frac{\mathrm{d}\theta}{\mathrm{d}t}, \tag{1-24}$$

质点的角速度对时间的变化率称为质点的角加速度,用 α 表示,即

$$\alpha=\lim_{\Delta t\to 0}\frac{\Delta\omega}{\Delta t}=\frac{\mathrm{d}\omega}{\mathrm{d}t}=\frac{\mathrm{d}^2\theta}{\mathrm{d}t^2}. \tag{1-25}$$

在 SI 中,θ,$\Delta\theta$ 的单位为弧度(rad),ω 的单位为弧度每秒($\mathrm{rad\cdot s^{-1}}$),α 的单位为弧度每二次方秒($\mathrm{rad\cdot s^{-2}}$).

2. 线量与角量的关系

质点做圆周运动时,可以用位置 s、路程 Δs、速率 v、加速度的大小 a_{n},a_{t} 等量来描述,这些量称为线量;也可以用角位置 θ、角位移 $\Delta\theta$、角速度 ω、角加速度 α 等量来描述,这些量称为角量.不难验证,线量与角量之间有如下关系:

$$\begin{cases} ds = R d\theta, \\ v = \dfrac{ds}{dt} = R\dfrac{d\theta}{dt} = R\omega, \\ a_t = \dfrac{dv}{dt} = R\dfrac{d\omega}{dt} = R\alpha, \\ a_n = \dfrac{v^2}{R} = R\omega^2. \end{cases} \tag{1-26}$$

3. 匀速率圆周运动和匀变速率圆周运动

如果质点做圆周运动时,其速率 v 和角速度 ω 都是常量,这种运动称为匀速率圆周运动. 在匀速率圆周运动中,角加速度 $\alpha = 0$,切向加速度 $a_t = dv/dt = 0$,法向加速度 $a_n = v^2/R = \omega^2 R$ 为常量. 故匀速率圆周运动的加速度为

$$\boldsymbol{a} = \boldsymbol{a}_n = R\omega^2 \boldsymbol{e}_n.$$

如果质点做圆周运动时,其角加速度的值 α 始终为一常量,这种运动称为匀变速率圆周运动. 匀变速圆周运动轨迹上某点切向加速度 $a_t = R\alpha =$ 常量,法向加速度 $a_n = v^2/R = R\omega^2$,但不为常量. 故匀变速圆周运动的加速度为

$$\boldsymbol{a} = \boldsymbol{a}_t + \boldsymbol{a}_n = R\alpha\boldsymbol{e}_t + R\omega^2\boldsymbol{e}_n. \tag{1-27}$$

如果 $t = 0$ 时,$\theta = \theta_0$,$\omega = \omega_0$,则由式(1-24)和式(1-25)可得与匀变速直线运动对应的方程:

$$\begin{cases} \omega = \omega_0 + \alpha t, \\ \theta = \theta_0 + \omega_0 t + \dfrac{1}{2}\alpha t^2, \\ \omega^2 = \omega_0^2 + 2\alpha(\theta - \theta_0). \end{cases} \tag{1-28}$$

例 1-5

如图 1-10 所示,一质点 M 做半径为 $R = 0.2$ m 的圆周运动,其角位置随时间变化的规律为 $\theta = 4t - t^2$(SI). 求 $t = 1$ s 时质点 M 的速度和加速度.

解 将运动方程对时间 t 分别求一阶和二阶导数,可得质点的角速度和角加速度

$$\omega = \frac{d\theta}{dt} = 4 - 2t,\ \alpha = \frac{d\omega}{dt} = -2.$$

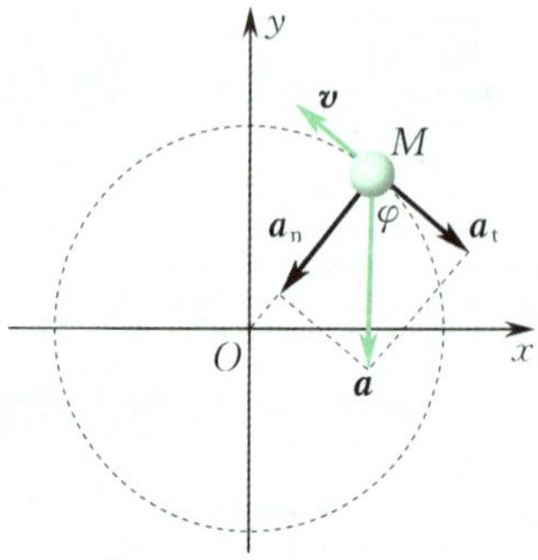

图 1-10

$t = 1$ s 时,质点的速度

$$v = R\omega = 0.2 \times (4 - 2\times 1)\ \text{m}\cdot\text{s}^{-1} = 0.4\ \text{m}\cdot\text{s}^{-1},$$

法向加速度的大小

$$a_n = \frac{v^2}{R} = R\omega^2 = 0.2 \times (4 - 2\times 1)^2\ \text{m}\cdot\text{s}^{-2} = 0.8\ \text{m}\cdot\text{s}^{-2},$$

切向加速度的大小

$$a_t = R\alpha = 0.2 \times (-2)\ \text{m}\cdot\text{s}^{-2} = -0.4\ \text{m}\cdot\text{s}^{-2},$$

$t = 1$ s 时质点的总加速度大小

$$a = \sqrt{a_t^2 + a_n^2} = 0.89\ \text{m}\cdot\text{s}^{-2},$$

加速度 $\boldsymbol{a}$ 与切向方向的夹角为

$$\varphi = \arctan\left|\frac{a_n}{a_t}\right| = \arctan\frac{0.8}{0.4} = 63.4°.$$

例 1-6

一飞轮受摩擦阻力矩作用做减速转动过程中，其角加速度与角位移θ成正比，比例系数为$k(k>0)$，且$t=0$时，$\theta=0$，$\omega=\omega_0$. 求：(1) 角速度ω随θ变化的函数式；(2) 最大角位移θ_m.

解 (1) 依题意

$$\alpha=-k\theta,$$

即

$$\alpha=\frac{d\omega}{dt}=\frac{d\omega}{d\theta}\frac{d\theta}{dt}=\omega\frac{d\omega}{d\theta}=-k\theta,$$

将上式分离变量，两边积分得

$$\int_{\omega_0}^{\omega}\omega d\omega=-k\int_0^{\theta}\theta d\theta,$$

积分上式并整理得

$$\omega=\sqrt{\omega_0^2-k\theta^2}.$$

(2) 令$\omega=0$，可求得最大角位移

$$\theta_m=\frac{\omega_0}{\sqrt{k}}.$$

思考题

1-4　描述质点加速度的物理量$\frac{d\boldsymbol{v}}{dt}$，$\frac{dv}{dt}$，$\frac{dv_x}{dt}$有何区别？

1-5　一质点做直线运动的x-t曲线如图 1-11 所示，质点的运动可分为OA，AB(平行于t轴的直线)，BC和CD(直线)4 个区间. 试问每一区间速度、加速度分别是正值、负值还是零？

1-6　如图 1-12 所示，质点沿平面螺旋线自外向内运动. 质点的自然坐标与时间的一次方成正比. 问质点的切向加速度和法向加速度是越来越大还是越来越小？为什么？

1-7　在湖中有一小船，岸边有人用绳子跨过一高处的滑轮拉船靠岸，如图 1-13 所示. 当绳子以速率v通过滑轮时，

(1) 船的速度比v大还是小？

(2) 如果保持收绳速度v的大小不变，船是否做匀速运动？

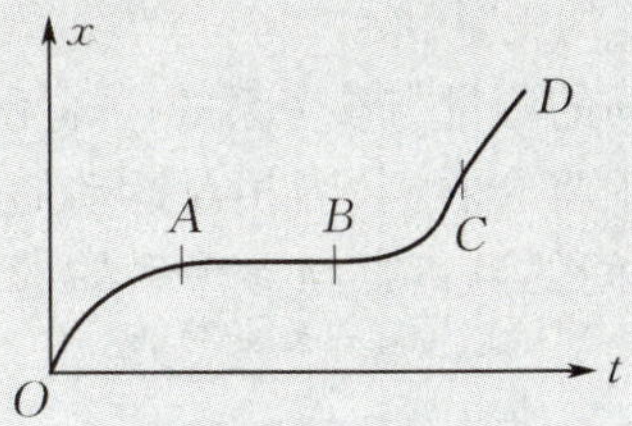

图 1-11

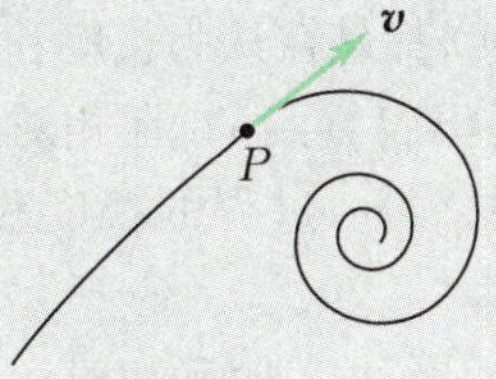

图 1-12

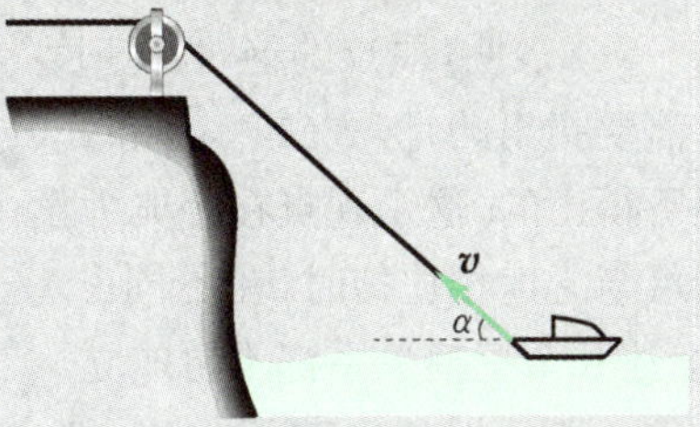

图 1-13

§1.4 不同参考系中速度和加速度的变换关系

前面已经指出,同一物体的运动相对不同的参考系的描述是不同的,下面来讨论相对运动的定量关系.

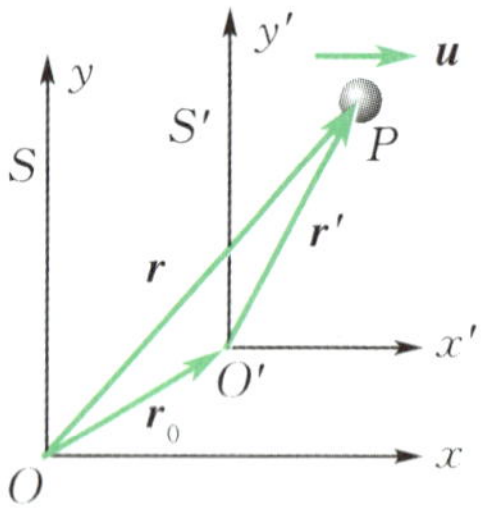

图 1-14　相对运动中的位矢

如图 1-14 所示,两个相对做匀速直线运动的参考系——S 系和 S' 系,S' 系相对于 S 系以速度 $\boldsymbol{u}$ 平动,两坐标系对应的坐标轴始终保持平行.质点 P 在空间运动,某时刻它在 S 系和 S' 系中的位矢分别为 $\boldsymbol{r}$ 和 $\boldsymbol{r}'$,S' 系原点 O' 相对于 S 系的位矢为 $\boldsymbol{r}_0$,由图 1-14,有

$$\boldsymbol{r}=\boldsymbol{r}'+\boldsymbol{r}_0. \qquad (1-29)$$

上式两边对时间 t 求导,得

$$\frac{\mathrm{d}\boldsymbol{r}}{\mathrm{d}t}=\frac{\mathrm{d}\boldsymbol{r}'}{\mathrm{d}t}+\frac{\mathrm{d}\boldsymbol{r}_0}{\mathrm{d}t}.$$

根据速度的定义,$\frac{\mathrm{d}\boldsymbol{r}}{\mathrm{d}t}$ 和 $\frac{\mathrm{d}\boldsymbol{r}'}{\mathrm{d}t}$ 分别为质点 P 相对于 S 系和 S' 系的速度,用 $\boldsymbol{v}$ 和 $\boldsymbol{v}'$ 表示,$\frac{\mathrm{d}\boldsymbol{r}_0}{\mathrm{d}t}$ 为 S' 系的原点 O' 相对于 S 系的速度,亦即 S' 系相对于 S 系的速度 $\boldsymbol{u}$,上式可写成

$$\boldsymbol{v}=\boldsymbol{v}'+\boldsymbol{u}. \qquad (1-30)$$

这就是从两个相对做平动的参考系中对同一质点的速度进行测量的速度变换关系,称为**伽利略速度变换式**.若 S 系是静止不动的,通常把质点 P 相对于静系 S 的速度 $\boldsymbol{v}$ 称为**绝对速度**;把质点 P 相对于动系 S' 的速度 $\boldsymbol{v}'$ 称为**相对速度**;而动系 S' 相对于静系 S 的速度 $\boldsymbol{u}$ 则称为**牵连速度**.式(1-30)表明,绝对速度等于相对速度与牵连速度的矢量和.

将式(1-30)两边对时间 t 再求导,可以得到

$$\boldsymbol{a}=\boldsymbol{a}'+\boldsymbol{a}_0. \qquad (1-31)$$

这就是从两个相对做平动的参考系中对同一质点的加速度进行测量得到的加速度变换关系.式(1-31)表明,质点的绝对加速度等于相对加速度与牵连加速度的矢量和.

需要指出的是,式(1-30)和式(1-31)都是在认为长度和时间的测量与参考系的选择无关的前提下得出的.这个观点在经典力学中是毋庸置疑的.在相对论中将会看到,当相对运动的速度大到可与光速相比拟时,在不同参考系中,同一过程的长度和时间的测量都与参考系的选择有关,上述几个变换关系都不再成立.

求解涉及相对运动问题的一般步骤如下:(1) 明确相对运动的三个物体(质点、静系和动系);(2) 由速度变换式写出三个速度的矢量关系;(3) 画矢量图(也可建立坐标列分量式)求解.

例 1-7

如图 1-15(a)所示,一汽车在雨中以速度 $\boldsymbol{v}_1$ 沿直线行驶,下落雨滴的速度方向与竖直方向成 θ 角,偏向于汽车前进方向,速率为 v_2,若车后有一长方形物体 A(尺寸如图 1-15(a)所示),问车速 v_1 多大时,此物体刚好不会被雨水淋湿.

解　本例涉及相对运动的三个物体分别是车、雨、地.根据式(1-30),三个物体之间的

相对运动速度满足

$$\boldsymbol{v}_{雨车}=\boldsymbol{v}_{雨地}+\boldsymbol{v}_{地车}=\boldsymbol{v}_{雨地}-\boldsymbol{v}_{车地}$$
$$=\boldsymbol{v}_2-\boldsymbol{v}_1.$$

作矢量图如图 1-15(b) 所示，此时 $\boldsymbol{v}_{雨车}$ 与竖直方向的夹角为 α，而由图 1-15(a) 有

$$\tan\alpha=\frac{L}{h},$$

由图 1-15(b)，有

$$h=v_2\cos\theta,$$

故

$$v_1=v_2\sin\theta+h\tan\alpha$$
$$=v_2\sin\theta+v_2\cos\theta\cdot\frac{L}{h}.$$

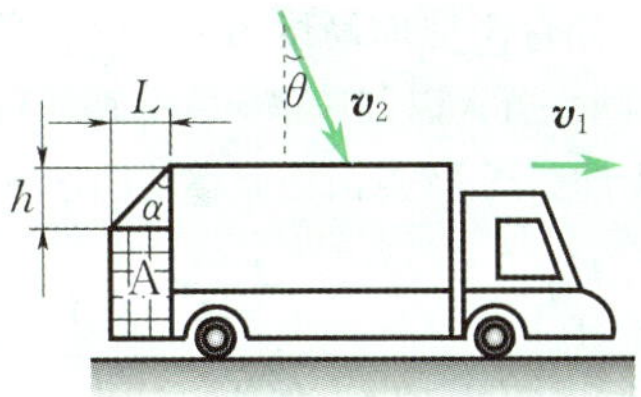

(a) 示意图

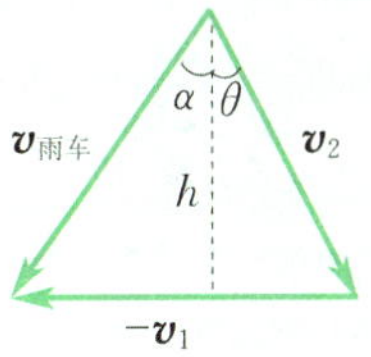

(b) 矢量图

图 1-15

习题 1

选择题

1-1　一质点在平面上运动，已知质点位置矢量的表达式为 $\boldsymbol{r}=at^2\boldsymbol{i}+bt^2\boldsymbol{j}$(SI)($a,b$ 为常数)，则该质点做(　　).

(A) 匀速直线运动　　(B) 抛物线运动

(C) 一般曲线运动　　(D) 变速直线运动

1-2　某人从原点出发，经 20 s 向东走了 40 m，又经 15 s 向北走了 30 m，再经 15 s 向西走了 20 m，则在这 50 s 内该人的平均速度为(　　)(SI).

(A) 36.1　　(B) 0.72

(C) $0.4\boldsymbol{i}+0.6\boldsymbol{j}$　　(D) $20\boldsymbol{i}+30\boldsymbol{j}$

1-3　质点从静止沿着 x 轴正向运动，运动方程为 $x=8+6t-t^3$(SI). 当质点到达 x 轴正向最大位移时，加速度 a 为(　　).

(A) $-6t$　　(B) 6　　(C) $6\sqrt{2}$　　(D) $-6\sqrt{2}$

1-4　质点的运动规律为 $\frac{dv}{dt}=-kv^2t$，式中 k 为常数. $t=0$ 时，初速度为 v_0，则速度 v 与时间 t 的函数关系为(　　).

(A) $v=\frac{1}{2}kt^2+v_0$　　(B) $v=-\frac{1}{2}kt^2+v_0$

(C) $\frac{1}{v}=\frac{1}{2}kt^2+\frac{1}{v_0}$　　(D) $\frac{1}{v}=-\frac{1}{2}kt^2+\frac{1}{v_0}$

1-5　质点做曲线运动，$\boldsymbol{r}$ 表示位置矢量，s 表示路程，a_t 表示切向加速度. 下列表达式中正确的是(　　).

(1) $\frac{dv}{dt}=a$；(2) $\frac{dr}{dt}=v$；

(3) $\frac{ds}{dt}=v$；(4) $\left|\frac{d\boldsymbol{v}}{dt}\right|=a_t$.

(A) (1) 和(4)　　(B) (2) 和(4)

(C) (2)　　(D) (3)

1-6　一质点在高度 h 处以初速度 v_0 水平抛出，则在抛出点及落地点轨迹的曲率半径分别为(　　).

(A) $\frac{v_0^2}{g},2h$　　(B) $\frac{v_0^2}{g},\frac{(v_0^2+2gh)^{\frac{3}{2}}}{gv_0}$

(C) $\frac{v_0^2}{g},\frac{(v_0^2+2gh)}{gv_0}$　　(D) $\infty,\frac{(v_0^2+2gh)^{\frac{1}{2}}}{gv_0}$

1-7　质点从静止出发，沿半径 $R=1$ m 的圆周运动，角位置 $\theta=3+9t^2$(SI). 当切向加速度与总加速度的夹角为 45° 时，角位置 $\theta=$(　　)rad.

(A) 9　　(B) 12　　(C) 18　　(D) 3.5

1-8　某人骑自行车以速率 v 向正东方向行驶，遇到由北向南刮来的风(设风速大小也为 v)，则他感到的风是从(　　).

(A) 东北方向吹来　　(B) 东南方向吹来

(C) 西北方向吹来　　(D) 西南方向吹来

1-9 路灯距地面高度为 h_0，行人身高为 h，如图 1-16 所示. 若人以匀速率 v 背向路灯行走，则人的头顶在地上的影子 M 点沿地面移动的速率为(　　).

(A) $\frac{h_0-h}{h_0}v$　　(B) $\frac{h_0}{h_0-h}v$

(C) $\frac{h}{h_0}v$　　(D) $\frac{h_0}{h}v$

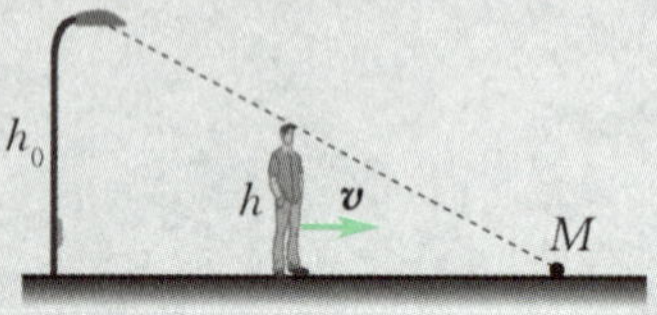

图 1-16

填空题

1-10 一质点沿 x 轴做直线运动，它的运动学方程为 $x=3+5t+6t^2-t^3$(SI)，则

(1) 质点在 $t=0$ 时刻的速度大小为________；

(2) 加速度为零时，该质点的速度________.

1-11 一质点沿 x 轴方向运动，其加速度随时间变化的关系为 $a=3+2t$(SI). 若初始时质点的速度 v_0 为 $5\ \mathrm{m\cdot s^{-1}}$，则 $t=3$ s 时，质点的速度 $v=$________.

1-12 一半径为 $R=2$ m 的飞轮做加速转动，其轮缘上一点的运动学方程为 $s=0.1t^3$(SI). 当此点的速率 $v=30\ \mathrm{m\cdot s^{-1}}$ 时，其切向加速度大小为 $a_t=$________，法向加速度大小为 $a_n=$________.

1-13 质点做如图 1-17 所示的斜抛运动，测得轨迹上 A 点的速度大小为 v，方向如图所示. 物体在 A 点的切向加速度 $a_t=$________，轨迹上 A 点的曲率半径 $\rho=$________.

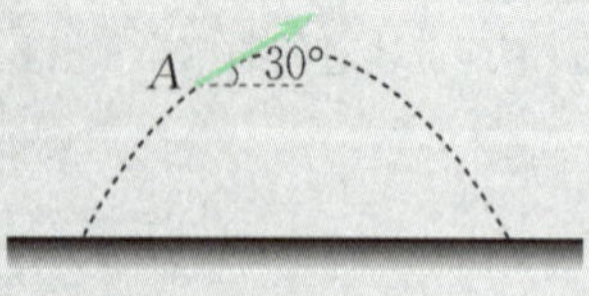

图 1-17

1-14 一船以速度 $\boldsymbol{v}$ 在平静湖面匀速直线航行，一乘客以初速 $\boldsymbol{v}_0$ 在船中竖直向上抛出一石子，则站在岸上的观察者看石子运动的轨迹是________，其轨迹方程为________.

计算题

1-15 一质点沿 x 轴做直线运动，t 时刻的坐标为 $x=4.5t^2-2t^3$(SI). 试求：

(1) 第 2 s 内的平均速度；

(2) 第 2 s 末的瞬时速度；

(3) 第 2 s 内的路程.

1-16 一质点的运动方程为 $x=2t$，$y=19-2t^2$(SI). 试求：

(1) 质点的轨迹方程；

(2) $t=2$ s 时质点的位置矢量，并计算第 2 s 内的平均速度大小；

(3) 第 2 s 末质点的瞬时速度和瞬时加速度.

1-17 质点沿 x 轴运动，加速度与位置坐标 x 的关系为 $a=2x-1$(SI). 如果质点在原点处的速度 $v_0=6\ \mathrm{m\cdot s^{-1}}$，求质点在任意位置处的速度.

1-18 质点沿 x 轴运动，加速度随速度变化的关系为 $a=-kv$，式中 k 为常数. 当 $t=0$ 时，$x=x_0$，$v=v_0$，求任意时刻质点的速度和位置.

1-19 一质点做半径为 R 的圆周运动，$t=0$ 时经过 P 点，此后速率按 $v=A+Bt$(A，B 为正常数)变化. 求质点运动一周再经过 P 点时它的切向加速度和法向加速度的大小.

1-20 质点从静止出发沿半径 $R=3$ m 的圆周做匀变速运动，切向加速度 $a_t=3\ \mathrm{m\cdot s^{-2}}$.

(1) 经过多少时间后质点的总加速度恰好与半径成 45° 角？

(2) 在上述时间内，质点所经过的路程和角位移各为多少？

1-21 一质点在水平面内沿一半径 $R=2$ m 的圆轨道转动，角速度与时间的函数关系为 $\omega=kt^2$(k 为常数). 已知 $t=2$ s 时，质点的速度大小为 $32\ \mathrm{m\cdot s^{-1}}$. 试求 $t=1$ s 时质点的速度与加速度的大小.

***1-22** 一直立的雨伞，张开后其边缘圆周的半径为 r，离地面的高度为 h.

(1) 当伞绕伞柄以匀角速 ω 旋转时，求证水滴沿边缘飞出后落在地面上半径为 $R=r\sqrt{1+2h\omega^2/g}$ 的圆周上；

(2) 读者能否由此定性构想一种草坪或农田灌溉用的旋转式洒水器的方案？

1-23 一足球运动员在正对球门前 25.0 m 处以 $20.0\ \mathrm{m\cdot s^{-1}}$ 的初速度罚任意球，已知球门高度 3.44 m，若要在垂直球门的竖直平面内将足球直接踢进球门，问他应在与地面成多少角的范围内踢出足球？

1-24 一飞机驾驶员想往正北方向航行，遇到由东向西以 $60\ \mathrm{km\cdot h^{-1}}$ 速率刮来的风. 如果飞机在静止空气中的航速为 $180\ \mathrm{km\cdot h^{-1}}$. 试问驾驶员应取什么航向？飞机相对于地面的速率为多少？

第2章　质点动力学

运动是物质的固有属性.物体的运动既与物体自身的内在因素有关,又取决于物体间的相互作用.研究物体在力的作用下运动的规律是质点动力学的内容.

牛顿运动定律是质点动力学的基础,宏观物体的机械运动都可根据牛顿运动定律进行计算.本章首先对牛顿三大运动定律做简要的说明,并举例说明应用牛顿定律解决具体问题的方法;然后介绍力的空间积累效应和时间积累效应,并引出相关的守恒定律.

本章不只限于讨论单个质点,亦包括由少数几个质点组成的力学系统.

§2.1　牛顿运动定律

牛顿在分析、总结伽利略等前人对力学研究成果的基础上,在1687年出版的名著《自然哲学的数学原理》一书中提出了三大定律,统称为牛顿运动定律.

2.1.1　牛顿运动定律

1. 牛顿第一定律

任何物体都保持静止或匀速直线运动状态,直到其他物体所作用的力迫使它改变这种状态为止.这就是牛顿第一定律.

牛顿第一定律包含了惯性和力两个重要概念,并定义了惯性参考系.惯性是物体保持其运动状态不变的特性,是物体的固有属性.惯性质量是物体惯性大小的量度,在物体运动速度远小于光速时,惯性质量不随速度而改变.万有引力定律 $\boldsymbol{F}=-G\dfrac{m_1m_2}{r^2}\boldsymbol{e}_r$ 中的质量是引力质量,引力质量是物体间产生引力作用"能力"的量度.惯性质量、引力质量反映了物体的两种不同属性,实验表明它们在数值上成正比,选用适当单位后可使两者相等,经典力学的讨论中可以不必区分惯性质量和引力质量.

力的观念很早就在人类历史中出现了,而牛顿第一定律把"物体间的相互作用"称为力,力的效果是使物体改变其运动状态或使物体的形状发生变化,或两者兼备.这种相互作用按其性质可分为四类:(1)引力相互作用.(2)电磁相互作用(即带电粒子或带电物体间的相互作用).弹性力、摩擦力、浮力、黏滞力等都是物体分子间(或原子间)电磁相互作用的宏观表现.(3)强相互作用.它广泛存在于质子、中子和介子之间.两相邻的质子之间的强力可达 10^4 N,强力的力程,即作用可及的范围非常短,小于 10^{-15} m.(4)弱相互作用.它是微观粒子中存在的一种短程力,它仅在某些粒子的反应(如 β^- 衰变)中才显示其重要性.两相邻的质子之间的弱力可达 10^{-2} N.

2. 牛顿第二定律

物体的动量对时间的变化率与所受外力 $\boldsymbol{F}$ 成正比,并且发生在这外力的方向上. 这就是牛顿第二定律.

牛顿第二定律是在第一定律的基础上对物体(严格地讲是质点)的运动规律做了定量的描述. 物体在运动时具有速度,物体的质量 m 与其速度 $\boldsymbol{v}$ 的乘积称为物体的动量,用 $\boldsymbol{p}$ 表示,即

$$\boldsymbol{p}=m\boldsymbol{v}. \tag{2-1}$$

动量 $\boldsymbol{p}$ 是矢量,其方向与速度 $\boldsymbol{v}$ 的方向相同. 与速度可表示物体运动状态一样,动量也是表示物体运动状态的量. 当外力作用于物体时,其动量会发生变化. 牛顿第二定律阐明了作用于物体上的合外力与物体动量变化率的关系. 在 SI 中,牛顿第二定律可表述为

$$\boldsymbol{F}=\frac{\mathrm{d}\boldsymbol{p}}{\mathrm{d}t}=\frac{\mathrm{d}(m\boldsymbol{v})}{\mathrm{d}t}, \tag{2-2}$$

这是表达瞬时关系的矢量式. 当物体质量 m 不随时间或物体的运动而改变时,式(2-2)可写成

$$\boldsymbol{F}=m\frac{\mathrm{d}\boldsymbol{v}}{\mathrm{d}t}=m\boldsymbol{a}, \tag{2-3}$$

这就是大家熟知的牛顿第二定律的数学表达式,称为质点运动的动力学方程.

从式(2-3)可以看出,将这个微分方程逐次积分,就可得到物体的速度 $\boldsymbol{v}$、位置 $\boldsymbol{r}$ 与时间 t 的函数关系. 一般地说,如果知道质点在一个给定时刻的位置和速度,并知道质点的受力规律,由动力学方程就可以知道加速度,从而知道质点下一时刻的位置和速度. 或者说,掌握了质点的受力规律,并知道初始条件,质点以后各时刻的运动情况就完全确定了. 这就是动力学方程内在的含义.

3. 牛顿第三定律

两个物体之间的作用力 $\boldsymbol{F}$ 和反作用力 $\boldsymbol{F}'$ 沿同一直线,大小相等、方向相反,分别作用在两个物体上. 这就是牛顿第三定律. 其数学表达式为

$$\boldsymbol{F}=-\boldsymbol{F}'. \tag{2-4}$$

力是物体间的相互作用,每一个力都有它的施力者和受力者. 有作用力就必然存在着反作用力,两者相互依存,同时产生,同时消失. 作用力和反作用力分别作用在两个物体上,它们不能相互抵消. 物体间的作用力与反作用力总是属于同种性质的力.

牛顿运动定律与其他一切物理定律一样,有一定的适用范围. 从 19 世纪末到 20 世纪初,物理学的研究领域开始从宏观世界深入到微观世界,由低速运动扩展到高速运动. 物理学的发展表明,牛顿力学只适用于解决物体的低速运动(指远小于光速的运动)问题,而不适用于处理物体高速运动的问题,物体高速运动服从相对论力学的规律;牛顿力学只适用于宏观物体,而一般不适用于微观粒子,微观粒子的运动遵循量子力学规律. 也就是说,牛顿力学只适用于宏观物体的低速运动.

应当指出,从天体运动、气象现象、地壳运动、航空航天、材料、机械、建筑、水利等极其广阔的领域中,人们遇到的实际问题绝大多数都属于宏观、低速的范围,因此,牛顿力学仍然是解决一般工程实际问题的重要理论基础.

2.1.2 物理量的单位和量纲

历史上(20 世纪 80 年代以前),物理量的单位制有很多种,给科学与技术交流带来诸多不便. 1984 年开始,我国国务院颁布实行以国际单位制(SI)为基础的法定计量单位. 在国际单位制中,

规定了 7 个物理量为基本量(详见本书附录 2),本书采用以国际单位制为基础的我国法定计量单位.

国际单位制规定,力学的基本量有三个,即长度、质量和时间.基本量的单位称为基本单位.规定长度的基本单位为米(m),质量的基本单位为千克(kg),时间的基本单位为秒(s).力学中其他的物理量(称为导出量)都可以通过相应的物理公式用以上三个基本量来表示.导出量的单位称为导出单位.例如,速度的单位为米每秒($m \cdot s^{-1}$),加速度的单位为米每二次方秒($m \cdot s^{-2}$),力的单位为牛顿(N),$1\ N = 1\ kg \cdot m \cdot s^{-2}$,等等.

在物理学中,导出量与基本量之间的关系可以用量纲来表示.我们用 L,M 和 T 分别表示长度、质量和时间这三个基本量的量纲,其他力学量 X 的量纲与基本量量纲之间的关系可按下式表示:

$$\dim X = L^p M^q T^s.$$

例如,速度的量纲是 LT^{-1},加速度的量纲是 LT^{-2},力的量纲是 MLT^{-2},等等.

量纲可以用来校验等式是否正确.在复杂的方程中,通常包含若干项,每一项必须有相同的量纲.例如,匀变速直线运动的方程为

$$x = x_0 + v_0 t + \frac{1}{2}at^2,$$

容易看出,上式中每一项都具有长度的量纲,故这个方程是正确的(式中数字系数正确与否不能用量纲检验出来).这种量纲检验法在求解问题和科学实验中经常用到,读者应当学会在求证、解题过程中使用量纲来检验所得结果是否正确.

2.1.3 牛顿定律的应用

牛顿第二定律描述的是力和加速度的瞬时关系,它指出只要物体所受的合外力不为零,物体就有相应的加速度,力改变时相应的加速度将随之改变,当物体所受的合外力为恒力时,物体的加速度恒定不变.

$\boldsymbol{F} = m\boldsymbol{a}$ 是矢量式,应用时先要选定合适的坐标系,然后列坐标分量式.直角坐标系中,牛顿第二定律的分量式为

$$\begin{cases} F_x = ma_x = m\dfrac{dv_x}{dt} = m\dfrac{d^2x}{dt^2}, \\ F_y = ma_y = m\dfrac{dv_y}{dt} = m\dfrac{d^2y}{dt^2}, \\ F_z = ma_z = m\dfrac{dv_z}{dt} = m\dfrac{d^2z}{dt^2}. \end{cases} \tag{2-5}$$

物体做曲线运动时,常采用自然坐标系.自然坐标系中牛顿第二定律的切向和法向分量式分别为

$$\begin{cases} F_t = ma_t = m\dfrac{dv}{dt}, \\ F_n = ma_n = m\dfrac{v^2}{\rho}, \end{cases} \tag{2-6}$$

式中 F_t,F_n 分别表示切向分力和法向分力的大小.

注意:牛顿第二定律只适用于质点,或可看作质点的物体,只适用于惯性系(没有加速度的参考系).

运用牛顿定律解题的基本步骤如下:

(1) 明确研究对象. 实际问题中,相互作用的物体往往有几个,具体分析某一物体的受力情况时,通常采用“隔离体法”,即把要研究的对象从周围物体中分离出来,隔离体可以是一个物体或几个物体的组合,也可以是物体的一个部分.

(2) 分析隔离体的受力情况,画出隔离体的受力图(也称为示力图). 在熟悉各类型力特点的基础上,找出隔离体受到的所有外力,在受力图上表示出来.

(3) 建立坐标系,列方程. 根据问题的具体条件选取适当的坐标系,规定坐标轴的正方向,并在隔离图上画出来. 列出牛顿第二定律的分量式,检查标量方程式的数目和未知量的数目是否相等.

(4) 解方程,并对所得结果做必要的讨论. 解方程一般先进行物理量的运算,然后再将具体数值代入. 运算中应注意用统一的国际单位制.

例 2-1

用质量为 $m_1 = 30$ kg 的平板车运送一质量为 $m_2 = 70$ kg 的木箱,如图 2-1(a) 所示,已知木箱与板车之间的静摩擦系数 $\mu_s = 0.5$,水平路面与板车的滚动摩擦系数可以不计. 问拉(或推)板车的水平力 F 最大不能超过多少才能保证木箱不致往后滑动?

解　设板车对木箱的摩擦力为 F_r. 分别隔离木箱和板车,画出它们的受力图如图 2-1(b) 所示. 如果木箱与板车相对静止,则必有

$$F_r \leqslant F_{r\max} = \mu_s m_2 g. \qquad ①$$

设板车和木箱对地的加速度分别为 $\boldsymbol{a}_1$ 和 $\boldsymbol{a}_2$,

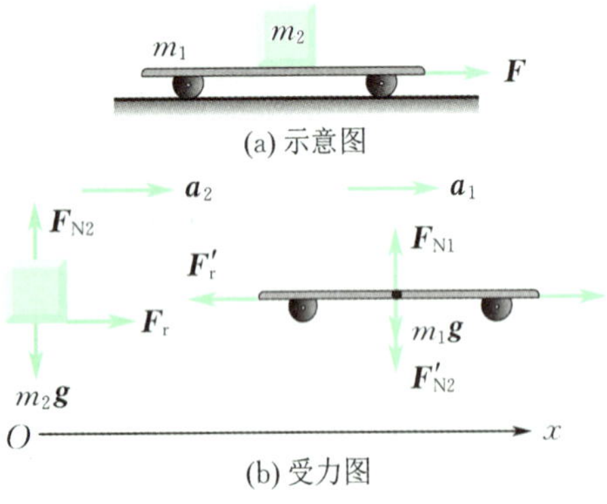

图 2-1

由牛顿第二定律,对 m_1 有

$$F - F'_r = m_1 a_1, \qquad ②$$

对 m_2 有

$$F_r = m_2 a_2, \qquad ③$$

因为

$$F_r = F'_r, \qquad ④$$

由式 ②,③,④ 解得

$$a_1 = \frac{F - F_r}{m_1},\ a_2 = \frac{F_r}{m_2}.$$

要使木箱不往后滑动,必须满足 $a_1 \leqslant a_2$,即

$$\frac{F - F_r}{m_1} \leqslant \frac{F_r}{m_2},$$

将式 ① 代入,得

$$F \leqslant \left(\frac{m_1}{m_2} + 1\right) F_{r\max} = \mu_s (m_1 + m_2) g.$$

代入题设数据,得

$$F \leqslant 0.5 \times (30 + 70) \times 9.8\ \text{N} = 490\ \text{N}.$$

讨论:要使木箱不往后滑动,拉车的水平力不能大于 490 N;若力超过此值,则需把木箱固定在板车上. 本例的提问还可以有另一种等价的说法,车的加速度不超过多大时,才能保证木箱不往后滑动?此时

$$a_1 \leqslant a_2 = \frac{F_r}{m_2} \leqslant \frac{F_{r\max}}{m_2} = \mu_s g = 4.9\ \text{m} \cdot \text{s}^{-2}.$$

上例中,质点受到的合外力是恒力的情况. 这类问题通常用隔离体法求解,即隔离物体、分析受力、建立坐标后列代数方程即可求解. 但很多情形下,物体受到的合外力是变力,变力作用下将产生变加速度,这类问题通常要用到牛顿第二定律的微分形式,即列出的运动方程将是微分方程. 下面举例说明在一维变力作用下质点运动微分方程的求解.

例 2-2

以初速度 v_0 竖直上抛一质量为 m 的物体,设物体受到的空气阻力大小与速率成正比,比例系数为 γ,求任意时刻物体的速度.

解　把物体看作质点,运动中受到重力 $\boldsymbol{mg}$ 和空气阻力 $\boldsymbol{f}_r$ 的作用,且 $f_r=-\gamma v$. 选竖直向上为 x 轴正向,如图 2-2 所示. 由牛顿第二定律列出物体运动的微分方程为

$$-\gamma v-mg=m\frac{dv}{dt},$$

分离变量后,有

$$\frac{dv}{mg+\gamma v}=-\frac{1}{m}dt.$$

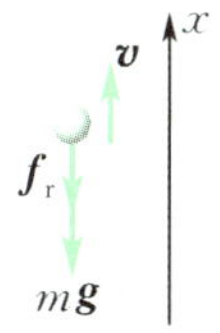

图 2-2

上式两边积分

$$\int_{v_0}^{v}\frac{dv}{mg+\gamma v}=-\frac{1}{m}\int_0^t dt,$$

得

$$\ln\frac{mg+\gamma v}{mg+\gamma v_0}=-\frac{\gamma}{m}t,$$

化简后得

$$v=v_0e^{-\frac{\gamma}{m}t}+\frac{mg}{\gamma}(e^{-\frac{\gamma}{m}t}-1).$$

令 $v=0$,由上式还可求得物体自抛出到最高点所需的时间

$$t_1=\frac{m}{\gamma}\ln\left(1+\frac{\gamma v_0}{mg}\right).$$

当 $t<t_1$ 时,$v>0$,速度方向与所设的 x 轴正向相同,物体还在上升;而 $t>t_1$ 时,$v<0$,速度方向与所设的 x 轴正向相反,物体已向下运动.

例 2-3

长度为 l 的轻绳,一端固定于 O 点,另一端系一质量为 m 的小球,如图 2-3 所示. 开始时小球处于最低位置,若给小球以水平初速度 v_0 使其在竖直平面内做圆周运动,求小球在任意位置的速率及绳子的张力.

解　任意时刻 t,绳与竖直方向成 θ 角,小球受重力 $\boldsymbol{mg}$ 和绳子张力 $\boldsymbol{F}_T$ 作用. 因小球做平面曲线运动,采用自然坐标系求解方便. 建立如图 2-3 所示的坐标系,由牛顿第二定律列出切向和法向运动方程为

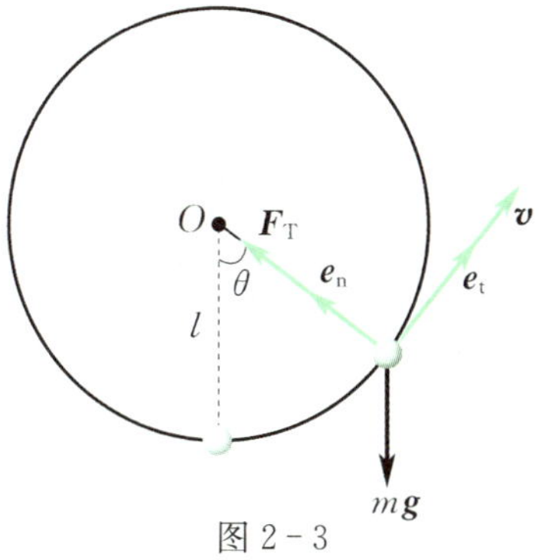

图 2-3

$$-mg\sin\theta=m\frac{dv}{dt},\qquad ①$$

$$F_T-mg\cos\theta=m\frac{v^2}{l}.\qquad ②$$

上两式中共有四个变量 F_T,v,t,θ,应先采用变量变换方法消去某些变量,显然消去式 ① 中的 t 是方便的,因为

$$\frac{dv}{dt}=\frac{dv}{d\theta}\frac{d\theta}{dt}=\omega\frac{dv}{d\theta}=\frac{v}{l}\frac{dv}{d\theta},$$

代入式 ① 并分离变量,得

$$vdv=-gl\sin\theta d\theta.$$

上式两边积分,注意初始条件 $t=0$ 时,$\theta=0$,$v=v_0$,有

$$\int_{v_0}^{v}vdv=-gl\int_0^{\theta}\sin\theta d\theta,$$

积分后得

$$v=\sqrt{v_0^2+2gl(\cos\theta-1)},\qquad ③$$

将式 ③ 代入式 ②,整理后得

$$F_T=m\left(\frac{v_0^2}{l}-2g+3g\cos\theta\right).$$

讨论：$\theta=0$ 时，绳子的张力为最大，$F_{\mathrm{Tmax}}=m\left(\frac{v_0^2}{l}+g\right)$；$\theta=\pi$ 时，绳子的张力为最小，$F_{\mathrm{Tmin}}=m\left(\frac{v_0^2}{l}-5g\right)$. 小球能够做圆周运动的充分必要条件是 $F_{\mathrm{Tmin}}\geqslant 0$，即 $v_0\geqslant\sqrt{5gl}$.

§2.2 惯性系与非惯性系

2.2.1 惯性系

牛顿第一定律不仅包含了惯性和力两个重要概念，还定义了惯性参考系. 通过上一章的学习我们已经知道，要描述物体的运动必须选定一个参考系. 运动学中参考系的选取可以任意，但动力学中，参考系的选择不能任意，因为牛顿第一和第二定律不是对任意参考系都成立，可用下面的简单例子来说明.

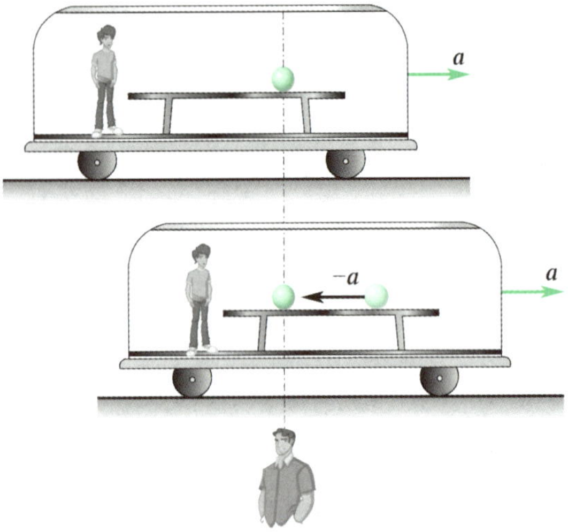

图 2-4 惯性系与非惯性系

如图 2-4 所示，在车厢中光滑的水平台面上放一钢球，显然，作用于钢球的合外力 $\boldsymbol{F}=\boldsymbol{0}$. 当车厢以加速度 $\boldsymbol{a}$ 向前运动时，站在地面的人以地面为参考系，他看到钢球仍然相对他静止不动，钢球的加速度 $\boldsymbol{a}=\boldsymbol{0}$，所以对地面这个参考系，牛顿定律是成立的. 但车厢内的观察者以车厢为参考系，他也看到钢球所受合外力为零，但钢球却以 $-\boldsymbol{a}$ 的加速度向观察者靠过来，钢球相对车厢做加速运动. 说明牛顿定律对加速运动的参考系(车厢)不成立.

我们把牛顿定律成立的参考系称为惯性参考系，简称惯性系；而把牛顿定律不成立的参考系称为非惯性参考系. 一个参考系是否为惯性系，要靠实验来判定. 大量的实验表明，在相当高的实验精度内，地球是惯性系. 同时，相对地面做匀速直线运动的参考系也都是惯性系. 但从更高精度来考察某些实验时发现，以地球为参考系，牛顿定律只是近似成立，因而地球并不是严格的惯性系. 对天体运动的研究表明，选择太阳中心为坐标原点、坐标轴指向其他恒星的坐标系——通常称为太阳参考系，观察到的结果更为精确地符合牛顿定律，因此，太阳参考系是更为精确的惯性系.

牛顿定律对非惯性系不成立.

2.2.2 惯性力

尽管在非惯性系中牛顿运动定律不成立，但在实际问题中，常常遇到非惯性系，并希望能直接在非惯性系中应用牛顿运动定律来分析解决动力学的问题. 为了在非惯性系中运用牛顿定律，需要引进惯性力的概念.

1. 平动加速参考系中的惯性力

设有参考系 S' 相对于惯性系 S 以恒定加速度 $\boldsymbol{a}_0$ 运动. 一质量为 m 的质点，所受合外力为 $\boldsymbol{F}$，它相对于 S' 系和 S 系的加速度分别为 $\boldsymbol{a}'$ 和 $\boldsymbol{a}$. 由式(1-31)可知，它们的关系满足

$$\boldsymbol{a} = \boldsymbol{a}' + \boldsymbol{a}_0.$$

在惯性系 S 中，牛顿第二定律成立，有

$$\boldsymbol{F} = m\boldsymbol{a} = m\boldsymbol{a}' + m\boldsymbol{a}_0,$$

上式可写成

$$\boldsymbol{F} - m\boldsymbol{a}_0 = m\boldsymbol{a}'.$$

显然，此式表明牛顿第二定律在加速运动的参考系 S' 中不成立. 但如果认为质点 m 除受其他物体作用的合力 $\boldsymbol{F}$ 外，还受到一个力

$$\boldsymbol{F}_{\mathrm{i}} = -m\boldsymbol{a}_0, \tag{2-7}$$

则牛顿第二定律在 S' 系中形式上保持不变，有

$$\boldsymbol{F} + \boldsymbol{F}_{\mathrm{i}} = m\boldsymbol{a}'. \tag{2-8}$$

这个在加速运动的参考系中引入的力 $\boldsymbol{F}_{\mathrm{i}}$ 称为惯性力. 式(2-8)表明，在平动加速参考系中，惯性力的大小等于物体的质量乘以非惯性参考系的加速度，方向与非惯性参考系加速度的方向相反.

可见，惯性力是在非惯性系中所受到的一种力，它是由于非惯性系本身的加速运动所引起的. 惯性力不同于物体间相互作用产生的力，它没有施力者，也不存在反作用力. 在这个意义上说，惯性力是一种假想力，它只是物体的惯性在非惯性系中的表现. 例如，你在乘车途中遇到急刹车时，会感到有一个力向前推了你一把，这就是车子这个非惯性系中的惯性力的作用，而在地面惯性系中的观察者看来，这是惯性的表现.

例 2-4

如图 2-5(a) 所示，物体 A，B 的质量分别为 $m_{\mathrm{A}} = 2\ \mathrm{kg}$，$m_{\mathrm{B}} = 3\ \mathrm{kg}$，放在水平桌面上的物体 A 与桌面的摩擦系数 $\mu = 0.25$，B 与 A 用细绳跨过一定滑轮相连. 桌子及物体都放在一升降机里. 细绳与滑轮的质量都可忽略，轴承处的摩擦也可忽略. 求：(1) 当升降机匀速上升时，(2) 当升降机以加速度 $a_0 = 2\ \mathrm{m\cdot s^{-2}}$ 加速上升时，绳中的张力及物体 B 对升降机的加速度.

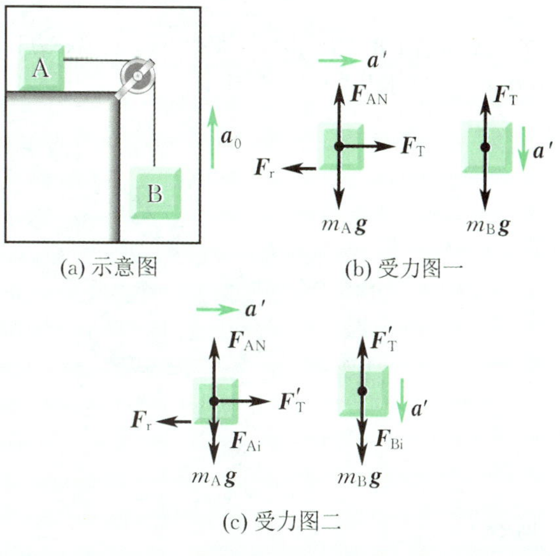

图 2-5

解 (1) 当升降机匀速上升时，隔离物体 A，B，画出其受力图如图 2-5(b) 所示. 设 A，B 系统对升降机的加速度为 $\boldsymbol{a}'$，参考方向如图所示，以升降机为参考系(是惯性系)，由牛顿第二定律，对 A 有

$$F_{\mathrm{T}} - \mu m_{\mathrm{A}} g = m_{\mathrm{A}} a',$$

对 B 有

$$m_{\mathrm{B}} g - F_{\mathrm{T}} = m_{\mathrm{B}} a',$$

联立以上两式解得

$$F_{\mathrm{T}} = \frac{m_{\mathrm{A}} m_{\mathrm{B}} g(1+\mu)}{m_{\mathrm{A}} + m_{\mathrm{B}}}$$

$$=\frac{2\times 3\times 9.8\times(1+0.25)}{2+3}\text{ N}$$

$$=14.7\text{ N},$$

$$a'=\frac{m_B-m_A\mu}{m_A+m_B}g$$

$$=\frac{3-2\times 0.25}{2+3}\times 9.8\text{ m}\cdot\text{s}^{-2}$$

$$=4.9\text{ m}\cdot\text{s}^{-2}.$$

(2) 当升降机以加速度 $a_0=2\text{ m}\cdot\text{s}^{-2}$ 加速上升时,仍以升降机为参考系(非惯性系).此时,物体除受到真实力作用外,还受到惯性力作用.画出A,B的受力图如图2-5(c)所示.由牛顿第二定律,对A,

$$x\text{ 方向}\quad F'_T-\mu F_{AN}=m_Aa',$$

$$y\text{ 方向}\quad F_{AN}-m_Aa_0-m_Ag=0;$$

对B,

$$y\text{ 方向}\quad m_Bg+m_Ba_0-F'_T=m_Ba'.$$

联立以上三式解得

$$F'_T=\frac{m_Am_B(g+a_0)(1+\mu)}{m_A+m_B}$$

$$=\frac{2\times 3\times(9.8+2)\times(1+0.25)}{2+3}\text{ N}$$

$$=17.7\text{ N},$$

$$a'=\frac{(m_B-m_A\mu)(g+a_0)}{m_A+m_B}$$

$$=\frac{(3-2\times 0.25)\times(9.8+2)}{2+3}\text{ m}\cdot\text{s}^{-2}$$

$$=5.9\text{ m}\cdot\text{s}^{-2}.$$

*2. 转动参考系中的惯性力

相对于惯性系转动的参考系也是非惯性系.为简单起见,只讨论匀角速转动的非惯性系的情况.设有一绕垂直固定轴以角速度 ω 在水平面内匀速转动的转动台,台面非常光滑.一质量为 m 的小球用轻弹簧连到转台的中心轴上,如图2-6所示.当转台转动时,地面上的观察者看到弹簧被拉长(见图(a)),因小球做圆周运动需要向心力,此向心力即弹簧拉力 $\boldsymbol{F}$,$\boldsymbol{F}$ 的大小 $F=m\omega^2r$,方向指向圆心,符合牛顿第二定律.而站在转台上的观察者以转台为参考系(非惯性系),虽然也看到弹簧被拉长,有力沿向心方向作用在小球上,但小球却相对转台静止不动,牛顿第二定律无法解释(见图(b)).要使小球保持平衡的事实仍然遵从牛顿第二定律,就必须假设有一个与向心力 $\boldsymbol{F}$ 方向相反、大小相等的力 $\boldsymbol{F}_i$ 作用在小球上,这个力 $\boldsymbol{F}_i$ 称为惯性离心力.$\boldsymbol{F}_i$ 的大小为

$$F_i=m\omega^2r,\tag{2-9}$$

方向与弹性力 $\boldsymbol{F}$ 的方向相反.必须指出,惯性离心力和向心力都作用在同一小球上,它们不是一对作用力和反作用力,即它们不服从牛顿第三定律.

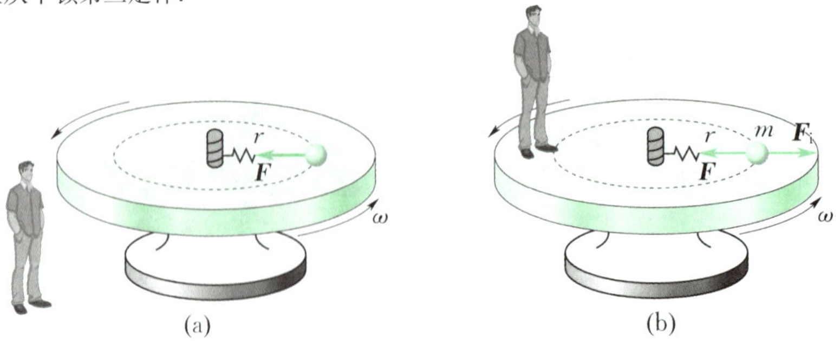

图2-6 惯性离心力

例2-5

如图2-7所示,地球半径 $R=6.4\times10^6$ m,质量 $m_E=5.97\times10^{24}$ kg.若地球自转角速度 $\omega=7.27\times10^{-5}\text{ rad}\cdot\text{s}^{-1}$,有一质量为 m 的物体静止在纬度为 φ 处的地面上,求物体受到的重力.

解 若以地球为参考系,由于地球自转有加速度,是一个非惯性系.在纬度 φ 处的物体除受地球引力 $\boldsymbol{F}$ 和地面托力 $\boldsymbol{F}_N$ 作用外,还要加上一个惯性离心力 $\boldsymbol{F}_i$,$\boldsymbol{F}_i$ 的大小为

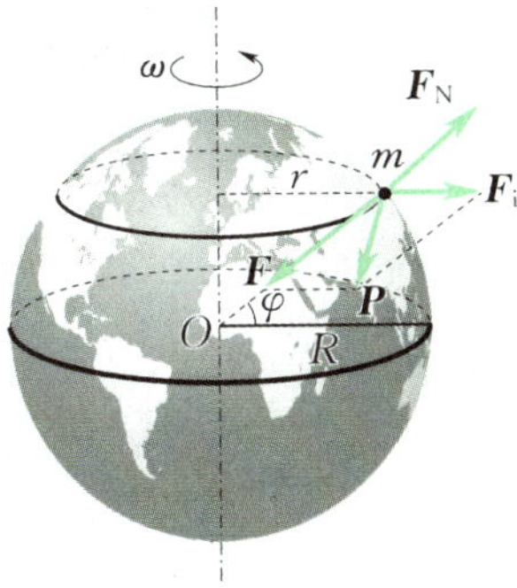

图 2-7

$$F_i = m\omega^2 r = m\omega^2 R\cos\varphi,$$

方向如图所示. 物体受到的重力 $\boldsymbol{P}$ 是地球引力 $\boldsymbol{F}$ 与惯性离心力 $\boldsymbol{F}_i$ 的矢量和, 即

$$\boldsymbol{P} = \boldsymbol{F} + \boldsymbol{F}_i.$$

由于 $\boldsymbol{P}$ 与 $\boldsymbol{F}$ 的夹角很小(约 10^{-3} rad), 故近似地有

$$\begin{aligned} P &\approx F - F_i\cos\varphi = G\frac{m_E m}{R^2} - Rm\omega^2\cos^2\varphi \\ &= G\frac{m_E m}{R^2}\left(1 - \frac{R^3\omega^2}{Gm_E}\cos^2\varphi\right) \\ &= G\frac{m_E m}{R^2}(1 - 0.003\,5\cos^2\varphi), \end{aligned}$$

式中 $G = 6.67\times10^{-11}\ \mathrm{N\cdot m^2\cdot kg^{-2}}$, 为引力恒量.

上式表明, 物体的重量随纬度的增大而增大, 在赤道上 $\varphi = 0$, P 最小; 在南北极 $\varphi = \pm\frac{\pi}{2}$, P 最大; 在其他地区, 物体的重量介于上述两值之间.

转动参考系中惯性力的情况比较复杂, 除了惯性离心力外, 还有其他的惯性力. 例如, 若质点在转台上运动, 则质点还会受到与速度大小有关的侧向惯性力. 这种力称为科里奥利力. 又如, 当转台做加速转动时, 在转台上静止的质点还有切向加速度, 相应地也会出现切向的惯性力. 有关转动参考系中惯性力的详细论述, 读者可参考有关理论力学的书籍.

思考题

2-1　用一沿水平方向的外力 $\boldsymbol{F}$ 将质量为 m 的物体压在竖直墙上, 如图 2-8 所示. 若墙与物体间的静摩擦系数为 μ_s, 则物体与墙之间的静摩擦力为多大? 如果外力 $\boldsymbol{F}$ 增大一倍, 静摩擦力将如何变化?

2-2　一辆静止的车被后面开来的车碰撞, 两车的驾驶员都受了点伤, 你能否根据驾驶员受伤的情况来判断哪 辆车是停着的, 哪一辆车是开动的?

2-3　火车司机要开动很重的列车时, 总是先开倒车, 使车往后退一下, 然后再往前开, 为什么这样做容易使列车开出?

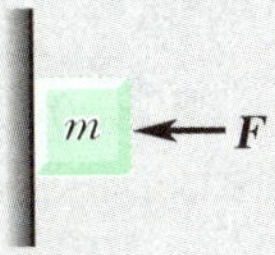

图 2-8

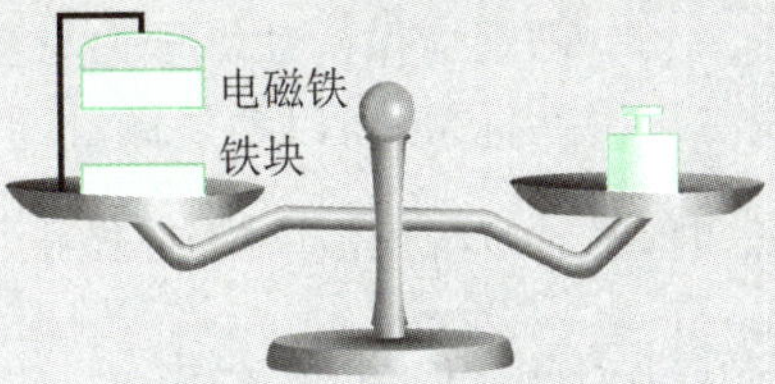

图 2-9

2-4　在托盘天平的两盘中, 一边放着电磁铁, 另一边放着砝码, 天平恰好平衡, 如图 2-9 所示. 当电磁铁电路(图中未画出) 接通的那一瞬间(铁块被吸离了盘底又未到达电磁铁), 天平是否失去平衡?

2-5　跨过两个定滑轮的绳子, 两端各挂一个质量为 m 的完全相同的小球. 开始时两球处于同一高度, 忽略滑轮质量及滑轮与轴间的摩擦.

(1) 将右边小球约束, 使之不动, 使左边小球在水平面上做匀速圆周运动(圆锥摆), 如图 2-10(a) 所示. 去掉约束时, 右边小球能否保持平衡? 说明理由.

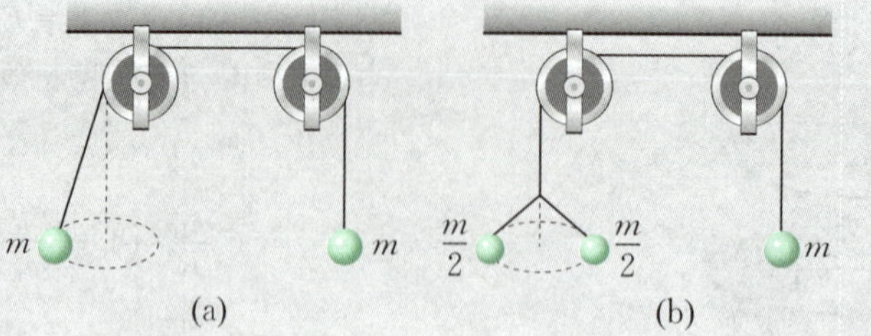

图 2-10

(2) 如用两个质量均为$\frac{1}{2}m$的小球代替左边的小球,同样将右边小球约束住,使左边两个小球绕竖直轴对称匀速地旋转,如图 2-10(b) 所示. 去掉约束时,右边小球又能否保持平衡?说明理由.

2-6 试述惯性力与物体间的相互作用力的主要相同点和不同点.

§2.3 力的空间积累效应

牛顿第二定律反映了物体所受外力与物体运动状态变化的瞬时效应. 事实上,在很多情况下,物体所受的力是持续的,因此,我们不仅要研究力的瞬时效应,还要研究在力的持续作用下,物体运动状态变化的情形,也就是研究力对物体产生的积累效应. 力的积累效应包括力的空间积累效应和力的时间积累效应. 本节讨论力的空间积累效应.

2.3.1 功 功率

1. 恒力做功

大小、方向均不变的力称为**恒力**. 一质点在恒力 $\boldsymbol{F}$ 作用下由 a 点沿直线运动到 b 点,力的作用点的位移为 $\Delta\boldsymbol{r}$(见图 2-11),$\boldsymbol{F}$ 与 $\Delta\boldsymbol{r}$ 的夹角为 α,则恒力 $\boldsymbol{F}$ 做的功定义为**力沿位移方向的分量与力作用点位移大小的乘积**,用 W 表示,

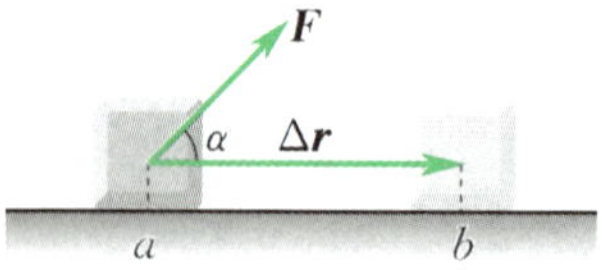

图 2-11 恒力做功

$$W = F\cos\alpha\,|\Delta\boldsymbol{r}| = \boldsymbol{F}\cdot\Delta\boldsymbol{r}, \qquad (2-10)$$

即**恒力做的功等于力与质点位移的点积**. 因为两矢量点积的结果为一标量,所以功是标量. 但功有正负,由式(2-10)知,功的正负由夹角 α 决定,当 $0\leqslant\alpha<\frac{\pi}{2}$ 时,$W>0$,表示力对物体做正功;当 $\alpha=\frac{\pi}{2}$ 时,$W=0$,力对物体不做功;当 $\frac{\pi}{2}<\alpha\leqslant\pi$ 时,$W<0$,力对物体做负功. 在 SI 中,功的单位为焦耳(J),1 J = 1 N·m.

2. 变力做功

如果质点在变力作用下运动,则式(2-10)不能直接套用. 如图 2-12 所示,质点在变力 $\boldsymbol{F}$ 作用下沿任意曲线轨迹由 a 点运动到 b 点,计算变力 $\boldsymbol{F}$ 在此过程中对质点所做的功. 把曲线 ab 分成许多微小弧段,当弧段足够小时,弧长近似等于弦长,图中画出了与任一微小弧段 $\mathrm{d}s$ 对应的元位移 $\mathrm{d}\boldsymbol{r}$. 因 $\mathrm{d}\boldsymbol{r}$ 无限小,可认为在 $\mathrm{d}\boldsymbol{r}$ 上 $\boldsymbol{F}$ 的大小和方向均不变,则由式(2-10)得到力 $\boldsymbol{F}$ 在元位移 $\mathrm{d}\boldsymbol{r}$ 上对质点做的**元功**为

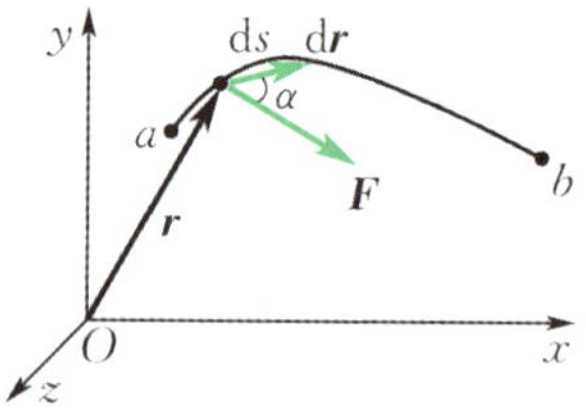

图 2-12 变力做功

$$dW = \boldsymbol{F} \cdot d\boldsymbol{r},$$

从 a 到 b 变力 $\boldsymbol{F}$ 做的总功等于所有元功的代数和. 若 $\boldsymbol{F}$ 在 ab 上连续，上述求和就变成了积分，即

$$W = \int_a^b \boldsymbol{F} \cdot d\boldsymbol{r} = \int_a^b F\cos\alpha\,|d\boldsymbol{r}| = \int_a^b F_t\,ds, \tag{2-11}$$

式中 F_t 是力 $\boldsymbol{F}$ 在元位移 $d\boldsymbol{r}$ 方向上的分量. 式(2-11)是计算变力做功的一般式. 如果建立的是直角坐标系，力和元位移可表示为 $\boldsymbol{F} = F_x\boldsymbol{i} + F_y\boldsymbol{j} + F_z\boldsymbol{k}$，$d\boldsymbol{r} = dx\boldsymbol{i} + dy\boldsymbol{j} + dz\boldsymbol{k}$，式(2-11)可表示为

$$\begin{aligned} W &= \int_a^b \boldsymbol{F} \cdot d\boldsymbol{r} = \int_a^b (F_x dx + F_y dy + F_z dz) \\ &= \int_a^b F_x dx + \int_a^b F_y dy + \int_a^b F_z dz. \end{aligned} \tag{2-12}$$

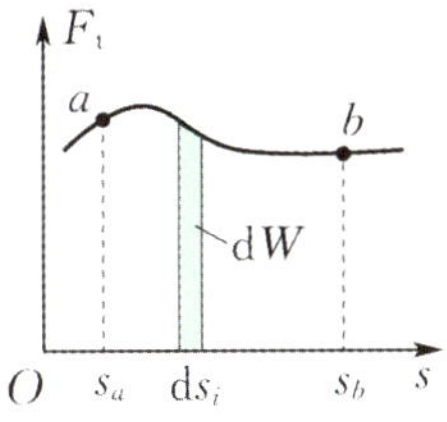

图 2-13　示功图

上述积分是线积分，一般与路径有关，故功是一个过程量.

功也可以用图解法计算. 以路程 s 为横坐标，变力 F_t 为纵坐标，设 F_t 随路程 s 变化的关系如图 2-13 所示，则元功 dW 数值上等于图中小矩形的面积，总功 W 数值上等于 F_t 曲线下 ab 段与横轴所围的面积. 图 2-13 也称为示功图，工程上常用此法来计算变力做的功.

3. 合力做功

若质点同时受到 n 个力 $\boldsymbol{F}_1, \boldsymbol{F}_2, \cdots, \boldsymbol{F}_n$ 作用，一般不先求合力，再求合力做的功，而是先求各分力做的功，然后相加获得合力做的功，

$$W = \int_a^b \boldsymbol{F} \cdot d\boldsymbol{r} = \int_a^b (\boldsymbol{F}_1 + \boldsymbol{F}_2 + \cdots + \boldsymbol{F}_n) \cdot d\boldsymbol{r} = \int_a^b \boldsymbol{F}_1 \cdot d\boldsymbol{r} + \int_a^b \boldsymbol{F}_2 \cdot d\boldsymbol{r} + \cdots + \int_a^b \boldsymbol{F}_n \cdot d\boldsymbol{r}, \tag{2-13}$$

即合力做的功等于各分力做的功的代数和.

4. 功率

功率是表征做功快慢程度的物理量，即单位时间内所做的功，用符号 P 表示. 如果 Δt 内完成功 W，则 Δt 内的平均功率为

$$\overline{P} = \frac{W}{\Delta t}.$$

当 $\Delta t \to 0$ 时，即得某时刻的瞬时功率

$$P = \lim_{\Delta t \to 0} \frac{W}{\Delta t} = \frac{dW}{dt} = \boldsymbol{F} \cdot \boldsymbol{v}. \tag{2-14}$$

式(2-14)表明，瞬时功率等于力与速度的点积. 对于恒定功率的机械(如汽车)，v 大则 F 小，v 小则 F 大. 故汽车在爬坡时，常用换挡的办法，减小速度，以增大牵引力. 在 SI 中，功率的单位是瓦特(W)，$1\ \text{W} = 1\ \text{J} \cdot \text{s}^{-1}$.

例 2-6

如图 2-14 所示，一单摆摆球质量为 m，摆长为 l. 用一水平力 $\boldsymbol{F}$ 无限缓慢地把摆球从平衡位置拉到摆线与竖直方向成 θ_0 角的位置. 求此过程中力 $\boldsymbol{F}$ 做的功.

解　过程无限缓慢，可认为摆球在轨迹上任意一点受力平衡. 如图 2-14 所示，在 θ 处取元位移 $d\boldsymbol{r}$，$d\boldsymbol{r}$ 上的拉力 $\boldsymbol{F}$ 的大小可由三力(拉力 $\boldsymbol{F}$、重力 $m\boldsymbol{g}$ 和绳子张力 $\boldsymbol{F}_T$)平衡求得. 由图，有

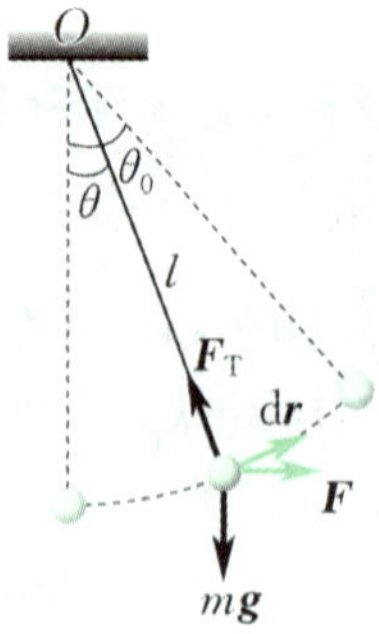

图 2-14

$$\begin{cases} F - F_T \sin\theta = 0, \\ F_T \cos\theta - mg = 0, \end{cases}$$

即

$$F = mg\tan\theta \text{（为一变力）}.$$

$\boldsymbol{F}$ 在 $\mathrm{d}\boldsymbol{r}$ 上做的元功为

$$\mathrm{d}W = \boldsymbol{F}\cdot\mathrm{d}\boldsymbol{r} = F|\mathrm{d}\boldsymbol{r}|\cos\theta = F\cos\theta\cdot l\mathrm{d}\theta.$$

θ 从 0 到 θ_0，拉力 $\boldsymbol{F}$ 做的总功

$$W = \int \mathrm{d}W = \int_0^{\theta_0} mg\tan\theta\cos\theta l\,\mathrm{d}\theta = mgl(1-\cos\theta_0).$$

例 2-7

一质点从原点 O 出发，受到一个二维力 $\boldsymbol{F} = 2y^2\boldsymbol{i} + 2x\boldsymbol{j}$ (SI) 作用，沿如图 2-15 所示的两条路径到达同样的终点 B. 求：(1) 沿路径 OAB 运动过程中力 $\boldsymbol{F}$ 做的功；(2) 沿路径 OB 运动过程中力 $\boldsymbol{F}$ 的功.

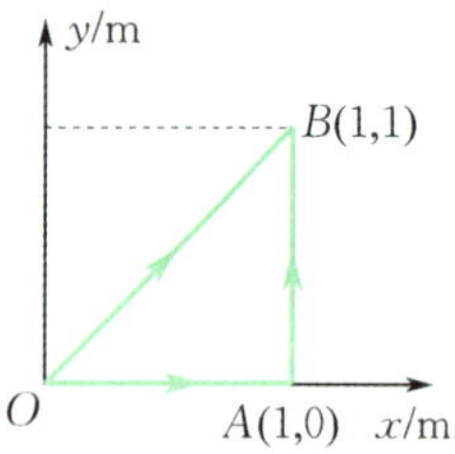

图 2-15

解　由式(2-12)，从原点 O 经任意路径到 P 点，力 $\boldsymbol{F}$ 做的功为

$$W_{OP} = \int_O^P \boldsymbol{F}\cdot\mathrm{d}\boldsymbol{r} = \int_0^x F_x\mathrm{d}x + \int_0^y F_y\mathrm{d}y.$$

本例中 $F_x = 2y^2$，$F_y = 2x$，所以

$$W_{OP} = \int_0^x 2y^2\mathrm{d}x + \int_0^y 2x\mathrm{d}y.$$

(1) 因为在 OA 上，$y=0$，$\mathrm{d}y=0$；在 AB 上，$x=1$，$\mathrm{d}x=0$，所以

$$W_{OAB} = W_{OA} + W_{AB} = 0 + \int_0^1 2\times 1\mathrm{d}y = 2\ \mathrm{J}.$$

(2) 因为在路径 OB 上，$x=y$，所以

$$W_{OB} = \int_0^1 2x^2\mathrm{d}x + \int_0^1 2y\mathrm{d}y = \left(\frac{2}{3} + 2\times\frac{1}{2}\right)\mathrm{J} = \frac{5}{3}\ \mathrm{J}.$$

结果表明，质点沿不同路径到达 B 点，力 $\boldsymbol{F}$ 所做的功不相等，即功是一个过程量，功的值与力的性质有关. 后面将看到，有些力做功与路径无关，只与始末位置有关.

2.3.2　动能　动能定理

下面从牛顿定律出发，考虑力的空间积累效应，即讨论力对物体做功后，物体的运动状态将发生怎样的变化.

在宏观低速情况下，牛顿第二定律的动量形式 $\boldsymbol{F} = \dfrac{\mathrm{d}\boldsymbol{p}}{\mathrm{d}t}$ 可以写成

$$\boldsymbol{F} = m\frac{\mathrm{d}\boldsymbol{v}}{\mathrm{d}t},$$

上式两边点乘元位移 $\mathrm{d}\boldsymbol{r}$，有

$$\boldsymbol{F}\cdot\mathrm{d}\boldsymbol{r} = m\frac{\mathrm{d}\boldsymbol{v}}{\mathrm{d}t}\cdot\mathrm{d}\boldsymbol{r} = m\boldsymbol{v}\cdot\mathrm{d}\boldsymbol{v}.$$

由图 2-16 可见，$\boldsymbol{v}\cdot\mathrm{d}\boldsymbol{v} = v|\mathrm{d}\boldsymbol{v}|\cos\alpha = v\mathrm{d}v$，所以

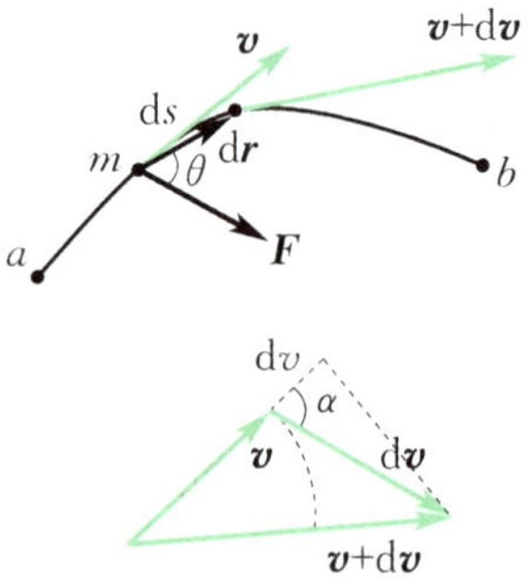

图 2-16　变力 $\boldsymbol{F}$ 作用下质点的运动

$$\boldsymbol{F}\cdot \mathrm{d}\boldsymbol{r}=mv\mathrm{d}v=\mathrm{d}\left(\frac{1}{2}mv^2\right).$$

若质点在合外力 $\boldsymbol{F}$ 作用下沿曲线从 a 点运动到 b 点，对应于始末两点的速率分别为 v_1 和 v_2，则积分上式有

$$W=\int_a^b \boldsymbol{F}\cdot \mathrm{d}\boldsymbol{r}=\int_{v_1}^{v_2}\mathrm{d}\left(\frac{1}{2}mv^2\right)=\frac{1}{2}mv_2^2-\frac{1}{2}mv_1^2. \tag{2-15}$$

由式(2-15)可知，如果把 $\frac{1}{2}mv^2$ 看作一个独立的物理量，则该物理量就是与力的空间积累效应相联系. 称 $\frac{1}{2}mv^2$ 为质点的动能，用 E_k 表示，即

$$E_\mathrm{k}=\frac{1}{2}mv^2. \tag{2-16}$$

动能的单位与功一致，即焦耳(J). 动能是 1695 年由莱布尼兹首先提出的，当时称为“活力”，意为动力学的力，牛顿称它为运动. 引入动能后，式(2-15) 又可写成

$$W=E_{\mathrm{k}2}-E_{\mathrm{k}1}. \tag{2-17}$$

式(2-15) 或(2-17) 称为质点动能定理，即合外力对质点做的功等于质点动能的增量.

例 2-8

质量 $m=2$ kg 的质点沿 x 轴做直线运动，所受合外力 $F=10+x^2$(SI)，如果质点在 $x=0$ 处的速度 $v_0=0$，试求质点运动到 $x=4$ m 处时的速度大小.

解　本例给出了力随坐标 x 变化的函数关系，可直接按功的定义式求力做的功，再由动能定理可求得质点的速度.

质点从 $x=0$ 运动到 $x=4$ m时，变力 F 做的功为

$$W=\int F\mathrm{d}x=\int_0^4(10+x^2)\mathrm{d}x$$
$$=\left(40+\frac{64}{3}\right)\mathrm{J}=\frac{184}{3}\mathrm{J}.$$

由动能定理 $W=\frac{1}{2}mv^2-\frac{1}{2}mv_0^2$，可得

$$v=\sqrt{\frac{2W}{m}}=\sqrt{\frac{2\times 184}{2\times 3}}\ \mathrm{m\cdot s^{-1}}$$
$$=7.8\ \mathrm{m\cdot s^{-1}}.$$

§2.4　保守力做功　势能　机械能守恒定律

2.4.1　保守力做功

1. 重力做功

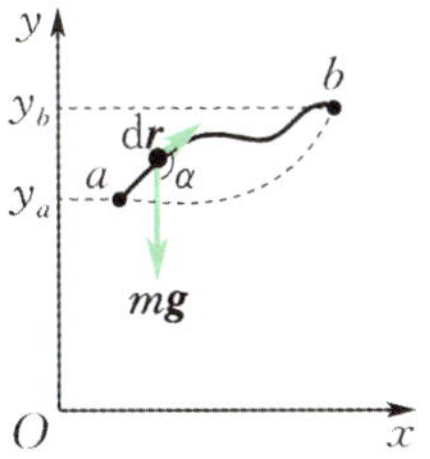

图 2-17　重力做功

质量为 m 的质点，在重力 $m\boldsymbol{g}$ 的作用下，沿任意曲线从 a 点运动到 b 点，如图 2-17 所示，计算重力做的功. 重力是恒力，重力功可按式(2-10) 计算，也可按式(2-12) 计算. 在 ab 上任取元位移 $\mathrm{d}\boldsymbol{r}$，重力在 $\mathrm{d}\boldsymbol{r}$ 上做的元功为

$$\mathrm{d}W=\boldsymbol{F}\cdot\mathrm{d}\boldsymbol{r}=-mg\boldsymbol{j}\cdot(\mathrm{d}x\boldsymbol{i}+\mathrm{d}y\boldsymbol{j})=-mg\mathrm{d}y.$$

质点由 a 点沿任意曲线运动到 b 点，重力做的总功为

$$W=\int_{y_a}^{y_b}-mg\,\mathrm{d}y=-(mgy_b-mgy_a).\tag{2-18}$$

由于路径是任意的，只要质点由 a 点运动到 b 点，始末位置一定，不论沿哪一条路径，重力对质点所做的功都是相同的，即重力做功与路径无关，仅与质点的始末位置有关.

2. 弹性力做功

如图 2-18 所示，一轻弹簧置于光滑水平面上，一端固定，另一端系一质量为 m 的小球. 小球在弹簧弹力作用下，沿直线从 a 点运动到 b 点，计算此过程中弹力做的功.

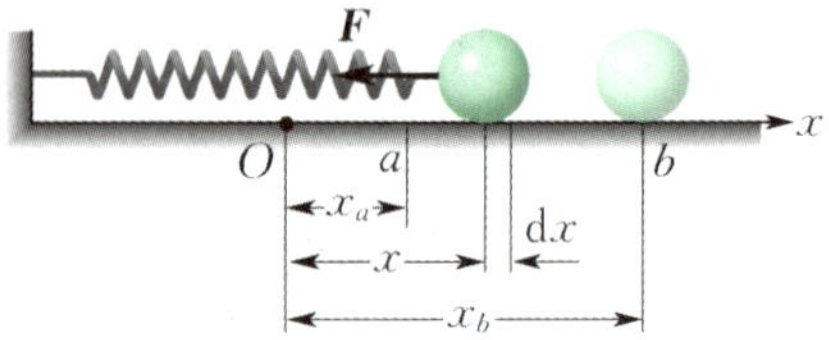

图 2-18 弹性力做功

以弹簧无形变时小球所在位置为坐标原点 O，水平向右为 x 轴正方向，小球在 a 点和 b 点的位置用坐标 x_a 和 x_b 表示，这是变力做功的典型例子. 在 ab 上 x 处取元位移 $\mathrm{d}\boldsymbol{r}=\mathrm{d}x\boldsymbol{i}$，作用于小球的弹性力为 $\boldsymbol{F}=-kx\boldsymbol{i}$，式中 k 为弹簧的劲度系数. 弹力在 $\mathrm{d}\boldsymbol{r}$ 上做的元功为

$$\mathrm{d}W=\boldsymbol{F}\cdot\mathrm{d}\boldsymbol{r}=-kx\,\mathrm{d}x.$$

小球在弹力作用下由 a 点移到 b 点，弹力对小球做的总功为

$$W_{ab}=\int_{x_a}^{x_b}-kx\,\mathrm{d}x=-\left(\frac{1}{2}kx_b^2-\frac{1}{2}kx_a^2\right).\tag{2-19}$$

可见，弹性力对小球做的功只与小球始末位置有关，与小球的运动路径无关.

3. 万有引力做功

两个质量分别为 M 和 m 的质点，设 M 固定不动，并取 M 所在位置为坐标原点. 质点 m 在 M 的引力场中从 a 点（位置坐标为 r_a）沿任意路径运动到 b 点（位置坐标为 r_b），如图 2-19 所示，计算 M 对 m 的万有引力做的功.

在 ab 上任取元位移 $\mathrm{d}\boldsymbol{r}$，$\mathrm{d}\boldsymbol{r}$ 上作用于 m 的万有引力为

$$\boldsymbol{F}=-G\frac{Mm}{r^3}\boldsymbol{r},$$

式中 G 为万有引力常量. $\boldsymbol{F}$ 在 $\mathrm{d}\boldsymbol{r}$ 上做的元功为

$$\mathrm{d}W=\boldsymbol{F}\cdot\mathrm{d}\boldsymbol{r}=-G\frac{Mm}{r^3}\boldsymbol{r}\cdot\mathrm{d}\boldsymbol{r}.$$

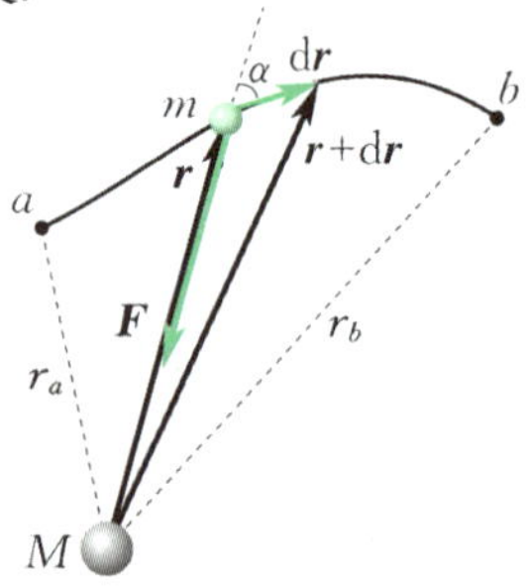

图 2-19 万有引力做功

由图 2-19 可以看出，$\boldsymbol{r}\cdot\mathrm{d}\boldsymbol{r}=r|\mathrm{d}\boldsymbol{r}|\cos\alpha=r\mathrm{d}r$，质点 m 由 a 点运动到 b 点，万有引力做的总功为

$$W=\int_{r_a}^{r_b}-G\frac{Mm}{r^2}\mathrm{d}r=-\left(G\frac{Mm}{r_a}-G\frac{Mm}{r_b}\right).\tag{2-20}$$

由此可见，万有引力做功也只与两质点初态和末态的相对位置有关，而与质点经过的路径无关.

综上所述，重力、弹性力、万有引力有一共同的特点：力做功只与运动质点的始末位置有关，而与质点经由的路径无关. 一般地，**如果一力场 $\boldsymbol{F}(\boldsymbol{r})$ 对质点所做的功仅取决于质点运动的始末位置，而与运动的路径无关，这种力就称为保守力，相应的力场称为保守力场**. 重力、弹性力、万有引力都是保守力. 此外，还有静电场力、分子力等也是保守力. 如果一个力做功不仅与始末位置有关，还与物体运动路径有关，这种力就称为**非保守力**. 如摩擦力、空气阻力、磁力等都是非保守力.

2.4.2 势能

保守力做功与路径无关的性质，大大地简化了保守力做功的计算，并由此引出了势能的概念. 为了便于分析比较，把重力、弹力和万有引力做功的结果重列如下：

$$W_{重} = -(mgy_b - mgy_a),$$

$$W_{弹} = -\left(\frac{1}{2}kx_b^2 - \frac{1}{2}kx_a^2\right),$$

$$W_{引} = -\left[\left(-G\frac{Mm}{r_b}\right) - \left(-G\frac{Mm}{r_a}\right)\right].$$

不难看出，以上三式左边都是保守力做的功，而右边都是两项与相互作用的质点的相对位置有关的函数的增量的负值. 功总是与能量的改变相联系. 因此，上述三式右边由系统相对位置决定的函数必定是某种能量的函数形式. 我们将其称为**势能函数**，用 E_p 表示. 引入势能 E_p 后，上述三式可以统一用一个式子表示，即

$$W_{保} = \int_a^b \boldsymbol{F}_{保} \cdot \mathrm{d}\boldsymbol{r} = -(E_{pb} - E_{pa}) = -\Delta E_p, \tag{2-21}$$

式(2-21)表明，**保守力做的功等于系统势能增量的负值**.

式(2-21)定义的实际上是质点在两个位置的势能之差，要确定质点在某一位置的势能值，必须选定一参考位置，规定质点在这一位置的势能为零，即以该点为势能零点. 如在式(2-21)中，选 $E_{pb} = 0$，则有

$$E_{pa} = \int_a^b \boldsymbol{F}_{保} \cdot \mathrm{d}\boldsymbol{r}, \tag{2-22}$$

即**质点在保守力场中某一位置的势能，数值上等于质点从该点经任意路径移动到势能零点时保守力所做的功**. 势能是一个标量，在 SI 中，势能的单位为焦耳(J).

由式(2-22)，只要知道保守力的力函数，选取势能零点后即可求出质点在指定点的势能. 如已知万有引力的力函数为 $\boldsymbol{F} = -G\frac{Mm}{r^3}\boldsymbol{r}$，若取 $r \to \infty$ 时，$E_{p\infty} = 0$，即取 m 与 M 相距无限远时为引力势能的零点，则当 m 与 M 相距 r 时的**引力势能**为

$$E_{p引} = -G\frac{Mm}{r}. \tag{2-23}$$

同理可以证明，若取 $y = 0$ 处为重力势能的零点，则物体在 $y = h$ 处的**重力势能**为

$$E_{p重} = mgh; \tag{2-24}$$

若取弹簧的自由端为坐标原点 O 及弹性势能的零点，则弹簧伸长或压缩 x 时的**弹性势能**为

$$E_{p弹} = \frac{1}{2}kx^2. \tag{2-25}$$

将势能随相对位置变化的函数关系用一曲线表示，即为**势能曲线**. 图 2-20 给出了上述三种势能的势能曲线.

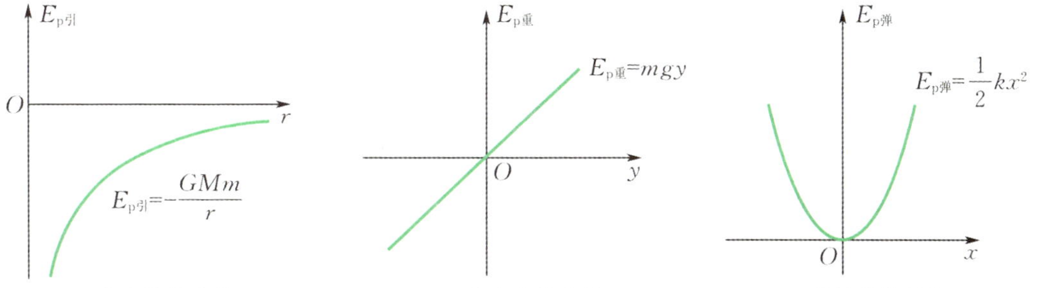

(a) 引力势能曲线　(b) 重力势能曲线　(c) 弹性势能曲线

图 2-20　势能曲线

必须强调的是，势能是一个相对量，当选择不同的势能零点，质点在同一位置的势能有不同

的值,但势能之差是个绝对量,即任意两个给定位置的势能之差总是相同的,势能差与势能零点的选择无关.另需注意的是,势能是根据保守力的特点引入的,只有在保守力场中,才有与之相关的势能.因此,势能应属于以保守力相互作用的物体所组成的系统,而不应把它看作属于某一物体.例如,重力势能应属于质点和地球组成的系统,弹性势能应属于弹簧和与弹簧连接的质点所组成的系统,引力势能应属于相互吸引的质点所组成的系统等.

2.4.3 机械能守恒定律

1. 质点系的动能定理与功能原理

前一节介绍的动能定理只适用于单个质点,实际问题中常常遇到几个物体组成的系统,为此有必要把单个质点的动能定理推广到由若干个物体(质点)组成的系统(质点系).

设系统内有 n 个质点,系统受到的作用力有内力和外力之分.把系统内质点间的相互作用力称为内力,系统外物体对系统内各质点的作用力称为外力.图 2-21 所示为两质点组成的系统,虚线框为系统的范围,$\boldsymbol{F}_{12}=-\boldsymbol{F}_{21}$ 为系统内质点间相互作用的内力,$\boldsymbol{F}_1$,$\boldsymbol{F}_2$ 为系统外物体对系统内质点作用的外力.对系统内任一质点(如第 i 个质点)应用质点动能定理,有

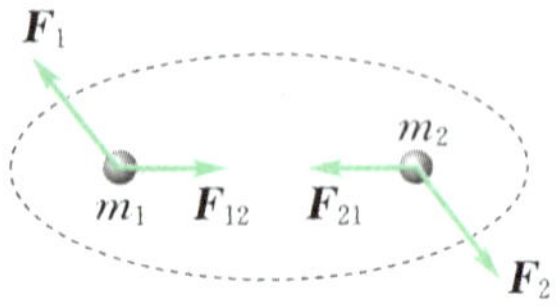

图 2-21 内力与外力

$$W_i=E_{ki}-E_{ki0},$$

等式右边为第 i 个质点动能的增量,左边为该质点所受力做的功.这个功既包含外力做的功,也包含内力做的功,故将上式左边写成两项之和,即

$$W_{i外}+W_{i内}=E_{ki}-E_{ki0}.$$

将上式对系统内所有质点求和,得

$$\sum W_{i外}+\sum W_{i内}=\sum E_{ki}-\sum E_{ki0},$$

式中 $\sum E_{ki}$ 和 $\sum E_{ki0}$ 分别为质点系末态和初态的总动能,分别简记为 E_k 和 E_{k0}. $\sum W_{i外}$ 和 $\sum W_{i内}$ 分别为外力和内力对质点系做的功的代数和,分别简记为 $W_外$ 和 $W_内$,这样上式可写成

$$W_外+W_内=E_k-E_{k0}, \tag{2-26}$$

即作用于质点系的一切外力及内力所做的功的代数和等于质点系总动能的增量,这一结论称为质点系的动能定理.该定理表明,即使外力对系统不做功,通过内力做功也可以改变系统的总动能.

另外,质点系相互作用的内力还可分为保守内力和非保守内力,于是内力做的功又可分为保守内力做的功和非保守内力做的功,分别记作 $W_{保内}$ 和 $W_{非保内}$,则式(2-26)又可写成

$$W_外+(W_{保内}+W_{非保内})=E_k-E_{k0}.$$

根据式(2-21),保守内力做的功之和等于质点系势能增量的负值,即 $W_{保内}=-(E_p-E_{p0})$,代入上式并整理得

$$W_外+W_{非保内}=(E_k+E_p)-(E_{k0}+E_{p0}). \tag{2-27a}$$

质点系的动能 E_k 与势能 E_p 之和称为质点系的机械能,用 E 表示,

$$E=E_k+E_p,$$

则式(2-27a)又可写成

$$W_外+W_{非保内}=E-E_0, \tag{2-27b}$$

上式表明:外力做的功与非保守内力做功之和等于质点系机械能的增量,这个结论称为质点系的功能原理.

2. 机械能守恒定律

从功能原理可知，一个质点系的机械能可以通过外力做功而发生变化，也可以通过系统内部的非保守内力做功而发生变化. **如果一个质点系内只有保守内力做功，而非保守内力与外力都不做功，则质点系的机械能守恒**，即当 $W_{外}=0$ 且 $W_{非保内}=0$，有

$$E=E_k+E_p=恒量, \tag{2-28}$$

式(2-28)称为**机械能守恒定律**.

在满足机械能守恒的条件时，质点系内各质点的动能可以互相传递，质点系的动能和势能之间以及质点系的一种势能和另一种势能之间也可以互相转化，但在运动过程中的任一时刻，或者说质点系处于任一状态，质点系的动能与势能的总和却保持不变.

应该指出，机械能守恒定律仅在惯性系内成立. 应用机械能守恒定律处理问题的基本步骤与应用功能原理大致相同，但必须强调指出，要仔细判断守恒条件是否满足，即 $W_{外}=0$ 和 $W_{非保内}=0$ 是否同时成立，这是正确运用机械能守恒定律的关键. 在自然界中，除了机械运动以外，还有其他运动发生，如电磁、光、热、化学反应等，不同的运动形态对应着不同形式的能量. 大量实验表明，一个不受外界作用的系统(亦称**孤立系统**)，经历任何变化时，系统中各种形式的能量的总和是不变的，能量仅是从一种形式转化为另一种形式或从系统内的一个物体转移至另一个物体. 这就是普遍的**能量守恒定律**. 它是物理学中最普遍的定律之一，也是自然界最基本的规律之一.

例 2-9

如图 2-22 所示，轻弹簧一端固定在斜面的上端，另一端系一质量为 m 的物体，物体与斜面间的摩擦系数为 μ，弹簧的劲度系数为 k，斜面倾角为 θ. 若将物体由弹簧的自然长度拉伸 l 后由静止释放，求物体第一次静止的位置.

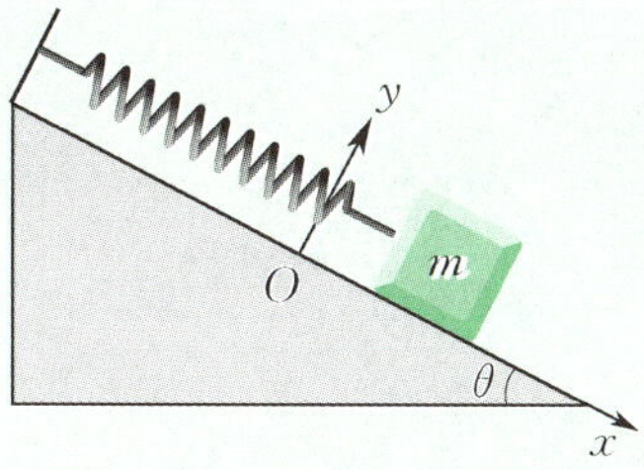

图 2-22

解　以弹簧、物体、地球为系统，弹力和重力为保守内力，系统不存在非保守内力，摩擦外力做负功. 取弹簧自然伸长处为坐标原点，沿斜面向下为 x 轴正方向，建立的坐标系如图 2-22 所示.

设物体第一次静止在 x 轴的 x 处，取 O 点为弹性势能和重力势能的零点，系统初态的机械能为

$$\frac{1}{2}kl^2-mgl\sin\theta,$$

物体向上滑至 x 处时，系统末态的机械能为

$$\frac{1}{2}mv^2+\frac{1}{2}kx^2-mgx\sin\theta.$$

由系统功能原理，有

$$-\mu mg\cos\theta(l-x)=\left(\frac{1}{2}mv^2+\frac{1}{2}kx^2-mgx\sin\theta\right)-\left(\frac{1}{2}kl^2-mgl\sin\theta\right).$$

物体静止的位置与 $v=0$ 对应，故有

$$\frac{1}{2}kx^2-mgx(\sin\theta+\mu\cos\theta)+mgl(\sin\theta+\mu\cos\theta)-\frac{1}{2}kl^2=0.$$

解此二次方程，得

$$x=\frac{2mg(\sin\theta+\mu\cos\theta)}{k}-l,$$

另一解 $x=l$，即初位置，舍去.

读者应通过本例,领会应用功能原理解题的步骤:(1) 选系统;(2) 分析对象受力情况与运动过程,注意正确区分内力和外力、保守内力和非保守内力,明确哪些力做功;(3) 选定势能零点,写出系统初态和末态的机械能;(4) 根据功能原理建立方程,求得结果.

例 2-10

如图 2-23 所示,总长为 l 的均匀细链条,开始时长为 a 的一段从桌面边缘下垂,另一部分放在光滑水平桌面上,并用手按住 A 端,使整个链条静止不动,然后放手,链条开始下滑.求链条刚好完全离开桌面时的速率.

解 把链条和地球看作一个系统.因桌面光滑,链条滑动过程中只有保守内力(重力)做功,所以系统机械能守恒.

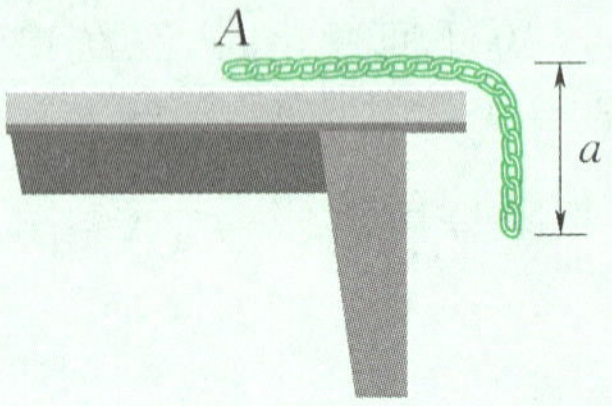

图 2-23

设链条质量为 m,以水平桌面为重力势能零点.刚放手时为系统初态,链条刚好完全离开桌面时为系统末态.系统初态机械能为

$$E_0=-\frac{m}{l}ag\ \frac{a}{2},$$

系统末态机械能为

$$E=-mg\ \frac{l}{2}+\frac{1}{2}mv^2.$$

由机械能守恒定律,有

$$-mg\ \frac{l}{2}+\frac{1}{2}mv^2=-\frac{m}{l}ag\ \frac{a}{2},$$

解得

$$v=\sqrt{\frac{g}{l}(l^2-a^2)}.$$

例 2-11

在地面上发射一航天器,使之能脱离地球的引力场所需的最小发射速度称为**第二宇宙速度**.地球半径取 $R=6.4\times10^6$ m,试求第二宇宙速度.

解 选地球和航天器为系统.一个航天器在它的燃料烧完后逃离地球的过程中,只有万有引力——保守内力做功,符合机械能守恒的条件.以 v 表示航天器离开地面的速度(即它的燃料烧完时的速度),以 v_∞ 表示航天器脱离地球引力场时的速度(相对地面参照系).设航天器与地球距离无穷远时为引力势能零点,航天器在地球表面时,系统机械能为 $\frac{1}{2}mv^2-G\frac{mm_E}{R}$(其中 m 为航天器质量,m_E 为地球质量);航天器与地球距离无穷远时,系统机械能为 $\frac{1}{2}mv_\infty^2$.根据机械能守恒定律,有

$$\frac{1}{2}mv^2-G\frac{mm_E}{R}=\frac{1}{2}mv_\infty^2.$$

对应于最小发射速度,$v_\infty=0$,即有

$$\frac{1}{2}mv^2-G\frac{mm_E}{R}=0,$$

由此可得

$$v=\sqrt{\frac{2Gm_E}{R}}.$$

由于在地面上 $\frac{Gm_E}{R^2}=g$,所以

$$v=\sqrt{2Rg},$$

代入数据可得

$$\begin{aligned}v&=\sqrt{2\times6.4\times10^6\times9.8}\ \mathrm{m\cdot s^{-1}}\\&=1.12\times10^4\ \mathrm{m\cdot s^{-1}}.\end{aligned}$$

人类要登上月球,或要飞向其他行星,首先必须要脱离地球的引力场,因此,这类航天器的发射速度必须大于第二宇宙速度.

思考题

2-7　如图 2-24 所示，行星绕太阳 S 做椭圆轨道运动，从近日点 P 向远日点 A 运行的过程中，太阳对它的引力做正功还是做负功？从远日点 A 向近日点 P 运行的过程中，太阳对它的引力做正功还是做负功？分别判断行星的动能以及行星-太阳系统的引力势能在这两个阶段中是增加还是减少.

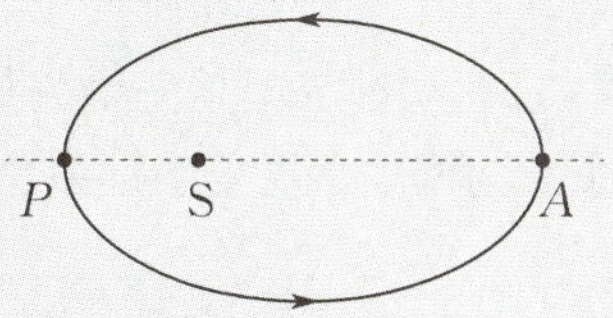

图 2-24

2-8　某人把一物体由静止开始举高到 h 时，使物体获得速度 v，在此过程中，人对物体做功为 W，则有 $W=\frac{1}{2}mv^2+mgh$. 这一结果正确吗？可以理解为“合外力对物体做的功等于物体动能的增量与势能的增量之和”吗？为什么？

2-9　保守力有什么特点？保守力做功与势能的关系如何？

2-10　如图 2-25 所示，劲度系数为 k 的弹簧，上端固定，下端悬挂重物. 当弹簧伸长 x_0，重物在 O 处达到平衡. 如取重物在 O 处时各种势能均为零，当弹簧长度为原长时，系统的重力势能为多少？系统的弹性势能为多少？系统的总势能为多少？

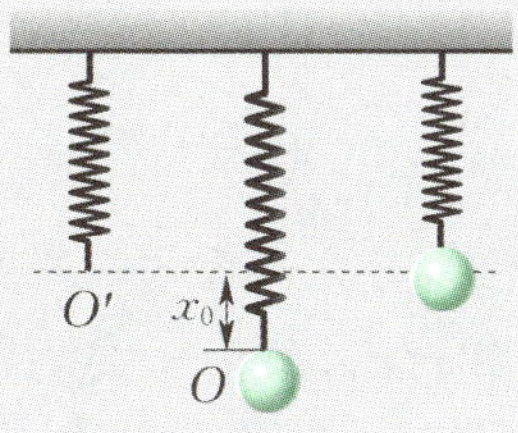

图 2-25

§2.5　力的时间积累效应　动量守恒定律

本章 §2.3 节讨论了力的空间积累效应，物体在力的作用下移动了一段空间距离，力对物体作用的效果是使物体的动能发生了变化. 那么一个力作用在物体上一段时间后，力对物体作用的效果会使物体的什么量发生变化呢？本节讨论力的时间积累效应.

2.5.1　质点动量定理

由牛顿第二定律的动量形式 $\boldsymbol{F}=\frac{\mathrm{d}\boldsymbol{p}}{\mathrm{d}t}=\frac{\mathrm{d}(m\boldsymbol{v})}{\mathrm{d}t}$，有

$$\boldsymbol{F}\mathrm{d}t=\mathrm{d}(m\boldsymbol{v})=\mathrm{d}\boldsymbol{p}.$$

如果合外力的作用时间从 $t_1\rightarrow t_2$，质点的动量从 $\boldsymbol{p}_1\rightarrow\boldsymbol{p}_2$，上式两边对力作用的时间积分，有

$$\int_{t_1}^{t_2}\boldsymbol{F}\mathrm{d}t=\int_{\boldsymbol{p}_1}^{\boldsymbol{p}_2}\mathrm{d}\boldsymbol{p}=\boldsymbol{p}_2-\boldsymbol{p}_1, \tag{2-29}$$

式(2-29)右边是质点动量的增量；左边 $\int_{t_1}^{t_2}\boldsymbol{F}\mathrm{d}t$ 是力对时间的积分，称为力 $\boldsymbol{F}$ 在 $t_1\sim t_2$ 时间内的**冲量**，用 $\boldsymbol{I}$ 表示，即

$$\boldsymbol{I}=\int_{t_1}^{t_2}\boldsymbol{F}\mathrm{d}t. \tag{2-30}$$

式(2-29)表明，**质点在 t_1 到 t_2 时间内动量的增量等于质点在同一时间内所受合外力的冲量**，这就是**质点的动量定理**. 式(2-29)称为质点动量定理的积分形式.

下面对质点动量定理做几点说明：

(1) 力对时间的积分$\int_{t_1}^{t_2}\boldsymbol{F}\mathrm{d}t$是矢量函数的积分,因此冲量$\boldsymbol{I}$是矢量. 当$\boldsymbol{F}$是恒力时,冲量$\boldsymbol{I}=\boldsymbol{F}\int_{t_1}^{t_2}\mathrm{d}t=\boldsymbol{F}(t_2-t_1)$,$\boldsymbol{I}$的方向与$\boldsymbol{F}$的方向相同;当$\boldsymbol{F}$为变力时,冲量$\boldsymbol{I}$的方向一般与$\boldsymbol{F}$的方向不同,此时$\boldsymbol{I}$的方向由积分$\int_{t_1}^{t_2}\boldsymbol{F}\mathrm{d}t$的方向决定,即由动量增量的方向决定.

(2) 动量定理是一个矢量方程,应用时可以直接作矢量图求解,也可以建立坐标系后列坐标分量式求解. 在直角坐标系中,动量定理的分量式为

$$\begin{cases} I_x=\int_{t_1}^{t_2}F_x\mathrm{d}t=mv_{2x}-mv_{1x}, \\ I_y=\int_{t_1}^{t_2}F_y\mathrm{d}t=mv_{2y}-mv_{1y}, \\ I_z=\int_{t_1}^{t_2}F_z\mathrm{d}t=mv_{2z}-mv_{1z}. \end{cases} \tag{2-31}$$

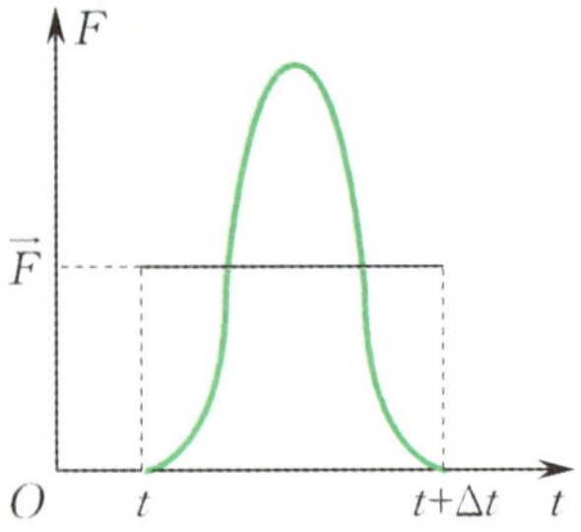

图 2-26　冲力示意图

(3) 冲量可以用平均力与时间的乘积来表示. 在许多实际问题中,力随时间变化的规律是不容易确定的. 如打击、碰撞一类问题中,物体之间的相互作用具有作用时间短、变化快、峰值大的特点,这种力称为**冲力**,如图 2-26 所示. 处理这类问题时常用平均冲力来代替变力. 这里的**平均冲力**是指力对时间的平均值,定义为

$$\overline{\boldsymbol{F}}=\frac{1}{t_2-t_1}\int_{t_1}^{t_2}\boldsymbol{F}\mathrm{d}t.$$

用平均冲力表示的质点动量定理为

$$\overline{\boldsymbol{F}}(t_2-t_1)=\overline{\boldsymbol{F}}\Delta t=m\boldsymbol{v}_2-m\boldsymbol{v}_1. \tag{2-32}$$

(4) 对不同的惯性系,同一质点的动量不同,但动量的增量总相同. 又因为力$\boldsymbol{F}$和时间t都与参考系无关,所以,在不同的惯性系中同一力的冲量相同. 可见,动量定理适用于一切惯性系.

在 SI 中,冲量的单位为牛顿秒(N·s).

例 2-12

一网球运动员看到从对方场地水平高速飞来的网球,迅速上网截击,并成功把球以原速度大小且与水平线成$\theta=60°$角击回对方的前场. 设网球的质量$m=60$ g,球速$v_1=v_2=50\ \mathrm{m\cdot s^{-1}}$,球与拍的接触时间$\Delta t=0.5$ ms,求球受到球拍的平均打击力.

解　以球为研究对象,小球受到拍的打击力$\boldsymbol{F}$和球本身的重力$m\boldsymbol{g}$. 由于平均打击力$\boldsymbol{F}$远大于重力$m\boldsymbol{g}$,故重力的冲量可以忽略不计. 设打击前后球的动量分别为$m\boldsymbol{v}_1$和$m\boldsymbol{v}_2$,由质点动量定理,有

$$\boldsymbol{F}\Delta t=m\boldsymbol{v}_2-m\boldsymbol{v}_1.$$

方法 1　列分量式求解

建立如图 2-27 所示的坐标系,将上式投影到x轴和y轴方向,可以分别求得球受到x轴和y轴方向的作用力分别为

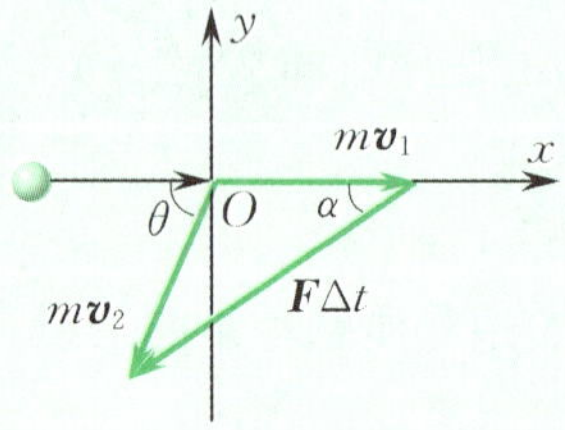

图 2-27

$$F_x=\frac{-mv_{2x}-mv_{1x}}{\Delta t}=\frac{-mv_1\cos\theta-mv_1}{\Delta t}$$
$$=-9.0\times10^3\ \mathrm{N},$$

$$F_y = \frac{-mv_{2y} - mv_{1y}}{\Delta t} = \frac{-mv_1 \sin\theta}{\Delta t}$$

$$= -5.2 \times 10^3 \text{ N}.$$

球受到拍的平均打击力大小

$$F = \sqrt{F_x^2 + F_y^2} = 1.04 \times 10^4 \text{ N},$$

F 与水平方向的夹角为

$$\alpha = \arctan\frac{F_y}{F_x} = \arctan 0.57 = 30°,$$

即球受到拍的平均打击力大小为 1.04×10^4 N，方向与 x 轴负方向的夹角为 30°.

方法 2　作矢量图求解

由冲量与动量增量的矢量关系式，作出三个矢量的关系图如图 2－27，由余弦定理，有

$$F\Delta t = \sqrt{(mv_1)^2 + (mv_2)^2 - 2m^2 v_1 v_2 \cos(180° - \theta)}$$

$$= \sqrt{2m^2 v_1^2 (1 + 0.5)} = \sqrt{3} m v_1,$$

求得平均打击力大小

$$F = \frac{\sqrt{3} m v_1}{\Delta t} = 1.04 \times 10^4 \text{ N},$$

力的方向如前述相同. 很多情况下，直接作矢量图求解往往比列分量式求解要简便.

2.5.2　质点系的动量定理

前面讨论的是单个质点的动量定理，现在考虑由若干个质点组成的系统的动量定理. 为简单起见，先考虑由两个质点组成的系统，设这两个质点的质量分别为 m_1，m_2，它们除受到相互作用的内力 $\boldsymbol{F}_{12}$，$\boldsymbol{F}_{21}$ 外，还受到系统外其他物体的外力 $\boldsymbol{F}_1$，$\boldsymbol{F}_2$. 设两质点在 t_1 时刻的速度为 $\boldsymbol{v}_{11}$ 和 $\boldsymbol{v}_{21}$，在 t_2 时刻的速度为 $\boldsymbol{v}_{12}$ 和 $\boldsymbol{v}_{22}$. 质点动量定理用于这两个质点，有

$$\int_{t_1}^{t_2} (\boldsymbol{F}_1 + \boldsymbol{F}_{12})\mathrm{d}t = m_1 \boldsymbol{v}_{12} - m_1 \boldsymbol{v}_{11},$$

$$\int_{t_1}^{t_2} (\boldsymbol{F}_2 + \boldsymbol{F}_{21})\mathrm{d}t = m_2 \boldsymbol{v}_{22} - m_2 \boldsymbol{v}_{21}.$$

根据牛顿第三定律 $\boldsymbol{F}_{21} = -\boldsymbol{F}_{12}$，上两式相加，得

$$\int_{t_1}^{t_2} (\boldsymbol{F}_1 + \boldsymbol{F}_2)\mathrm{d}t = (m_1 \boldsymbol{v}_{12} + m_2 \boldsymbol{v}_{22}) - (m_1 \boldsymbol{v}_{11} + m_2 \boldsymbol{v}_{21}).$$

上式推广到 n 个质点组成的系统，有

$$\int_{t_1}^{t_2} \left(\sum \boldsymbol{F}_i\right)\mathrm{d}t = \sum m_i \boldsymbol{v}_{i2} - \sum m_i \boldsymbol{v}_{i1} = \boldsymbol{p}_2 - \boldsymbol{p}_1, \qquad (2-33)$$

式中 $\boldsymbol{p}_1 = \sum m_i \boldsymbol{v}_{i1}$ 和 $\boldsymbol{p}_2 = \sum m_i \boldsymbol{v}_{i2}$ 分别表示受合外力作用前后质点系的总动量. 式(2－33)表明，**质点系总动量的增量等于质点系所受合外力的冲量**，这个结论称为**质点系的动量定理**.

由以上推导可知，质点系的内力可以改变系统内每一个质点的动量，但不能改变系统的总动量.

2.5.3　动量守恒定律

对于单个质点，由式(2－29)可知，若作用于质点的合外力 $\boldsymbol{F} = \boldsymbol{0}$，则 $m\boldsymbol{v}_2 = m\boldsymbol{v}_1$，即质点的动量保持不变(守恒)，这就是惯性定律. 对于质点系，由式(2－33)可知，若 $\sum \boldsymbol{F}_i = \boldsymbol{0}$，则

$$\sum m_i \boldsymbol{v}_{i2} = \sum m_i \boldsymbol{v}_{i1}. \qquad (2-34)$$

上式说明：对于质点系来说，**若系统不受外力或所受外力矢量和为零，虽然系统内每个质点的动量可以变化，可以相互交换，但质点系的总动量不变**. 这个结论称为**动量守恒定律**.

下面对动量守恒定律做几点说明：

(1) 式(2-34)是矢量式,实际运用时通常用分量式.动量守恒定律的直角坐标分量式为

$$\begin{cases} 若\sum F_{ix}=0,则\sum m_i v_{i2x}=\sum m_i v_{i1x}, \\ 若\sum F_{iy}=0,则\sum m_i v_{i2y}=\sum m_i v_{i1y}, \\ 若\sum F_{iz}=0,则\sum m_i v_{i2z}=\sum m_i v_{i1z}. \end{cases} \tag{2-35}$$

由式(2-35)看出,即使系统所受合外力不为零,但如果合外力在某一方向上的投影为零,则质点系的总动量在该方向上的分量是守恒的.

(2) 应用动量守恒定律时,必须认真分析守恒条件是否成立,即系统在所研究的运动过程中所受合外力是否为零.在处理如碰撞、爆炸之类问题时,因质点系相互作用的内力远大于它们所受到的外力,且作用时间极短,也可对系统应用动量守恒定律求近似解.

(3) 动量是矢量.系统动量守恒是指质点系内各质点动量的矢量和不变.

(4) 动量守恒定律的表达式中,所有动量都应相对于同一惯性参考系而言.

我们是从牛顿定律出发,导出动量守恒定律的.在历史上,动量守恒定律是惠更斯最先直接以碰撞实验为基础得到的,其出现比牛顿定律还早.大量实验表明,动量守恒定律对分子、原子等微观粒子也适用,而牛顿定律则不完全适用.因此,动量守恒定律具有更大的普遍性,是物理学中最重要的基本规律之一.

例 2-13

质量为 M、长为 L 的平板车停在平直的轨道上,一质量为 m 的人以变速率从车头走到车尾,问平板车相对地面移动了多少距离?设平板车与轨道之间的摩擦可以忽略.

解 把人和车视为一个系统,由于车和轨道之间的摩擦忽略不计,故系统在水平方向不受外力,水平方向动量守恒.取水平向右为正方向,并以 u 和 v 表示车和人相对于地在任一时刻的速度,由动量守恒定律,有

$$Mu-mv=0 \quad 或 \quad Mu=mv.$$

上式两边对人从车的最右端走到车的最左端的时间 t 积分,有

$$\int_0^t Mu\,\mathrm{d}t=\int_0^t mv\,\mathrm{d}t,$$

即

$$Ms'=ms,$$

式中 s' 和 s 分别为车和人对地的位移大小,由图 2-28 可以看出 $s=L-s'$,所以

$$Ms'=mL-ms',$$

解得

$$s'=\frac{mL}{M+m}.$$

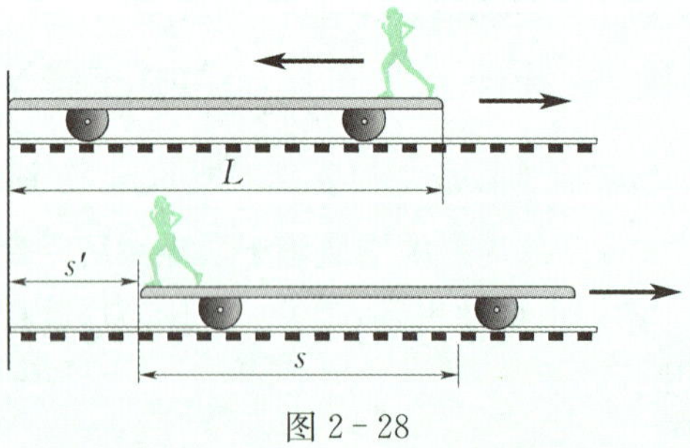

图 2-28

例 2-14

A,B 两球的质量分别为 m_1 和 m_2,A 球以速度 $\boldsymbol{v}_{A0}$ 与静止在同一光滑水平面上的B球碰撞(非对心碰撞),如图 2-29 所示.碰撞后,若 A 球的速度为 $\boldsymbol{v}_A$,方向与原运动方向成 θ_A 角,求碰撞后 B 球的速度 $\boldsymbol{v}_B$.

解 以 A,B 两球为一系统,因水平面光滑,系统在水平面内不受任何外力的作用,所以系统的动量守恒.建立如图 2-29 所示的直角坐标系,列出 x 轴和 y 轴方向动量守恒的分量式:

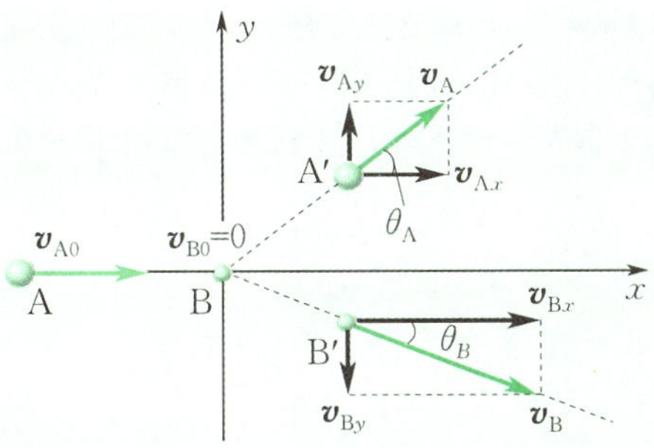

图 2-29

$$m_1 v_{A0} = m_1 v_A \cos\theta_A + m_2 v_B \cos\theta_B,$$

$$0 = m_1 v_A \sin\theta_A - m_2 v_B \sin\theta_B.$$

以上两式平方后相加，解得

$$v_B = \frac{m_1}{m_2}\sqrt{v_{A0}^2 + v_A^2 - 2v_{A0}v_A\cos\theta_A},$$

后一式除以前一式，得

$$\theta_B = \arctan\frac{v_A\sin\theta_A}{v_{A0} - v_A\cos\theta_A}.$$

*2.5.4　火箭推进原理

在火箭发射过程中，燃料不断燃烧变成热气体，从火箭尾部向后高速喷出，因而推动火箭向前做加速运动. 设火箭在外层空间飞行，火箭在 t_0 时刻的速度为 v_0，火箭(包括燃料)的总质量为 m_0，热气体相对火箭的喷射速度为 u，燃料用尽后的火箭质量为 m'. 下面分析火箭在全部燃料用完时所获得的速度.

如图 2-30 所示，设在某一时刻 t，火箭的质量为 m，相对地面的速度为 v. 在 t 到 $t+\mathrm{d}t$ 时间内，火箭喷出了质量为 $-\mathrm{d}m$ 的气体($\mathrm{d}m$ 是质量 m 在 $\mathrm{d}t$ 时间内的增量，由于质量 m 随 t 的增加而减小，所以 $\mathrm{d}m$ 本身为负值)，喷出气体相对火箭的速度大小为 u，方向与 v 相反，使火箭的速度增加了 $\mathrm{d}v$. 对于火箭和燃气所组成的系统，喷气前，系统的总动量为 mv；喷气后，火箭的动量为 $(m+\mathrm{d}m)(v+\mathrm{d}v)$，所喷出燃气的动量为 $(-\mathrm{d}m)(v-u)$，这里 $(v-u)$ 是燃气对地的速度. 由于火箭在外层空间飞行，空气阻力和重力都忽略不计，系统的动量守恒，因此有

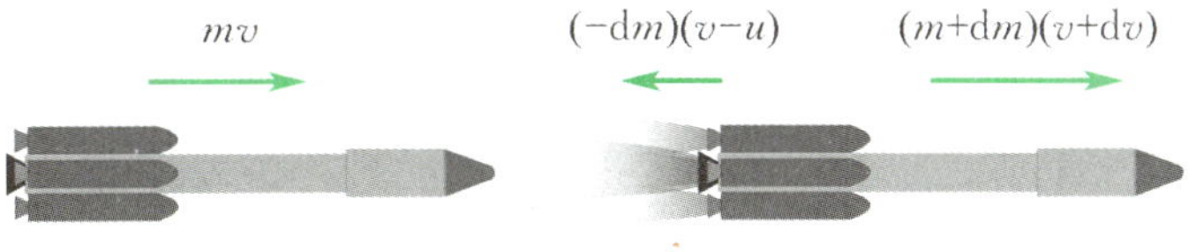

(a) 喷射燃气前　　(b) 喷射燃气(−dm)后

图 2-30　火箭推进原理

$$mv = (m+\mathrm{d}m)(v+\mathrm{d}v) + (-\mathrm{d}m)(v-u),$$

整理上式，并略去二阶无穷小项 $\mathrm{d}m\mathrm{d}v$，得

$$\mathrm{d}v = -u\frac{\mathrm{d}m}{m},$$

上式表示火箭每喷出质量为 $-\mathrm{d}m$ 的气体时，它的速度就增加了 $\mathrm{d}v$. 设燃气相对火箭的喷气速度 u 是一常量，积分上式，得

$$\int_{v_0}^{v}\mathrm{d}v = -\int_{m_0}^{m'} u\frac{\mathrm{d}m}{m},$$

$$v - v_0 = -u\ln\frac{m'}{m_0} = u\ln\frac{m_0}{m'},$$

$$v = v_0 + u\ln\frac{m_0}{m'}.$$

设火箭开始飞行时速度为零，燃料用尽时，火箭能够达到的速度为

$$v = u\ln\frac{m_0}{m'}, \tag{2-36}$$

这就是著名的齐奥尔科夫斯基公式，式中 $\frac{m_0}{m'}$ 称为火箭的质量比. 由上式可见，在不考虑外力的情况下，要提高火箭的速度，只有提高喷气速度和质量比才能实现. 由于各种技术原因，质量比不可能太大，而燃料气体的喷射速度

也受到诸多因素限制,单级火箭的末速度小于第一宇宙速度 7.9 km·s^{-1},因此要把航天器送入运行轨道,需采用多级火箭.多级火箭是用多个单级火箭经串联、并联或串并联(即捆绑式)组合而成的一个飞行整体.在飞行过程中,当某一级火箭的燃料烧尽时,这一级火箭自动脱落,下一级火箭的发动机开始工作.这样,直到最后一级火箭的燃料用尽时,火箭就可以获得很大的速度.

思考题

2-11 两个大小与质量相同的小球,一个是弹性球,另一个是非弹性球.它们从同一高度自由落下与地面碰撞后,为什么弹性球跳得较高?地面对它们的冲量是否相同?为什么?

2-12 某人用力 $\boldsymbol{F}$ 推静止于地面的木箱,经历时间 Δt 未能推动木箱,此推力的冲量等于多少?木箱既然受到 $\boldsymbol{F}$ 的冲量,为什么它的动量没有改变?

2-13 动量定理和动能定理可以理解为牛顿第二定律的推广,做这样的推广后,有何好处?

2-14 一物体可否只具有机械能而无动量?一物体可否只具有动量而无机械能?试举例说明.

2-15 根据机械能守恒的条件判断下列结论哪些是对的?

(1) 系统不受外力和非保守内力的作用;

(2) 系统所受的合外力为零,无非保守内力作用;

(3) 系统所受的外力做功之和 $\sum W_{外}=0$,非保守内力做功之和 $\sum W_{非保内}=0$;

(4) 系统所受的合外力做功和非保守内力做功之和为零.

2-16 动量守恒的条件是系统所受的合外力为零,为什么不说合外力的冲量为零呢?如果系统所受的合外力的冲量为零,系统的动量是否守恒?

*§2.6 质心 质心运动定理

2.6.1 质心

质点系的运动一般是很复杂的,但对任何质点系,都可以找到一个与它相关联的特殊的点,想象整个质点系的质量都集中在这一点上,同时,质点系受到的所有外力也都作用在这一点上,该点的运动就如同一个受力质点的运动一样,服从牛顿第二定律,这个点就称为质点系的质量中心,简称**质心**.

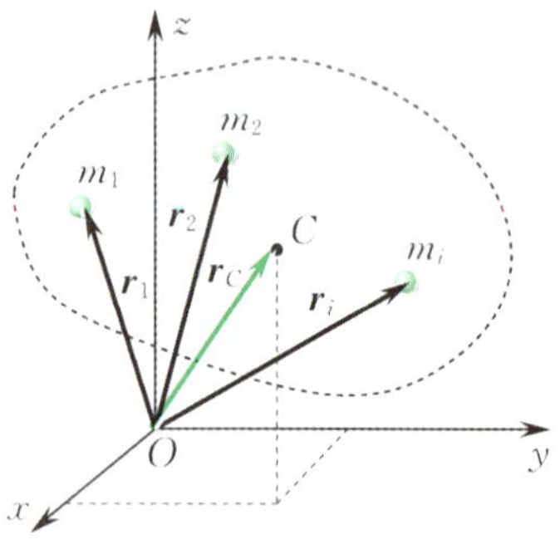

图 2-31 质点系的质心

如图2-31所示,一个由 n 个质点组成的质点系,设其中第 i 个质点的质量为 m_i,该质点相对坐标原点的位矢为 $\boldsymbol{r}_i$,质点系质心的位置矢量定义为

$$\boldsymbol{r}_C=\frac{\sum_i m_i\boldsymbol{r}_i}{\sum_i m_i}=\frac{\sum_i m_i\boldsymbol{r}_i}{m}, \tag{2-37}$$

其中 $m=\sum_i m_i$ 是质点系的总质量.

在直角坐标系中,质心坐标的三个分量为

$$\begin{cases} x_C = \dfrac{1}{m}\sum\limits_i m_i x_i, \\ y_C = \dfrac{1}{m}\sum\limits_i m_i y_i, \\ z_C = \dfrac{1}{m}\sum\limits_i m_i z_i. \end{cases} \tag{2-38}$$

对质量连续分布的物体，如图 2-32 所示，可将物体看成许多质元组成，任取一质量为 $\mathrm{d}m$ 的质元，设其坐标为 x, y, z，则只需把式(2-38)中的求和号换成积分，即得质量连续分布的物体的质心坐标为

$$\begin{cases} x_C = \dfrac{1}{m}\int x\mathrm{d}m, \\ y_C = \dfrac{1}{m}\int y\mathrm{d}m, \\ z_C = \dfrac{1}{m}\int z\mathrm{d}m. \end{cases} \tag{2-39}$$

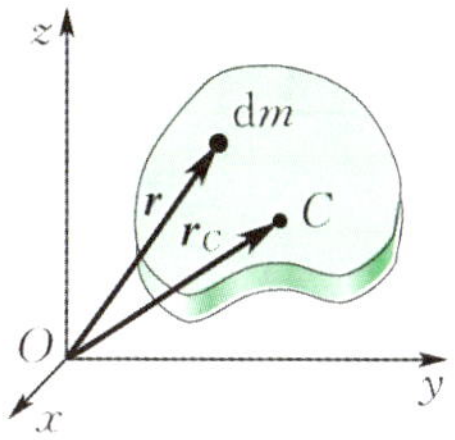

图 2-32　物体的质心

对于密度均匀、形状对称的物体，其质心就在它的几何中心处.

2.6.2　质心运动定理

式(2-37)两边对时间求导，可得到质心运动的速度为

$$\boldsymbol{v}_C = \frac{\mathrm{d}\boldsymbol{r}_C}{\mathrm{d}t} = \frac{\mathrm{d}}{\mathrm{d}t}\left(\frac{\sum\limits_i m_i\boldsymbol{r}_i}{m}\right) = \frac{\sum\limits_i m_i\dfrac{\mathrm{d}\boldsymbol{r}_i}{\mathrm{d}t}}{m} = \frac{\sum\limits_i m_i\boldsymbol{v}_i}{m},$$

即

$$m\boldsymbol{v}_C = \sum_i m_i\boldsymbol{v}_i, \tag{2-40}$$

上式右边是质点系的总动量. 令 $\boldsymbol{p} = \sum\limits_i m_i\boldsymbol{v}_i$，即质点系的总动量等于系统的总质量与其质心运动速度的乘积. 将上式两边对时间再求导，得

$$m\frac{\mathrm{d}\boldsymbol{v}_C}{\mathrm{d}t} = \frac{\mathrm{d}\boldsymbol{p}}{\mathrm{d}t}.$$

由质点系的动量定理，得

$$\boldsymbol{F} = m\frac{\mathrm{d}\boldsymbol{v}_C}{\mathrm{d}t} = m\boldsymbol{a}_C, \tag{2-41}$$

上式表明，**质点系受到的外力矢量和等于质点系的质量与其质心加速度的乘积**，这个结论称为**质心运动定理**. 质心运动定理表明，不管物体的质量分布如何，也不管外力作用在物体的什么位置上，质心的运动就好像物体的全部质量集中于质心处，且所有外力也都集中作用于其上的一个质点的运动一样. **内力不能改变系统质心的位置.**

例 2-15

用质心运动定理重解例 2-13.

解　人和车组成的系统在水平方向不受外力，根据质心运动定理，$a_C = 0$，$v_{Cx} =$ 常量. 因为系统原先静止，所以 $v_{Cx} = 0$，即 $\dfrac{\mathrm{d}x_C}{\mathrm{d}t} = 0$，$x_C =$ 常量，表明运动过程中系统质心的 x 坐标不改变，$x_C = x_C'$，即

$$x_C = \frac{mx_1 + Mx_2}{m+M} = \frac{mx_1' + Mx_2'}{m+M},$$

式中 x_1, x_2 是人在车右端(人走动前)时人和车的质心坐标，x_1', x_2' 是人走到车的左端时人和车的质心坐标(见图 2-33).

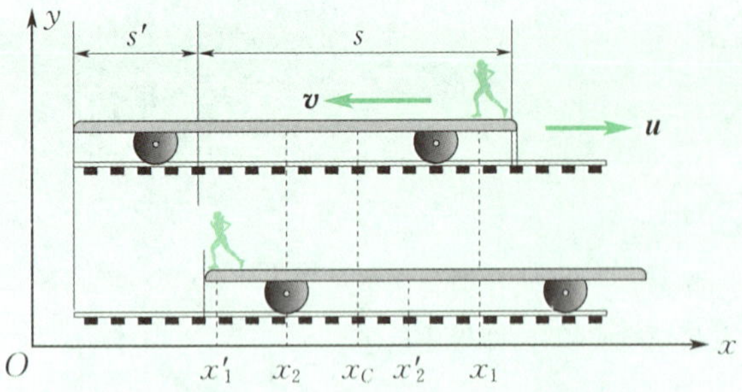

图 2-33

设人走到车的左端时,车对地移动了 s',则有

$$x_2' = s' + x_2,\ x_1' = x_1 - L + s'.$$

将上两式代入 x_C 的表达式中,得

$$x_C = \frac{mx_1 + Mx_2}{m+M} = \frac{m(x_1 - L + s') + M(s' + x_2)}{m+M},$$

解得

$$s' = \frac{mL}{m+m'}.$$

结果与例 2-13 一致.

阅读材料(1)

混沌及其特征

1. 线性系统与非线性系统

从 17 世纪开始,以牛顿运动定律为基础建立起来的经典力学体系,无论在自然科学还是工程技术领域都取得了巨大的成功.上至星移斗转,下至车船行驶,大至日月星辰,小至原子微粒,都有牛顿力学的用武之地.然而,牛顿运动定律的魅力更在于它的“确定性”,即只要知道了物体的受力情况及它的初始条件,那么这个物体的“过去”“现在”“未来”等一切都在掌握之中.法国大数学家拉普拉斯曾夸下海口:“如果给定宇宙的初始条件,我们就能预言它的未来.”因此,牛顿力学被誉为“确定性理论”.与“确定性理论”完全对立的,是 19 世纪后半叶逐步建立起来的“随机性理论”(即“统计理论”).玻尔兹曼、麦克斯韦等人将“概率”的语言引入被“确定性理论”统治的物理学,引发了物理学史上的一场革命.在这里,确定的轨道毫无意义.已知的外界作用条件、给定的初值只能对物体(或体系)的状态做概率的描述.长期以来,人们以为“确定论”和“随机论”之间有不可逾越的鸿沟.

在牛顿力学适用的范围内,任何系统的运动真的都可以确定吗?20 世纪 60 年代以来,越来越多的研究结果表明:在一个没有外来随机干扰的“确定论系统”中,同样存在着“随机行为”,这就是混沌现象.

问题出在何处?问题不在外部而在内部,在于某些系统内部的非线性特性.“线性”和“非线性”二词源于数学.在数学中,将 $y = kx + b$ 称为线性函数,表示依据这个函数在图中画出的是一条直线,其他高于变量 x 的一次方的多项式函数和其他函数都是非线性函数.将这一概念延伸至微分方程,凡变量和变量的导数(可以是 n 阶导数)都是一次方的微分方程,称为线性微分方程.在物理学中,将能用线性微分方程或线性函数描述的系统称为线性系统;反之,称为非线性系统.

非线性微分方程除了极小部分有解析解外,大部分都没有解析解.每一个具体问题似乎都要求发明特殊的算法,运用新颖的技巧,因而非线性问题曾被人们认为是个性极强、无从逾越的难题.在早期的研究中,人们总是用适合于线性微分方程描述的“理想化模型”来处理真实复杂的物理世界.尽管这种描述是不完全的,但这种方法常常能起到抓本质的作用,因而线性理论在科学发展史上是至关重要的,它正确解释了自然界的许多现象.然而世界本质上是非线性的.早在伽利略-牛顿时代,从有“精确”的自然科学开始,就遗留下许多非线性问题,如 19 世纪经典力学中的两大难题——刚体的定点转动和三体作用实质上就是非线性问题,只不过它们始终处于“支流”的地位.

随着现代科学技术,特别是计算机技术的飞速发展,从 20 世纪 60 年代开始,非线性问题逐步成为一门新兴学科而崛起.在自然科学和工程技术领域,几乎都有各自的非线性问题.例如,物理学中有非线性力学、非线性声学、非线性光学、非线性电路等.下面将以几个最早探索的混沌现象——三体问题、天气预报问题和生态演化问题来简要介绍混沌现象及其基本特征.

2. 混沌现象

(1) 三体运动的混沌现象

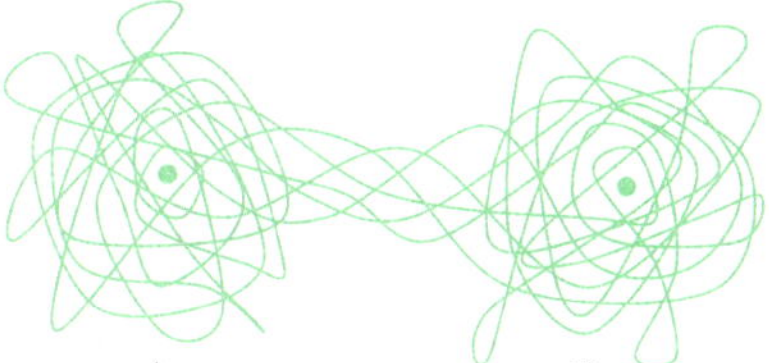

图 2-34　小行星的混沌运动

根据牛顿力学,一体问题简单(一个物体在固定的中心力场中运动),两体问题不难(两个相互吸引的物体的运动问题,结果是两个物体都绕质心运动).一体、二体问题的牛顿方程都有完美"封闭形式"的解,它们是"可积的",不会产生混沌现象,但三体问题(三个物体之间存在着吸引力,涉及非线性系统)则远比人们想象的要复杂得多.许多数学家致力于寻找三体乃至多体问题的解,三体问题成为天体力学中一个非常引人注目的问题.20世纪初,庞加莱就研究过三个天体的运动,一直无法获得解析解.对于这类问题,目前可借助计算机进行数值计算.图 2-34 为一简化的三体问题,质量为 m_0 的小行星围绕两个质量均为 $m(m \gg m_0)$ 的静止双星 A,B的运动.由牛顿定律可以列出小行星在双星引力作用下的运动微分方程,但这是一组非线性微分方程,只能用计算机数值方法求解,根据一定的初值条件,计算机给出小行星的运动轨迹如图 2-34 所示.我们无法预知小行星何时围绕 A 星或 B 星运动,也无法预知小行星何时由 A 星附近转向 B 星附近.小行星的运动是极不稳定的,而且任何微小的扰动或初值的微小变化都可能使小行星的轨道在一段时间后出现明显的偏差,这就是混沌现象.三体问题是保守系统混沌的一个典型例子.

(2) 气象变化中的"蝴蝶效应"

现代科学极为重要的一点是将物理规律用数学方程表示出来.美国麻省理工学院的气象学家洛伦兹(E. N. Lorentz) 运用计算机来模拟气候的变化,洛伦兹建立了一组包含有 12 个变量的非线性微分方程组来模拟天气系统,这组方程可以描述上层大气中的湍流.由于方程组的个数很多,解这组非线性微分方程只能用数值解法,即给定初值后一次一次地迭代.他当时使用的计算机每秒钟大约只能做一次迭代,与现代计算机不可同日而语.1961 年某冬日,他在某一初值设定下已算出一系列气候演变的数据.当他再次开机想考察这一系列更长期的演变时,不想再等上几个小时从头算起,而是把记录下来的中间数据当作初值输入.他本指望计算机重复给出上次计算的后半段结果,然后接下去算新的,却未料到经一段重复过程后,新的计算很快就偏离了原来的结果,他很快意识到,这并非是计算机出了毛病,问题在他输入的数据上.计算机内原储存的是 6 位小数 0.506 127,但打印出来的却是 3 位小数 0.506.他这次输入的就是这三位数字.原以为这不到千分之一的误差无关紧要,但就是初值的细微差异导致了结果序列的逐渐分离,而达到两个完全不同的终态.洛伦兹意识到,他的方程不具有传统数学想象的那种行为,而是对初值高度敏感.他为这种现象取了一个名字 ——"蝴蝶效应",意思是说:亚马逊雨林里的一只蝴蝶今天拍了一下翅膀,使大气的状态产生微小的变化,过一段时间,譬如一个月,就有可能在美国德克萨斯州引起一场龙卷风.蝴蝶效应表明,长期的天气预报是不可能的.庞加莱在保守系统中发现了混沌,而洛伦兹则是在耗散系统中第一个发现了混沌.洛伦兹的发现发表后,立即引发了 20 世纪 70 年代混沌研究的热潮,因此,蝴蝶效应标志着现代混沌学的诞生.

(3) 生态演化的混沌现象

研究表明,对一个非线性常微分方程组描述的确定系统而言,三个或三个以上变量才可能出现混沌.但对于分立的系统,一个看起来很简单的系统也会表现出极为复杂的动力学 —— 混沌.描述物种这一代与下一代数目关系的一个极为简单的迭代式可表示为

$$x_{n+1} = \mu x_n(1 - x_n),$$

式中 x_{n+1} 和 x_n 分别表示第 $n+1$ 代和第 n 代的物种数目,众多的影响因素都体现在参数 μ 中,这是一个极为简单的抛物型迭代方程,称为逻辑斯蒂方程.这个简单模型描述了一个确定的规律:如果知道第一代的物种数目,将其代入方程的右边,可以得到第二代的物种数目,再把第二代的物种数目代入方程的右边,可以得到第三代的物种数目,依此类推可以得到以后任何一代的物种数目.这个模型最早是由美国生物学家罗伯特·梅在 20 世纪 70 年代给出的.梅起先是澳大利亚较有名气的理论物理学家,后来他来到美国普林斯顿从事生态的研究,正是因为逻辑斯蒂方程的研究使他出了名.研究发现,当参数从小到大变化时方程动力性态越来越复杂的现象,对此的研究可以发现通向混沌的道路 ——"倍周期分岔通向混沌""切分岔进入混沌" 等.另一位富有传奇的人物

是美国物理学家费根鲍姆，他在20世纪70年代做了许多关于逻辑斯蒂方程的工作，研究倍周期分岔序列，发现倍周期分岔被两个无理比率常数(收敛速度与标度因子)支配着，我们称这两个无理数为费根鲍姆数. 当人们处理圆问题时，总是要涉及无理数 π(它的数值近似为 3.141 592 6…)，好像这个无理数和圆系统固连在一起，那么混沌系统是和费根鲍姆数固连在一起的. 混沌系统是一个确定系统，它由可确定的方程来描述，却呈现出貌似随机的行为.

3. 混沌的主要特征

混沌理论研究表明，貌似无规则的混沌并不意味着混乱而毫无规律，而是按照一定的特殊规律演化. 下面介绍非线性动力学系统的混沌运动的主要特征.

(1) 内在随机性

从确定性非线性系统的演化过程来看，它们在混沌区的行为都表现出随机不确定性. 这种不确性是没有受到外部干扰对系统运动的影响，而是系统自发产生的，是一种内在的随机性. 上述的混沌研究表明，只要确定性系统具有稍微复杂的非线性，就会在一定控制参数范围内产生内在随机性. 混沌常被称为自发混沌、确定性的随机性等，强调的就是混沌现象产生的根源在系统自身，而不在外部的影响. 内在随机性往往导致局部不稳定性. 一般来说，产生混沌的系统具有整体稳定性，与有序态比较，混沌态的不同在于它同时还有局部不稳定性. 所谓局部不稳定性，是指系统运动的某些方面(如某些维度上)的行为强烈地依赖于初始条件. 从两个非常接近的初值出发的两条轨迹在经过长时间演化之后，可能变得相距“足够”远，表现出对初值的极端敏感，即所谓“失之毫厘，谬以千里”. 正因为具有内在随机性的系统对初值的极端敏感，系统的长期行为才不可预测.

(2) 分维性质

混沌态具有分维性质. 非整数维可以用来描述系统运动轨迹在相空间的行为特征. 比如奇怪吸引子的无穷层次的自相似结构(我们称去掉开始一段的暂态过程后系统在相空间中所趋向的有限区域为吸引子)，通常的吸引子一般为不动点(维数为零，比如做阻尼振荡的单摆最终要收敛于静止点)，封闭曲线(维数为1)、二维或三维环面等，其维数都是整数. 但奇怪吸引子则收敛于有限区域内一条永不重复的线.

(3) 普适性和费根鲍姆常数

混沌不是纯粹的无序，而是种种不具备周期性和其他明显对称特征的“高级”有序运动. 如果数值的或实验的分辨率足够高，可以发现混杂在小尺度混沌中的有序运动花样. 混沌区的系统行为往往体现出无穷嵌套的自相似结构，这种标度不变性代替了通常的空间和时间的周期性，成为混沌运动的规律性. 费根鲍姆在研究逻辑斯蒂方程时，发现了其中隐藏着的内在规律，获得了两个反映自然界本质的新的普适常数. 其中收敛速度反映了倍周期分岔速度的几何收敛性，标度因子反映了前后分岔宽度之间的倍数关系. 这两个常数虽然得自一个生态方程，但它们与种群演化过程无关，也不是该方程特有的而是普适的，是混沌现象深层规律的一种体现. 这种普适性为研究和把握混沌带来了许多方便，只要研究一种最简单的模型，就可以将所得结论放心地运用到同类运动形态中去. 在混沌运动中发现自然常数的意义是十分深远的，在物理学中普朗克常数 h、光速 c 的发现都已作为物理学理论发展的一个重要的里程碑. 费根鲍姆常数的发现标志着混沌理论的相对成熟.

混沌是自然界中普遍存在的现象，广泛地存在于各个学科. 一些看似简单的系统很可能蕴藏着丰富的动力学行为，除上述几个最初混沌例子外，现在发现，不仅在力学中，在电磁学、热学、量子物理中都有混沌存在，甚至在社会学、经济学及生命科学中也有混沌现象. 通过几十年的努力，人们对混沌有了比较清晰的了解，包括混沌的一些特性、通往混沌的道路、刻画混沌出现的物理量等，发展了非线性动力学理论，为处理复杂问题奠定了理论基础. 混沌既有有害的一面，也有有利的一面，在20世纪90年代开始了混沌控制与同步的研究. 人们也把低维系统的混沌研究推广到更高维，对时空混沌研究普遍认为是研究百年难题湍流的重要途径之一. 另一方面，根据玻尔对应原理，量子力学结果在极限条件下和经典结果是一致的，经典混沌系统在量子上有什么表现成为量子混沌的研究内容.

习题 2

选择题

2-1　质量相等的两个物体 A 和 B，分别固定在弹簧（忽略质量）两端，竖直放在光滑水平面 C 上，如图 2-35 所示．今把支持面 C 迅速移去，在移开 C 的瞬间，A 的加速度 a_A 和 B 的加速度 a_B 各为（　　）．

(A) $a_A = a_B = g$　(B) $a_A = 0, a_B = 2g$

(C) $a_A = g, a_B = 0$　(D) $a_A = 0, a_B = g$

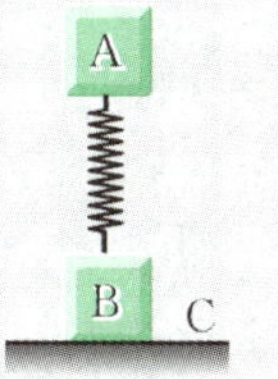

图 2-35

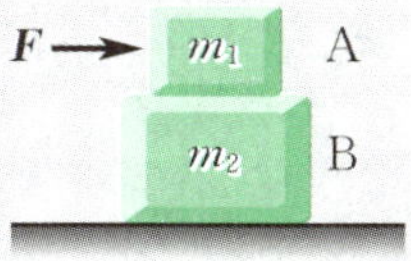

图 2-36

2-2　质量分别为 m_1 和 m_2 的滑块 A 和 B，叠放在光滑水平面上，如图 2-36 所示．A，B 间静摩擦系数为 μ_s，滑动摩擦系数为 μ，系统原处于静止，今有一水平力 $\boldsymbol{F}$ 作用于 A 上，要使 A，B 不发生相对滑动，则 F 应满足（　　）．

(A) $0 < F \leqslant \mu_s m_1 g$

(B) $0 < F \leqslant \mu_s (m_1 + m_2) g$

(C) $0 < F \leqslant \mu_s \left(1 + \frac{m_1}{m_2}\right) m_1 g$

(D) $0 < F \leqslant \mu \frac{m_1 + m_2}{m_2} m_1 g$

2-3　如图 2-37 所示，物体 A 和 B 质量相等，B 在光滑桌面上，滑轮与绳的质量、空气阻力以及摩擦均不计．系统无初速地释放，则物体 A 下落的加速度为（　　）．

(A) g　(B) $\frac{4}{5}g$　(C) $\frac{1}{2}g$　(D) $\frac{1}{3}g$

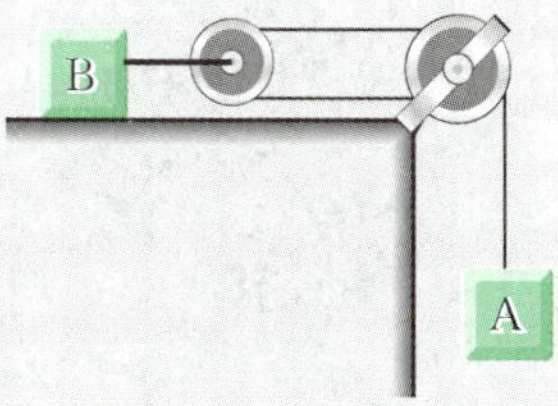

图 2-37

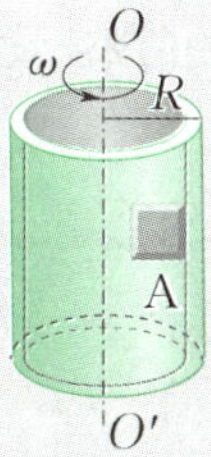

图 2-38

2-4　半径为 R 的圆筒形转筒竖直放置，可绕中心轴 OO' 转动，如图 2-38 所示．今有一物块 A 紧靠圆筒内壁，物块与圆筒内壁的摩擦系数为 μ．欲使 A 不下落，圆筒转速 ω 至少应为（　　）．

(A) $\sqrt{\mu g}$　(B) $\sqrt{\frac{g}{R}}$　(C) $\sqrt{\frac{\mu g}{R}}$　(D) $\sqrt{\frac{g}{\mu R}}$

*__2-5__　质量为 m 的物体自空中落下，它除受重力外，还受到一个与速度平方成正比的阻力的作用，比例系数为正常数 k．该下落物体的收尾速度（即最后物体做匀速运动时的速度）为（　　）．

(A) $\sqrt{\frac{mg}{k}}$　(B) $\frac{g}{2k}$　(C) gk　(D) $\sqrt{gk}$

2-6　系统置于以 $a = \frac{1}{2}g$ 的加速度上升的升降机内，如图 2-39 所示．A，B 两物体的质量均为 m，A 所在的桌面是水平的，绳子和定滑轮质量均不计，忽略一切摩擦，绳中张力为（　　）．

(A) mg　(B) $\frac{1}{2}mg$　(C) $2mg$　(D) $\frac{3}{4}mg$

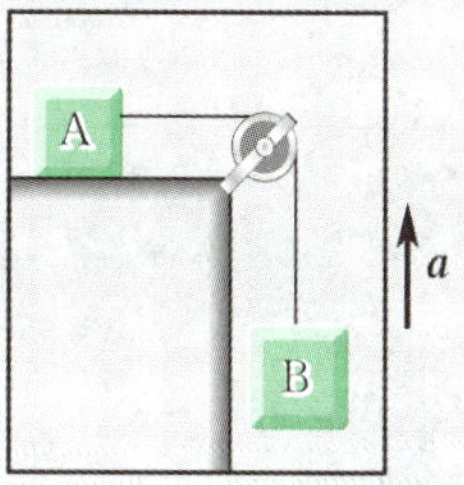

图 2-39

2-7　一质点在几个力共同作用下的位移为 $\Delta\boldsymbol{r} = 4\boldsymbol{i} - 5\boldsymbol{j} + 6\boldsymbol{k}$(SI)，其中一个力为恒力 $\boldsymbol{F} = -3\boldsymbol{i} - 5\boldsymbol{j} + 9\boldsymbol{k}$(SI)，此力在该位移过程中所做的功为（　　）．

(A) 17 J　(B) 67 J　(C) −67 J　(D) 91 J

2-8　一质点在 Oxy 坐标平面内做圆周运动，如图 2-40 所示．有一力 $\boldsymbol{F} = F_0(x\boldsymbol{i} + y\boldsymbol{j})$ 作用在质点上，在该质点从坐标原点运动到 $(0, 2R)$ 位置过程中，力 $\boldsymbol{F}$ 对它做的功为（　　）．

(A) $F_0 R^2$　(B) $2F_0 R^2$　(C) $3F_0 R$　(D) 0

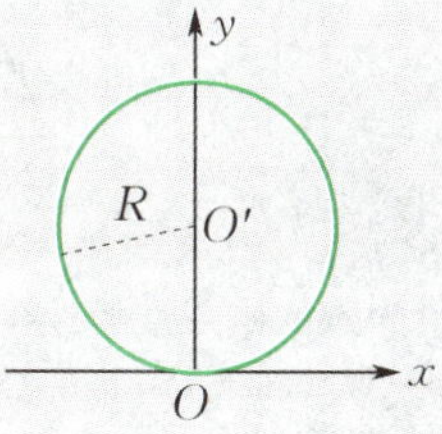

图 2-40

2-9 质量为$m=0.5\ \text{kg}$的质点,在Oxy坐标平面内运动,其运动方程为$x=5t$,$y=0.5t^2$(SI),从$t=2\ \text{s}$到$t=4\ \text{s}$这段时间内,外力对质点做的功为(　　).

(A) 1.5 J　　(B) −1.5 J

(C) 3 J　　(D) 4.5 J

2-10 速度为v的子弹,打穿一块木板后速度变为零,设木板对子弹的阻力是恒定的. 那么,当子弹射入木板的深度等于其厚度的一半时,子弹的速度大小是(　　).

(A) $\frac{v}{2}$　(B) $\frac{v}{3}$　(C) $\frac{v}{4}$　(D) $\frac{v}{\sqrt{2}}$

2-11 如图2-41所示,木块m沿固定的光滑斜面下滑,当下降h高度时,重力做功的瞬时功率为(　　).

(A) $mg\,(2gh)^{\frac{1}{2}}$　　(B) $mg\cos\theta\,(2gh)^{\frac{1}{2}}$

(C) $mg\sin\theta\left(\frac{1}{2}gh\right)^{\frac{1}{2}}$　(D) $mg\sin\theta\,(2gh)^{\frac{1}{2}}$

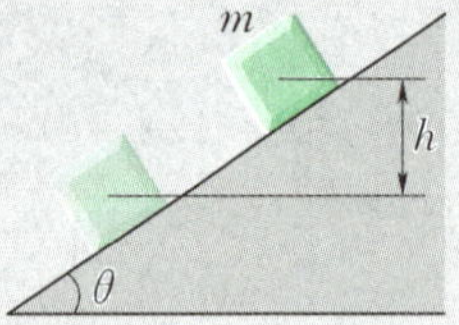

图2-41

2-12 质点P与一固定的轻弹簧相连接,并沿一椭圆轨道运动,如图2-42所示. 已知椭圆的长、短半轴分别为a和b,弹簧原长为l_0 ($a>l_0>b$),劲度系数为k. 质点由A运动到B过程中,弹力所做的功为(　　).

(A) $\frac{1}{2}ka^2-\frac{1}{2}kb^2$

(B) $\frac{1}{2}k\,(a-l_0)^2-\frac{1}{2}k\,(l_0-b)^2$

(C) $\frac{1}{2}k\,(a-b)^2$

(D) $\frac{1}{2}k\,(l_0-b)^2-\frac{1}{2}k\,(a-l_0)^2$

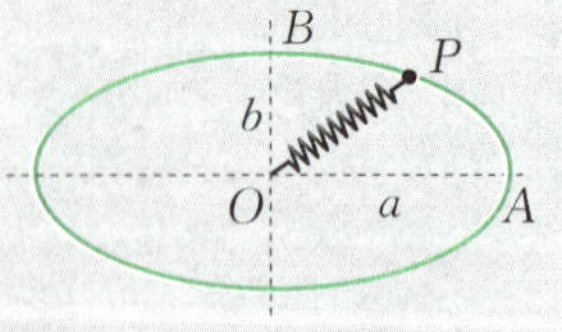

图2-42

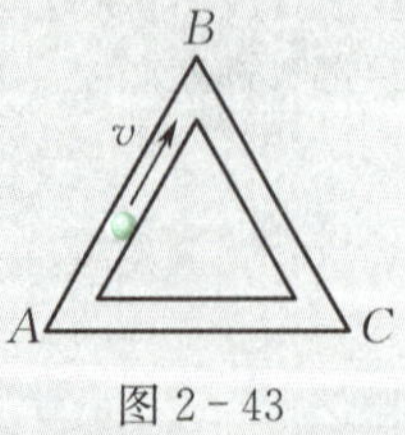

图2-43

2-13 质量为m的质点,以匀速率v沿如图2-43所示的正三角形水平光滑轨道运动,质点越过B角时,轨道作用于质点的冲量大小为(　　).

(A) mv　(B) $2mv$　(C) $\sqrt{2}mv$　(D) $\sqrt{3}mv$

2-14 质量为m的平板车,以速率v在光滑水平面上滑行,一质量为m_0的物体从h高处竖直落到车子里. 两者共同的速度大小为(　　).

(A) v　　(B) $\frac{mv}{m+m_0}$

(C) $\frac{mv+m_0\sqrt{2gh}}{m+m_0}$　　(D) $\frac{m_0 v}{m+m_0}$

2-15 如图2-44所示,质量为m的质点,在半径为R的半球形容器中,由静止开始自边缘上的A点滑下,到达最低点B时,它对容器的正压力为N. 质点自A滑到B的过程中,摩擦力对其做的功为(　　).

(A) $\frac{1}{2}R(N-mg)$　(B) $\frac{1}{2}R(N-2mg)$

(C) $\frac{1}{2}R(N-3mg)$　(D) $\frac{1}{2}R(3mg-N)$

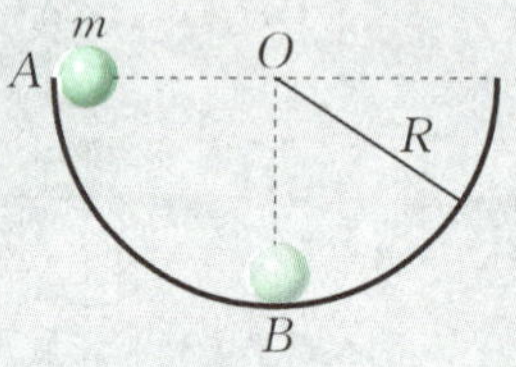

图2-44

2-16 两木块质量分别为m_1和m_2,由一轻弹簧相连,放在光滑水平面上,如图2-45所示. 先使两木块靠近而将弹簧压紧,然后由静止释放,若在弹簧伸长到原长时,m_1的速率为v_1,则弹簧原来在压缩状态时所具有的势能为(　　).

(A) $\frac{1}{2}m_1 v_1^2$　　(B) $\frac{1}{2}m_2\ \frac{m_1+m_2}{m_1}v_1^2$

(C) $\frac{1}{2}(m_1+m_2)v_1^2$　(D) $\frac{1}{2}m_1\ \frac{m_1+m_2}{m_2}v_1^2$

图2-45

填空题

2-17 质量为m的小球,用轻绳AB,BC连接,如图2-46所示,其中AB水平,剪断绳AB前后的瞬间,绳BC中的张力比$F_T:F_T'=$ ________.

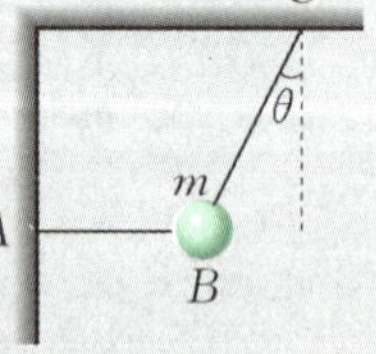

图2-46

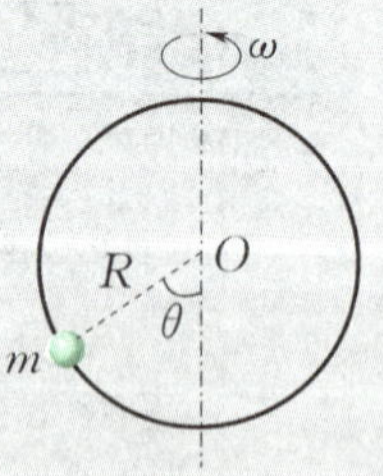

图2-47

2-18　如图 2-47 所示，一小珠可在半径为 R 的圆环上无摩擦地滑动，圆环绕其竖直直径的轴以恒定角速度 ω 转动，小珠偏离圆环转轴而且相对圆环静止时，小珠所在处圆环半径偏离竖直方向的角度 $\theta=$ ________.

2-19　地球质量为 m、半径为 R. 一质量为 m_0 的火箭从地面上升到距地面高度 $2R$ 处. 在此过程中，地球引力对火箭做的功为________.

2-20　一质量 $m=5$ kg 的物体，在 0 到 10 s 内，受到如图 2-48 所示的变力 F 的作用. 物体由静止开始沿 x 轴正向运动，力的方向始终沿 x 轴的正方向，则 10 s 内变力 F 所做的功为________.

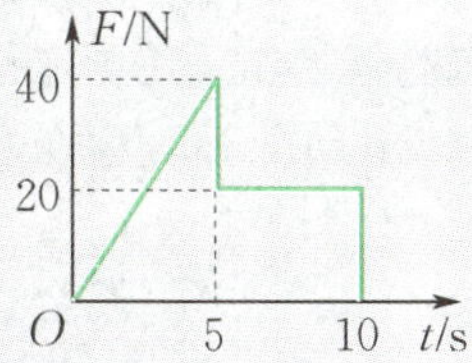

图 2-48

2-21　如图 2-49 所示，劲度系数为 k 的弹簧，一端固定，另一端连一质量为 m 的物体，物体在坐标原点 O 时弹簧长度为原长. 物体与水平面间的摩擦系数为 μ. 若物体在恒力 $\boldsymbol{F}$ 作用下向右移动，则物体到达最远位置时系统的弹性势能 $E_p=$ ________.

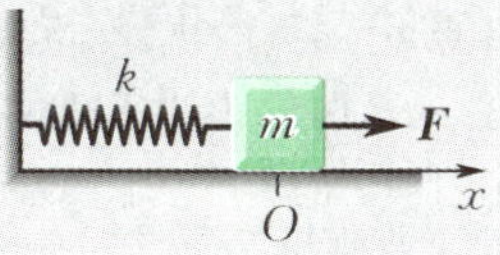

图 2-49

2-22　一质量为 m 的质点在指向圆心的平方反比力 $F=-\dfrac{k}{r^2}$ 的作用下，做半径为 r 的圆周运动，此质点的速度为________. 若取距圆心无限远处为势能零点，它的机械能为________.

2-23　一质量 $m=10$ kg 的物体置于地面上，在水平拉力 F 的作用下由静止开始沿直线运动，拉力随时间变化的关系如图 2-50 所示. 若物体与地面间的摩擦系数 $\mu=0.2$，$t=4$ s 时，物体的速度大小为________；$t=7$ s 时，物体的速度大小为________（取 $g=10\ \mathrm{m\cdot s^{-2}}$）.

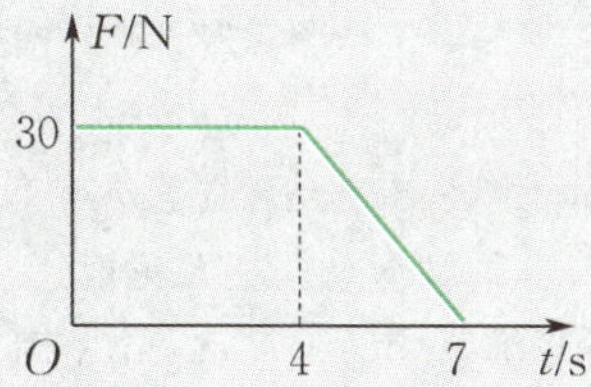

图 2-50

2-24　升降机底板上放一质量为 $m=10$ kg 的物体，若升降机加速上升，加速度的大小为 $a=3+5t$(SI)，则 2 s 内升降机底板给物体的冲量大小为 $I=$ ________；2 s 内物体动量的增量大小为 $\Delta p=$ ________.

2-25　力 F 作用在质量 1.0 kg 的质点上，使之沿 x 轴运动. 已知在此力作用下质点的运动学方程为 $x=3t-4t^2+t^3$(SI). 在 0 到 4 s 的时间间隔内，力 F 的冲量大小 $I=$ ________；力 F 对质点所做的功 $W=$ ________.

2-26　质量为 m 的木块静止在光滑的水平面上，一质量为 m_0 的子弹以速度 v_0 水平射入到木块内，并与木块一起运动. 在这一过程中，木块对子弹所做的功为________，子弹对木块所做的功为________.

计算题

2-27　如图 2-51 所示，某人在地面上拉一质量为 m 的木箱匀速地前进，木箱与地面的摩擦系数为 $\mu=0.58$，设此人前进时，肩上绳的支撑点距地面高度 $h=1.5$ m，问绳长 l 为多长时最省力？

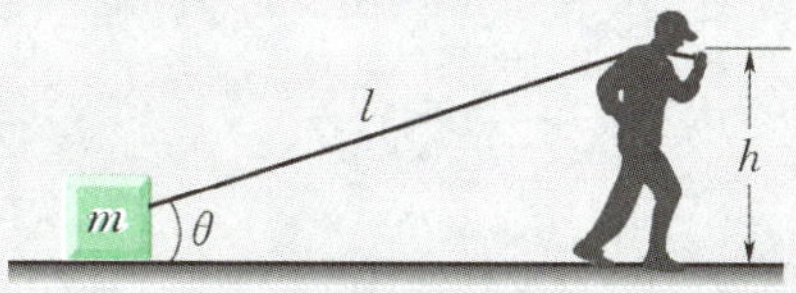

图 2-51

2-28　质量分别为 m_1 和 m_2 的木块 A 和 B 叠放在光滑的水平面上，A 和 B 之间的静摩擦系数为 μ，如图 2-52 所示. 如用力 $\boldsymbol{F}$ 拉 B，欲使 B 从 A 下抽出，作用在 B 上的拉力至少为多大？

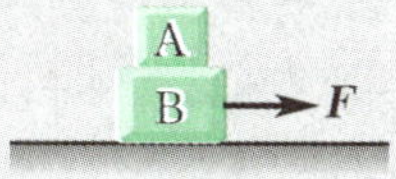

图 2-52

*2-29　一轻绳跨过无摩擦的定滑轮，绳的一端挂一质量为 m_1 的物体，另一端穿过质量为 m_2 的圆柱体. 圆柱体可沿绳子滑动，如图 2-53 所示. 当柱体相对于绳以恒定加速度 a 沿绳下滑时，求 m_1，m_2 对地的加速度及柱体与绳间的摩擦力（滑轮的质量不计）.

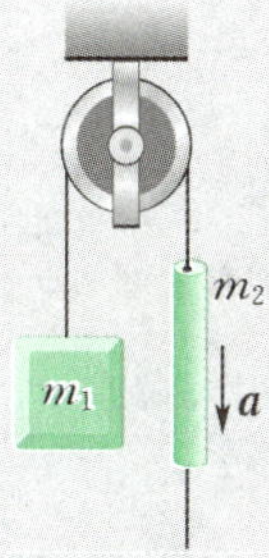

图 2-53

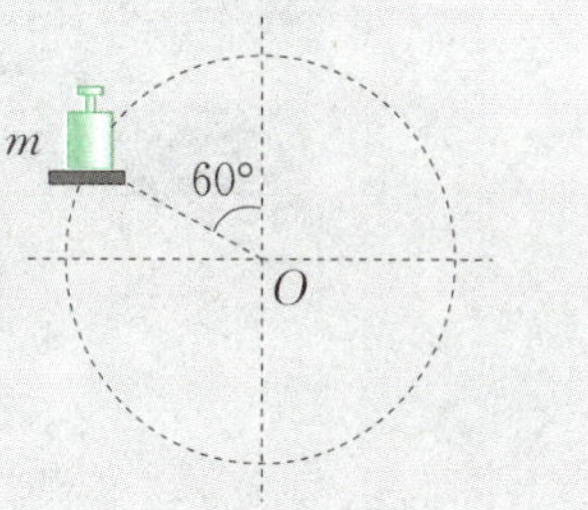

图 2-54

2-30 质量为$m=0.2\ \mathrm{kg}$的砝码置于木板上，手持木板保持水平，托着砝码使之在竖直平面内做半径为$1\ \mathrm{m}$、速率为$1\ \mathrm{m\cdot s^{-1}}$的匀速圆周运动. 当砝码与木板一起运动到如图2-54所示位置时，砝码受到木板的摩擦力和支持力各为多少？

2-31 质点沿x轴方向运动，受到一指向原点且与离原点距离的平方成反比的力作用，比例系数为k. 设$x=A$时，质点速度为0，求$x=A/3$时质点的速度.

***2-32** 质量为m的小球，在水中受到的浮力为常力F_R，当它从静止开始沉降时，受到水的黏滞阻力为$F=kv$(k为常数). 求小球在水中竖直沉降的速度v与时间t的函数关系.

***2-33** 如图2-55所示，在光滑水平面上固定有一半径为R的圆环形围屏，质量为m的滑块沿环的内壁转动，滑块与壁间的摩擦系数为μ. 求：

(1) 滑块速度为v时，它与壁间的摩擦力及滑块的切向加速度；

(2) 滑块的速率由v变到$v/3$所需要的时间.

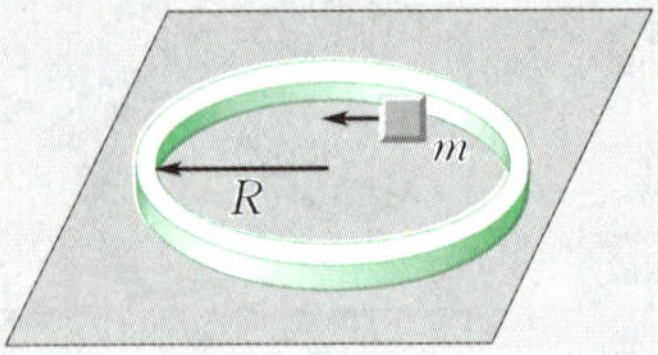

图2-55

2-34 从10 m深的井中把10 kg的水匀速上提，水桶漏水，每升高1 m要漏去0.2 kg的水.

(1) 画出示意图，设置坐标，写出外力所做元功$\mathrm{d}W$的表达式；

(2) 计算把水桶从水面提到井口时外力所做的总功W.

2-35 如图2-56所示，一条长度为L、总质量为m的柔软链条，放在桌面上靠边处，其中一端下垂，长度为$a(a<L)$，链条与桌面的滑动摩擦系数为μ. 设开始时链条静止，求：

(1) 链条离开桌边过程中，摩擦力以及重力所做的功；

(2) 链条离开桌边时的速率.

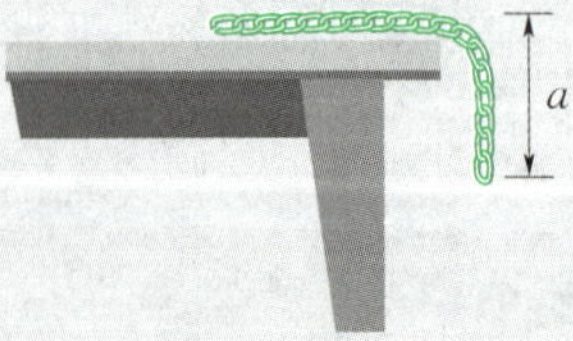

图2-56

2-36 一轻绳跨越水平光滑细杆O，绳的两端连有等质量的两个小球A和B，B球从水平位置由静止向下摆动，如图2-57所示. 求A球刚要离开地面时，跨越细杆O的两段绳之间的夹角为多大？

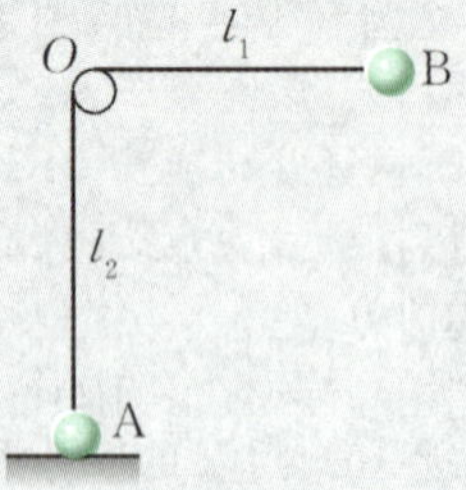

图2-57

2-37 劲度系数为k、原长为l的弹簧，一端固定在圆弧的A点，圆弧半径$R=l$. 弹簧的另一端点从圆弧的顶点B沿圆弧移动拉到C点，如图2-58所示. 求弹力在这一过程中所做的功.

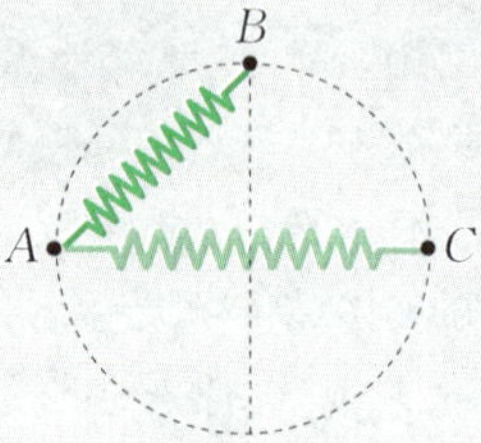

图2-58

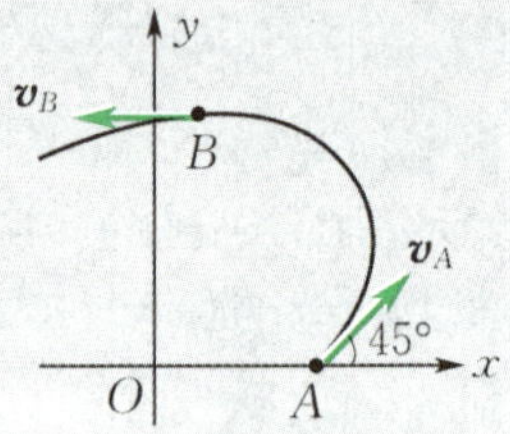

图2-59

2-38 质点运动轨迹如图2-59所示. 已知质点质量为20 g，在A,B两位置的速度大小约为$20\ \mathrm{m\cdot s^{-1}}$，$\boldsymbol{v}_A$与$x$轴正向夹角为45°，$\boldsymbol{v}_B$与$y$轴垂直. 求质点由$A$点到$B$点这段时间内，作用于质点上外力的总冲量.

2-39 如图2-60所示，质量为m的木块在光滑的固定斜面上，由A点静止下滑，当滑至B点时，木块被一水平飞来的子弹击中，子弹陷入木块内. 已知A,B距离为l，子弹质量为m_0，速度为v. 求子弹射入木块后它们共同的速度大小.

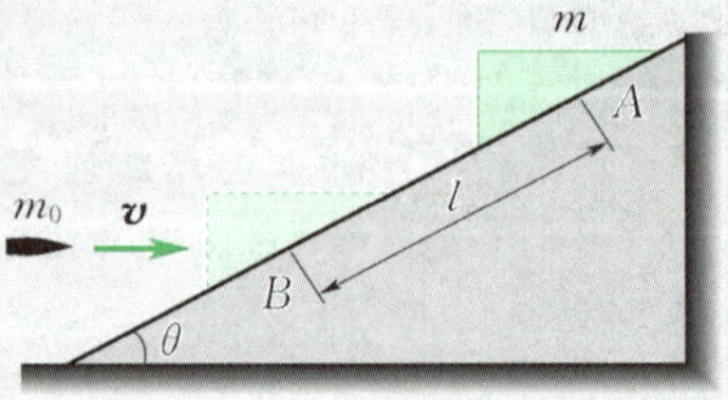

图2-60

2-40 如图2-61所示，质量$m=1.5\ \mathrm{kg}$的物体用长$l=1.25\ \mathrm{m}$的细绳悬挂在天花板上. 今有一质量$m_0=10\ \mathrm{g}$的子弹以$v_0=500\ \mathrm{m\cdot s^{-1}}$的水平速度射穿物体，刚穿出物体时，子弹的速度大小$v=30\ \mathrm{m\cdot s^{-1}}$，

设穿透时间极短. 求：

(1) 子弹刚穿出时绳中张力的大小；

(2) 子弹在穿透过程中所受的冲量.

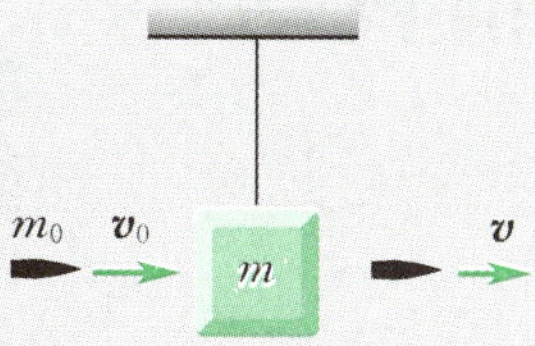

图 2 - 61

2 - 41　静水中停泊着两只质量均为 m 的小船. 左边小船上站着一个质量为 m_0 的人，该人以水平速度 v(对地) 跳到右边小船上，然后该人又以同样的速率 v(对地) 水平向左跳回到左边小船上，此后两只船运动的速度各为多大(水的阻力不计)?

2 - 42　质量皆为 m 的两木块 A，B 静止在光滑水平面上，用劲度系数为 k 的轻弹簧连接，如图 2 - 62 所示. 一质量为 m 的子弹以水平速度 v_0 击中木块 A 并留在 A 内. 求：

(1) 弹簧的最大压缩量；

(2) 木块 B 的最大速度.

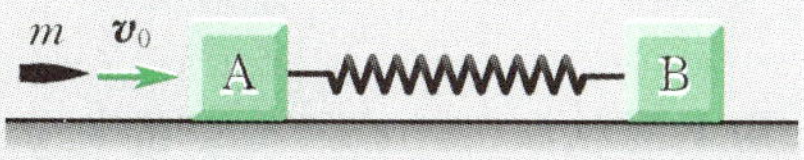

图 2 - 62

2 - 43　质量为 m 的短试管，用长为 l、质量可忽略的硬直杆悬挂，如图 2 - 63 所示. 试管内有乙醚液滴，管口用质量为 m_0 的软木塞封闭. 当加热试管时软木塞在乙醚蒸气压力下飞出. 要使试管绕悬点 O 在竖直平面内做一完整的圆周运动，软木塞飞出的最小速度为多少?若将硬直杆换成细绳，结果又如何?

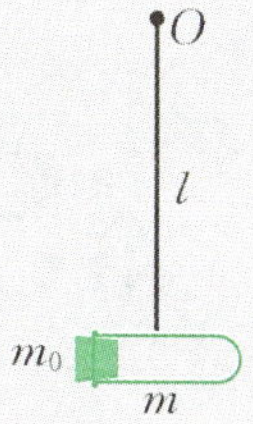

图 2 - 63

2 - 44　如图 2 - 64 所示，一质量为 m 带有光滑弧形轨道的小车，静止在光滑水平面上，今有一质量为 m_0、速度为 v_0 的小球从轨道下端水平射入，求小球沿弧形轨道上升的最大高度 h 及此后下降离开小车时的速度 v.

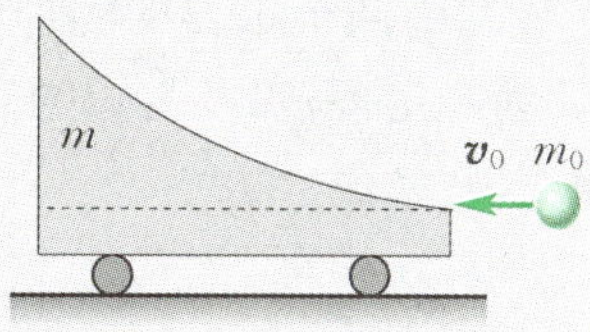

图 2 - 64

***2 - 45**　质量为 m、半径为 R 的 1/4 圆周的光滑弧形滑块，静止在光滑水平面上，如图 2 - 65 所示. 今有质量为 m_0 的滑块由弧的顶端 A 点静止下滑，当 m_0 滑到最低点 B 时，试求：

(1) m_0 相对 m 的速度 v 及 m 对地的速度 u；

(2) m 对 m_0 的作用力.

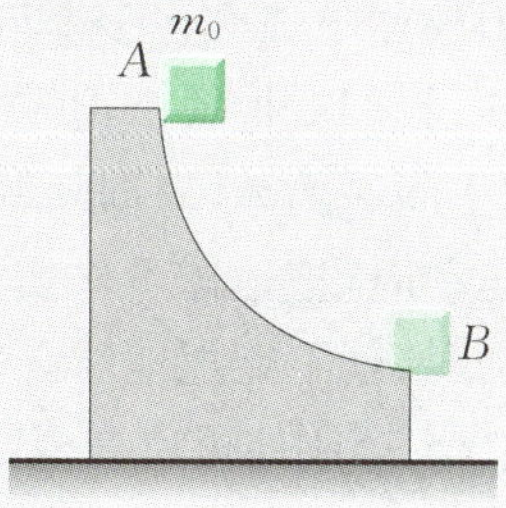

图 2 - 65

第3章　刚体的定轴转动

前两章主要讨论了物体机械运动中的平动问题，并将研究对象简化为质点，其实物体的机械运动除平动外，还有转动和振动等. 本章主要研究物体的定轴转动问题，研究对象从质点扩大为由无数连续分布的质点组成的有形状和大小的刚体. 因此本章将在质点力学的基础上研究刚体的定轴转动. 首先依据牛顿第二定律导出刚体定轴转动定律，并从力($\boldsymbol{F}$)和惯性(m)引入地位与其相当的转动中两个重要的物理量：力矩($\boldsymbol{M}$)和转动惯量(J)，进而讨论力矩的空间积累效应 —— 转动动能定理，以及力矩的时间积累效应 —— 角动量定理和角动量守恒定律，最后介绍刚体的进动.

§3.1　刚体及刚体定轴转动的描述

3.1.1　刚体的运动

刚体是一种实际物体的理想化模型，是在任何外力作用下形状和大小都不改变的物体. 实际的物体在外力作用下或多或少会发生形变. 如果在讨论一个物体的运动时，其形状或大小的改变可以忽略不计，我们就把这个物体看作刚体. 一个物体能否看作刚体，还要根据研究问题的具体情况而定. 对于同一物体，根据问题的不同性质，往往要采用不同的模型. 例如，我们研究地球绕太阳的公转运动时，把地球看作质点；在研究地球本身的自转运动时，把地球看作刚体；而在研究地震波的传播时，就不能把地球看作质点或刚体了.

刚体的运动

刚体可以看成由许多质点组成的质点系，每个质点称为刚体的一个**质元**. 它与一般质点系不同之处在于其内部任意两个质元间的距离都不能改变. 将质点力学的规律应用到刚体这个特殊的质点系上，找到刚体运动的规律，这就是研究刚体运动及其规律的出发点和基础.

刚体最基本的运动形式是平动和转动，其任意复杂的运动均可看成平动和转动的叠加. 如果刚体在运动中，连接内部任意两点的直线在空间的指向始终保持平行(见图 3－1)，这种运动称为**刚体的平动**. 例如，汽缸中活塞的运动、铁轨上火车车厢的运动等. 平动的刚体，由于内部各点的运动轨迹相同，显然可以当作质点处理.

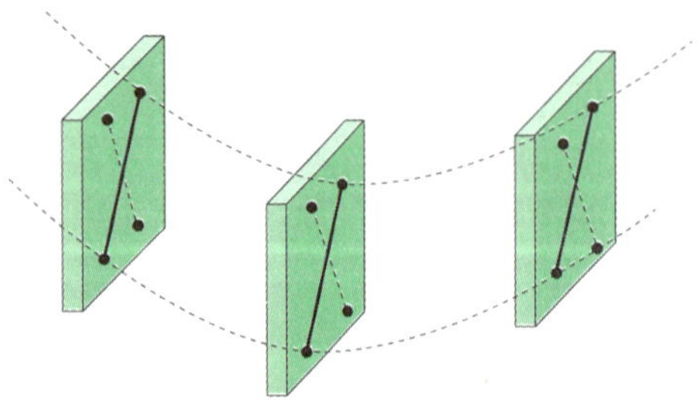

图 3－1　刚体的平动

如果刚体在运动中，内部各点都绕同一条直线做圆周运动，这种运动就称为**刚体的转动**，这一直线称为转轴. 如果转轴相对于所选的参考系固定，则称为绕固定轴的转动，简称定轴转动. 例如，机器上飞轮的运动、各种定滑轮的运动等. 本章只讨论刚体的定轴转动.

3.1.2　刚体定轴转动的描述

刚体做定轴转动时，具有如下基本特征：(1) 轴上各点始终静止不动；(2) 轴外刚体上各质元都在垂直于固定轴的平面（称为转动平面）内做圆周运动. 显然用角量来描述刚体的定轴转动是方便的. 第一章中讨论过的圆周运动的角量描述的有关概念和公式，都可适用于刚体的定轴转动.

研究刚体的转动时，可以任取一个转动平面（通常取质心所在的转动平面）来讨论，图 3-2 中画出了质点 P 的转动平面 N. 如果以转轴与转动平面的交点 O 为原点，则转动平面上的所有质点都绕原点做圆周运动，这时在转动平面内过原点作一射线 OA 为参考方向，转动平面上任一质点 P 对 O 点的位矢 $\boldsymbol{r}$ 与 OA 的夹角 θ 称为角位置，按照质点圆周运动的角量描述可定义刚体的角速度为

$$\omega=\frac{\mathrm{d}\theta}{\mathrm{d}t}. \tag{3-1}$$

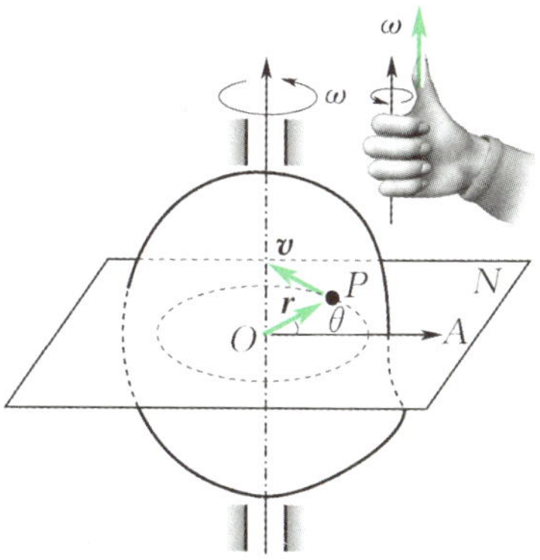

图 3-2　刚体的定轴转动

为了充分反映刚体转动的情况，常把刚体的角速度定义为矢量，以 $\boldsymbol{\omega}$ 表示. 其大小由式(3-1)确定，$\boldsymbol{\omega}$ 的方向沿转轴，指向由右手螺旋法则确定（见图 3-2）. 确定了角速度矢量的方向后，刚体上任一质点 P 的速度 $\boldsymbol{v}$ 与角速度 $\boldsymbol{\omega}$ 的关系为

$$\boldsymbol{v}=\boldsymbol{\omega}\times\boldsymbol{r}, \tag{3-2}$$

式中 $\boldsymbol{r}$ 是 P 点的位矢. 当刚体的角速度变化时，刚体有角加速度

$$\boldsymbol{\alpha}=\frac{\mathrm{d}\boldsymbol{\omega}}{\mathrm{d}t}. \tag{3-3}$$

在刚体定轴转动中，$\boldsymbol{\omega}$ 和 $\boldsymbol{\alpha}$ 的方向均沿固定转轴，两者同向时，ω 变大，两者反向时，ω 变小. 在规定了正方向后，$\boldsymbol{\omega}$ 和 $\boldsymbol{\alpha}$ 均可用正、负号表示它们的方向.

仿照匀变速直线运动的公式，可得刚体绕定轴做匀变速转动的运动学方程. 设 $t=0$ 时，$\theta=0$，$\omega=\omega_0$，有

$$\begin{cases}\theta=\omega_0 t+\dfrac{1}{2}\alpha t^2,\\ \omega=\omega_0+\alpha t,\\ \omega^2=\omega_0^2+2\alpha\theta.\end{cases} \tag{3-4}$$

§ 3.2　刚体定轴转动定律

3.2.1　对转轴的力矩

设一刚体可绕 z 轴转动，在与 z 轴垂直的平面内，有一力 $\boldsymbol{F}$ 作用在刚体上的 P 点，如图 3-3(a) 所示，O 点为转轴 z 与力 $\boldsymbol{F}$ 所在平面的交点，力 $\boldsymbol{F}$ 对转轴 z 的力矩 M 定义为力 $\boldsymbol{F}$ 的大小与力的作

用线到 O 点垂直距离 d(称为力臂) 的乘积,即

$$M = Fd = Fr\sin\varphi, \tag{3-5}$$

式中 r 为力 $\boldsymbol{F}$ 的作用点位矢 $\boldsymbol{r}$ 的大小,φ 为 $\boldsymbol{r}$ 与力 $\boldsymbol{F}$ 之间小于 180° 的夹角. 当 $\varphi = 0$ 或 $\varphi = 180^\circ$ 时,$M = 0$,此时力的作用线通过转轴,其力矩为零,对转动不起作用.

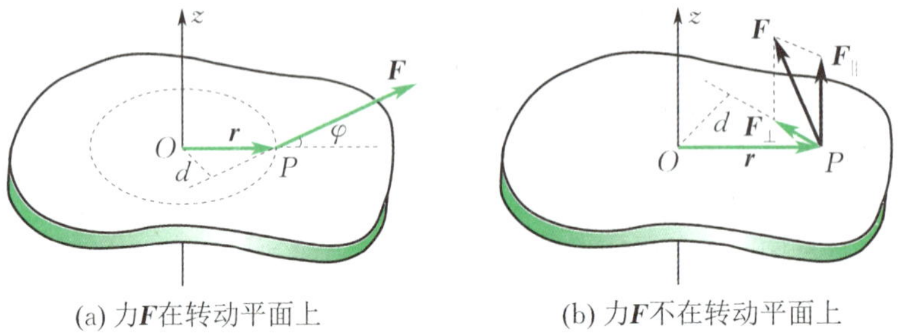

图 3-3　力对轴的力矩

如果力 $\boldsymbol{F}$ 不在转动平面内,如图 3-3(b) 所示,此时可将 $\boldsymbol{F}$ 分解为垂直转动平面的分量(与轴平行的分量)$F_{\parallel}$ 和在转动平面内的分量(与轴垂直的分量)$F_{\perp}$,显然只有在转动平面内的分量 $F_{\perp}$ 对转轴 z 的力矩才有贡献. **力矩**的一般定义如下:在垂直于转轴的平面内,外力 $F_{\perp}$ 与力线到转轴的垂直距离 d 的乘积. 写成矢量式,即

$$\boldsymbol{M} = \boldsymbol{r} \times \boldsymbol{F}_{\perp}. \tag{3-6}$$

力矩 $\boldsymbol{M}$ 是矢量,方向垂直转动平面,与 $\boldsymbol{r}$ 和 $\boldsymbol{F}_{\perp}$ 成右手螺旋关系. 在定轴转动中,力矩 $\boldsymbol{M}$ 的方向沿转轴. 在规定了正方向后,可用正、负号来表示 $\boldsymbol{M}$ 的方向. 在国际单位制中,力矩的单位为牛顿米(N·m).

如果刚体同时受到几个力矩的作用,则所受的合力矩等于各个力对转轴力矩的代数和. 一对相互作用力对同一转轴的力矩的代数和为零. 但要注意,大小相等、方向相反不在同一直线上的一对力,它们对同一转轴的力矩之和不为零.

3.2.2　定轴转动定律

刚体可看作由许多质点组成,任取一个质点 P,质量为 Δm_i,到转轴的距离为 r_i,作用在质点 P 上的力分为两类:一类是合外力 $\boldsymbol{F}_i$,另一类是刚体内其他质元对质点 P 的合内力 $\boldsymbol{f}_i$(见图 3-4). 为简单起见,假设 $\boldsymbol{F}_i$ 和 $\boldsymbol{f}_i$ 都在同一转动平面上,将牛顿第二定律应用于质点 P,有

$$F_{it} + f_{it} = \Delta m_i a_{it},$$

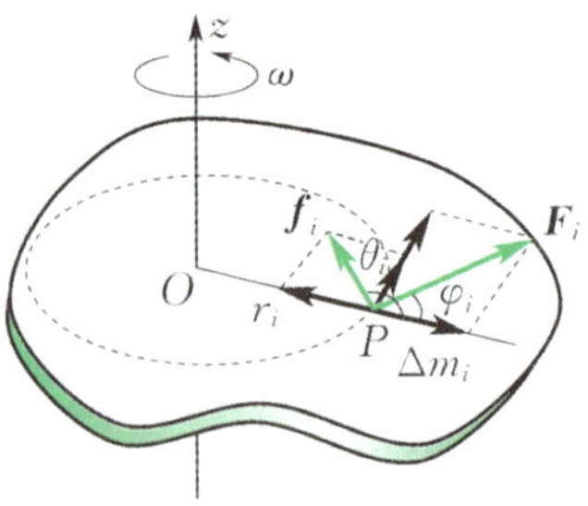

图 3-4　推导转动定律用图

式中 F_{it} 和 f_{it} 分别为 $\boldsymbol{F}_i$ 和 $\boldsymbol{f}_i$ 沿轨迹切线方向上的分量. 显然,对刚体中每一个质点均可写出类似的方程,把这些方程的等式两边乘以 r_i,并对整个刚体求和,再考虑到刚体中各质点的角加速度 α 均相同,有

$$\sum F_{it} r_i + \sum f_{it} r_i = \left(\sum \Delta m_i r_i^2\right)\alpha, \tag{3-7}$$

式(3-7) 左边第一项 $\sum F_{it} r_i$ 为作用在刚体上所有外力对 z 轴的力矩的代数和,称为**合外力矩**,用 M 表示;第二项 $\sum f_{it} r_i$ 为所有内力对 z 轴力矩的代数和,称为合内力矩. 因为内力总是成对出现,大小相等、方向相反且在同一直线上,因此内力对 z 轴的力矩的总和等于零,即 $\sum f_{it} r_i = 0$. 而右边括号内的求和项 $\sum \Delta m_i r_i^2$ 在刚

体定轴转动中是不变的，称为刚体对给定轴的**转动惯量**，用 J 表示，即

$$J = \sum \Delta m_i r_i^2. \tag{3-8}$$

式(3－7)可写成

$$M = J\alpha = J\frac{d\omega}{dt}. \tag{3-9}$$

式(3－9)表明，**刚体在合外力矩 M 作用下，获得的角加速度与合外力矩的大小成正比，与刚体的转动惯量成反比**. 这个结论称为刚体的**定轴转动定律**，它是解决刚体绕定轴转动动力学问题的基本方程.

将转动定律 $M = J\alpha$ 与牛顿第二定律 $\boldsymbol{F} = m\boldsymbol{a}$ 比较是很有启发的，两者不仅形式相似，而且地位相当. 物体的质量是物体平动惯性大小的量度，所以转动惯量是描述刚体转动惯性大小的物理量.

3.2.3　转动惯量及其计算

从转动惯量的定义式 $J = \sum \Delta m_i r_i^2$ 不难看出，刚体的转动惯量 J 的大小不仅与刚体的总质量有关，而且与质量相对于转轴的分布有关. 在总质量一定的情况下，质量分布离轴越远，转动惯量越大；同时，转动惯量还与转轴的位置有关，同一刚体对不同的转轴有不同的转动惯量. 因此，刚体的转动惯量必须明确是对哪个转轴而言的. 在国际单位制中，转动惯量的单位为千克二次方米($kg \cdot m^2$).

转动惯量的计算是一个纯数学问题，下面对转动惯量的计算只做一般的介绍.

单个质点的转动惯量为

$$J = mr^2,$$

质点系的转动惯量为

$$J = \sum m_i r_i^2,$$

质量连续分布的刚体的转动惯量为

$$J = \int r^2 dm, \tag{3-10}$$

式中 r 为质元 dm 到转轴的垂直距离，积分应遍及整个刚体.

对于形状复杂的刚体，用理论计算方法求转动惯量是困难的，实际中多用实验方法来测定.

例 3－1

求质量为 m、长为 l 的匀质细杆对下列转轴的转动惯量. (1) 转轴通过杆的中心，并与杆垂直；(2) 转轴通过杆的一端，并与杆垂直.

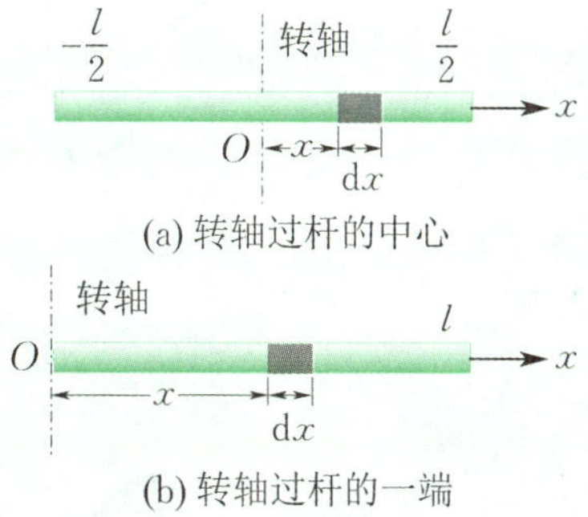

图 3－5　匀质细杆的转动惯量

解　(1) 如图 3-5(a) 所示，在 x 处取一长度为 dx 的线元，其质量为

$$dm = \lambda dx = \frac{m}{l}dx,$$

dm 对 O 轴的转动惯量为

$$dJ = x^2 dm = \frac{m}{l}x^2 dx.$$

整个细杆对 O 轴的转动惯量为

$$J=\int \mathrm{d}J=\int_{-\frac{l}{2}}^{\frac{l}{2}}\frac{m}{l}x^2\mathrm{d}x=\frac{1}{12}ml^2.$$

(2) 如图 3-5(b) 所示，当轴过杆一端并与杆垂直时，整条细杆对 O 轴的转动惯量为

$$J=\int \mathrm{d}J=\int_{0}^{l}\frac{m}{l}x^2\mathrm{d}x=\frac{1}{3}ml^2.$$

由本例可以看到，同一刚体，转轴的位置不同，其转动惯量就不同.

例 3-2

求质量为 m、半径为 R 的匀质圆盘对过圆盘中心并与盘面垂直的轴的转动惯量.

解 如图3-6所示，把圆盘视为由许多细圆环组成，在 r 处取宽度为 $\mathrm{d}r$ 的细圆环，其质量为

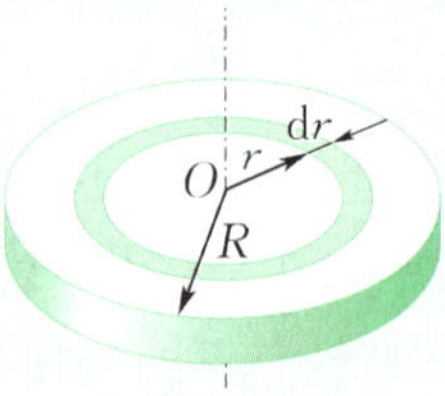

图 3-6 匀质圆盘的转动惯量

$$\mathrm{d}m=\sigma\cdot 2\pi r\mathrm{d}r,$$

其中圆盘的质量面密度为 $\sigma=\dfrac{m}{\pi R^2}$. 该细圆环对 O 轴的转动惯量为

$$\mathrm{d}J=r^2\mathrm{d}m=r^2\frac{m}{\pi R^2}\cdot 2\pi r\mathrm{d}r=\frac{2m}{R^2}r^3\mathrm{d}r.$$

整个圆盘对中心 O 轴的转动惯量为

$$J=\int \mathrm{d}J=\int_{0}^{R}\frac{2m}{R^2}r^3\mathrm{d}r=\frac{1}{2}mR^2.$$

在本例中读者可以看到，视不同的情况，选取适当的质元 $\mathrm{d}m$，可以使转动惯量的计算简化.

对于形状不规则或质量分布不均匀的刚体，常用实验方法测定它们的转动惯量. 表 3-1 列出了几种几何形状简单、密度均匀的刚体的转动惯量.

表 3-1 几种匀质刚体的转动惯量

刚体形状		轴的位置	转动惯量
细杆	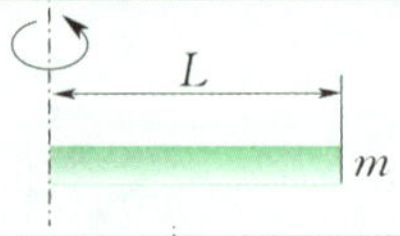	通过一端垂直于杆	$\frac{1}{3}mL^2$
细杆	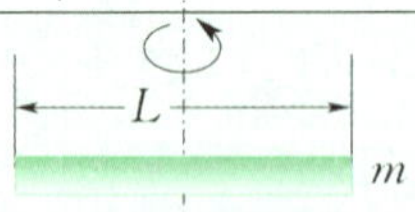	通过中点垂直于杆	$\frac{1}{12}mL^2$
薄圆环(或薄圆筒)	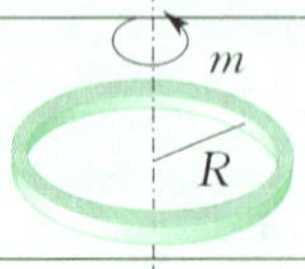	通过环心垂直于环面(或中心轴)	mR^2
圆盘(或圆柱体)	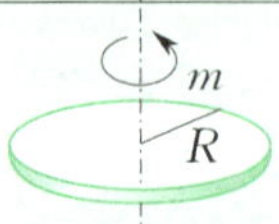	通过盘心垂直于盘面(或中心轴)	$\frac{1}{2}mR^2$
薄球壳	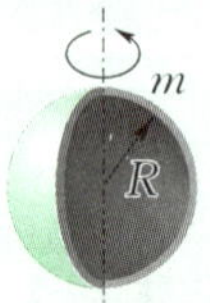	直径	$\frac{2}{3}mR^2$

续表

刚体形状		轴的位置	转动惯量
球体	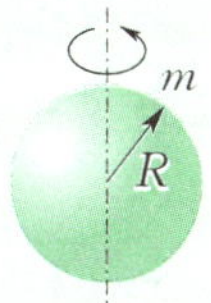	直径	$\frac{2}{5}mR^2$

3.2.4　转动定律的应用

转动定律描述了刚体定轴转动中，角加速度与其所受合外力矩的瞬时对应关系. 式(3－9)中各量均需是同一时刻对同一刚体、同一转轴而言，否则是没有意义的. 应用定轴转动定律解题与应用牛顿第二定律解题的步骤基本相似. 不过要特别注意转轴的位置以及力矩、角加速度的正负.

例 3－3

一轻绳跨过一定滑轮，绳两端分别悬挂质量分别为 m_1 和 $m_2(m_2>m_1)$ 的两个物体，如图 3－7(a) 所示. 滑轮可看作半径为 R、质量为 m 的匀质圆盘；忽略轮轴处的摩擦，绳子不可伸长，绳子与滑轮间无相对滑动. 求物体 m_1 和 m_2 的加速度以及绳中的张力.

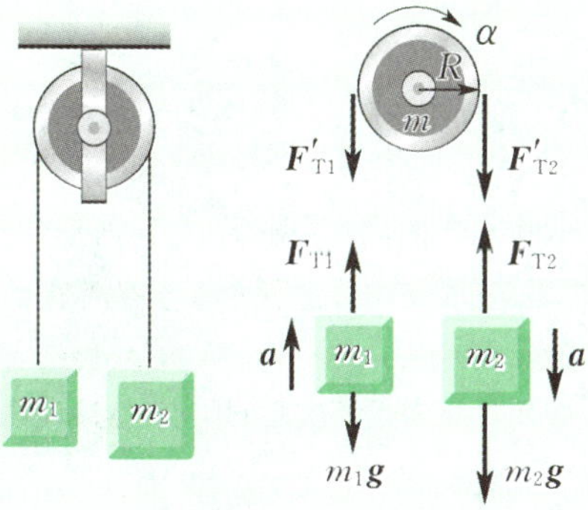

(a) 示意图　　(b) 受力图

图 3－7

解　(1) 隔离物体画示力图. 分别隔离重物 m_1，m_2 和滑轮，画出它们的示力图，如图 3－7(b) 所示. 滑轮受的重力及轮轴对滑轮的支持力是一对平衡力，对滑轮的运动不起作用，图中可以不必画出.

(2) 假设系统参考正方向. 因 $m_2>m_1$，可假设 m_2 向下加速运动，而 m_1 则向上加速运动，滑轮顺时针方向转动；又因绳子长度不变，故 m_1，m_2 的加速度大小相等，以 a 表示.

(3) 建立方程. m_1，m_2 平动，可视为质点，对 m_1，m_2 应用牛顿第二定律；滑轮是刚体，对滑轮应用转动定律，有

$$F_{T1}-m_1g=m_1a, \quad ①$$

$$m_2g-F_{T2}=m_2a, \quad ②$$

$$(F'_{T2}-F'_{T1})R=\frac{1}{2}mR^2\alpha, \quad ③$$

其中 $F_{T1}=F'_{T1}$，$F_{T2}=F'_{T2}$. 考虑到绳子与滑轮间无相对滑动，重物的加速度 a 与滑轮的角速度 α 间应有关系

$$a=R\alpha. \quad ④$$

(4) 解方程. 联立以上四个方程解得

$$a=\frac{(m_2-m_1)g}{m_1+m_2+\frac{m}{2}},$$

$$F_{T1}=\frac{m_1\left(2m_2+\frac{m}{2}\right)g}{m_1+m_2+\frac{m}{2}},$$

$$F_{T2}=\frac{m_2\left(2m_1+\frac{m}{2}\right)g}{m_1+m_2+\frac{m}{2}}.$$

通过本例可以看到，滑轮的质量、形状和大小不可忽略时，滑轮两边绳子的张力 F_{T1} 和 F_{T2} 是不相等的. 类似的问题在中学物理中通常忽略滑轮的质量及滑轮轴处的摩擦，此时绳子张力处处相同，m_1，m_2 做平动，可视为质点，

应用牛顿第二定律对 m_1, m_2 各列一个方程即可求得结果.

例 3-4

转动着的飞轮的转动惯量为 J,$t=0$ 时角速度为 ω_0,此后飞轮经历制动过程,阻力矩 $\boldsymbol{M}$ 的大小与角速度 ω 的平方成正比,比例系数为 k. 求:(1) 飞轮的角速度 $\omega=\dfrac{\omega_0}{3}$ 时的角加速度;(2) 飞轮从开始制动到角速度变为$\dfrac{\omega_0}{3}$ 经历的时间.

解 (1) 由题意,阻力矩 $M=-k\omega^2$,由转动定律有

$$-k\omega^2 = J\alpha,$$

即

$$\alpha = -\frac{k\omega^2}{J}.$$

将 $\omega=\dfrac{\omega_0}{3}$ 代入,求得此时飞轮的角加速度为

$$\alpha = -\frac{k\omega_0^2}{9J}.$$

(2) 因飞轮在制动过程中受到变力矩的作用,为求制动的时间,需用转动定律的微分形式列微分方程求解,即

$$-k\omega^2 = J\frac{\mathrm{d}\omega}{\mathrm{d}t},$$

分离变量,并考虑到 $t=0$ 时,$\omega=\omega_0$,两边积分

$$\int_{\omega_0}^{\frac{\omega_0}{3}} \frac{\mathrm{d}\omega}{\omega^2} = -\frac{k}{J}\int_0^t \mathrm{d}t,$$

可求得 $\omega=\dfrac{\omega_0}{3}$ 时,制动经历的时间为 $t=\dfrac{2J}{k\omega_0}$.

思考题

3-1 两个半径不同的飞轮以皮带相连而相互带动. 转动时,大飞轮和小飞轮边缘上各点的速度大小和角速度大小是否相同?

3-2 刚体绕固定轴转动时,每秒内角速度都增加 $2\pi\ \mathrm{rad\cdot s^{-1}}$. 能否肯定刚体是做匀加速转动?

3-3 绕固定轴做匀变速转动的刚体,其上各点都绕转轴做圆周运动. 问刚体上任意一点是否有切向加速度?是否有法向加速度?切向加速度和法向加速度的大小是否变化?为什么?

3-4 计算一个刚体对某轴的转动惯量时,能不能认为它是一个质量集中于其质心的质点,然后计算这个质点对该轴的转动惯量,为什么?试举例说明.

3-5 一匀质细棒可绕通过其一端的光滑固定轴在竖直平面内转动. 使棒从水平位置自由下摆,棒是否做匀角加速转动?为什么?

§ 3.3 定轴转动的功和能

3.3.1 力矩做功

如图 3-8 所示,刚体受到一个在转动平面上的外力 $\boldsymbol{F}$ 的作用,力的作用点在 P 点. 刚体在此外力作用下转过一微小角位移 $\mathrm{d}\theta$,力的作用点的元位移为 $\mathrm{d}\boldsymbol{r}$($|\mathrm{d}\boldsymbol{r}|=r\mathrm{d}\theta$). 由功的定义,$\boldsymbol{F}$ 在 $\mathrm{d}\boldsymbol{r}$ 上做的元功为

$$dW = \boldsymbol{F}\cdot d\boldsymbol{r} = F\cos\alpha\,|d\boldsymbol{r}| = Fr\cos\alpha\,d\theta,$$

由图可见，$\cos\alpha = \sin\varphi$，而力矩 $M = Fr\sin\varphi$，所以上式变为

$$dW = Md\theta, \tag{3-11}$$

式(3-11)称为力矩做的元功. 刚体在外力矩 M 作用下由角位置 θ_1 转到 θ_2，外力矩 M 做的总功为

$$W = \int dW = \int_{\theta_1}^{\theta_2} Md\theta. \tag{3-12}$$

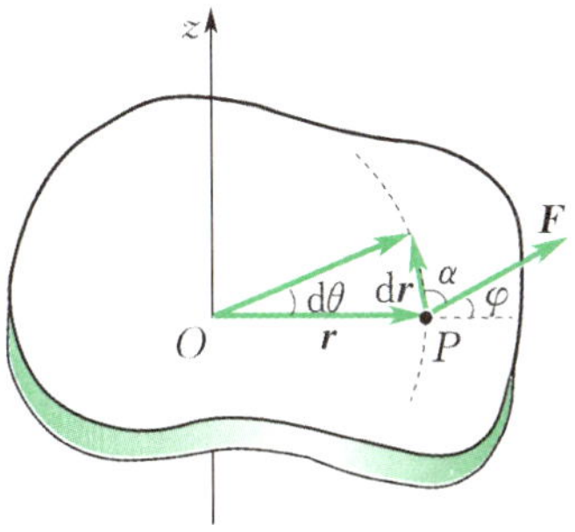

图 3-8　力矩做功

若 M 为恒力矩，则

$$W = \int_{\theta_1}^{\theta_2} Md\theta = M(\theta_2 - \theta_1) = M\Delta\theta,$$

即恒力矩做的功等于力矩 M 乘以力矩作用下转过的角度 $\Delta\theta$. 若刚体同时受到几个外力矩的作用，则合外力矩做的功等于各分力矩做的功的代数和，即

$$W = \int_{\theta_1}^{\theta_2} (M_1 + M_2 + \cdots + M_n)d\theta = W_1 + W_2 + \cdots + W_n = \sum W_i. \tag{3-13}$$

3.2　转动动能和转动动能定理

1. 刚体的转动动能

刚体定轴转动的动能就是刚体中各质元动能的总和. 设刚体以角速度 ω 绕定轴转动，刚体中任意一质元(质量为 Δm_i，到轴的距离为 r_i，速度为 $v_i = r_i\omega$)的动能为

$$\Delta E_{ki} = \frac{1}{2}\Delta m_i v_i^2 = \frac{1}{2}\Delta m_i (r_i\omega)^2,$$

整个刚体的转动动能为

$$E_k = \sum \Delta E_{ki} = \frac{1}{2}\left(\sum \Delta m_i r_i^2\right)\omega^2 = \frac{1}{2}J\omega^2. \tag{3-14}$$

上式表明，刚体对某一定轴的转动动能等于刚体对该轴的转动惯量与角速度平方乘积的一半. 刚体的转动惯量越大，转动角速度越大，其转动动能就越大.

2. 刚体定轴转动的动能定理

质点动能定理可由牛顿第二定律导出，同样，刚体定轴转动的动能定理也可由转动定律导出. 由转动定律

$$M = J\alpha = J\frac{d\omega}{dt} = J\frac{d\omega}{d\theta}\frac{d\theta}{dt} = J\omega\frac{d\omega}{d\theta},$$

即

$$Md\theta = J\omega d\omega.$$

设刚体在合外力矩 M 作用下，从 t_1 时刻的 θ_1 和 ω_1 变化到 t_2 时刻的 θ_2 和 ω_2，上式两边积分得

$$\int_{\theta_1}^{\theta_2} Md\theta = \int_{\omega_1}^{\omega_2} J\omega d\omega = \frac{1}{2}J\omega_2^2 - \frac{1}{2}J\omega_1^2. \tag{3-15}$$

式(3-15)表明，合外力矩对刚体所做的功等于刚体转动动能的增量，这就是刚体定轴转动的动能定理.

与质点系动能定理比较，刚体转动动能的增量只与合外力矩做的功有关，而与内力做的功无关. 这是因为一对内力做功之和仅与相对位移有关，而刚体各质元之间不存在相对位移，内力做功之和始终为零.

3.3.3 刚体的重力势能

构成刚体的所有质元与地球所组成的系统的重力势能之和,称为**刚体的重力势能**. 刚体中任一质量为 Δm_i 的质元的重力势能为

$$\Delta E_{pi} = \Delta m_i g h_i,$$

式中 h_i 为质元 Δm_i 相对于零势能位置的高度. 设刚体质心相对于零势能位置的高度为 h_C,则有

$$h_C = \frac{\sum \Delta m_i h_i}{\sum \Delta m_i} = \frac{\sum \Delta m_i h_i}{m}.$$

一个质量为 m 的刚体的重力势能为

$$E_p = \sum \Delta E_{pi} = m g h_C, \tag{3-16}$$

即刚体的重力势能等于刚体的质量全部集中在质心处的质点的重力势能.

考虑到刚体的功和能的上述特点,第 2 章中介绍的关于质点系的功能原理、机械能守恒定律等,都可方便地用于刚体的定轴转动.

例 3-5

一质量为 m、半径为 R 的定滑轮(视为匀质圆盘),轮上绕有一轻绳,绳的一端挂有质量为 m_1 的重物,如图 3-9(a) 所示. 设绳子不可伸长且与滑轮间无相对滑动,求重物由静止开始下落高度 h 时重物的速度.

解 隔离滑轮和重物,画出它们的受力图,如图 3-9(b) 所示.

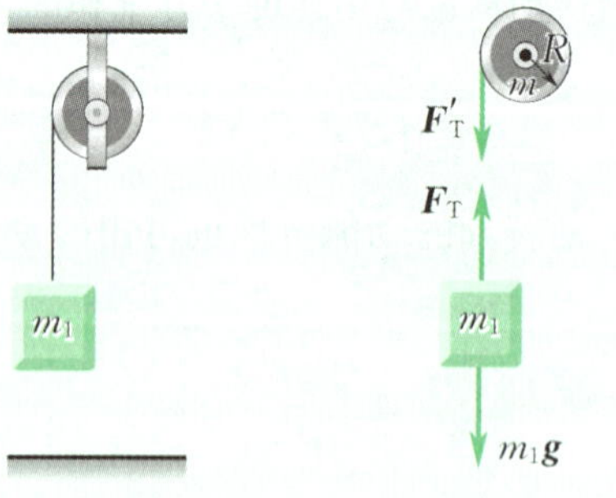

(a) 示意图 (b) 受力图

图 3-9

方法 1 用动能定理求解

对滑轮应用转动动能定理,对重物应用质点动能定理,可得

$$F'_T R \Delta\theta = \frac{1}{2}J\omega^2 - \frac{1}{2}J\omega_0^2,$$

$$(m_1 g - F_T)h = \frac{1}{2}m_1 v^2 - \frac{1}{2}m_1 v_0^2,$$

其中 $h = R\Delta\theta$, $v = R\omega$, $F'_T = F_T$, $v_0 = 0$, $\omega_0 = 0$, $J = \frac{1}{2}mR^2$.

联立上两式解得

$$v = 2\sqrt{\frac{m_1 g h}{m + 2m_1}}.$$

方法 2 用机械能守恒定律求解

选取滑轮、重物和地球为系统,重力成为保守内力,外力(轴承处的力)和非保守内力(绳子张力)均不做功,故系统的机械能守恒.

系统初态的机械能为

$$E_1 = m_1 g h,$$

终态的机械能为

$$E_2 = \frac{1}{2}m_1 v^2 + \frac{1}{2}\left(\frac{1}{2}mR^2\right)\omega^2,$$

即

$$m_1 g h = \frac{1}{2}m_1 v^2 + \frac{1}{2}\left(\frac{1}{2}mR^2\right)\omega^2,$$

解得

$$v = 2\sqrt{\frac{m_1 g h}{m + 2m_1}}.$$

例 3-6

一长度为 l、质量为 m 的均匀细杆 OA，可绕通过其端点 O 并与杆垂直的水平光滑轴在竖直平面内转动，今使杆从水平位置开始自由下摆. 求：(1) 水平位置和竖直位置杆的角加速度；(2) 杆摆到竖直位置时端点 A 的速度.

解　杆的受力分析如图 3-10 所示，轴的支持力对 O 轴的力矩为零.

(1) 由转动定律可求得

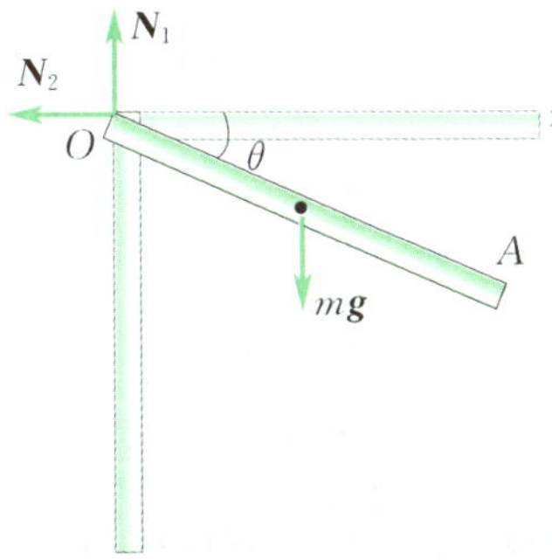

图 3-10

水平位置　$\alpha_1 = \dfrac{M}{J} = \dfrac{mg\dfrac{l}{2}}{\dfrac{1}{3}ml^2} = \dfrac{3g}{2l}$,

竖直位置　$\alpha_2 = \dfrac{M}{J} = \dfrac{0}{\dfrac{1}{3}ml^2} = 0.$

(2) 求杆摆到竖直位置时端点 A 的速度有多种解法，下面给出用转动动能定理的求解方法.

任意 θ 处，杆所受合外力矩（重力矩）大小为

$$M = mg\,\frac{l}{2}\cos\theta,$$

杆在此位置再下摆 $\mathrm{d}\theta$，合外力矩做的元功为

$$\mathrm{d}W = M\mathrm{d}\theta = mg\,\frac{l}{2}\cos\theta\mathrm{d}\theta.$$

由转动动能定理，合外力矩做的功等于杆转动动能的增量，即

$$\int_0^{\frac{\pi}{2}} mg\,\frac{l}{2}\cos\theta\mathrm{d}\theta = \frac{1}{2}J\omega^2 - \frac{1}{2}J\omega_0^2,$$

$$mg\,\frac{l}{2} = \frac{1}{2}\left(\frac{1}{3}ml^2\right)\omega^2 - 0,$$

解得

$$\omega = \sqrt{\frac{3g}{l}},$$

故杆端点 A 的速度大小

$$v_A = l\omega = \sqrt{3gl}.$$

本题也可用转动定律或机械能守恒定律求解，读者可以比较几种解法的特点及繁简的程度.

§ 3.4　角动量定理和角动量守恒定律

3.4.1　质点的角动量

角动量又称动量矩，是描述物体做旋转运动的一个物理量. 对于质点在有心力场中的运动，如行星绕太阳的运动、人造卫星绕地球的运动以及原子中电子绕核的运动等，角动量是一个很重要的概念.

一个质量为 m 的质点以速度 $\boldsymbol{v}$ 运动，它的动量为 $\boldsymbol{p} = m\boldsymbol{v}$. 质点的动量对惯性系中某一固定点 O 的矩，称为**动量矩**或**角动量**，以 $\boldsymbol{L}$ 表示. 类比力矩的定义，可以给出角动量的定义式为

$$\boldsymbol{L} = \boldsymbol{r} \times \boldsymbol{p} = \boldsymbol{r} \times m\boldsymbol{v}, \tag{3-17}$$

式中 $\boldsymbol{r}$ 为质点相对固定点 O 的位矢（见图 3-11）.

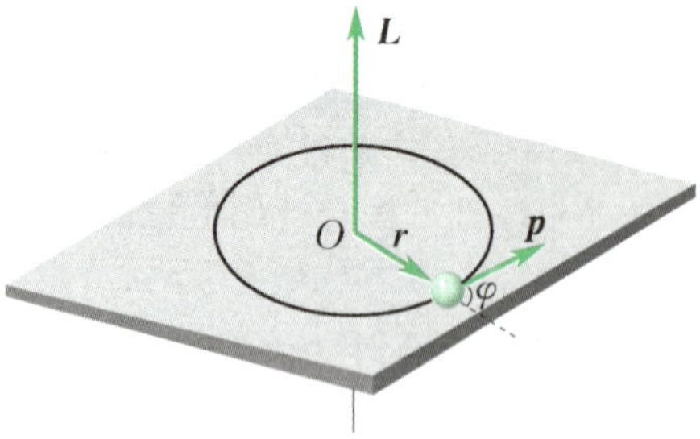

图 3-11 质点的角动量

角动量 $\boldsymbol{L}$ 是一个矢量，它的大小为

$$L = rp\sin\varphi = mvr\sin\varphi,$$

式中 φ 是 $\boldsymbol{r}$ 与 $\boldsymbol{p}$ 的夹角. $\boldsymbol{L}$ 的方向垂直于 $\boldsymbol{r}$ 和 $\boldsymbol{p}$ 构成的平面，其指向由右手螺旋法则确定，如图 3-11 所示. 在 SI 中，角动量的单位是千克二次方米每秒($kg\cdot m^2\cdot s^{-1}$).

从式(3-17)可知，质点的角动量与质点的位矢 $\boldsymbol{r}$ 有关，即与所选的固定点的位置有关，同一质点相对于不同的点，它的角动量是不同的. 因此，在说明一个质点的角动量时，必须明确是对哪一固定点而言的.

若质点绕某固定点 O 做半径为 r 的平面圆周运动，因为 $\boldsymbol{v}$ 始终垂直 $\boldsymbol{r}$，则质点的角动量大小为 $L = mvr$，又 $v = R\omega$，质点绕 O 点转动的转动惯量为 mr^2，所以质点对 O 点的角动量大小又可以写成

$$L = mvr = mr^2\omega = J\omega,$$

$\boldsymbol{L}$ 的方向与 $\boldsymbol{\omega}$ 相同，写成矢量式，即

$$\boldsymbol{L} = J\boldsymbol{\omega}. \tag{3-18}$$

3.4.2 刚体对定轴的角动量

刚体对定轴的角动量就是刚体中各质元对同一定轴的角动量的总和. 设刚体以角速度 ω 绕定轴转动，刚体中任一质元(质量为 Δm_i，到轴的距离为 r_i)对 Oz 轴的角动量为

$$L_i = \Delta m_i r_i^2 \omega,$$

整个刚体对 Oz 轴的角动量为

$$L_z = \sum L_i = \sum \Delta m_i r_i^2 \omega = J_z\omega,$$

或写成矢量式

$$\boldsymbol{L}_z = J_z\boldsymbol{\omega}, \tag{3-19}$$

式中 J_z 为刚体对 Oz 轴的转动惯量. 在定轴转动中，$\boldsymbol{L}_z$ 的方向沿转轴，即与 $\boldsymbol{\omega}$ 的方向一致. 计算中设定了正方向后，可用正负号表示 $\boldsymbol{L}_z$ 的方向.

3.4.3 定轴转动的角动量定理

质点动量定理可由牛顿第二定律导出，类似地，刚体定轴转动的角动量定理也可由转动定律导出. 由转动定律

$$M = J\alpha = J\frac{d\omega}{dt},$$

由于刚体对定轴的转动惯量 J 不随时间变化，上式可写成

$$M = J\frac{d\omega}{dt} = \frac{d(J\omega)}{dt} = \frac{dL}{dt}, \tag{3-20}$$

即

$$Mdt = dL.$$

刚体在合外力矩 M 作用下，角动量从 t_1 时刻的 L_1 变化到 t_2 时刻的 L_2，上式两边对力矩作用的时间积分，得

$$\int_{t_1}^{t_2} Mdt = \int_{L_1}^{L_2} dL = L_2 - L_1 = J\omega_2 - J\omega_1, \tag{3-21}$$

式中左边的积分$\int_{t_1}^{t_2} M\mathrm{d}t$是合外力矩对时间的积分，称为角冲量；右边是刚体角动量的增量. 式(3－21)表明，**刚体角动量的增量等于刚体所受合外力矩的角冲量**. 这就是**刚体定轴转动的角动量定理**(积分形式)，它反映了力矩的时间积累效应. 式(3－20)也称为角动量定理的微分形式.

3.4.4　刚体角动量守恒定律

式(3－21)中，若刚体所受合外力矩 $M=0$，则有

$$L_2 = L_1 = \text{常量}$$

或

$$J_2\omega_2 = J_1\omega_1. \tag{3-22}$$

式(3－22)说明，**若刚体所受合外力矩为零，则刚体的角动量保持不变**，这一关系称为**刚体的角动量守恒定律**.

刚体角动量守恒常有以下几种情况：

(1) 对定轴转动的刚体，在转动过程中，若转动惯量 J 始终保持不变，当刚体所受合外力矩等于零时，刚体将以恒定的角速度 ω 绕定轴旋转. 例如，飞机、火箭、轮船上用作导航定向的回转仪就是利用这一原理制成的.

图 3－12 为回转仪的原理图，其核心部件是一个绕几何对称轴高速旋转的边缘厚重的转子 D，为了使回转仪的转轴可取空间任何方位，设有对应三维空间坐标的三个支架 AA'，BB'，OO'. 三个支架的轴承处都高度润滑，当转子高速旋转时，因摩擦力矩可以忽略，因而在较长的时间内都可认为转子的角动量不变，因而角速度的大小和方向均不变，即 OO' 轴的方向保持不变. 这时无论怎样移动底座，也不会改变回转仪的自转方向，从而起到定向作用. 在航行时，只要将飞机方向与回转仪的自转轴方向核定，自动驾驶仪就会立即确定现在航向与预定方向间的偏离，从而及时纠正航向.

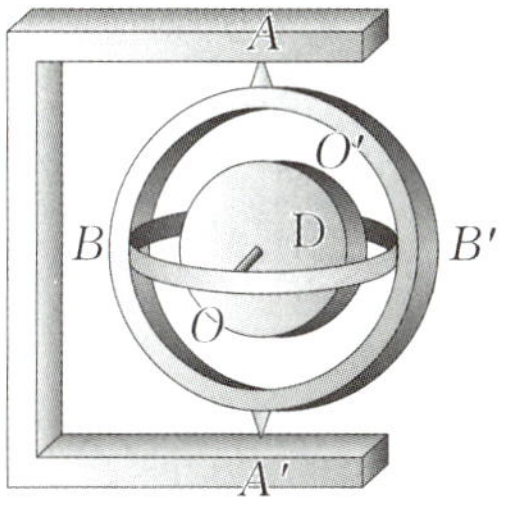

图 3－12　回转仪原理图

(2) 对定轴转动的非刚体，物体上各质元相对转轴距离可变，即转动惯量是可变的. 当转动系统所受合外力矩等于零时，$J\omega=$ 常量. 这时，ω 与 J 成反比，即 J 增大时，ω 变小；J 减小则 ω 增大. 例如，花样滑冰运动员(见图 3－13)或芭蕾舞演员，绕通过重心的铅直轴旋转时，可以通过伸展或收回手臂，改变对轴的转动惯量来调节旋转的角速度.

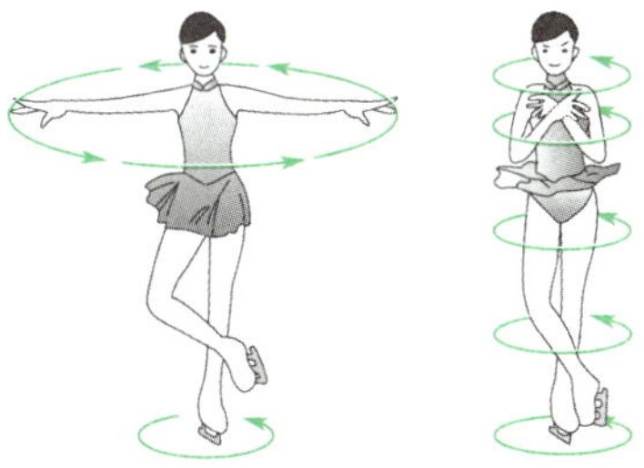
图 3－13　滑冰者改变转速

(3) 当研究对象是相互关联的质点和刚体所组成的系统时，只要满足系统对某一固定轴的合外力矩等于零，则整个系统对该轴的角动量守恒. 例如，由两个物体组成的系统，原来静止，总角动量为零，当通过内力使一个物体转动时，另一物体必沿反方向转动，以使系统的总角动量保持不变. 直升飞机在螺旋桨叶片旋转时，为防止机身的反向转动，必须在机尾部附加一侧向旋叶. 鱼雷尾部左右两螺旋桨是沿相反方向旋转的，以防机身发生不稳定转动.

角动量守恒实例

角动量守恒定律与前面介绍的动量守恒定律和能量守恒定律一样，是自然界中的普遍规律. 以后我们会看到，即使在原子内部，也都严格地遵守这三条定律.

例 3-7

质量为 m、半径为 R 的匀质薄圆盘放在水平桌面上，可绕盘中心并与盘面垂直的固定光滑轴转动. 初始时刻盘的角速度为 ω_0，盘与桌面间的滑动摩擦系数为 μ，求：(1) 圆盘转动时受到的摩擦阻力矩；(2) 经多长时间圆盘停止转动.

解 (1) 圆盘是一转动的刚体，而不是质点. 计算圆盘转动时受到的摩擦阻力矩，需积分求解. 为此，把圆盘视为无数圆环组成，在 r 处取一宽度为 $\mathrm{d}r$ 的圆环，如图 3-14 所示，其质量 $\mathrm{d}m$、受到的摩擦阻力 $\mathrm{d}\boldsymbol{F}$ 及摩擦阻力矩 $\mathrm{d}\boldsymbol{M}$ 的大小分别为

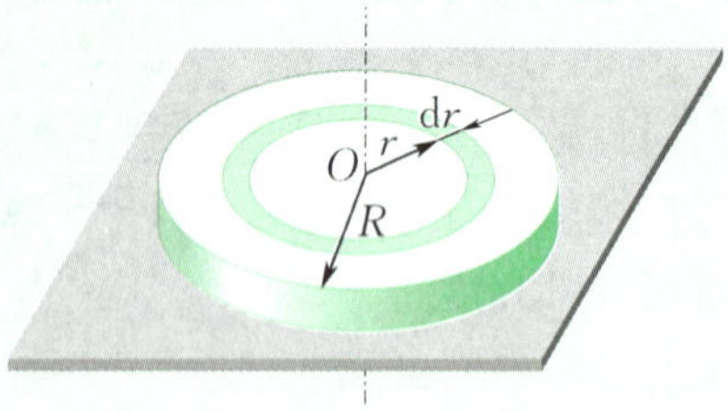

图 3-14

$$\mathrm{d}m = \sigma \mathrm{d}S = \frac{m}{\pi R^2} 2\pi r \mathrm{d}r,$$

$$\mathrm{d}F = \mu g \,\mathrm{d}m = \frac{2\mu m g}{R^2} r \mathrm{d}r,$$

$$\mathrm{d}M = \mathrm{d}F \cdot r = \frac{2\mu m g}{R^2} r^2 \mathrm{d}r.$$

圆盘转动时受到的总摩擦阻力矩大小为

$$M = \int \mathrm{d}M = \frac{2\mu m g}{R^2} \int_0^R r^2 \mathrm{d}r = \frac{2}{3} \mu m g R.$$

(2) 圆盘在摩擦阻力矩作用下减速，设圆盘经历时间 t 后停止转动，由定轴转动的角动量定理

$$\int_0^t -M \mathrm{d}t = -\frac{2}{3} \mu m g R \int_0^t \mathrm{d}t = J\omega - J\omega_0.$$

考虑到 $J = \frac{1}{2} m R^2$，$\omega = 0$，求得

$$t = \frac{3R\omega_0}{4\mu g}.$$

例 3-8

一质量为 M、长为 l 的匀质细杆，可绕过 O 端的水平光滑轴在铅直平面内自由转动，如图 3-15 所示. 在杆自由下垂时，有一质量为 m 的小球在离杆下端距离为 a 处垂直击中细杆. 设小球与杆碰撞后的速度为零，因而自由下落，细杆被碰后的最大偏转角为 θ. 求小球击中细杆前的速度 v.

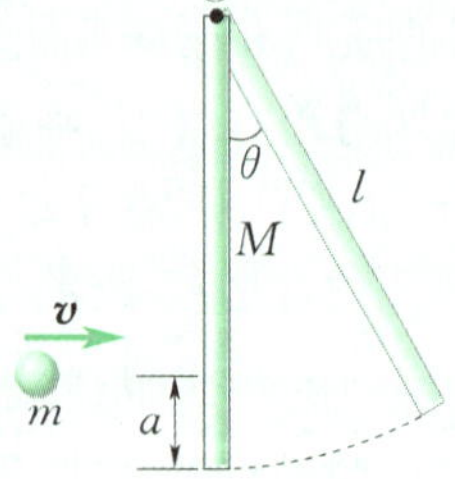

图 3-15

解 全过程分为两个阶段. 第一阶段，小球与细杆碰撞，使细杆获得一初角速度. 第二阶段，细杆以一定的初角速度摆动，直至最大偏转角 θ.

第一阶段：把小球和细杆看作一个系统. O 轴对细杆的力通过转轴，其力矩为零. 碰撞时，细杆与小球所受的重力都通过转轴，其力矩也都为零. 因此，碰撞时，整个系统所受合外力矩为零，系统对 O 轴的角动量守恒，但系统的动量不守恒(为什么?).

设细杆碰撞后获得的初角速度为 ω，小球 m 可视为质点，取逆时针转动的方向为正方向. 由角动量守恒定律，有

$$mv(l-a) = J\omega. \qquad ①$$

第二阶段：把细杆和地球看作一个系统. 细杆以初角速度 ω 摆动，摆动过程中只有保守内力做功，故系统的机械能守恒. 以杆在竖直位置时杆的质心位置为重力势能的零点，有

$$\frac{1}{2}J\omega^2 = Mg\,\frac{l}{2}(1-\cos\theta), \qquad ②$$

其中，均匀细杆对 O 轴的转动惯量 $J=\frac{1}{3}Ml^2$.

联立式①和式②解得

$$v=\frac{Ml}{m(l-a)}\sqrt{\frac{gl(1-\cos\theta)}{3}}.$$

例 3－9

质量为 M、半径为 R 的转台，可绕通过中心竖直光滑轴转动. 质量为 m 的人站在转台的边缘，如图 3－16 所示. 人和台原来都静止，如果人沿台的边缘绕行一周，问相对地面而言，转台转过了多少角度?

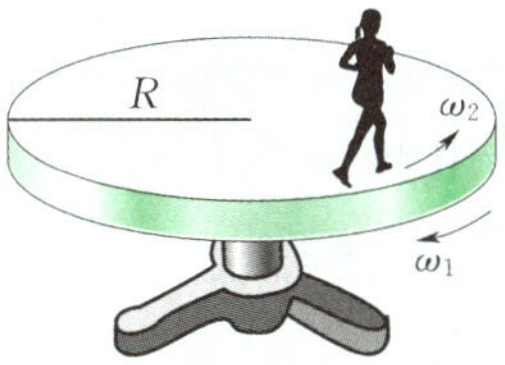

图 3－16

解　把人和转台看作一系统. 对固定轴，系统没有受到外力矩作用，因此系统对台中心轴的角动量守恒. 已知开始时系统的角动量为零，设在人走动的某一时刻，转台对地的角速度为 ω_1，人对地的角速度为 ω_2. 转台和人对转轴的转动惯量分别为 $J_1=\frac{1}{2}MR^2$ 和 $J_2=mR^2$.

由角动量守恒定律，有

$$J_1\omega_1+J_2\omega_2=0,$$

$$\omega_2=\omega'+\omega_1,$$

式中 ω' 是人相对转台的角速度. 由以上两式解得

$$\omega_1=-\frac{J_2}{J_1+J_2}\omega'=-\frac{2m}{M+2m}\omega',$$

上式两边对人在转台上绕行一周的时间(设为 t)积分，有

$$\int_0^t\omega_1\,\mathrm{d}t=-\frac{2m}{M+2m}\int_0^t\omega'\,\mathrm{d}t,$$

式中 $\int_0^t\omega_1\,\mathrm{d}t$ 是时间 t 内转台转过的角度 $\Delta\theta$，而 $\int_0^t\omega'\,\mathrm{d}t=2\pi$ 是人相对转台转过的角位移，所以

$$\Delta\theta=\int_0^t\omega_1\,\mathrm{d}t=-\frac{2m}{M+2m}\cdot 2\pi=-\frac{4\pi m}{M+2m},$$

负号表示转台转动的方向与人沿转台绕行的方向相反.

思考题

3－6　两个质点的动量相同，相对于同一参考点来说，它们的角动量是否一定相同?

3－7　一质点绕一定点做匀速圆周运动时，动量、角动量、动能、机械能是否守恒?为什么?

3－8　一半径为 R、质量 m 的轮子，可绕通过轮心 O 且与轮面垂直的水平光滑固定轴转动. 转动惯量为 $J=mR^2$. 轮子原先静止，一质量为 m_0 的子弹，以速度 v_0 沿与水平方向成 α 角射中轮缘并留在 A 处，如图 3－17 所示. 设子弹与轮撞击的时间极短. 以轮、子弹为系统，撞击前后系统的动量是否守恒?为什么?动能是否守恒?为什么?角动量是否守恒?为什么?

3－9　旋转着的芭蕾舞演员要加快旋转时，总是把两臂收拢，靠近身体. 这样做的目的是什么?当旋转加快时，转动动能有无变化?关于动能的变化，如何解释?

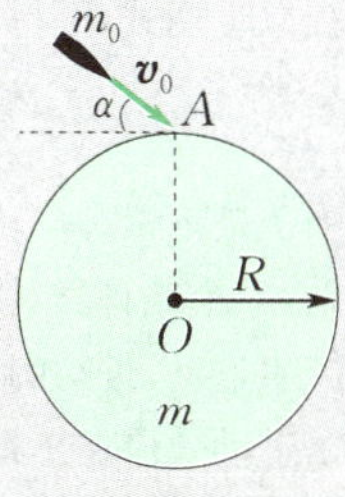

图 3－17

*§ 3.5 进　　动

本节介绍一种刚体转轴不固定的情况. 我们知道,玩具陀螺不旋转时,在重力矩作用下会倾倒在地,但当陀螺绕自身对称轴 Oz' 高速旋转时,尽管同样受到重力矩的作用,却不会倒下来. 陀螺高速自转的同时,对称轴还将绕竖直轴 Oz 回转,如图 3-18 所示. 这种回转现象称为进动(旋进).

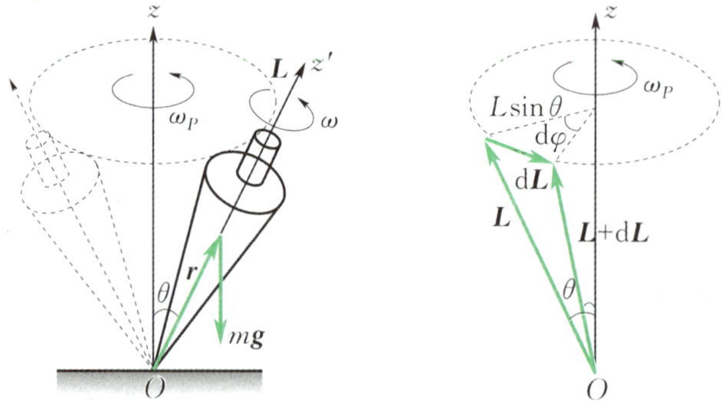

(a) 陀螺所受力矩　　(b) 陀螺角动量的变化

图 3-18　陀螺的进动

进动现象可用角动量定理来解释. 如图 3-18(a) 所示,设 t 时刻陀螺绕自身对称轴 Oz' 以角速度 ω 旋转,Oz' 与竖直轴 Oz 的夹角为 θ,这时陀螺的角动量 $\boldsymbol{L}$ 沿 Oz' 方向. 陀螺的重力对 O 点产生一力矩

$$\boldsymbol{M}=\boldsymbol{r}\times m\boldsymbol{g},$$

$\boldsymbol{r}$ 为由 O 点指向陀螺重心的矢量. $\boldsymbol{M}$ 的大小为 $mgr\sin\theta$,$\boldsymbol{M}$ 的方向垂直 $\boldsymbol{r}$(亦即转轴 Oz')与 $m\boldsymbol{g}$ 构成的平面. 根据角动量定理,陀螺在重力矩 $\boldsymbol{M}$ 作用下,极短时间 $\mathrm{d}t$ 内,角动量的增量为

$$\mathrm{d}\boldsymbol{L}=\boldsymbol{M}\mathrm{d}t,$$

$\mathrm{d}\boldsymbol{L}$ 的方向与 $\boldsymbol{M}$ 的方向一致. 因 $\boldsymbol{M}$ 的方向垂直 $\boldsymbol{L}$,所以 $\mathrm{d}\boldsymbol{L}$ 的方向也与 $\boldsymbol{L}$ 垂直,结果使 $\boldsymbol{L}$ 的大小不变而方向发生变化,如图 3-18(b) 所示. 陀螺的自转轴 Oz' 绕 Oz 轴旋转,从上往下看,其自转轴的回转方向是逆时针的. 这样,陀螺就不会倒下,而沿一锥面转动.

下面进一步研究与陀螺进动的角速度 ω_p 有关的因素. 由图 3-18(b) 可知,$\mathrm{d}t$ 时间内,角动量增量 $\mathrm{d}\boldsymbol{L}$ 的大小为

$$|\mathrm{d}\boldsymbol{L}|=L\sin\theta\,\mathrm{d}\varphi,$$

式中 $\mathrm{d}\varphi$ 为自转轴 Oz' 在 $\mathrm{d}t$ 时间内绕 Oz 轴转过的角度,又有

$$|\mathrm{d}\boldsymbol{L}|=|\boldsymbol{M}|\,\mathrm{d}t.$$

比较以上两式,可得陀螺进动的角速度 ω_p 为

$$\omega_p=\frac{\mathrm{d}\varphi}{\mathrm{d}t}=\frac{M}{L\sin\theta}=\frac{M}{J\omega\sin\theta},$$

式中 J 是陀螺对自转轴的转动惯量. 上式表明,陀螺进动(旋进)的角速度与外力矩成正比,与自转角动量成反比. 可见,一个绕自身对称轴高速旋转的物体,当自转轴受到与其垂直的外力矩作用时,自转轴就在此外力矩的作用下产生进动,进动的方向总是与外力矩的方向一致.

进动效应在工程实践中有着广泛的应用. 例如,炮弹在飞行时,受空气阻力的作用,阻力的方向总是与炮弹质心的速度方向相反,但其力线不一定通过质心,阻力对质心的力矩就会使炮弹在空中翻转. 这样,当炮弹击中目标时,就有可能弹尾先击中目标而不引爆. 为了避免这种事故,常在炮膛内壁刻出螺旋线,使炮弹出膛后,还能绕自身轴高速旋转. 这样飞行中的空气阻力矩将不再使它翻转,而使炮弹绕其质心前进的方向旋进(见图 3-19). 进动的概念在微观领域中也常用到. 原子中的电子同时参与的绕核运动与电子本身的自旋,都具有角动

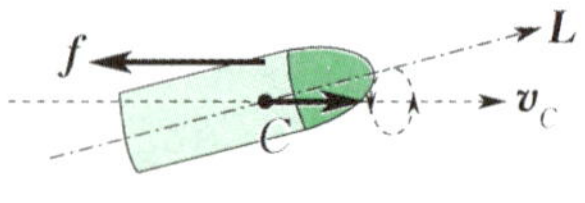

图 3-19　炮弹的进动

量，在外磁场中，电子将以外磁场方向为轴线做进动.

进动效应有时也是有害的. 例如，轮船转弯时，由于回转效应，涡轮机的轴承将受到附加的力，这在设计和使用中是必须要考虑的.

阅读材料（2）

对称性与守恒律

前面介绍的能量、动量和角动量守恒定律，都是在牛顿定律的基础上推导出来的. 其实，这些守恒定律比牛顿定律有更广泛的适用范围，现代物理学已经确认这些守恒定律是客观物质世界对称性的反映.

对称性的概念源于生活. 大自然中对称性随处可见，植物的叶子几乎都是左右对称的，六角形的雪花是对称的，几乎所有动物的形体也是左右对称的. 在艺术、建筑等领域中，也存在广泛的对称性.

我们把所讨论的对象称为系统. 同一系统可以处于不同的状态，这不同的状态可能是等价的，也可能是不等价的. 例如，设想有一个圆球，这是几何学中理想的球，如果把球绕通过球心的任意轴转动一下，那么这个球就处于不同的状态，这些状态看上去没有任何区别，我们说这些状态都是等价的. 如果在球面上打一个点作为记号，再转动这个球，球上的点在空间的方位不同，这些状态就不同，对于包括这个记号的系统而言，不同的状态是不等价的.

把系统从一个状态变到另一个状态的过程称作“变换”或“操作”. 德国数学家魏尔在 1951 年提出了关于对称性的普遍定义：如果一个操作使系统从一个状态变到另一个与之等价的状态，或者说，状态在此操作下不变，我们就说该系统对这一操作是对称的，而这个操作就称为该系统的一个对称操作. 由于变换或操作方式的不同，可以有各种不同的对称性. 例如平移、转动、镜像反射、时空坐标的改变、尺度的放大缩小等都可视为操作.

将对称性概念应用于物理学中，研究对象不仅有图形，还有物理量和物理定律等. 例如质点的加速度是一个物理量，伽利略变换可看作一个对称操作，因为经伽利略变换后加速度保持不变，所以质点的加速度对伽利略变换的不变性也可称作加速度对伽利略变换具有对称性. 容易证明，牛顿第二定律经伽利略变换后保持不变，因而牛顿第二定律作为一条规律对伽利略变换具有对称性.

人们在长期对物理现象的研究中，发现物理学中的守恒定律与客观世界具有的对称性之间存在着密切的联系. 存在一种对称性就存在一个相应的守恒定律. 下面我们简要讨论时空对称性与能量、动量、角动量三个守恒定律的关系.

1. 空间平移对称性与动量守恒定律

空间平移对称性即空间均匀性，指应用物理规律时，移动坐标原点，物理规律的形式不会改变. 与空间平移对称性对应的是动量守恒定律.

设有两个质点 m_1，m_2 组成的系统，它们之间的相互作用势能为 E_p. m_2 对 m_1 的作用力用 $\boldsymbol{F}_1$ 表示，m_1 对 m_2 的作用力用 $\boldsymbol{F}_2$ 表示. 现将 m_1 沿任意方向移动位移 $\mathrm{d}\boldsymbol{l}$［见图 3-20(a)］，造成系统势能的改变为 $\mathrm{d}E_p = -\boldsymbol{F}_1 \cdot \mathrm{d}\boldsymbol{l}$. 若 m_1 不动，将 m_2 沿反方向移动位移为 $-\mathrm{d}\boldsymbol{l}$［见图 3-20(b)］，则造成系统势能的改变量为 $\mathrm{d}E'_p = -\boldsymbol{F}_2 \cdot (-\mathrm{d}\boldsymbol{l}) = \boldsymbol{F}_2 \cdot \mathrm{d}\boldsymbol{l}$. 上述两种情况终态的区别仅在于由两质点组成的系统整体在空间有个平移，它们的相对位置不变. 空间平移对称性意味着两质点之间的相互作用势能仅与它们的相对位置有关，与它们整体在空间的平移无关，因而两种情况终态的势能相等，即

$$E_p + \mathrm{d}E_p = E_p + \mathrm{d}E'_p,$$

故有

$$\mathrm{d}E_p = \mathrm{d}E'_p,\quad -\boldsymbol{F}_1 \cdot \mathrm{d}\boldsymbol{l} = \boldsymbol{F}_2 \cdot \mathrm{d}\boldsymbol{l}.$$

因为 $\mathrm{d}\boldsymbol{l}$ 是任意的，所以

$$\boldsymbol{F}_1 = -\boldsymbol{F}_2 \quad 或 \quad \boldsymbol{F}_1 + \boldsymbol{F}_2 = \boldsymbol{0}.$$

这证明了牛顿第三定律.

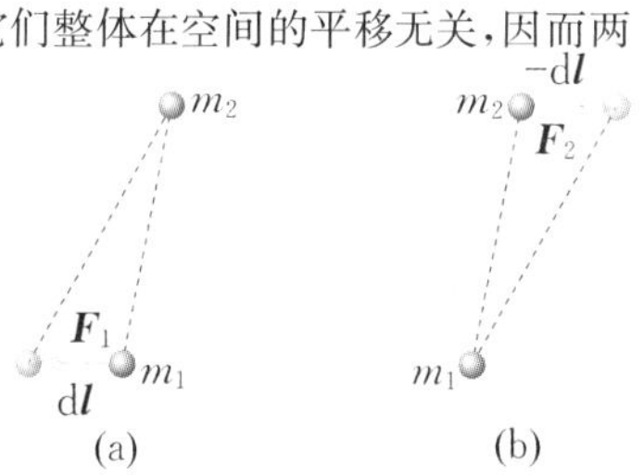

图 3-20　空间平移对称性与动量守恒

设质点 m_1 的动量为 $\boldsymbol{p}_1$，质点 m_2 的动量为 $\boldsymbol{p}_2$，根据力的定义（动量对时间

的变化率),有

$$\boldsymbol{F}_1+\boldsymbol{F}_2=\frac{\mathrm{d}\boldsymbol{p}_1}{\mathrm{d}t}+\frac{\mathrm{d}\boldsymbol{p}_2}{\mathrm{d}t}=\frac{\mathrm{d}}{\mathrm{d}t}(\boldsymbol{p}_1+\boldsymbol{p}_2)=\boldsymbol{0},$$

即

$$\boldsymbol{p}_1+\boldsymbol{p}_2=\text{常矢量},$$

故两质点系统总动量守恒. 对于 n 个质点组成的系统也同样可得到这个结果,这样就从空间均匀性导出了动量守恒定律.

2. 时间平移对称性与能量守恒定律

时间平移对称性即时间均匀性,表示应用物理规律时,任意时刻都可被选作时间坐标轴的原点,即在时间平移变换 $t\to t+\Delta t$ 下,物理定律保持不变. 与时间平移对称性对应的是能量守恒定律.

设一个孤立系统在 t 时刻的能量为 $E(t)$,对时间进行微小平移变换 $t'=t+\mathrm{d}t$. 由时间平移对称性,系统在 t' 时刻的能量是 $E(t')=E(t+\mathrm{d}t)$. 将 $E(t+\mathrm{d}t)$ 展开成泰勒级数,得

$$E(t+\mathrm{d}t)=E(t)+\frac{\partial E}{\partial t}\mathrm{d}t+\frac{1}{2}\frac{\partial^2 E}{\partial t^2}(\mathrm{d}t)^2+\cdots.$$

因 $\mathrm{d}t$ 微小,展开式中 $\mathrm{d}t$ 二次项以后各项均可略去,上式可写成

$$E(t+\mathrm{d}t)=E(t)+\frac{\partial E}{\partial t}\mathrm{d}t.$$

因能量公式不显含 t,故有 $\frac{\partial E}{\partial t}=0$,即

$$E(t+\mathrm{d}t)=E(t),$$

上式表明,孤立系统总能量保持不变. 如果时间平移不是微小量 $\mathrm{d}t$,而是一个较大量 Δt,将 Δt 看成是若干个微小量 $\mathrm{d}t$ 之和,用上述方法进行若干次变换,可得到同样的结果. 这样就从时间均匀性导出了能量守恒定律.

3. 空间旋转对称性与角动量守恒定律

空间各向同性可理解为在平直空间中任何方向发生的物理现象都服从相同的物理规律,即物理规律不随空间的方向不同而改变. 空间各向同性也称为空间旋转对称性. 与空间旋转对称性相对应的是角动量守恒定律.

设有两质点系统,如图 3-21 所示,其中一个质点固定于坐标原点 O,另一质量为 m 的质点受固定质点的作用力为 $\boldsymbol{F}$,其切向分量记为 F_t. 将质点 m 沿以 O 为圆心的圆弧移动了无限小圆弧 $\mathrm{d}s$,设在该过程中两质点的相互作用势能的改变为 $\mathrm{d}E_p$. 对无穷小位移应满足 $\mathrm{d}E_p=-F_t\mathrm{d}s$,由于空间旋转对称性,两质点之间的相互作用势能应只与它们之间的距离有关,而与两质点所在的具体位置无关,也与两质点连线的方向无关. 由于在质点 m 移动的过程中,两质点之间的距离不变,两质点的相互作用势能也不变,因而 $\mathrm{d}E_p=0$. 由于 $\mathrm{d}s$ 是任意的,必然有 $F_t=0$. 也就是说,$\boldsymbol{F}$ 只沿它们连线的方向,即力线通过原点 O,对 O 点 m 所受的力矩 $\boldsymbol{M}=\boldsymbol{0}$. 再由力、力矩以及角动量的定义式,有

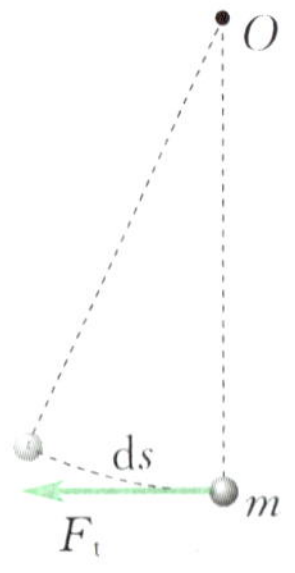

图 3-21　空间旋转对称性与角动量守恒

$$\boldsymbol{M}=\boldsymbol{r}\times\boldsymbol{F}=\boldsymbol{r}\times\frac{\mathrm{d}\boldsymbol{p}}{\mathrm{d}t}=\frac{\mathrm{d}}{\mathrm{d}t}(\boldsymbol{r}\times\boldsymbol{p})=\frac{\mathrm{d}\boldsymbol{L}}{\mathrm{d}t}=\boldsymbol{0},$$

即

$$\boldsymbol{L}=\text{恒矢量},$$

故质点 m 对原点 O 角动量守恒. 这样就从空间各向同性导出了质点的角动量守恒定律.

所有的对称性都是基于某些基本量的不可观测性,如宇宙没有中心,空间没有绝对方向. 存在一个绝对不可观测量,是出现守恒量及对称性的物理实质. 既然有对称性,那么就一定会有不对称性. 某些过程中对称性被破坏,即出现对称性破缺,就意味着新现象的产生. 如当晶体中原子或分子有序排列而形成的对称性在某种条件下被破坏,晶体会发生相变.

自然界是一个对称性与不对称性的统一体,对称性体现在自然法则的简单、和谐与统一上,根源于极早期宇

宙的完全统一性，而物质世界，包括人类自身是对称性自发破缺的产物. “物理学在 20 世纪取得了令人惊讶的成功，它改变了我们对空间和时间、存在和认识的看法，也改变了我们描述自然的基本语言. 我们已拥有一个对宇宙的崭新看法，在这个新的宇宙观中物质已失去了它原来的中心地位，取而代之的是自然界的对称性.”

习题 3

选择题

3-1　一刚体以每分钟 60 转绕 z 轴正向匀速转动. 刚体上一点 P 的位矢为 $\boldsymbol{r}=3\boldsymbol{i}+4\boldsymbol{j}+5\boldsymbol{k}$，其单位为 10^{-2} m，若以 $10^{-2}\ \mathrm{m\cdot s^{-1}}$ 为速度单位，则 P 点的速度为(　　).

(A) $\boldsymbol{v}=94.2\boldsymbol{i}+125.6\boldsymbol{j}+154.0\boldsymbol{k}$

(B) $\boldsymbol{v}=-25.1\boldsymbol{i}+18.8\boldsymbol{j}$

(C) $\boldsymbol{v}=15.1\boldsymbol{i}+18.8\boldsymbol{j}$

(D) $\boldsymbol{v}=31.4\boldsymbol{k}$

3-2　有两个半径相同、质量相等的细圆环 A 和 B，A 环的质量分布均匀，B 环的质量分布不均匀. 它们对通过环心并与环面垂直的轴的转动惯量分别为 J_A 和 J_B，则(　　).

(A) $J_A>J_B$

(B) $J_A<J_B$

(C) $J_A=J_B$

(D) 不能确定 J_A 和 J_B 哪个大

3-3　匀质细棒 OA 可绕通过其一端 O 且与棒垂直的水平光滑固定轴在竖直平面内转动，如图 3-22 所示. 今使棒从水平位置由静止开始自由下摆，在棒摆动到竖直位置的过程中，下列说法中正确的是(　　).

(A) 角速度由小到大，角加速度由大到小

(B) 角速度由小到大，角加速度由小到大

(C) 角速度由大到小，角加速度由大到小

(D) 角速度由大到小，角加速度由小到大

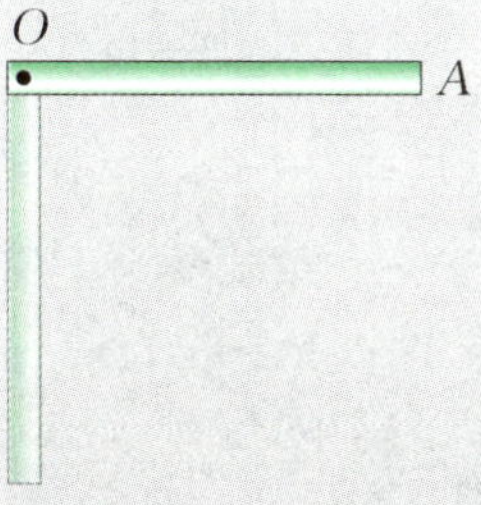

图 3-22

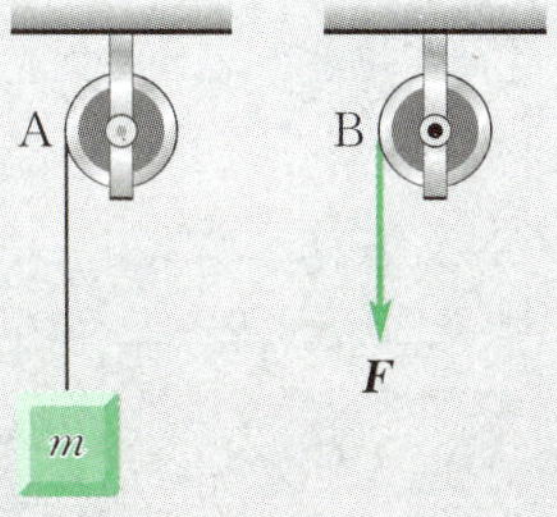

图 3-23

3-4　A，B 为两个相同的绕着轻绳的定滑轮，A 轮挂一质量为 m 的物体，B 轮受拉力 $\boldsymbol{F}$，而且 $F=mg$，如图 3-23 所示. 设 A，B 两滑轮的角加速度分别为 α_A 和 α_B，不计滑轮轴的摩擦，则有(　　).

(A) $\alpha_A=\alpha_B$

(B) $\alpha_A>\alpha_B$

(C) $\alpha_A<\alpha_B$

(D) 开始时 $\alpha_A=\alpha_B$，以后 $\alpha_A<\alpha_B$

3-5　有两个力作用在定轴转动的刚体上.

(1) 这两个力都平行于轴作用时，它们对轴的合力矩一定为零；

(2) 这两个力都垂直于轴作用时，它们对轴的合力矩可能是零；

(3) 当这两个力的合力为零时，它们对轴的合力矩也一定为零；

(4) 当这两个力对轴的合力矩为零时，它们的合力也一定为零.

以上说法中(　　).

(A) 只有(1) 是正确的

(B) (1)，(2) 正确，(3)，(4) 错误

(C) (1)，(2)，(3) 正确，(4) 错误

(D) (1)，(2)，(3)，(4) 都错误

3-6　一个转动惯量为 J 的圆盘绕一固定轴转动，初角速度为 ω_0，受到一个与转动角速度成正比的阻力矩 $M=-k\omega$(k 为常数) 作用. 它的角速度从 ω_0 变为 $\frac{\omega_0}{2}$ 所需时间是(　　)s.

(A) $\frac{1}{2}$　　(B) $\frac{J}{k}$

(C) $\frac{J}{k}\ln 2$　　(D) $\frac{J}{2}k$

3-7　地球质量为 m，太阳质量为 m'. 地心与日心的距离为 R，万有引力常量为 G，则地球绕太阳做圆周运动的轨道角动量大小为(　　).

(A) $m\sqrt{Gm'R}$　　(B) $\sqrt{Gm'm/R}$

(C) $m'm\sqrt{G/R}$　　(D) $\sqrt{Gm'm/(2R)}$

3-8　一长为 l、质量为 m 的匀质细棒自由悬挂于通过其上端的光滑水平轴上，如图 3-24 所示. 今有一质量为 m_0 的子弹以水平速度 v_0 射向棒的中心，并以

$v_0/2$ 的水平速度穿出棒，此后棒的最大偏转角恰为 90°，则 v_0 的大小为(　　).

(A) $\dfrac{16m^2}{3m_0^2}gl$　　(B) $\sqrt{\dfrac{gl}{2}}$

(C) $\dfrac{2m}{m_0}\sqrt{gl}$　　(D) $\dfrac{4m}{m_0}\sqrt{\dfrac{gl}{3}}$

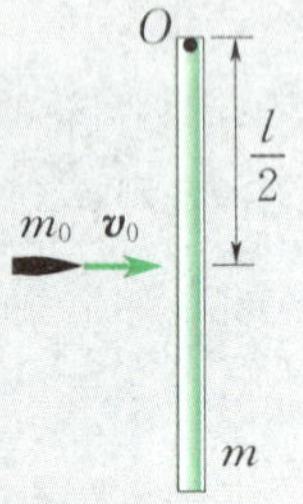

图 3-24

3-9　一半径为 R 的水平圆转台，可绕通过其中心的竖直固定光滑轴转动，转动惯量为 J，开始时转台以匀角速度 ω_0 转动，此时有一质量为 m 的人站在转台中心，随后人沿半径向外走去，当人到达转台边缘时，转台的角速度为(　　).

(A) ω_0　　(B) $\dfrac{J}{mR^2}\omega_0$

(C) $\dfrac{J}{(m+J)R^2}\omega_0$　　(D) $\dfrac{J}{J+mR^2}\omega_0$

填空题

3-10　如图 3-25 所示，转动的定滑轮上某时刻 A 点的速度为 $v_A = 50\ \mathrm{cm \cdot s^{-1}}$，切向加速度为 $a_{tA} = 150\ \mathrm{cm \cdot s^{-2}}$；轮上另一点 B 的速度为 $v_B = 10\ \mathrm{cm \cdot s^{-1}}$，已知 A，B 两点到轮心的距离差为 20 cm，则此时刻轮的角速度为________，角加速度为________，B 点的切向加速度为________.

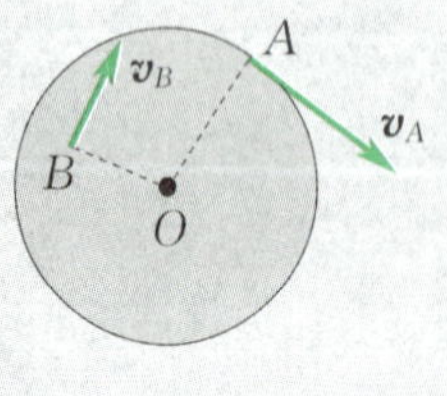

图 3-25

3-11　如图 3-26 所示，质量为 m、半径为 R 的薄圆盘，可绕通过其一直径的光滑固定轴 AA' 转动，转动惯量 $J=\dfrac{1}{4}mR^2$. 圆盘从静止开始在恒力矩 M 作用下转动，t 秒后位于圆盘边缘上与轴 AA' 的垂直距离为 R 的 B 点的切向加速度 $a_t =$ ________，法向加速度 $a_n =$ ________.

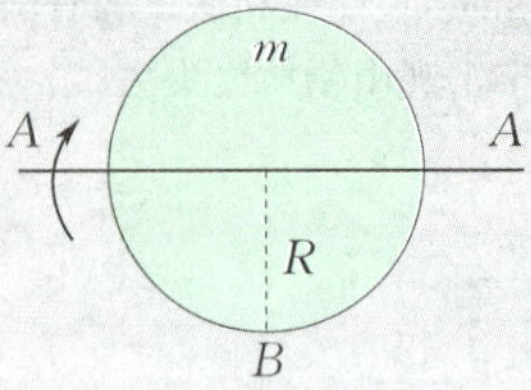

图 3-26

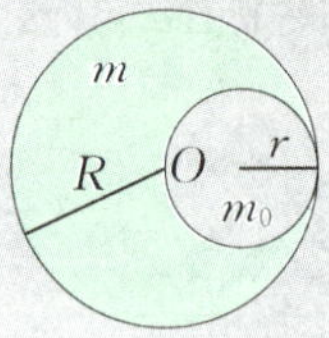

图 3-27

3-12　如图 3-27 所示，质量为 m、半径为 R 的匀质大圆盘，可绕过圆盘中心 O 点且垂直于盘面的轴转动. 今在该圆盘中挖去一个半径 $r=\dfrac{R}{2}$、质量为 m_0 的小圆盘，已知挖去的小圆盘对 O 轴的转动惯量为 $\dfrac{3}{2}m_0r^2$，则挖去小圆盘后剩余部分对 O 轴的转动惯量为________.

3-13　质量为 m 的质点以速度 $\boldsymbol{v}$ 沿一直线运动，则它对直线外垂直距离为 d 的一点的角动量大小为________.

3-14　一飞轮以角速度 ω_0 绕轴旋转，飞轮对转轴的转动惯量为 J_1，另一静止的飞轮突然被啮合到同一转轴上，该飞轮对轴的转动惯量为前者的两倍，啮合后整个系统的角速度 $\omega =$ ________.

计算题

3-15　一飞轮绕定轴转动，其角位移与时间的关系为 $\theta = a + bt + ct^3$，式中 a,b,c 均为正常数. 试求：

(1) 飞轮的角速度和角加速度；

(2) 距轴 r 处的质点的切向加速度和法向加速度.

3-16　一飞轮绕定轴转动，其角加速度随时间变化的关系为 $\alpha = 2at - 4bt^3$，式中 a,b 均为正常数. 设 $t=0$ 时，飞轮的角速度和角坐标分别为 ω_0 和 θ_0. 试求飞轮在 t 时刻的角速度和角坐标.

3-17　如图 3-28 所示，滑块 A、重物 B 和滑轮 C 的质量分别为 $m_A = 50\ \mathrm{kg}$，$m_B = 200\ \mathrm{kg}$，$m_C = 15\ \mathrm{kg}$. 滑轮可视为半径 $R = 0.10\ \mathrm{m}$ 的匀质圆盘. 滑轮与轻绳之间无相对滑动，水平面光滑. 求滑块 A 的加速度及滑轮两边绳子的张力.

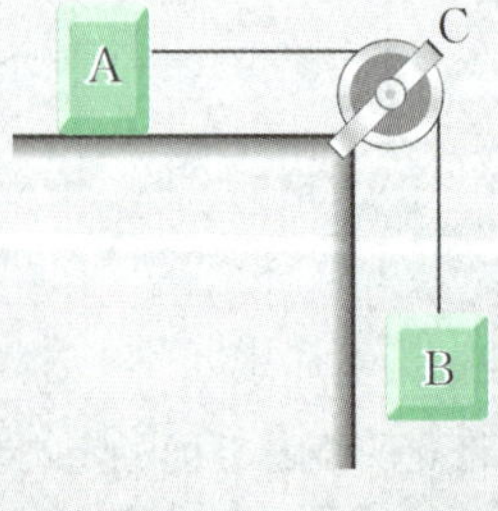

图 3-28

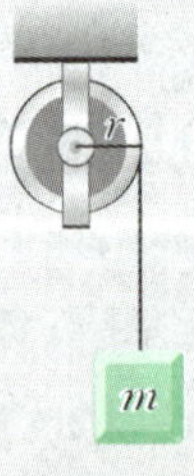

图 3-29

3-18 质量为 m 的物体系于轻绳的一端，绳的另一端绕在一半径为 r 的轮轴的轴上，如图 3-29 所示. 轴水平且垂直于轮轴面，整个装置架在光滑的固定轴承上. 当物体由静止释放后，在时间 t 内下降了一段距离 s，试求整个轮轴的转动惯量.

3-19 如图 3-30 所示，一长为 l、质量为 m 的均匀直细棒可绕通过其一端与棒垂直的水平光滑固定轴在竖直平面内转动. 抬起另一端使棒向上与水平面成 60° 角，然后无初转速地将棒释放. 求：

(1) 放手瞬间棒的角加速度；

(2) 棒转到水平位置时的角加速度.

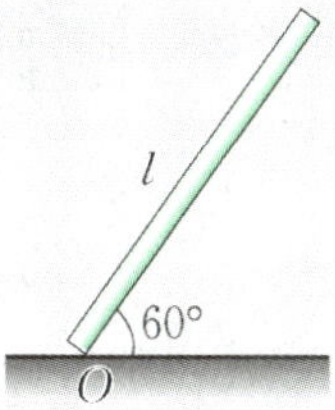

图 3-30

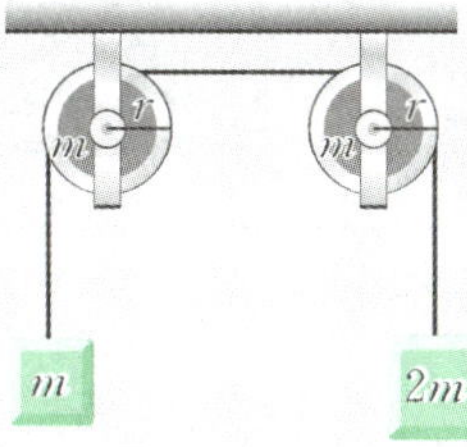

图 3-31

3-20 一轻绳跨过两个质量均为 m、半径均为 r 的匀质定滑轮，绳的两端分别挂着质量为 m 和 $2m$ 的重物，如图 3-31 所示. 绳与滑轮间无相对滑动，绳子不可伸长，滑轮轴光滑. 系统从静止释放，求两滑轮之间绳子的张力.

3-21 一长为 $2l$、质量为 $3m$ 的均匀直细棒的两端各固定有质量分别为 $2m$ 和 m 的小球（小球视为质点），如图 3-32 所示. 此杆可绕通过杆中心并与杆垂直的水平光滑固定轴在竖直平面内转动. 先使其在水平位置，然后无初速地释放. 求：

(1) 此刚体系统绕 O 轴转动的转动惯量；

(2) 水平位置时杆的角加速度；

(3) 通过铅垂位置时杆的角速度.

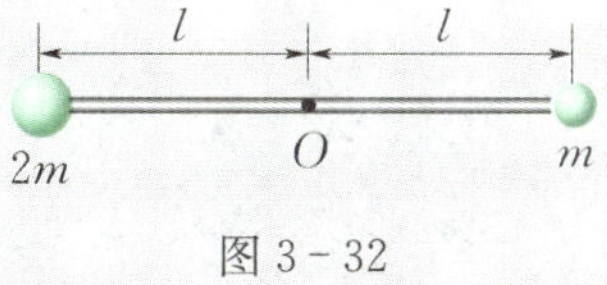

图 3-32

3-22 在光滑水平面上，一根长 $l=2$ m 的绳子，一端固定于 O 点，另一端系一质量 $m=0.5$ kg 的物体. 开始时，物体位于位置 A，OA 间距 $d=0.5$ m，绳子处于松弛状态. 现使物体以初速度 $v_A=4\ \text{m}\cdot\text{s}^{-1}$ 垂直 OA 向右滑动，如图 3-33 所示. 设以后的运动中物体到达位置 B，此时物体的速度方向与绳垂直. 求：

(1) 此时刻物体对 O 点的角动量大小 L_B；

(2) 物体在 B 点的速度大小 v_B.

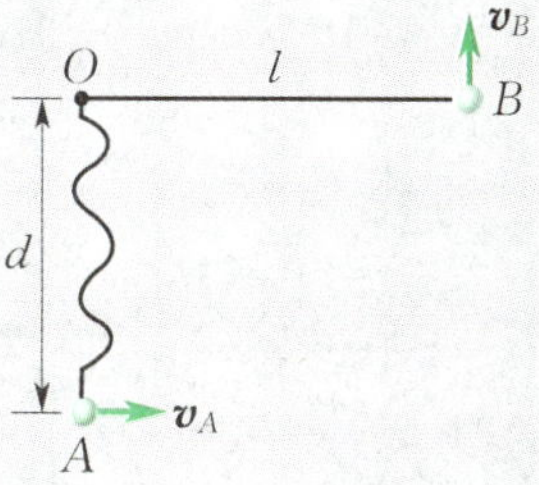

图 3-33

3-23 光滑水平桌面上有一质量为 m 的小球，系在一根穿过桌面中心光滑套管的绳子一端，如图 3-34 所示. 开始时，让小球以速度 v_0 绕中心 O 点做半径为 r_0 的圆周运动，然后缓慢向下拉绳，使小球运动的轨道半径由 r_0 减小到 r_1. 求：

(1) 轨道半径减为 r_1 瞬时小球的速度大小；

(2) 由 r_0 减小到 r_1 过程中，拉力 $\boldsymbol{F}$ 所做的功.

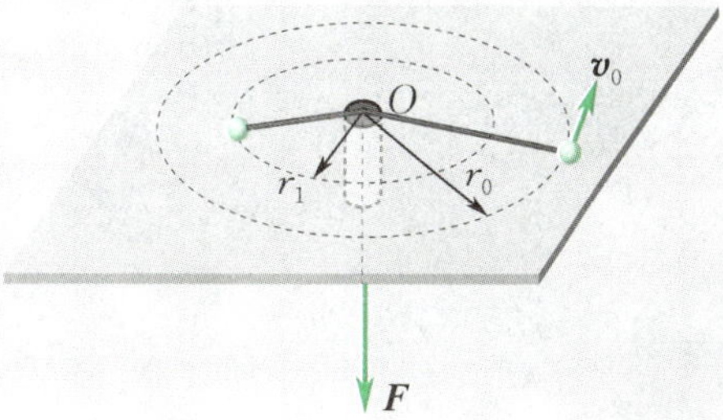

图 3-34

*__3-24__ 如图 3-35 所示，质量为 m、半径为 R 的匀质圆盘放在水平桌面上，可绕盘中心并与盘面垂直的固定光滑轴转动. 开始时圆盘静止，一质量为 m_0 的子弹以水平速度 v_0 垂直圆盘半径打入圆盘边缘并嵌在盘边上，盘与桌面间的滑动摩擦系数为 μ. 求：

(1) 子弹击中圆盘后，盘所获得的角速度；

(2) 经多长时间后，盘停止转动.

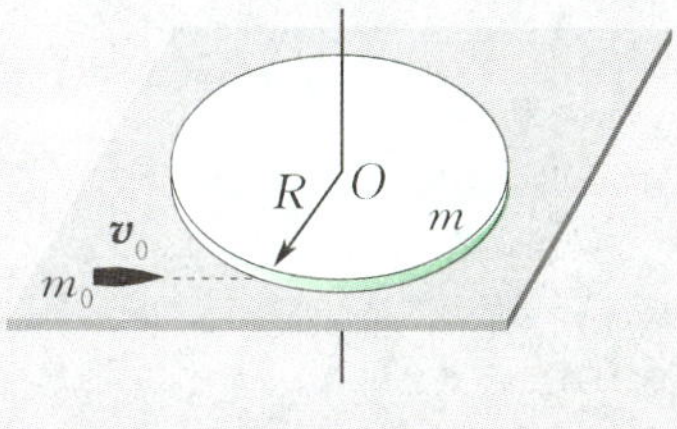

图 3-35

3-25 如图 3-36 所示，质量为 m_1、长为 l 的匀质细棒，静止平放在滑动摩擦系数为 μ 的水平桌面上，可绕通过其端点 O 并与桌面垂直的固定光滑轴转动. 今有一水平运动的质量为 m_2 的小滑块，从侧面垂直于棒与棒的另一端相碰，设碰撞时间极短. 已知小滑块在碰撞前后的速度大小分别为 v_1 和 v_2，方向如图 3-36 所示. 求碰后细棒开始转动到停止转动所需的时间.

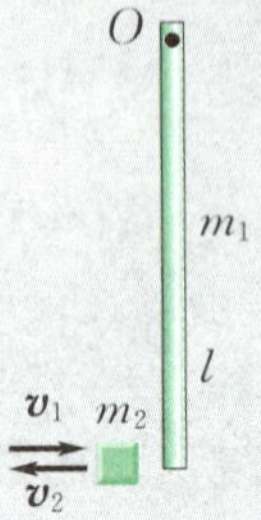

图 3-36

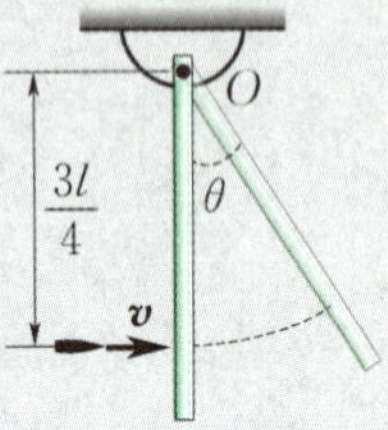

图 3-37

3-26 一长为 $l=1.0$ m、质量为 m 的均匀直细杆可绕水平光滑固定轴 O 在竖直平面内转动，如图 3-37 所示. 开始时杆自然地竖直悬垂. 今有一质量为 $m/9$ 的子弹以 $v=10\ \mathrm{m\cdot s^{-1}}$ 的速度射入杆中，射入点离 O 点的距离为 $3l/4$. 求：

(1) 子弹与杆开始共同转动的角速度；

(2) 杆的最大偏转角.

第2篇

热　学

热学(即热力学和统计物理学)是物理学的一个重要组成部分,它是研究热现象的科学.物质由大量分子组成,分子永不停息地做无规则的运动,这种无规则的运动称为热运动.物质中大量分子热运动的宏观表现就称为热现象.由观察和实验总结归纳出有关热现象的规律,构成热学的宏观理论,称为热力学;而从物质的微观结构出发,运用分子运动理论来研究热现象的规律,构成热学的微观理论,称为统计物理学.虽然热力学和统计物理学研究的对象都是热现象,但它们研究的方法不相同.热力学是根据由观察和实验总结出的宏观热现象所遵循的基本规律,用严密的逻辑推理方法,研究宏观物体的热性质,得到的结果并不依赖于各种简化假设,因此具有很大的普遍性和可靠性.但热力学不考虑物质的微观结构,不能对宏观热现象的规律给出其微观本质的解释.统计物理学采用的是统计方法,这种方法可以建立微观量的统计平均值与宏观量之间的关系,能够从物质的微观结构出发来说明物质的宏观现象的本质.在对热现象的研究上,热力学和统计物理学起到了相辅相成的作用.鉴于我们研究的对象主要是气体,本篇主要介绍气体动理论和热力学基础,而不对统计物理学做全面介绍.

第4章　气体动理论

气体动理论是统计物理学的重要组成部分，它是由麦克斯韦、玻尔兹曼等人在19世纪中叶建立起来的. 自然界的物质是由大量分子组成的，每个分子都有它自己的质量、速度和能量，这些表征个别分子性质的量称为微观量. 用实验的方法测定微观量是十分困难甚至不可能的. 实验能观测到的物理量(如温度、压强、体积等)都不属于个别分子的量，而是表征大量分子集体特征的量，这些量称为宏观量. 气体动理论的任务是从物质由分子组成以及分子做热运动这一观点出发来研究热现象的本质，它所用的方法是统计方法，即对个别分子的运动应用力学规律，而对大量分子求它们的微观量的统计平均值，建立微观量的统计平均值与相应宏观量之间的关系. 虽然在本章中不是全面讨论统计物理学的基本概念，但从分子运动的一些统计规律可以体会到统计物理学研究问题的方法，为后续课程的学习打下基础.

§4.1　平衡态　态参量　理想气体状态方程

4.1.1　气体的态参量

热力学研究的对象是由大量微观粒子组成的宏观物体或体系. 这些宏观物体或体系称为热力学系统. 系统的外部称为外界或环境，由于系统内部分子运动的不平衡或由于系统与外界的相互作用，系统的宏观性质会随时间而发生变化. 描述系统宏观性质的变化常用一组态参量.

气体是一种最简单的热力学系统，也是本章研究的主要对象. 对于一定质量的气体，可以用压强 p、体积 V 和温度 T 来描述其宏观性质，(p,V,T) 称为描述气体状态的一组态参量.

气体的压强 p，是指气体作用在单位面积器壁上的垂直作用力. 从微观上说，压强是大量气体分子对器壁碰撞作用的结果. 在国际单位制中，压强 p 的单位是帕斯卡(Pa)，$1\ \mathrm{Pa}=1\ \mathrm{N}\cdot\mathrm{m}^{-2}$.

气体的体积 V，是指装盛气体的容器的容积. 由于气体没有固定的形态，气体的体积指气体分子能到达容器的所有空间. 在国际单位制中，体积的单位为立方米(m^3).

气体的温度 T，宏观上是指物体的冷热程度. 从微观上说，温度与大量分子的热运动有关，它是大量分子热运动平均平动动能的量度. 分子热运动的平均平动动能大，温度高；反之，温度低.

温度的测量常用温度计，温度计是建立在热平衡概念基础上的. 实验指出，两个或多个物体(系统)相互接触时，经过一段足够长的时间必定处于热平衡状态，这个规律称为热力学第零定律. 根据热力学第零定律可给出温度的严格定义：处于热平衡的物体间有一个共同的性质，表征这一性质的物理量称为温度.

应用热力学第零定律，可以利用某些物质具有的与冷热状态变化有关并且又易于测量的性质制成温度计. 将温度计与待测物体接触，待热平衡以后就可以用温度计的指示来确定物体的温度.温度的数值表示法称为温标.物理学中常用的基本温标是热力学温标,记作 T,其单位是开尔文,简称开,用 K 表示.在日常生活和工程中,还使用另一种温标 —— 摄氏温标.摄氏温标记作 t,单位为摄氏度(℃),热力学温标与摄氏温标的关系为

$$T = t + 273.15. \tag{4-1}$$

4.1.2 平衡态

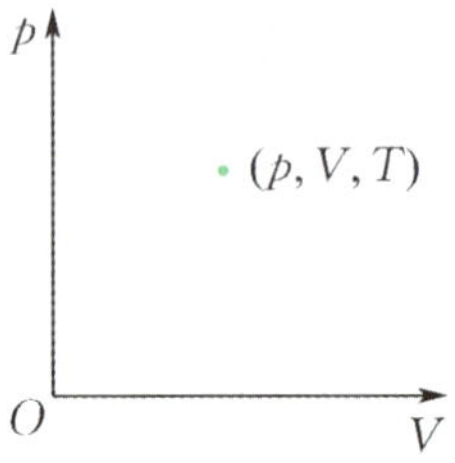

图 4-1 平衡态

在不受外界影响的条件下,系统的宏观性质不随时间变化的状态称为平衡态.或者说,孤立系统最终达到的稳定状态称为平衡态.系统的一个平衡态,可以用一组态参量(p,V,T)来描述.以态参量为坐标轴所构成的空间称为相空间,一个平衡态则对应于相空间的一个确定点,如图 4-1 所示.如果气体处于非平衡状态,因其 p,V,T 值各处不相同,无法用一组 p,V,T 值表征整个气体系统的状态.

平衡态是宏观概念,从微观上看,处于平衡态下的气体分子仍处于不停的热运动中,在相互碰撞中交换动量与能量,而其热运动的平均效果却不随时间改变,因此也称为热动平衡.

应当指出,平衡态是个理想概念,因为孤立系统是不存在的.建立平衡态概念是一种抽象的研究方法,正如在力学中建立的质点概念一样.有了这种方法,热学理论才能建立起来.在本章和下一章中,没有特别说明时,所讨论的系统状态都是指平衡态.

4.1.3 理想气体状态方程

严格服从气体三条实验定律(玻意耳定律、盖吕萨克定律和查理定律)的气体称为理想气体.一定质量的理想气体从一个平衡态过渡到另一个平衡态时,其态参量必从一组数值过渡到另一组数值.那么,两个平衡态之间以及同一个平衡态的各态参量之间有什么联系呢?

实验指出,一定质量的气体在温度不太低、压强不太高的条件下,从一个平衡态(p_1,V_1,T_1)变化到另一个平衡态(p_2,V_2,T_2)满足方程

$$\frac{p_1V_1}{T_1} = \frac{p_2V_2}{T_2} = C, \tag{4-2}$$

恒量 C 的值可以由气体在标准状态下的值来确定.标准状态是指气体处于压强为一个大气压 $p_0 = 1.013\times10^5$ Pa、温度 $T_0 = 273.15$ K 的状态.在标准状态下,1 mol 的任何气体体积为 $V_{\mathrm{mol}} = 22.4\times10^{-3}\ \mathrm{m^3}$.当 1 mol 气体处于标准状态时,有

$$\frac{p_0V_0}{T_0} = C.$$

对于质量为 m、摩尔质量为 M 的气体,物质的量(或摩尔数)为 $\nu = \frac{m}{M}$.因此,$V_0 = \nu V_{\mathrm{mol}} = \frac{m}{M}V_{\mathrm{mol}}$,则

$$C = \frac{p_0V_0}{T_0} = \frac{m}{M}\left(\frac{p_0V_{\mathrm{mol}}}{T_0}\right) = \frac{m}{M}R = \nu R,$$

式中 R 称为普适气体常量,

$$R = \frac{p_0V_{\mathrm{mol}}}{T_0} = \frac{1.013\times10^5\times22.4\times10^{-3}}{273.15}\ \mathrm{J\cdot mol^{-1}\cdot K^{-1}} = 8.31\ \mathrm{J\cdot mol^{-1}\cdot K^{-1}}.$$

引入普适气体常量 R 后，由式(4－2) 可得任一平衡态下气体各态参量之间满足的关系为

$$pV=\frac{m}{M}RT=\nu RT. \tag{4-3}$$

式(4－3) 称为理想气体状态方程，它是从实验中总结出来的. 实验表明，与常温常压比较，在压强不太高、温度不太低的情况下，一切真实气体都能较好地服从这个方程，而且气体越稀薄，服从这个方程的精确程度越高.

§ 4.2　理想气体的压强公式

4.2.1　气体分子热运动及其统计概念

1. 分子动理论的基本观点

分子动理论的基本观点是由大量实验事实总结出来的.

(1) 物体由大量分子组成，分子之间有间隙.

宏观物体是由大量分子组成的. 已经证明，1 mol 的任何物质中含有 $N_A=6.022\times10^{23}$ 个分子，N_A 称为阿伏伽德罗常数.

分子很小，分子直径的数量级为 10^{-10} m. 分子有质量，但质量很小. 例如，氧分子的质量

$$m_{O_2}=\frac{M}{N_A}=\frac{32\times10^{-3}}{6.022\times10^{23}}\ \text{kg}=5.31\times10^{-26}\ \text{kg}.$$

分子之间有间隙. 实验表明，在标准状态下，气体分子间的距离约为分子直径 d_0 的 10 倍. 例如，气体很容易被压缩，酒精与水混合之后的体积小于原体积之和，这些现象都说明分子之间有间隙.

(2) 分子间有相互作用力.

分子间的相互作用力 f 与分子间距离 r 的关系如图 4－2 所示. r_0 是分子力为零时两分子间的距离，称为平衡位置. 当 $r<r_0$ 时，分子力主要表现为斥力. $r>r_0$ 时，分子力主要表现为引力. r 继续增大到大于 10^{-9} m 时，分子间的作用力就可以忽略不计了. 可见，分子力属短程力.

(3) 分子永不停息地做无规则运动.

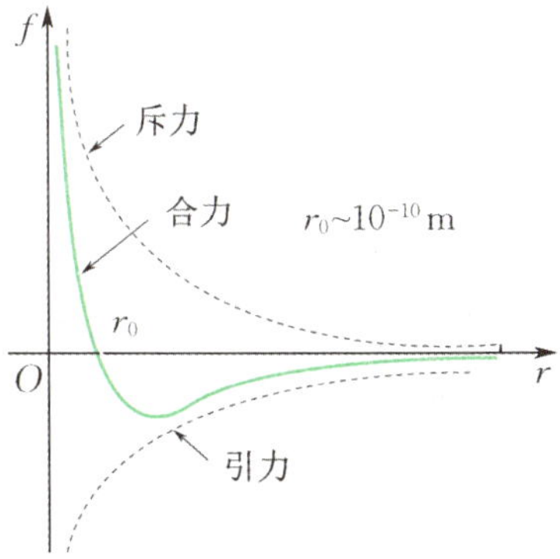

图 4－2　分子力示意图

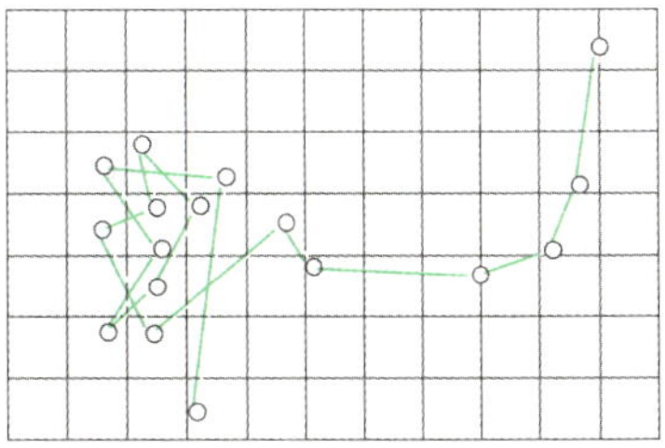

图 4－3　布朗运动

分子在不停地运动.房间有人喷香水时,整个房间弥散着香水的味道,这是香水分子不断与空气分子碰撞的结果,这种现象称为气体的扩散.液体和固体分子也存在扩散现象,但其扩散的速度一般比气体慢.

1827 年,英国植物学家布朗用显微镜观察到悬浮在水中的植物小颗粒(如花粉)不停地在做杂乱的无规则运动(见图 4-3),这就是著名的布朗运动.布朗运动是由杂乱运动的水分子碰撞植物颗粒引起的,它虽然不是水分子本身的热运动,却如实地反映了水分子热运动的情况.液体的温度越高,布朗运动越剧烈.说明大量分子的无规则运动的剧烈程度与温度有关,正是由于大量分子的无规则运动与温度有关,因此把这种分子的无规则运动称为分子的热运动.

2. 理想气体分子模型及统计假设

大多数实际气体在温度不太低、压强不太高时均可看作理想气体,此时从微观上看,单个气体分子的分子模型应具有以下特点:

(1) 气体分子本身的线度(直径)与分子之间的平均距离相比较小,可以忽略,分子可看作质点.标准状态下,气体分子之间的平均距离(约 10^{-9} m)比分子的直径(约 10^{-10} m)大 10 倍,因此分子本身的大小可以忽略不计,分子可看作质点.

(2) 除碰撞外,分子间以及分子与器壁之间的作用力可忽略.分子力作用半径的数量级为 10^{-9} m,它远小于分子间的平均距离,所以除碰撞的瞬间外,分子间以及分子与器壁之间的作用力可忽略不计.

(3) 分子之间以及分子与器壁之间的碰撞是完全弹性碰撞.碰撞前后气体分子的动量和动能都守恒.

对于分子集体,气体处于平衡态时,虽然任一时刻每个分子在容器中的位置与速度完全是随机的,但就大量分子的集体统计平均来看,分子在空间的分布是均匀的,分子沿各个方向运动的机会是均等的,没有哪一个方向的运动比其他方向更占优势.因此,对平衡态下的分子集体可做如下统计假设:

(1) 容器中单位体积的分子数$\left(\text{分子数密度 } n=\dfrac{N}{V}=\dfrac{\mathrm{d}N}{\mathrm{d}V}\right)$处处相等;

(2) 分子速度沿各个方向分量的各种统计平均值相等,即

$$\overline{v}_x=\overline{v}_y=\overline{v}_z,\ \overline{v_x^2}=\overline{v_y^2}=\overline{v_z^2}.$$

因为$\overline{v^2}=\overline{v_x^2}+\overline{v_y^2}+\overline{v_z^2}$,所以有

$$\overline{v_x^2}=\overline{v_y^2}=\overline{v_z^2}=\frac{1}{3}\overline{v^2}. \tag{4-4}$$

以上关于个别分子特点和大量分子的统计假设都是在大量实验基础上总结得出的.

4.2.2 理想气体的压强公式

气体的压强是大量分子不断碰撞器壁的结果.每个分子与器壁碰撞时,都对器壁施加一个冲力,这种冲力有大有小,而且是不连续的,但由于气体分子的数量很大,器壁受到的作用力表现为一个持续稳定的均匀压力,犹如密集的雨点打在伞上使我们感受到一个持续向下的压力一样.

下面用统计平均的方法推导理想气体的压强公式.取一边长为 l_1,l_2,l_3 的长方体容器,内有 N 个同类气体分子,每个气体分子的质量为 m_0,如图 4-4 所示.平衡态下,容器壁上各处的压强相等,下面计算与 x 轴垂直的 A_1 面上的压强.

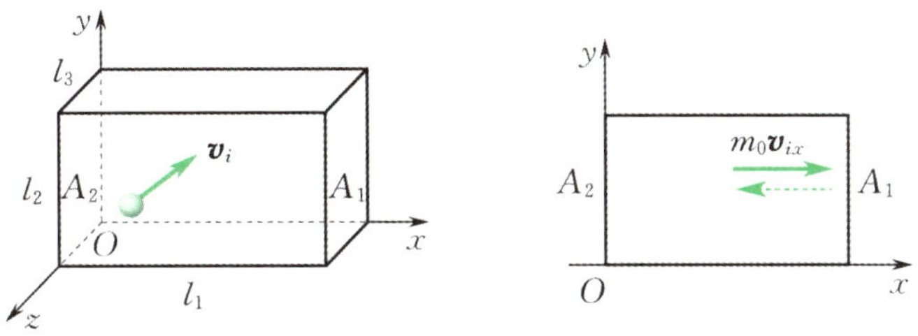

图 4－4　气体压强公式的推导

先考虑单个气体分子对 A_1 面的作用. 设第 i 个分子的速度为 $\boldsymbol{v}_i = v_{ix}\boldsymbol{i} + v_{iy}\boldsymbol{j} + v_{iz}\boldsymbol{k}$，与 A_1 面碰撞起作用的是 v_{ix} 分量，即分子 i 以速度 v_{ix} 与 A_1 面碰撞，由于碰撞是完全弹性的，根据质点动量定理，第 i 个分子与 A_1 面碰一次，施加于 A_1 面的冲量为 $2m_0 v_{ix}$. 分子 i 与 A_1 面碰撞后弹回，向 A_2 面运动，与 A_2 面碰撞之后又与 A_1 面碰撞，分子 i 与 A_1 面作相继两次碰撞的时间间隔为 $2l_1/v_{ix}$. Δt 时间内分子 i 与 A_1 面碰撞的次数为 $\dfrac{v_{ix}}{2l_1}\Delta t$；$\Delta t$ 时间内第 i 个分子作用在器壁上的冲量为

$$I_i = 2m_0 v_{ix} \cdot \frac{v_{ix}}{2l_1}\Delta t = \frac{m_0 v_{ix}^2}{l_1}\Delta t.$$

然后考虑容器中大量气体分子对 A_1 面的作用. N 个分子 Δt 时间内作用在 A_1 面上的总冲量为

$$I = \sum I_i = \frac{m_0}{l_1}\left(\sum_{i=1}^{N} v_{ix}^2\right)\Delta t.$$

根据动量定理，A_1 面受到气体分子总的平均作用力为

$$\overline{F} = \frac{I}{\Delta t} = \frac{m_0}{l_1}\sum_{i=1}^{N} v_{ix}^2.$$

由压强的定义，A_1 面受到的压强

$$p = \frac{\overline{F}}{l_2 l_3} = \frac{m_0}{l_1 l_2 l_3}\sum_{i=1}^{N} v_{ix}^2 = \frac{N m_0}{V}\,\frac{\sum\limits_{i=1}^{N} v_{ix}^2}{N} = n m_0 \overline{v_x^2},$$

式中 $n = \dfrac{N}{V}$ 为分子数密度，$\overline{v_x^2} = \dfrac{\sum\limits_{i=1}^{N} v_{ix}^2}{N}$ 为 N 个分子沿 x 轴方向速度分量平方的平均值.

由统计假设，$\overline{v_x^2} = \overline{v_y^2} = \overline{v_z^2} = \dfrac{1}{3}\overline{v^2}$，于是得到

$$p = \frac{1}{3} n m_0 \overline{v^2} = \frac{2}{3} n\left(\frac{1}{2} m_0 \overline{v^2}\right) = \frac{2}{3} n \bar{\varepsilon}_t, \tag{4-5}$$

式中 $\bar{\varepsilon}_t = \dfrac{1}{2} m_0 \overline{v^2}$ 称为**分子的平均平动动能**. 式(4－5)称为**理想气体的压强公式**，是一个统计规律，而非力学规律. 该式揭示了宏观量 p 与微观量统计平均值 n，$\bar{\varepsilon}_t$ 之间的关系. 气体作用于器壁的压强既与单位体积的分子数 n 有关，又与分子平均平动动能 $\bar{\varepsilon}_t$ 有关.

§4.3 理想气体的温度公式

由理想气体状态方程 $pV=\frac{m}{M}RT$，处于平衡态下的气体压强为

$$p=\frac{m}{M}\frac{R}{V}T=\frac{Nm_0}{N_A m_0}\frac{R}{V}T=\frac{N}{V}\frac{R}{N_A}T,$$

式中 N_A 为阿伏伽德罗常数，令 $k=\frac{R}{N_A}=1.38\times10^{-23}\ \mathrm{J\cdot K^{-1}}$，称为玻尔兹曼常量. 这样，理想气体状态方程又可写成另一种形式，即

$$p=nkT. \tag{4-6}$$

将式(4-5)与式(4-6)比较，可得到理想气体分子的平均平动动能

$$\bar{\varepsilon}_t=\frac{1}{2}m_0\overline{v^2}=\frac{3}{2}kT, \tag{4-7}$$

式(4-7)称为理想气体的温度公式. 该式揭示了温度的微观本质，即理想气体的温度 T 是分子平均平动动能的量度，是分子热运动剧烈程度的标志. 温度是大量分子热运动的集体表现，具有统计意义，对单个分子谈温度毫无意义.

从式(4-7)还可以看到，如果 $T=0$ K，$\bar{\varepsilon}_t=0$，气体分子运动停止了. 这个观点不正确. 其一，热力学第三定律表明，热力学零度(也称绝对零度)达不到；其二，在还未达到 0 K 时，气体已经变为液体或固体了，式(4-7)已不再适用.

由式(4-7)可以得到气体分子速率平方的平均值的平方根，称为气体分子的方均根速率，是一种统计速率.

$$\sqrt{\overline{v^2}}=\sqrt{\frac{3kT}{m_0}}=\sqrt{\frac{3RT}{M}}. \tag{4-8}$$

例 4-1

真空容器中有一氢分子束射向面积 $S=2.0\ \mathrm{cm^2}$ 的平板，设分子束中分子的速率为 $v=10^3\ \mathrm{m\cdot s^{-1}}$，方向与平板成 60° 夹角，每秒有 $N=10^{23}$ 个氢分子射向平板，求氢分子束作用于平板的压强.

解 一个氢分子与平板碰一次，其动量的增量为 $2m_0v\sin60°$. 根据牛顿第三定律和动量定理，分子束作用于平板的平均冲力大小等于 1 s 内分子束动量的增量，即

$$\overline{F}=N2m_0v\sin60°.$$

再由压强的定义，有

$$p=\frac{\overline{F}}{S}=\frac{2Nm_0v\sin60°}{S}$$

$$=\frac{2\times10^{23}\times2.0\times10^{-3}\times10^3\times\frac{\sqrt{3}}{2}}{6.02\times10^{23}\times2\times10^{-4}}\ \mathrm{Pa}$$

$$=2.88\times10^3\ \mathrm{Pa}.$$

例 4-2

求 $T=300$ K 时氢气和氮气分子的平均平动动能和方均根速率.

解 氢气和氮气的摩尔质量分别为 $M_{H_2}=2.0\times10^{-3}\ \mathrm{kg\cdot mol^{-1}}$，$M_{N_2}=28\times10^{-3}\ \mathrm{kg\cdot mol^{-1}}$，分子的平均平动动能是温度的单值函数，与气体种类无关，因此有

$$\bar{\varepsilon}_{tH_2}=\bar{\varepsilon}_{tN_2}=\frac{3}{2}kT$$
$$=\frac{3}{2}\times 1.38\times 10^{-23}\times 300\ \text{J}$$
$$=6.21\times 10^{-21}\ \text{J}.$$

而方均根速率则分别为

$$\sqrt{\overline{v_{H_2}^2}}=\sqrt{\frac{3RT}{M_{H_2}}}=\sqrt{\frac{3\times 8.31\times 300}{2\times 10^{-3}}}\ \text{m}\cdot\text{s}^{-1}$$
$$=1.93\times 10^{3}\ \text{m}\cdot\text{s}^{-1},$$

$$\sqrt{\overline{v_{N_2}^2}}=\sqrt{\frac{3RT}{M_{N_2}}}$$
$$=\sqrt{\frac{3\times 8.31\times 300}{28\times 10^{-3}}}\ \text{m}\cdot\text{s}^{-1}$$
$$=5.17\times 10^{2}\ \text{m}\cdot\text{s}^{-1}.$$

思考题

4-1　理想气体分子模型及其统计假设的主要内容是什么？

4-2　理想气体的压强公式可按下列步骤进行推导：

(1) 求任一分子 i 与器壁碰一次施于器壁的冲量 $2mv_{ix}$；

(2) 求分子 i 在单位时间内施于器壁冲量的总和 $\frac{m}{l_1}v_{ix}^2$；

(3) 求所有 N 个分子在单位时间内施于器壁的总冲量 $\frac{m}{l_1}\sum\limits_{i=1}^{N}v_{ix}^2$；

(4) 求所有分子在单位时间内施于单位面积器壁的总冲量(压强) $p=\frac{m}{l_1 l_2 l_3}\sum\limits_{i=1}^{N}v_{ix}^2=\frac{2}{3}n\left(\frac{1}{2}m\overline{v^2}\right)$.

在上述推导过程中，哪几步用到了理想气体模型的假设？哪几步用到了平衡态的条件？哪几步用到了统计平均的概念(l_1，l_2，l_3 分别为长方形容器的三个边长)？

4-3　一定质量的理想气体，当温度不变时，其压强随体积的减少而增大；当体积不变时，其压强随温度的升高而增大. 从微观的角度看，这两种使压强增大的过程有何区别？

§4.4　能量均分定理　理想气体的内能

在讨论理想气体的压强公式和温度公式时，把气体分子简化成自由的弹性质点系，并只考虑了分子的平动，引入了平均平动动能的概念. 实际上，气体分子有大小，有一定的结构，进一步讨论气体分子热运动的能量时，不能简单地将气体分子看成质点，大量分子热运动的能量也不只是平均平动动能，还包括平均转动动能、平均振动动能等. 为了给出气体分子能量的统计规律，先介绍自由度的概念.

4.4.1　气体分子的自由度

确定一个物体在空间的位置所需独立坐标的数目称为该物体的**自由度**，通常用 i 表示.

一个自由质点在三维空间中运动，需要三个独立坐标来确定它的空间位置. 例如，可用直角坐标系中的 x，y 和 z 三个坐标变量来描述，故自由质点的自由度 $i=3$. 若质点被限制在一平面或曲面上运动，则其自由度为 $i=2$. 若质点进一步被限制在一直线或一曲线上运动，则其自由度为 $i=1$.

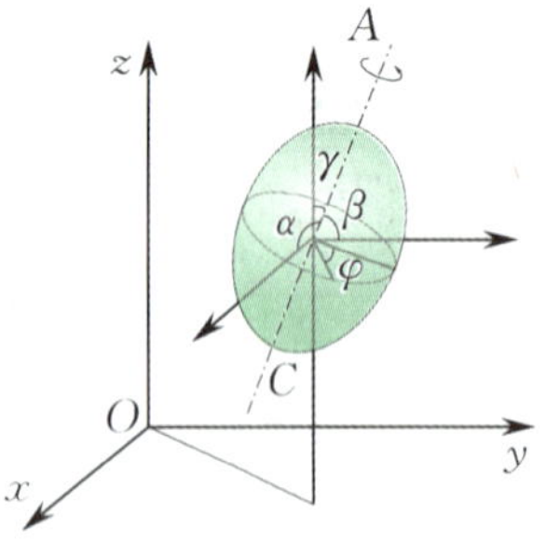

图 4-5 自由刚体的自由度

一个自由刚体的运动一般可以分解为两个独立的运动：质心的平动和绕通过质心轴的转动. 显然，确定刚体质心的空间位置需要三个独立变量 x,y,z，即有三个平动自由度；确定过刚体质心的任一转轴(如图 4-5 中的 AC 轴)的方位，需要三个方位角 α,β,γ，由于$\cos^2\alpha+\cos^2\beta+\cos^2\gamma=1$，故只需要两个独立的变量(例如 α,β)即可确定通过刚体质心的任一转轴的方位；刚体还可以绕该轴转动，还需要一个转动坐标 φ，如图 4-5 所示. 因此，自由刚体的自由度 $i=6$，其中三个平动自由度，三个转动自由度.

下面讨论气体分子的自由度.

单原子气体分子可看成一个自由质点，故有三个平动自由度，以 t 表示，即 $i=t=3$，如图 4-6(a)所示.

(a) 单原子分子　(b) 双原子分子　(c) 三原子分子

图 4-6 气体分子的自由度

对于刚性双原子气体分子(两个原子间连线距离保持不变，就像两个质点之间由一根质量不计的刚性细杆连接一样)，确定其质心的空间位置需三个独立坐标(x,y,z)；确定质点连线的空间方位，需两个独立坐标(如 α,β)，而两质点绕连线的转动没有意义. 因此刚性双原子分子有三个平动自由度和两个转动自由度(以 r 表示)，总自由度数 $i=t+r=3+2=5$. 这里未计及振动自由度，因为在温度不太高时，分子键可看成是刚性连接的，如图 4-6(b)所示.

刚性多原子气体分子除了确定其质心平动需三个平动自由度和确定通过质心的任意转轴方位的两个转动自由度外，还需要一个确定分子绕该轴转动的角度 φ 的转动自由度(线型的刚性多原子分子除外)，因此，刚性多原子气体分子的总自由度数 $i=t+r=3+3=6$(见图 4-6(c)).

对于非刚性气体分子，还需要考虑描述分子中原子的振动状态的振动自由度. 当研究常温下气体的性质时，一般不需要考虑分子的振动自由度.

4.4.2 能量均分定理

式(4-7)表明，分子的平均平动动能为

$$\overline{\varepsilon_t}=\frac{1}{2}m_0\overline{v^2}=\frac{3}{2}kT.$$

因$\overline{v^2}=\overline{v_x^2}+\overline{v_y^2}+\overline{v_z^2}$，由平衡态理想气体的统计假设，有

$$\overline{v_x^2}=\overline{v_y^2}=\overline{v_z^2}=\frac{1}{3}\overline{v^2},$$

上式每项同乘以$\frac{1}{2}m_0$，再利用温度公式，得

$$\frac{1}{2}m_0\overline{v_x^2}=\frac{1}{2}m_0\overline{v_y^2}=\frac{1}{2}m_0\overline{v_z^2}=\frac{1}{2}m_0\left(\frac{\overline{v^2}}{3}\right)=\frac{1}{3}\left(\frac{3}{2}kT\right)=\frac{1}{2}kT. \tag{4-9}$$

式(4-9)表明，气体分子沿 x,y,z 三个方向运动的平均平动动能相等. 换言之，气体分子的平均

平动动能$\frac{3}{2}kT$均匀地分配给每一个平动自由度，每个平动自由度分到的能量为$\frac{1}{2}kT$. 这个结论可推广到分子的转动和振动自由度上，即在温度为 T 的平衡态下，气体分子的每一个自由度都具有相同的平均动能，其大小都等于$\frac{1}{2}kT$. 这一结论称为能量按自由度均分定理，简称能量均分定理.

根据能量均分定理，单原子分子、刚性双原子分子和刚性多原子气体分子的平均动能分别为$\frac{3}{2}kT$，$\frac{5}{2}kT$ 和$\frac{6}{2}kT$. 一般地，如果气体分子的总自由度数为 i，则每个分子的平均总动能为

$$\bar{\varepsilon}_k=\frac{i}{2}kT. \tag{4-10}$$

能量均分定理是分子热运动的统计规律，是对大量分子统计平均所得的结果. 正是由于气体分子的大量性、碰撞的频繁性，才使能量由一种形式转变为另一种形式，由一个自由度转移到另一个自由度. 当达到平衡态时，分子热运动达到最无序，于是能量就按自由度均匀分配了.

4.4.3 理想气体的内能

实际气体分子不仅具有动能，由于分子间存在相互作用，分子间还存在相互作用的势能. 气体内部所有分子的动能和势能的总和称为气体的内能.

对于理想气体，由于分子间的相互作用力可忽略，分子间没有相互作用的势能，理想气体的内能就是气体中所有分子各种运动形式的动能之总和. 对自由度为 i 的 1 mol 理想气体，其内能为

$$E=N_A\frac{i}{2}kT=\frac{i}{2}RT. \tag{4-11}$$

质量为 m、摩尔质量为 M 的理想气体，其内能为

$$E=\frac{m}{M}\frac{i}{2}RT=\nu\frac{i}{2}RT. \tag{4-12}$$

式(4－11)和式(4－12)表明，一定量的理想气体的内能只取决于分子的自由度和温度，而与气体的体积和压强无关. 对于一定量的某种理想气体，它的分子的自由度是确定的，其内能就只是温度的单值函数. 所以有时也把“理想气体的内能只是温度的单值函数”作为理想气体定义的另一种说法.

例 4－3

在室温 300 K 下，1 mol 的氧气和 1 mol 氮气的内能是多少?10 g 氦气的内能是多少?

解 氧气和氮气均是双原子气体，$i=5$，在同一温度下它们的内能相同，均为

$$E=\frac{i}{2}RT=\frac{5}{2}\times 8.31\times 300\ \text{J}$$
$$=6.23\times 10^3\ \text{J}.$$

氦气为单原子气体，$i=3$，氦气的摩尔质量为 $4\ \text{g}\cdot\text{mol}^{-1}$，10 g 氦气的内能为

$$E=\frac{m}{M}\frac{i}{2}RT=\frac{10}{4}\times\frac{3}{2}\times 8.31\times 300\ \text{J}$$
$$=9.35\times 10^3\ \text{J}.$$

思考题

4-4 什么称为理想气体的内能?它能否等于零?为什么?

4-5 (1) 两瓶不同种类的气体的分子平均平动动能相等,但密度不同,它们的温度、压强是否相同?

(2) 两瓶不同种类的气体的温度和压强相同,但体积不同,它们的分子数密度、质量密度、单位体积的分子总平动动能是否相同?

4-6 能量按自由度均分定理的内容是什么?试用分子热运动的特征来说明这一定理.

4-7 描述下列各式表示的物理意义:

(1) $\frac{1}{2}kT$; (2) $\frac{3}{2}kT$; (3) $\frac{i}{2}kT$; (4) $\frac{i}{2}RT$; (5) $\frac{3}{2}RT$.

§4.5 麦克斯韦速率分布律

宏观系统中的气体分子数目非常巨大,分子永不停息地做热运动,且频繁地碰撞,气体分子以各种大小不同的速度沿各个方向运动.对某一个气体分子,任一时刻的速度大小和方向都带有一定的偶然性和不可预测性.然而从大量分子的整体上看,在平衡态下,分子的速度会遵循一个完全确定而且是必然的统计分布规律.1859年,麦克斯韦用概率论证明了在平衡态下,理想气体分子速度分布是有规律性的,这个规律称为**麦克斯韦速度分布律**.若不考虑分子速度的方向,则称为**麦克斯韦速率分布律**.

4.5.1 气体分子的速率分布 分布函数

研究气体分子速率分布的规律,与研究一般的分布问题相似,需要把速率分成若干相等的区间,例如 $0 \sim 100\ \mathrm{m \cdot s^{-1}}$ 为一个区间,$100 \sim 200\ \mathrm{m \cdot s^{-1}}$ 为次一区间,$200 \sim 300\ \mathrm{m \cdot s^{-1}}$ 为又一区间,等等.所谓研究气体分子的速率分布情况,就是要知道平衡态下分布在各个速率区间 Δv 内的分子数 ΔN 各占气体分子总数 N 的百分比为多少(即分子速率位于该速率区间的概率为多少),以及大部分气体分子分布在哪一个速率区间等问题.为了便于比较,把各速率区间取为相等,从而突出分布的意义.显然,所取区间越小,有关分布的知识就越详细,对分布情况的描述也越精确.

描述速率分布的方法通常有三种:(1) 根据实验数据列表——分布表,(2) 作出曲线——分布曲线,(3) 找出函数关系——分布函数.

表4-1列出了0℃时氧气分子速率分布的实验数据.从表中数据可以看出,速率很小和速率很大的分子数占总分子数的比率$\frac{\Delta N}{N}$都很小,大多数分子以中等速率运动.在大量分子的热运动中,像氧气分子这样低速或高速运动的分子较少而大多数分子以中等速率运动的分布情况,对任何温度下的任一种气体,分布情况大体上都如此,这就是气体分子速率分布的规律性.

表 4-1　0 ℃ 时氧气分子速率分布的统计数据

速率区间 /($m\cdot s^{-1}$)	分子数的百分率$\frac{\Delta N}{N}$/(%)	速率区间 /($m\cdot s^{-1}$)	分子数的百分率$\frac{\Delta N}{N}$/(%)
100 以下	1.4	500 ～ 600	15.1
100 ～ 200	8.1	600 ～ 700	9.2
200 ～ 300	16.5	700 ～ 800	4.8
300 ～ 400	21.4	800 ～ 900	2.0
400 ～ 500	20.6	900 以上	0.9

若以速率 v 为横坐标，以$\frac{\Delta N}{N\Delta v}$(即速率 v 附近，单位速率区间分子的比率) 为纵坐标，则表 4-1 给出的速率分布数据，可以表示成图 4-7(a) 所示的图形. 显然，速率区间 Δv 越大，速率分布的描述越粗糙；为了将速率分布的真实情况更细致地反映出来，应把速率区间取得更小些(见图 4-7(b)). 精确描述气体分子按速率的分布，需令 $\Delta v\to 0$，即取 $\mathrm{d}v$ 为速率区间，其相应分子数为 $\mathrm{d}N$，这时纵坐标为$\frac{\mathrm{d}N}{N\mathrm{d}v}=f(v)$，所得$\frac{\mathrm{d}N}{N\mathrm{d}v}$-$v$ 速率分布曲线为一条平滑的曲线(见图 4-7(c)).

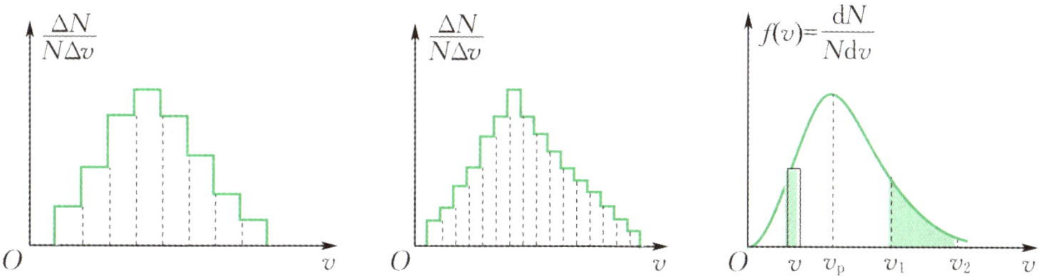

(a) Δv较大　(b) Δv较小　(c) $\Delta v\to 0$

图 4-7　气体分子速率分布曲线

我们把速率 v 附近 Δv 速率区间内的分子数占总分子数的比率的极限

$$f(v)=\lim_{\Delta v\to 0}\frac{\Delta N}{N\Delta v}=\frac{\mathrm{d}N}{N\mathrm{d}v}\tag{4-13}$$

称为分子的**速率分布函数**，其物理意义是：**在速率 v 附近单位速率区间内的分子数占总分子数的比率**(百分比). **对单个分子而言就是任一分子的速率处在 v 附近单位速率区间的概率.**

图 4-7(c) 的 $f(v)$-v 曲线称为气体分子的**速率分布曲线**. 图中填充阴影的小矩形的面积为 $f(v)\mathrm{d}v=\frac{\mathrm{d}N}{N}$，它的物理意义是：该面积的大小代表速率在 v 附近 $\mathrm{d}v$ 区间内的分子数占总分子数的比率(百分比)；右边曲边梯形的面积为$\int_{v_1}^{v_2}f(v)\mathrm{d}v=\frac{\Delta N}{N}$，它的物理意义是：速率介于 v_1 到 v_2 之间的分子数 ΔN 占总分子数 N 的百分比；速率分布曲线下的总面积表示速率介于零到无限大的整个速率区间的分子数占总分子数的百分比，或者说整个速率区间内百分比之和应为 1，即

$$\int_0^{\infty}f(v)\mathrm{d}v=1,\tag{4-14}$$

式(4-14) 称为速率分布函数的**归一化条件**. 归一化条件是分布函数必须满足的条件.

4.5.2 麦克斯韦速率分布函数

在近代测定气体分子速率的实验获得成功之前，麦克斯韦于1859年已从理论上研究并导出了气体分子按速率分布的规律：平衡态下，当忽略气体分子间的相互作用力时，分布在 $v \sim v+\mathrm{d}v$ 速率区间的分子数占总分子数的百分比为

$$\frac{\mathrm{d}N}{N}=4\pi\left(\frac{m_0}{2\pi kT}\right)^{\frac{3}{2}}\mathrm{e}^{-m_0v^2/2kT}v^2\,\mathrm{d}v.$$

与(4-13)式对比，可得麦克斯韦速率分布函数为

$$f(v)=\frac{\mathrm{d}N}{N\mathrm{d}v}=4\pi\left(\frac{m_0}{2\pi kT}\right)^{\frac{3}{2}}\mathrm{e}^{-m_0v^2/2kT}v^2, \tag{4-15}$$

式中 m_0 为单个分子的质量，T 是热力学温度，k 为玻尔兹曼常量. 式(4-15)表明，对一定质量的气体分子，其分布函数是温度 T、速度 v 的函数. 当 T 确定后，$f(v)$ 是 v 的函数. 对某一速率，例如 v_1，分布函数 $f(v_1)$ 的值大，表示该速率附近单位速率区间的分子数占总分子数的比率大，或者说分子速率分布在该速率附近的单位速率区间的概率大.

4.5.3 三种统计速率

分子动理论中，常用到以下三种统计速率.

1. 最概然速率

从图4-7(c)可见，分子速率分布曲线有一极大值，与 $f(v)$ 极大值对应的速率称为最概然速率，用 v_p 表示. v_p 的物理意义是：把速率从 $0\sim\infty$ 范围分成许多相等的小区间，则分布在 v_p 所在区间内的分子数占总分子数的百分比为最大. 最概然速率 v_p 可以用数学中求极值的方法求得.

令 $\left.\frac{\mathrm{d}f(v)}{\mathrm{d}v}\right|_{v=v_p}=0$，将式(4-15)代入，可求得

$$v_p=\sqrt{\frac{2kT}{m_0}}=\sqrt{\frac{2RT}{M}}\approx 1.41\sqrt{\frac{RT}{M}}. \tag{4-16}$$

式(4-16)表明，对给定的气体(m_0 或 M 一定)，温度越高，v_p 越大；对给定温度(T 一定)的不同种类的气体，分子质量(或摩尔质量)越小 v_p 越大.

2. 平均速率

大量分子的速率的统计平均值称为分子的平均速率，用 $\bar{v}$ 表示，即

$$\bar{v}=\frac{\sum\limits_{i=1}^{n}N_iv_i}{N}.$$

若用 $\mathrm{d}N$ 表示速率在 $v\sim v+\mathrm{d}v$ 区间内的分子数，当 v 连续分布时，上式可表示为

$$\bar{v}=\frac{\int_0^\infty v\mathrm{d}N}{N}=\frac{\int_0^\infty vNf(v)\mathrm{d}v}{N}=\int_0^\infty vf(v)\mathrm{d}v. \tag{4-17}$$

将式(4-15)代入式(4-17)，积分整理后得

$$\bar{v}=\sqrt{\frac{8kT}{\pi m_0}}=\sqrt{\frac{8RT}{\pi M}}\approx 1.6\sqrt{\frac{RT}{M}}. \tag{4-18}$$

3. 方均根速率

在讨论理想气体的温度公式时，曾得到气体分子的方均根速率. 下面从大量分子热运动的速

率分布规律出发，以统计平均的方法再次导出方均根速率. 与求平均速率类似，分子速率平方的平均值为

$$\overline{v^2}=\frac{\int_0^{\infty}v^2 Nf(v)\mathrm{d}v}{N}=\int_0^{\infty}v^2 f(v)\mathrm{d}v.$$

将式(4-15)代入并积分，得$\overline{v^2}=\dfrac{3kT}{m_0}$，故方均根速率为

$$\sqrt{\overline{v^2}}=\sqrt{\frac{3kT}{m_0}}=\sqrt{\frac{3RT}{M}}\approx 1.73\sqrt{\frac{RT}{M}}. \tag{4-19}$$

由上述讨论可知，三种统计平均速率的大小关系为 $v_p<\bar{v}<\sqrt{\overline{v^2}}$. 室温下，气体分子的各种平均速率一般在几百米每秒的数量级. 三种速率各有不同的含义和不同的用处. 最概然速率 v_p 表征了气体分子按速率分布的特征；平均速率$\bar{v}$用于讨论气体分子的碰撞；方均根速率$\sqrt{\overline{v^2}}$则用于计算分子的平均平动动能.

例 4-4

温度为 300 K 时，试求氧气分子的三种统计速率.

解　氧气的摩尔质量为 $M=3.2\times10^{-2}\ \mathrm{kg\cdot mol^{-1}}$.

$$v_p=\sqrt{\frac{2RT}{M}}=\sqrt{\frac{2\times8.31\times300}{3.2\times10^{-2}}}\ \mathrm{m\cdot s^{-1}}=3.95\times10^2\ \mathrm{m\cdot s^{-1}},$$

$$\bar{v}=\sqrt{\frac{8RT}{\pi M}}=\sqrt{\frac{8\times8.31\times300}{3.14\times3.2\times10^{-2}}}\ \mathrm{m\cdot s^{-1}}=4.46\times10^2\ \mathrm{m\cdot s^{-1}},$$

$$\sqrt{\overline{v^2}}=\sqrt{\frac{3RT}{M}}=\sqrt{\frac{3\times8.31\times300}{3.2\times10^{-2}}}\ \mathrm{m\cdot s^{-1}}=4.83\times10^2\ \mathrm{m\cdot s^{-1}}.$$

例 4-5

气体处于平衡态，试计算分子速率在 $v_p\sim1.01v_p$ 内的分子数占总分子数的百分比.

解　麦克斯韦速率分布函数

$$f(v)=\frac{\mathrm{d}N}{N\mathrm{d}v}=4\pi\left(\frac{m_0}{2\pi kT}\right)^{\frac{3}{2}}\mathrm{e}^{-\frac{m_0v^2}{2kT}}v^2$$

可改写为

$$\frac{\Delta N}{N}=f(v)\Delta v=4\pi\left(\frac{m_0}{2\pi kT}\right)^{\frac{3}{2}}\mathrm{e}^{-\frac{m_0v^2}{2kT}}v^2\Delta v.$$

由最概然速率关系式 $v_p=\sqrt{\dfrac{2kT}{m_0}}$，故$\dfrac{m_0v^2}{2kT}=\dfrac{v^2}{v_p^2}$，代入上式，则有

$$\frac{\Delta N}{N}=\frac{4}{\sqrt{\pi}}\mathrm{e}^{-\frac{v^2}{v_p^2}}\frac{v^2}{v_p^2}\cdot\frac{\Delta v}{v_p}.$$

根据题意，$v=v_p$，$\Delta v=0.01v_p$，代入上式得

$$\frac{\Delta N}{N}=\frac{4}{\sqrt{\pi}8}\mathrm{e}^{-1}\times0.01\times100\%\approx0.83\%.$$

例 4-6

设 N 个粒子的系统的速率分布情况为

$$\mathrm{d}N=\begin{cases}A\mathrm{d}v & (0<v\leqslant u),\\ 0 & (v>u),\end{cases}$$

A 为常数. (1) 试用已知数 N 和 u 表示常数 A；(2) 求该粒子系统的平均速率和方均根速率.

解　(1) 由题意，粒子速率分布函数为

$$f(v)=\frac{\mathrm{d}N}{N\mathrm{d}v}=\frac{A}{N}\quad(0<v\leqslant u).$$

由分布函数的归一化条件$\int_0^u f(v)\mathrm{d}v=1$，得

$$\int_0^u \frac{A}{N}\mathrm{d}v = 1,$$

解得常数

$$A = \frac{N}{u}.$$

归一化的速率分布函数为

$$f(v) = \frac{\mathrm{d}N}{N\mathrm{d}v} = \frac{1}{u}\ (0 < v \leqslant u).$$

(2) 平均速率和方均速率分别为

$$\overline{v} = \int_0^u vf(v)\mathrm{d}v = \int_0^u \frac{v}{u}\mathrm{d}v = \frac{u}{2},$$

$$\overline{v^2} = \int_0^u v^2 f(v)\mathrm{d}v = \int_0^u \frac{v^2}{u}\mathrm{d}v = \frac{u^2}{3},$$

故方均根速率

$$\sqrt{\overline{v^2}} = \frac{\sqrt{3}}{3}u.$$

*4.5.4 麦克斯韦速度分布律

麦克斯韦速率分布律未考虑气体分子的速度方向,更详细的讨论应指出气体分子是如何按速度分布的.麦克斯韦用概率论证明了在平衡态下,当分子间的相互作用可以忽略时,速度在直角坐标系中三个分量区间 $v_x \sim v_x + \mathrm{d}v_x, v_y \sim v_y + \mathrm{d}v_y, v_z \sim v_z + \mathrm{d}v_z$ 内的分子数与总分子数的比率为

$$\frac{\mathrm{d}N}{N} = \left(\frac{m_0}{2\pi kT}\right)^{\frac{3}{2}} \mathrm{e}^{-m_0(v_x^2+v_y^2+v_z^2)/2kT}\mathrm{d}v_x\mathrm{d}v_y\mathrm{d}v_z, \tag{4-20}$$

式(4-20)称为**麦克斯韦速度分布律**.式中 m_0 为单个分子的质量,$\mathrm{d}v_x\mathrm{d}v_y\mathrm{d}v_z$ 为速度区间.麦克斯韦速度分布律是更为普遍的规律,而麦克斯韦速率分布律只是这个普遍规律的特殊情况.注意:式(4-20)中,$\overline{v^2} = \overline{v_x^2} + \overline{v_y^2} + \overline{v_z^2}$,速度大小区间为 $v \sim v + \mathrm{d}v$,那么满足此条件的分子应落在以速度大小 v 为半径、厚度为 $\mathrm{d}v$ 的球壳层内,其体积为 $\mathrm{d}w = 4\pi v^2\mathrm{d}v$.如以 v^2 取代式(4-20)中的 $v_x^2 + v_y^2 + v_z^2$,以 $\mathrm{d}w = 4\pi v^2\mathrm{d}v$ 取代速度区间 $\mathrm{d}v_x\mathrm{d}v_y\mathrm{d}v_z$,则式(4-20)就变为麦克斯韦速率分布律了.

由于受到测量分子分布所需的高真空技术及其他测量技术的限制,测定气体分子速率分布的实验直到20世纪20年代才实现.实验结果证实了麦克斯韦速率分布律的正确性.在密度大的情况下,经典统计物理的基本假设不再成立,要用量子统计理论才能说明气体分子统计分布的规律.

*§4.6 玻尔兹曼分布

4.6.1 玻尔兹曼分布

在麦克斯韦速度分布中,只考虑了分子运动的动能 $\varepsilon_\mathrm{k} = \frac{1}{2}m_0v^2$,以及分子所在的速度区间 $\mathrm{d}v_x\mathrm{d}v_y\mathrm{d}v_z$.一般情况下,分子除了有动能外,也受到其他力场(例如重力场)的作用,因此不仅需要考虑分子的动能,也要考虑分子的势能;不仅要考虑速度区间,也要考虑分子所在的空间区间 $\mathrm{d}x\mathrm{d}y\mathrm{d}z$.如果以$(\varepsilon_\mathrm{k} + \varepsilon_\mathrm{p})$取代式(4-20)中的 ε_k 并考虑空间区间 $\mathrm{d}x\mathrm{d}y\mathrm{d}z$,则可推广得到**玻尔兹曼分布**.当系统处于平衡状态时,在空间介于 $x \sim x + \mathrm{d}x, y \sim y + \mathrm{d}y, z \sim z + \mathrm{d}z$ 以及速度介于 $v_x \sim v_x + \mathrm{d}v_x, v_y \sim v_y + \mathrm{d}v_y, v_z \sim v_z + \mathrm{d}v_z$ 内的分子数为

$$\mathrm{d}N = n_0\left(\frac{m_0}{2\pi kT}\right)^{\frac{3}{2}} \mathrm{e}^{-(\varepsilon_\mathrm{k}+\varepsilon_\mathrm{p})/kT}\mathrm{d}v_x\mathrm{d}v_y\mathrm{d}v_z\mathrm{d}x\mathrm{d}y\mathrm{d}z, \tag{4-21}$$

式中 n_0 为势能 $\varepsilon_\mathrm{p} = 0$ 时单位体积内具有的各种速度的分子数.式(4-21)揭示了分子数按能量分布的规律.

将式(4-21)写成

$$dN=n_0\left[\left(\frac{m_0}{2\pi kT}\right)^{\frac{3}{2}}e^{-\varepsilon_k/kT}dv_xdv_ydv_z\right]e^{-\varepsilon_p/kT}dxdydz,$$

式中的方括号项为麦克斯韦速度分布项，它满足归一化条件

$$\iiint\left(\frac{m_0}{2\pi kT}\right)^{\frac{3}{2}}e^{-\varepsilon_k/kT}dv_xdv_ydv_z=1,$$

故式(4-21)可写成

$$dN=n_0e^{-\varepsilon_p/kT}dxdydz. \tag{4-22}$$

式(4-22)为分子按势能的分布规律，它表示在空间介于 $x\sim x+dx, y\sim y+dy, z\sim z+dz$ 中具有各种速度的分子数. 如令 $n=\frac{dN}{dxdydz}$，则上式可写成

$$n=n_0e^{-\varepsilon_p/kT}, \tag{4-23}$$

式(4-23)表示在温度 T 下势能为 ε_p 的单位体积的分子数. 式(4-23)是玻尔兹曼分布律的另一种形式. 它是一个普遍形式，可用于任何物质微粒（如气体分子以及固体、液体、电子及原子等）在势场中的运动.

4.6.2　重力场中粒子按高度的分布

气体分子在重力场中受到重力作用而趋向地面，而分子的热运动又使分子均匀分布于空间. 当这两种作用平衡时，气体分子在空间非均匀分布.

由式(4-23)，设气体分子在 $z=0$ 处为势能零点，此处的分子数密度为 n_0，取 z 方向垂直向上，在高度为 z 处，势能 $\varepsilon_p=m_0gz$，则

$$n=n_0e^{-m_0gz/kT}, \tag{4-24}$$

式(4-24)为**重力场中粒子按高度分布的规律**. 显然，高度增大，单位体积的分子数 n 按指数规律减少，分子质量越大，n 减少得越多；温度 T 升高，n 的减少变慢.

由式(4-24)还可以导出压强按高度分布的规律. 将式(4-24)代入压强公式 $p=nkT$，得

$$p=n_0kTe^{-m_0gz/kT}=p_0e^{-m_0gz/kT}, \tag{4-25}$$

式中 $p_0=n_0kT$ 为 $z=0$ 处的压强. 当 T 一定时，压强随高度增加而按指数减小. 由式(4-25)可以计算不同高度的大气压强. 当比较两高度位置的压强差时，需考虑地面的温度随高度变化而减小的影响，只有在高度变化不大的情况下，由式(4-25)求出来的压强差才能与实际相符. 设 $z=0$ 处的压强为 p_0，z 处的压强为 p，则对式(4-25)取对数，得高度的表达式为

$$z=\frac{kT}{m_0g}\ln\frac{p_0}{p}=\frac{RT}{gM}\ln\frac{p_0}{p}. \tag{4-26}$$

由上式可见，如果能测定两地的压强，则可确定上升的高度.

§4.7　分子的平均碰撞频率和平均自由程

平衡态气体宏观性质的维持以及气体由非平衡态向平衡态的过渡，都是依靠分子间的碰撞来实现的.

由于分子运动的无规则性，一个分子在任意两次连续碰撞之间所通过的路程和所需要的时间，都具有偶然性. 如果跟踪其中一个分子的运动，则其运动轨迹必是复杂的折线，如图 4-8 所示.

单位时间内一个分子与其他分子碰撞的平均次数称为分子的**平均碰撞频率**，用 $\overline{Z}$ 表示. 分子连续两次碰撞所经路程的平均值称为**平均自由程**，用 $\overline{\lambda}$ 表示. 对单个分子来说，该分子与其他

图 4-8 气体分子的碰撞

分子碰撞的次数以及自由程的长短都是偶然的. 但对大量分子来说，一个分子与其他分子碰撞的平均次数及其平均自由程却服从一定的统计规律.

若以$\overline{v}$代表分子运动的平均速率，则$\overline{\lambda}$与$\overline{Z}$的关系为

$$\overline{\lambda}=\frac{\overline{v}}{\overline{Z}}. \tag{4-27}$$

下面我们用统计平均方法分别计算平均碰撞频率$\overline{Z}$和平均自由程$\overline{\lambda}$的大小.

为使问题简化，假定每个分子都是有效直径为d的弹性小球，并且假定分子中只有一个分子 A 在运动，其余分子都静止，即分子 A 相对于其他分子以相对平均速率$\overline{u}$在运动. 在分子 A 的运动过程中，分子 A 的球心轨迹是一条折线. 设想以分子 A 的中心所经过的轨迹为轴，以分子的有效直径d为半径作一圆柱体，如图 4-9 所示. 显然，凡是球心位于该圆柱体内的其他分子都将与分子 A 相碰，球心在圆柱体外的分子就不会与分子 A 相碰.

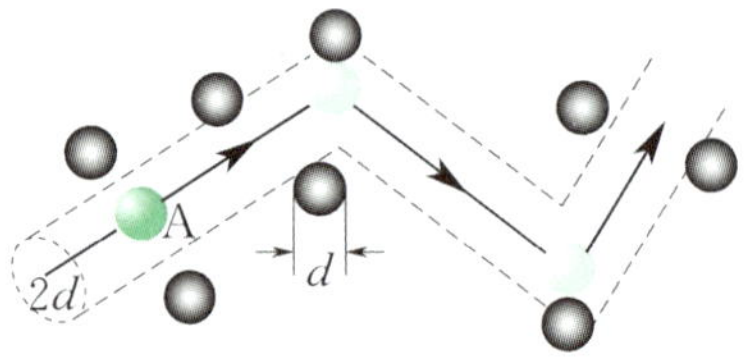

图 4-9 $\overline{Z}$和$\overline{\lambda}$的计算用图

单位时间内与分子 A 碰撞的其他分子数应包含在以πd^2为底，以$\overline{u}$为高的圆柱体内的分子数，即平均碰撞频率$\overline{Z}$为

$$\overline{Z}=n\pi d^2\overline{u},$$

式中n为分子数密度. 因为两个相碰的分子都是运动的，其平均相对速率$\overline{u}$略不同于气体分子的算术平均速率$\overline{v}$；另外，考虑到其他分子也都在运动，统计物理可以证明，对于按麦克斯韦速率分布运动的气体分子，分子的相对平均速率$\overline{u}$与分子的算术平均速率$\overline{v}$之间存在如下关系：

$$\overline{u}=\sqrt{2}\,\overline{v}. \tag{4-28}$$

将式(4-28)代入$\overline{Z}=n\pi d^2\overline{u}$，即得平均碰撞频率$\overline{Z}$为

$$\overline{Z}=\sqrt{2}\,n\pi d^2\overline{v}. \tag{4-29}$$

将式(4-29)代入式(4-27)得平均自由程$\overline{\lambda}$为

$$\overline{\lambda}=\frac{\overline{v}}{\overline{Z}}=\frac{1}{\sqrt{2}\,n\pi d^2}. \tag{4-30}$$

式(4-30)说明平均自由程与分子的有效直径d以及分子数密度n有关，而与平均速率$\overline{v}$无关. 将$p=nkT$代入式(4-30)，还可得到$\overline{\lambda}$与p，T的关系：

$$\overline{\lambda}=\frac{kT}{\sqrt{2}\,\pi d^2 p}. \tag{4-31}$$

式(4-31)表明，当T一定时，压强p大则$\overline{\lambda}$小；当p一定时，温度T大则$\overline{\lambda}$也大. 这个结论可以由分子运动论得到解释.

标准状态下，$\overline{v}$的数量级为$10^2\ \mathrm{m\cdot s^{-1}}$，$\overline{\lambda}$的数量级为$10^{-7}\ \mathrm{m}$，则平均碰撞频率$\overline{Z}$的数量级为$10^9\ \mathrm{s^{-1}}$，即 1 s 内一个分子与其他分子平均碰撞几十亿次. 这样频繁的碰撞不是我们日常生活中所能想象的. 从这一估算中可见分子热运动的极大无规则性，频繁的碰撞正是大量分子整体出现统计规律的基础.

例 4-7

已知氧气在压强为 1.013×10^5 Pa、温度为 290 K 时的分子有效直径 $d=3.6\times10^{-10}$ m，求氧气分子的平均自由程和平均碰撞频率.

解　由式(4-31)得氧气分子的平均自由程为

$$\bar{\lambda}=\frac{kT}{\sqrt{2}\pi d^2 p}$$

$$=\frac{1.38\times10^{-23}\times290}{\sqrt{2}\times3.14\times(3.6\times10^{-10})^2\times1.013\times10^5}\text{ m}$$

$$=6.8\times10^{-8}\text{ m}.$$

氧分子的平均速率为

$$\bar{v}=\sqrt{\frac{8RT}{\pi M}}=\sqrt{\frac{8\times8.31\times290}{3.14\times32\times10^{-3}}}\text{ m}\cdot\text{s}^{-1}$$

$$=438.0\text{ m}\cdot\text{s}^{-1},$$

故碰撞频率为

$$\bar{Z}=\frac{\bar{v}}{\bar{\lambda}}=\frac{438.0}{6.8\times10^{-8}}\text{ s}^{-1}=6.44\times10^9\text{ s}^{-1}.$$

思考题

4-8　若 $f(v)$ 表示速率分布函数，试说明下列各式的物理意义：

(1) $f(v)\mathrm{d}v$；　(2) $Nf(v)\mathrm{d}v$；　(3) $\int_{v_1}^{v_2}f(v)\mathrm{d}v$；　(4) $\int_{v_1}^{v_2}Nf(v)\mathrm{d}v$；　(5) $\int_0^{\infty}vf(v)\mathrm{d}v$.

4-9　什么是分子的有效直径？它是否随温度变化而变化？为什么？

4-10　在什么条件下，气体分子热运动的平均自由程 $\bar{\lambda}$ 与温度 T 成正比？在什么条件下 $\bar{\lambda}$ 与温度 T 无关？

*§4.8　气体内的输运过程

前面讨论的都是理想气体处于平衡状态下的情况. 实际上，热力学很多问题都涉及非平衡问题. 例如热传导、扩散等都与大量分子的热运动有关. 一般气体在非平衡状态中，通过气体分子频繁的碰撞，不断地交换能量、动量并改变分子分布状况，使气体内部的能量、动量和质量从一部分迁移到另一部分，从而使其性质趋于均匀，最终达到平衡态. 气体在非平衡态下的这种内迁移现象，称为**输运过程**. 下面讨论输运过程的黏滞现象、热传导现象和扩散现象等. 先介绍其宏观性质，再从微观角度做定性、定量的解释.

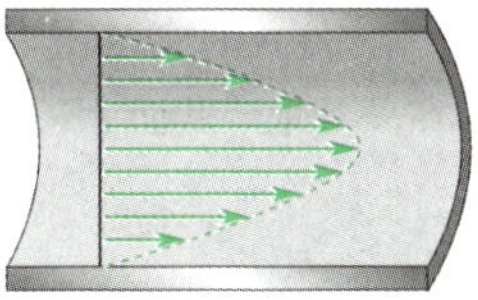

(a) 示意图

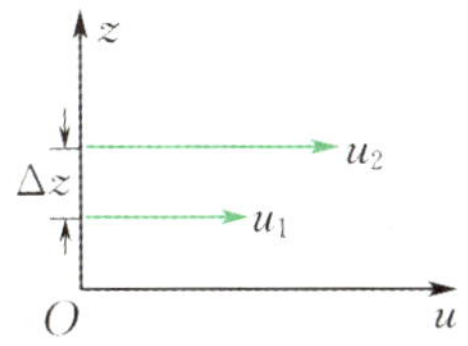

(b) 两层气体的速度

图 4-10　黏滞现象

4.8.1　黏滞(内摩擦)现象

气体或液体流动时有黏滞现象. 图 4-10(a) 是在管道中运动的气体(或液体)的流速分布情况示意图. 在管壁处速度 $u=0$，在管子中间，流速 u 最大，气体(或液体)是分层流动的. 图 4-10(b) 表示相距 Δz 的两层气体的速度 u_1，u_2，它们沿 z 方向有一速度梯度 $\frac{\Delta u}{\Delta z}$，速度快的一层带动速度慢的一层，而速度慢的一层阻碍速度快的一层，从而形成内摩擦，出现**黏滞现象**. 实验指出，层间黏性力的大小可表示为

$$f=\eta\frac{\mathrm{d}u}{\mathrm{d}z}\mathrm{d}S,\tag{4-32}$$

式中$\frac{du}{dz}$称为速度梯度，dS 为作用的面积大小，η为**黏滞系数**或**内摩擦系数**，其单位为帕秒(Pa·s).

从微观角度看，黏滞现象是由于流速不同的两层气体相互交换分子，这些分子不仅带有热运动的动量和能量，而且带有定向运动的动量，结果使上层分子的定向动量减少，而下层分子的定向动量增加，即发生了气体分子定向运动动量的净迁移，从而出现黏滞现象. 从分子动理论，我们可以得到黏滞系数与分子平均速率和平均自由程的关系为

$$\eta=\frac{1}{3}\rho\bar{v}\bar{\lambda}, \tag{4-33}$$

式中ρ为气体的质量密度.

4.8.2 热传导现象

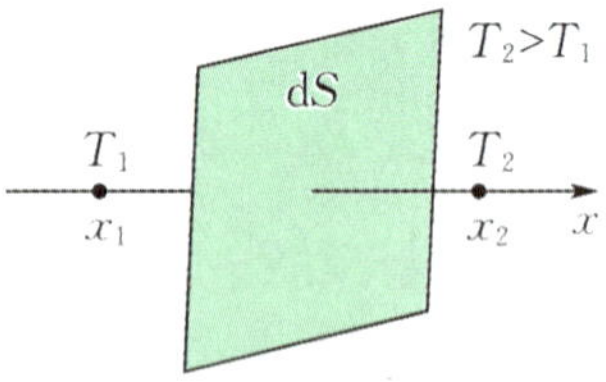

图 4-11 热传导

热传导是由于气体内各部分的温度不同，热量从温度较高部分传递到温度较低部分的现象. 如图 4-11 所示，设温度沿x轴正向升高，在x处取一截面 dS，热量通过 dS 传递. 实验指出，在 dt 时间内所传递的热量 dQ 与 dS，dt 及温度梯度$\frac{dT}{dx}$均成正比，即

$$dQ=-\kappa\left(\frac{dT}{dx}\right)dSdt, \tag{4-34}$$

比例系数κ称为气体的**热传导系数**或**导热系数**，单位为瓦每米开(W·m^{-1}·K^{-1}). 式中负号表示热量传递的方向是由高温处传递到低温处，与温度梯度$\frac{dT}{dx}$的方向相反. 式(4-34)对液体和固体也适用.

从微观角度看，温度低处的分子平均热运动的能量小，而温度高处的分子的平均热运动能量大. 由于分子的热运动，相邻两处不断交换分子，就有净的热运动能量从温度高处传递到温度低处，形成宏观上的热传递. 由统计规律可以得出热传导的导热系数为

$$\kappa=\frac{1}{3}\rho\bar{v}\bar{\lambda}C_{V,m}, \tag{4-35}$$

式中ρ为气体的密度，$C_{V,m}$为摩尔定容热容. 由上式可见，当气体一定(ρ，$C_{V,m}$为定值)，导热系数与平均速率$\bar{v}$和平均自由程$\bar{\lambda}$成正比.

4.8.3 扩散现象

容器中盛有某种气体但各处的密度不同，那么气体分子将会从密度大的地方移向密度小的地方，这种现象称为**扩散**. 如图 4-12 所示，设密度沿x轴正向增加，在x处取一截面 dS，实验指出，在 dt 时间内通过 dS 扩散的气体质量为

$$dm=-D\left(\frac{d\rho}{dx}\right)dSdt, \tag{4-36}$$

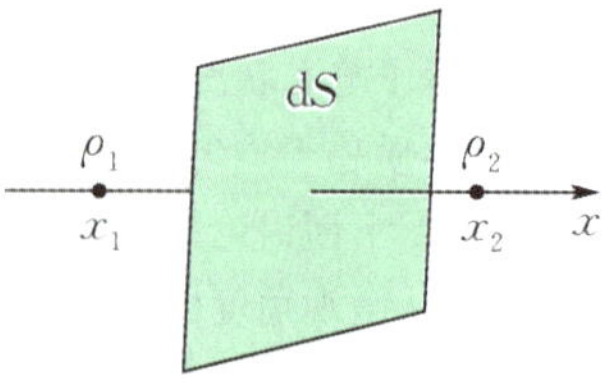

图 4-12 扩散

式中$\frac{d\rho}{dx}$为密度梯度，负号表示扩散的方向是由高密度处到低密度处. D为**扩散系数**，其单位为平方米每秒(m^2·s^{-1}).

式(4-36)不仅适用于同种气体密度不同时的扩散，而且也适用于任何两种分子的直径、质量都相近时气体的扩散情况.

从分子运动的微观角度看，密度小处单位体积的分子数少，而密度大处单位体积的分子数多. 单位时间内由密度大处转移到密度小处的分子数较从密度小处转移到密度大处的分子数多，这样就发生了气体质量的净迁移. 理论表明，扩散系数为

$$D=\frac{1}{3}\bar{v}\bar{\lambda}. \tag{4-37}$$

从上式可见，D与平均速率以及平均自由程成正比.

*§4.9　真实气体　范德瓦耳斯方程

4.9.1　真实气体

前面讲过，在温度不太低、压强不太高的情况下，大多数真实气体都可看作理想气体，符合理想气体状态方程. 在温度不太低、压强比较高的情况下，真实气体就不能当作理想气体处理了，那么，真实气体与理想气体到底有多大的区别呢？

图 4-13 是由实验测出的 CO_2 气体的等温线. 下面我们从下到上、从右到左来分析一下这组实验曲线.

先看温度 $T = 286.2$ K 的等温线，曲线的 GA 段与理想气体的等温线相似，在 A 处（压强 $p = 49.0$ atm），CO_2 气体开始液化. 曲线的 AB 部分是一段平行于 V 轴的直线，这是 CO_2 的液化过程（体积减小，但压强不变），到 B 点，CO_2 气体已经全部液化. 曲线的 BD 段几乎与纵轴平行（压强直线上升，但体积几乎不变），这反映了液体不易压缩的事实. 总之，CO_2 在 $T = 286.2$ K 的等温线 ABD 部分与理想气体等温线相差很大，这一部分等温线上的任一点，其 p, V, T 三个参量显然不满足理想气体状态方程. 还应说明，曲线的 AB 部分是气液共存状态，这时的蒸气称为饱和蒸气，相应的压强称为饱和蒸气压强. 温度升高，气液共存的范围缩小，饱和蒸气压强升高. 可见，CO_2 气液共存的范围以及饱和蒸气压强都和温度有关. 从图中还可看出，CO_2 气体温度升高到 $T = 304.2$ K 时，等温线的平直部分缩成一个点，C 点即为该等温线的拐点. 实验表明，温度高于 304.2 K 时，无论压强多大，CO_2 气体都不能液化. 同时可以看出，温度高于 $T = 321.3$ K 的等温线与理想气体的等温线很接近.

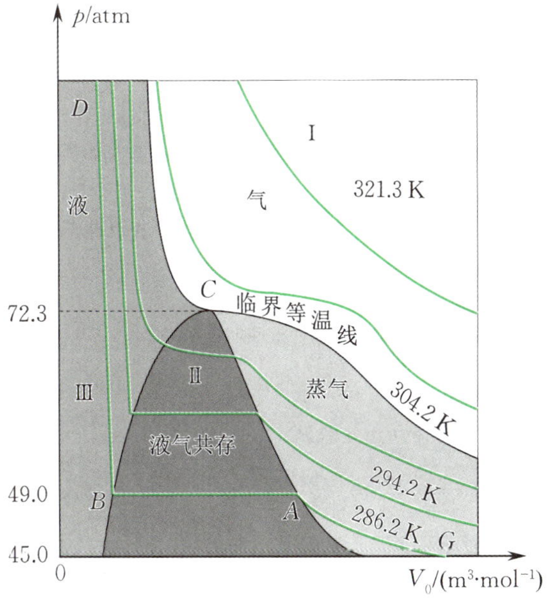

图 4-13　CO_2 等温线

等温线的平直部分缩为一个点（拐点）时的温度称为气体的临界温度. 临界温度的等温线称为气体的临界等温线，拐点称为临界点，临界点对应的压强称为临界压强，对应的体积称为临界体积.

根据临界等温线的特点，可以把图 4-13 分成三个区域：区域 Ⅰ 是气态和汽态（以临界等温线为界，其上为气体状态，其下为蒸气状态），区域 Ⅱ 是气液共存状态，即虚线 ACB 所围的区域，区域 Ⅲ 是液体状态.

从整体看，CO_2 等温线与理想气体等温线相差很远，其他真实气体也有类似情形. 所以，理想气体状态方程不能正确地反映真实气体的宏观性质，需要对它进行修正，找出适合真实气体的状态方程.

4.9.2　范德瓦耳斯方程

范德瓦耳斯考虑了分子本身有大小以及分子之间有相互作用力（分子力），对理想气体状态方程进行了修正，提出了范德瓦耳斯方程.

1. 对体积项修正

已知 1 mol 理想气体的状态方程为 $pV_m = RT$，式中 V_m 为分子所能达到的空间，即容器的容积. 由于分子有大小，分子所能达到的空间则为容积 V_m 减去 1 mol 气体分子的体积（设为 b），如图 4-14(a) 所示. 则 1 mol 气体状

态方程修正为

$$p(V_m - b) = RT.$$

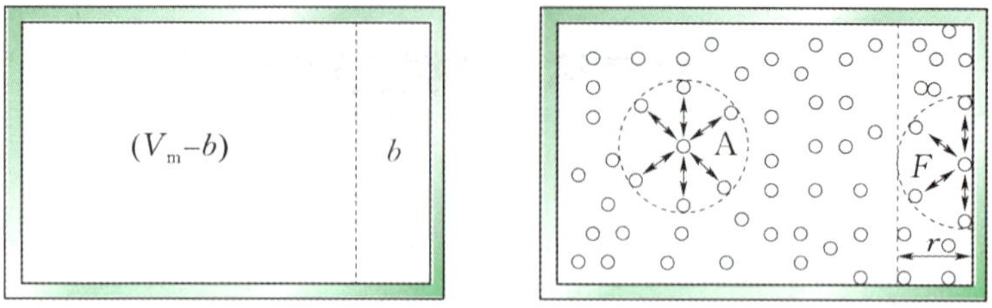

(a) 气体中分子达到的空间 (b) 气体中分子作用球

图 4-14 范德瓦耳斯对理想气体的修正

2. 对压强项修正

如图 4-14(b) 所示，在容器中间部分的任一分子，例如 A 分子，如以它为中心，以引力有效距离 r 为半径作一球面，则 r 以内的分子对 A 有作用. 由于分子分布的对称性，作用在 A 分子的引力相互抵消. 但对器壁附近的分子(例如 B) 就不同，它只有半个球面在气体内，另半个球面没有同类分子引力，因此 B 分子受到一个指向气体内部的合力作用，其效果是削弱了气体分子对器壁碰撞时的动量变化，即削弱了气体分子给予器壁的压强. 因此压强项应修正为$(p+p_i)$，式中 p_i 称为内压强，是容器的气体表面层单位面积受到的内部分子的引力. p_i 的大小与分子数密度 n 有关，n 越大，在半球形内的分子数越多；n 越大，容器表面层内单位面积的分子数也越多. 因此 p_i 与 n^2 成正比. 当气体质量一定时，n 与体积 V 成反比. 于是 p_i 与体积 V_m 的平方成反比，写成

$$p_i \propto \frac{1}{V_m^2} \quad 或 \quad p_i = \frac{a}{V_m^2}.$$

由此得 1 mol 气体的范德瓦耳斯方程为

$$\left(p+\frac{a}{V_m^2}\right)(V_m - b) = RT, \tag{4-38}$$

式中常数 a,b 可用实验测定.

1 mol 气体所占体积为 V_m，则质量为 m、摩尔质量为 M 的气体所占的体积 $V=\frac{m}{M}V_m$，即 $V_m=\frac{M}{m}V$，将其代入式(4-38)，得

$$\left(p+\frac{m^2}{M^2}\frac{a}{V^2}\right)\left(V-\frac{m}{M}b\right)=\frac{m}{M}RT, \tag{4-39}$$

式(4-39) 称为质量为 m 的气体的范德瓦耳斯方程.

范德瓦耳斯方程是考虑了物质的微观结构而得出来的比较接近真实气体的方程. 方程形式简单，物理概念清楚，有一定的普遍性. 但其结果仍不够精确，范德瓦耳斯方程也只是一个近似地反映实际气体的规律，只是其近似程度高于理想气体状态方程而已.

阅读材料(3)

低温与超导

1. 低温世界

“绝对零度”，即 0 K 或 -273.15 ℃，是低温的极限，实验获得的低温正在一步步向它逼近. 1958 年，实验温度距离“绝对零度”为五万分之一开，现在已达到比 0 K 仅仅高百亿分之五开的温度. 热力学第三定律告诉我们，“绝对零度”是不可能达到的.

大自然的低温比“绝对零度”要高一些. 地球上的最低温度出现在南极最高峰 —— 文生峰，那里年平均气温只有 -129 ℃. 我国的最低气温为 -50 ℃. 世界上最不怕冷的花是中国的雪莲，在 -50 ℃ 的严寒中也能盛开. 月球表面的最低温为 -183 ℃，而在宇宙深处则达到 -270 ℃ 左右.

（1）低温下的物质性状

通常，低温下的物质都具有冷脆特性，温度越低，呈现的性状越奇特. 空气在 −190℃ 时会变成浅蓝色液体，称液态空气. 如果把鸡蛋放进去，能产生浅蓝色的荧光，摔在地上会像皮球一样弹起；花朵放进去，会变成玻璃一样光亮易碎. 在 −200 ～ −100 ℃ 温度下，汽油、煤油、酒精等都变成了固体；CO_2 则变成了雪白的结晶体；橡皮、塑料变得像玻璃一样脆，钢铁也变成像“豆腐”一样易碎.

除了钢铁，实际上大部分金属在低温时，其内部结构都会变得松散而出现“冷脆现象”，危害很大. 不同金属，出现“冷脆现象”的温度不同. 1913 年，俄罗斯的一支南极探险队，由于装汽油的铁箱是用锡焊的，一遇低温，焊锡变成粉末，汽油全部漏光，结果探险队全部遇难. 后来，凡是到南极北极或严寒地区，油箱一律不许用锡焊. 1938 年和 1940 年，在比利时先后发生两座铁桥在严寒中轰然坍塌. 1943 年 2 月，美国纽约附近的一个直径 12 米的贮气罐突然破裂，调查发现，此灾害仍是由金属冷脆现象引起的. 研究表明，金属铜和一些合金（比如铝合金、钛合金等）不怕低温，因此在低温设备上，比如盛液态空气的容器，常常使用铜来制造.

（2）低温技术造福人类

人们利用物质的冷脆特性发明了低温粉碎技术. 一般粉碎机很难将硬度高、弹性大的材料粉碎，而用冷脆技术，不仅可以迅速粉碎，而且还可以控制颗粒大小. 现代城市中充斥着各种废物，如废汽车、废轮胎、废塑料、废钢铁等，用低温下液氮冷却处理后，这些物质的抗冲能力大为降低，呈现脆性龟裂，给粉碎创造了极有利的条件. 在电炉炼钢中，大部分原材料是回收的废钢，这些废钢的大小厚薄轻重都相差悬殊，在进炉前必须进行粉碎. 过去用 1 400 ℃ 的电弧来切割，既费力又污染环境，现在利用低温冷脆技术，省时省力且环保. 低温粉碎技术用于粉碎肉类时，可做到骨、皮、肉一次性干净利索地分离. 低温技术还是农业生产中除虫灭害的得力助手. 人们以往在田鼠洞穴中注入化学农药灭鼠，此方法不仅成本高，而且使土壤受损. 改用低温农药后，将少量液氮注入鼠穴中，由于低温液氮是高压缩状态，在穴中其体积急速膨胀，气化后的氮快速从洞中向外推出，把穴中的空气排净，致使田鼠窒息而死. 低温农药无害、快速、高效.

利用金属的冷脆特性还可以进行安全有效排雷. 将液态空气洒到已探到雷的地方，地雷中的金属弹簧因低温变脆而失去弹性，从而不会再爆炸. 利用低温技术也能快速打捞沉船. 常规打捞沉船的方法是将高压气体压入，使船内积水排出，沉船得到浮力而露出水面. 这种打捞法费时费力. 采用低温打捞，只要向船舱灌入液氮，由于环境温度高于液氮，使其快速膨胀气化，高压气体使舱内积水迅速排出. 英国一家低温公司将船只沉入英吉利海峡 9 m 深的海水中，然后把近 20 L 液氮压入沉船舱内，仅用 30 s 就使沉船露出了水面. 低温清污法是清除海上石油污染的一种有效环保的方法. 在漂浮的石油层上喷洒液氮，水面上石油迅速凝结成颗粒，再将这些颗粒铲走，而对于水中的生物却没有任何影响，可以很好地保护海洋环境.

随着科学技术的迅速发展，低温技术应用到各个领域. 从医学、食品保存到生命冷冻，从工业生产到尖端超导等各个方面，低温技术创造了一个又一个奇迹.

医学上应用低温技术越来越广泛. 人的骨髓在 −50 ℃ 的条件下，可保存 6 ～ 12 个月. 现在人体细胞和血液的冷藏保存已成为常事，并且应用于生命的冷冻. 1967 年 1 月，美国著名心理学家詹姆斯 · 贝德福特发现自己患了肺癌，他下定决心，请求医生将他“速冻冷藏”处理. 这个史无前例的手术长达 8 个小时，医生将他的身体经过特殊处理，将体温迅速降至 −196 ℃ 超低温，然后装进一个合金钢的器具中，放进一座“冰墓”，这种处置称为“冷冻悬停”，冰墓内的温度保持在 −200 ℃. 贝德福特曾留下遗言：希望人类有一天能征服癌症，并且能找到将冷冻的生命复活的方法，使他能从密仓里活着走出来. 据报道，现在美国已有 300 多个期待复活的冷冻生命.

2. 超导技术

（1）超导态的发现

低温超导的发现是人类进步的又一个里程碑. 1911 年，荷兰科学家卡末林 · 昂内斯在低温实验中发现：当温度降至 4.2 K（即 −269 ℃）附近时，水银的电阻突然变小，趋近于零，这就是超导现象. 超低温使物质变成了新物态 —— 超导态.

在发现超导态之前，昂内斯于 1906 年首次制备出液态氦，获得 4 K 的低温，这是继 1898 年制备出液态氢获得 14 K 低温之后的巨大进展. 1912 ～ 1913 年间，昂内斯又发现了锡在 3.8 K 低温时有零电阻现象. 随后科学家们相继发现了其他许多金属或合金在低温下都有超导态出现. 昂内斯由于液氦的制备和超导态的发现获得了1913年诺贝尔物理学奖.

(2) 低温超导和高温超导

自1911年发现超导现象到1986年的几十年间,经过科学家们不懈的努力,发现或制造出了上千种超导材料,其中包括元素、合金、化合物等. 在这上千种超导体中,超导临界温度最高的 Nb_3Ge 仅为 23.2 K,大多数超导体的临界温度比这个温度还要低得多,这就意味着超导现象只能在液氦温度 4.2 K 区域才能出现,称为**低温超导**. 显然,低温超导大大地限制了它们的应用.

因此,探索具有更高临界温度的超导材料成了科学家们追求的目标. 1986年4月,美国IBM公司设在瑞士苏黎世的研究所的科学家贝德诺兹和缪勒首先发现了转变温度 T_c 约为 35 K 的钡镧铜氧化物超导材料,使超导研究取得突破性进展,从此在全世界掀起一场**高温超导**研究热潮. 1986年12月,日本、美国和中国的科学家相继宣布研制出分别为 37.5 K,40 K 和 48.6 K 的氧化物超导材料,1987年年初,美、中两国科学家各自独立地发现临界温度超过 90 K 的氧化物(钡钇铜氧化物)超导材料,日本曾宣布获得了 175 K 的超导材料.

已发现的高温超导材料很多,其中有四种属典型复杂金属氧化物:钡镧铜氧化物体系(T_c 约为 35 K);钇钡铜氧化物体系(T_c 约等于 92 K);铋锶钙铜氧化物体系(有两个不同的高温超导相,T_c 分别为 110 K 和 85 K);铊钡钙铜氧化物体系(最高 T_c 约等于 125 K). 后三种体系已是可以在液氮温区实现超导的材料.

除了高临界温度氧化物超导体的迅猛发展,重电子金属超导体、有机物超导体等也得到了迅速发展. 2001年又获得了若干具有里程碑式的重要成果:发现了新型高温超导材料二硼化镁;开发出世界上第一个塑料超导体材料;发现 C_{60} 分子和一维碳纳米管具有超导性.

超导材料的种类很多,按物质的结构组成可分为单质(如铌、镧、钽、汞等)、合金(如铌钛合金、铌锆合金、铌钛钽合金等)和化合物(如铌三锗、铌三镓、金属氧化物、有机化合物等)三类.

(3) 超导材料及技术应用简介

目前能够在工业上实用的超导材料可分为合金型和化合物型两大类. 合金型主要有铌钛合金,它比较成熟,真正达到了商品化,并成为一种"工程材料". 化合物型超导材料主要有铌三锡和钒三镓等,已发展成为一种实用超导体.

高温超导研究之所以会引起世界各国科学家的高度关注,是因其具有巨大的实际应用前景. 受制于高温超导材料的稳定性,尤其是成材工艺问题尚未得到完全解决,因此临界温度较高的超导体还未进入实际使用阶段. 一旦高温超导材料的成材工艺有所突破,那么超导技术将在能源、交通、电子技术等方面发挥巨大威力. 下面就超导材料和超导技术已有的应用和可能的应用前景做一简要介绍.

① 作为超导磁体的应用

目前,在超导应用上,处于领先地位的是超导磁体的制造和应用. 超导磁体不只是常规磁体(铜线绕成)的替代品,而是对常规磁体的革命,它具有许多常规磁体无法比拟的优点,应用领域也十分广阔.

高能物理研究所用的加速器中,需要大型超导磁体,用作粒子的加速、探测、聚焦和储能等. 最早在高能加速器上使用超导磁体的是美国的费米实验室,他们制造的世界上第一台超导加速器,能量为 8×10^{11} eV,用了近1 000块二极超导偏转磁体和四极集束超导磁体.

核电站的发展是解决能源危机的重要方面,而受控热核反应的实现,将从根本上解决能源危机. 受控热核反应堆中温度高达亿摄氏度,它需要一个超导磁体在数十立方米的大空间内产生高强的磁场作为热核反应的"磁瓶",而常规磁体是无法做到的,用实际材料作核反应容器更是不可能的. 由于超导体电阻为零,电流流过时不产生热损耗,因此以小的功率就能得到大电流,从而产生几个甚至几十个特斯拉的超强磁场,使热核反应产生的高温等离子体约束在磁场内而不外溢. 显然,受控热核反应中的大型磁体将成为超导工业应用中的一个十分重要的方面. 磁流体发电可将火力发电的热效率从 40% 提高到 55%,它也需要大空间中有强磁场,用大型超导体最适合. 超导材料应用于交通上,其关键技术也是超导材料产生的强磁场技术. 典型的例子是超导磁悬浮列车.

超导磁体在医学和生物学上也有应用. 如核磁共振断层成像系统是大型医学诊断设备,其中配有一个强磁体,因采用超导磁体,不仅体积小、场强高,还可大大改善系统的灵敏度及分辨率. 在生物学领域,利用超导磁体研究人体磁场现象,有助于揭示"磁生物学"的机制.

② 能源和动力方面的应用

利用超导材料的零电阻特性，超导电缆在理论上可以无损耗地输送电能. 而常规输电即使采用高压线，能量损失仍很大(世界上的电能约有四分之一损耗在输电线路上). 因此，电能的输送将是超导体最重要的应用之一.

利用超导材料制造变压器，可以大幅度降低激磁损耗、缩小体积、减轻重量、提高效率. 用常规导体制成的发电机，由于导线发热和散热技术以及材料的强度等限制，单机功率极限为 2 000 MW，如果采用超导发电机，则至少可提高 5 ~ 10 倍，而且体积小、重量轻. 未来特大容量的发电机势必考虑超导化. 超导储能装置可将夜间(闲时)剩余的电能输进巨型超导磁体，需要时引出，但该技术尚处于工程试验阶段.

③ 超导材料在其他领域的应用

基于超导约瑟夫森效应的方法制作的超导量子干涉器件是精密测量磁、电、辐射、重力等参量的高级仪表，这些设备有灵敏度高、反应速度快、功耗小、噪声低等优点，在超导计算机研究及海军通信中具有重要作用及意义.

总之，随着超导技术的不断发展，高温氧化物超导材料和有机物超导材料的不断问世，21 世纪超导技术将广泛应用于国民经济、生物医疗和现代国防建设中，必将导致一场新的工业革命和军事革命，超导材料的应用前景将十分广阔.

习题 4

选择题

4-1　两瓶不同种类的理想气体，设分子平均平动动能相等，但其分子数密度不同，则(　　).

(A) 压强相等，温度相等

(B) 温度相等，压强不相等

(C) 压强相等，温度不相等

(D) 方均根速率相等

4-2　一密闭容器中储有 A,B,C 三种理想气体，处于平衡状态，气体 A 的分子数密度为 n_1，它产生的压强为 p_1，气体 B,C 的分子数密度均为 $2n_1$，则混合气体的压强 p 为(　　).

(A) $3p_1$　　(B) $4p_1$　　(C) $5p_1$　　(D) $6p_1$

4-3　两瓶不同种类的理想气体，它们的温度和压强都相同，但体积不同，则单位体积内的气体分子数 n、单位体积内的气体分子的总平动动能 (E_k/V)、单位体积内的气体质量 ρ 分别有(　　).

(A) n 不同，(E_k/V) 不同，ρ 不同

(B) n 不同，(E_k/V) 不同，ρ 相同

(C) n 相同，(E_k/V) 相同，ρ 不同

(D) n 相同，(E_k/V) 相同，ρ 相同

***4-4**　水蒸气分解为同温度的氢气和氧气，内能增加了(　　)(不计振动自由度).

(A) 0　　(B) 25%

(C) 50%　　(D) 66.7%

4-5　若气体分子的速率分布曲线如图 4-15 所示，图中 A,B 两部分的面积相等，则图中 v_0 表示(　　).

(A) 最概然速率

(B) 平均速率

(C) 方均根速率

(D) 速率大于和小于 v_0 的分子各占一半

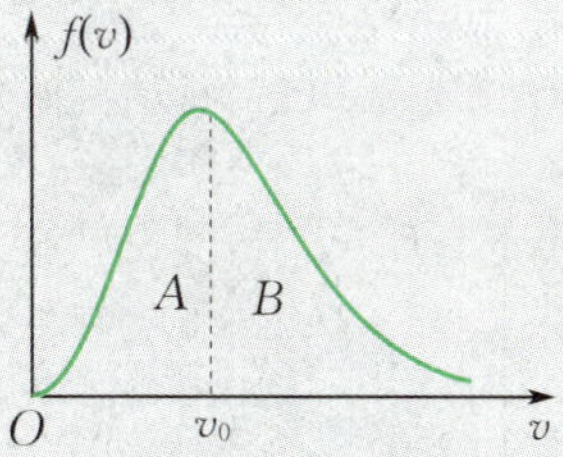

图 4-15

4-6　如图 4-16 所示的曲线分别是氢气和氦气在同一温度下的麦克斯韦分子速率分布曲线，由图可知，氢气分子的最概然速率和氦气分子的最概然速率分别为(　　).

(A) $2\ 000\ \mathrm{m \cdot s^{-1}}$，$1\ 000\ \mathrm{m \cdot s^{-1}}$

(B) $1\ 000\ \mathrm{m \cdot s^{-1}}$，$2\ 000\ \mathrm{m \cdot s^{-1}}$

(C) $1\ 000\ \mathrm{m \cdot s^{-1}}$，$\sqrt{2} \times 1\ 000\ \mathrm{m \cdot s^{-1}}$

(D) $\sqrt{2} \times 1\ 000\ \mathrm{m \cdot s^{-1}}$，$1\ 000\ \mathrm{m \cdot s^{-1}}$

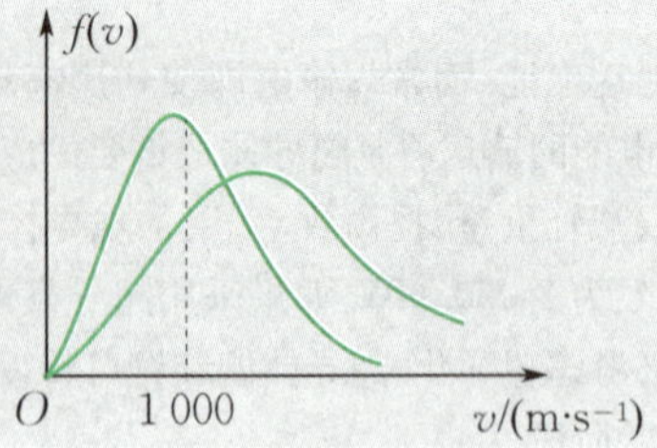

图 4-16

4-7 下列说法中正确的是(　　).

(A) N 个理想气体分子组成的分子束,都以垂直于器壁的速度 v 与器壁作完全弹性碰撞.当分子数 N 小时,不能使用理想气体的压强公式;当 N 很大时就可以使用

(B) $\frac{1}{2}kT$ 表示温度为 T 的平衡态下,分子在一个自由度上运动的平均动能

(C) 因为氢分子质量小于氧分子质量,故在相同温度下它们的速率满足 $v_{H_2} > v_{O_2}$

(D) 气体分子的速率等于最概然速率 v_p 的概率最大

4-8 某气体分子的速率分布曲线如图 4-17 所示,v_p 表示最概然速率,$\frac{\Delta N_p}{N}$ 表示速率分布在 $v_p \sim v_p+\Delta v$ 之间的分子数占总分子数的百分率,当温度减低时,则(　　).

(A) v_p 减小,$\frac{\Delta N_p}{N}$ 减小　(B) v_p 增大,$\frac{\Delta N_p}{N}$ 增大

(C) v_p 减小,$\frac{\Delta N_p}{N}$ 增大　(D) v_p 增大,$\frac{\Delta N_p}{N}$ 减小

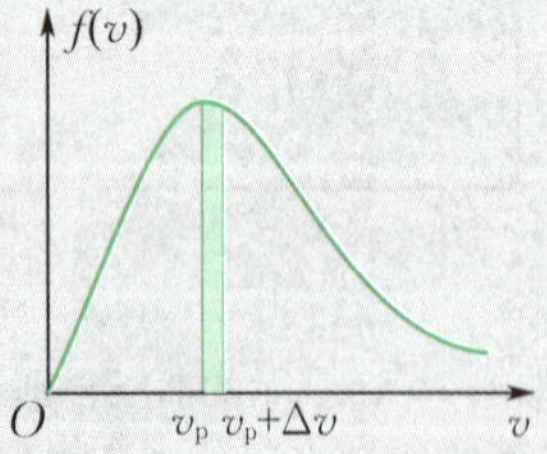

图 4-17

4-9 一定量的理想气体,在容积不变的条件下,当温度升高时,分子的平均碰撞频率 $\overline{Z}$ 和平均自由程 $\overline{\lambda}$ 将呈下列变化中的(　　).

(A) $\overline{Z}$ 增大,$\overline{\lambda}$ 不变　(B) $\overline{Z}$ 不变,$\overline{\lambda}$ 增大

(C) $\overline{Z}$ 和 $\overline{\lambda}$ 都增大　(D) $\overline{Z}$ 和 $\overline{\lambda}$ 都不变

填空题

4-10 某容器内分子数密度为 $10^{26}\ \mathrm{m^{-3}}$,每个分子的质量为 3×10^{-27} kg,设其中 $\frac{1}{6}$ 分子数以速率 $v=200\ \mathrm{m\cdot s^{-1}}$ 垂直地向容器的一壁运动,而其余分子或者离开此壁,或者平行此壁方向运动,且分子与器壁的碰撞是完全弹性的.

(1) 每个分子作用于器壁的冲量 $\Delta p=$________;

(2) 每秒碰在器壁单位面积上的分子数 $n_0=$________;

(3) 作用在器壁上的压强 $p=$________.

4-11 一定量的理想气体储于某容器中,温度为 T,气体分子的质量为 m_0.根据理想气体分子模型和统计假设,分子速度在 x 方向分量的平均值为 $\overline{v_x}=$________,分子速度在 x 方向分量的平方的平均值为 $\overline{v_x^2}=$________.

4-12 一瓶质量为 m 的氧气(视为刚性双原子分子理想气体),温度为 T,则氧分子的平均平动动能为________,氧分子的平均动能为________,该瓶氧气的内能为________.

4-13 容器中储有 1 mol 的氮气,压强为 1.33 Pa,温度为 7 ℃.

(1) 1 $\mathrm{m^3}$ 中氮气的分子数为________;

(2) 容器中氮气的密度为________;

(3) 1 $\mathrm{m^3}$ 中氮分子的总平均动能为________.

4-14 用总分子数 N、气体分子速率 v 和速率分布函数 $f(v)$ 表示下列各量:

(1) 速率大于 v_0 的分子数 =________;

(2) 速率大于 v_0 的分子的平均速率 =________;

(3) 分子速率倒数的平均值 =________.

计算题

4-15 一打气筒,每打一次可将压强为 $p_0=1.0\times10^5$ Pa,温度为 $t_0=-3.0$ ℃,体积 $V_0=4.0$ L 的空气压缩到容积 $V=1.5\times10^3$ L 的容器中,问需打几次气,才能使容器内的空气温度变为 $t=45$ ℃,压强 $p=2.0\times10^5$ Pa?假设未打气前容器中原来就有温度为 45 ℃,压强为 1.0×10^5 Pa 的空气.

4-16 设想每秒有 10^{23} 个氧分子以 600 $\mathrm{m\cdot s^{-1}}$ 的速度沿着与器壁法线成 60° 角的方向撞在面积为 $4\times10^{-2}\ \mathrm{m^2}$ 的器壁上.求这群分子作用在器壁上的压强.

4-17　一密闭房间的体积为 $5\ \mathrm{m}\times 3\ \mathrm{m}\times 3\ \mathrm{m}$，室温为 20 ℃，室内空气分子热运动的平均平动动能的总和是多少？如果气体的温度升高 1.0 K，而体积不变，则气体的内能变化多少？气体分子的方均根速率增加多少（设空气的密度 $\rho = 1.29\ \mathrm{kg\cdot m^{-3}}$，摩尔质量 $M = 29\times 10^{-3}\ \mathrm{kg\cdot mol^{-1}}$，空气分子可视为刚性双原子分子）？

4-18　一容器内储有氧气，其压强 $p = 1.0\times 10^5\ \mathrm{Pa}$，温度为 $t = 27\ ℃$. 求：

（1）单位体积内的分子数；

（2）氧气的质量密度；

（3）氧分子的质量；

（4）分子的平均平动动能和平均转动动能.

4-19　容器中储有 $2\times 10^{-3}\ \mathrm{m^3}$ 的刚性双原子分子理想气体，其内能为 $6.75\times 10^2\ \mathrm{J}$. 求：

（1）气体的压强；

（2）分子的平均平动动能及气体的温度（设分子总数为 5.4×10^{22} 个）.

4-20　容积为 $V = 1\ \mathrm{m^3}$ 的容器内混有 $N_1 = 1.0\times 10^{25}$ 个氧气分子和 $N_2 = 4.0\times 10^{25}$ 个氮气分子，混合气体的压强为 $2.76\times 10^5\ \mathrm{Pa}$，求：

（1）分子的平均平动动能；

（2）混合气体的温度.

4-21　设 $f(v)$ 为 N 个（N 很大）分子组成的系统的速率分布函数.

（1）分别写出图 4-18(a)，(b) 中阴影面积对应的数学表达式并回答其物理意义；

（2）设分子质量为 m，试用 $f(v)$ 表示以下各量：① 分子动量大小的平均值；② 分子平动动能的平均值.

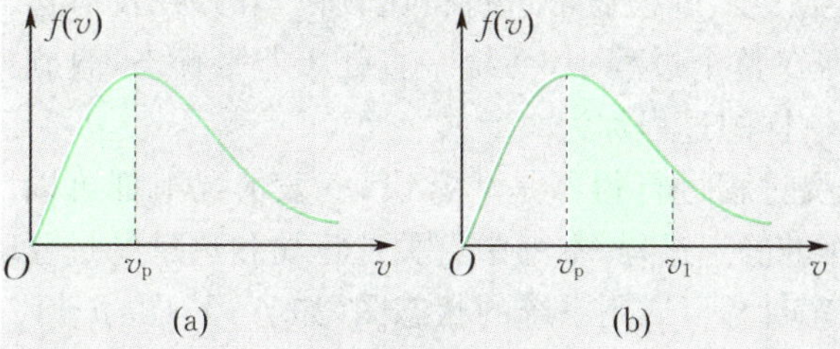

图 4-18

*__4-22__　假定总分子数为 N 的气体分子的速率分布曲线如图 4-19 所示（当 $v > 3v_0$ 时，粒子数为 0）. 试求：

（1）最概然速率 v_p；

（2）由已知的 N, v_0 求 a；

（3）分子的平均速率 $\bar{v}$；

（4）速率大于 $v_0/2$ 的分子数 ΔN.

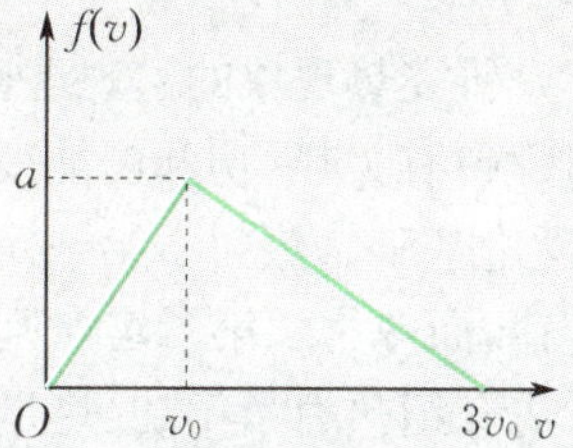

图 4-19

4-23　已知质点离开地球引力作用所需的逃逸速率为 $v = \sqrt{2gr}$，其中 r 为地球半径（取 $r = 6.40\times 10^6\ \mathrm{m}$）.

（1）若使氢气分子和氧气分子的平均速率分别与逃逸速率相等，它们各自应有多高的温度；

（2）说明大气层中氢气比氧气要少的原因.

*__4-24__　计算温度为 7 ℃ 时，空气分子速率在 $400\sim 440\ \mathrm{m\cdot s^{-1}}$ 区间内的分子数占总分子数的百分率.

4-25　真空管的线度为 $10^{-2}\ \mathrm{m}$，真空度为 $1.333\times 10^{-3}\ \mathrm{Pa}$. 设空气分子的有效直径为 $3\times 10^{-10}\ \mathrm{m}$，求在 27 ℃ 时真空管中空气的分子数密度、平均碰撞频率和平均自由程.

第5章　热力学基础

热力学是研究热现象的宏观理论，它以实验事实为依据，从能量观点出发，分析研究物质在状态变化过程中有关热、功和内能变化的关系与条件. 热力学不考虑物质的微观结构和微观变化过程，它的理论基础是热力学第一定律和第二定律. 热力学第一定律是包括热现象在内的能量转换与守恒定律，而热力学第二定律则讨论热功转换的条件和热力学过程进行的方向性.

本章首先介绍热力学中功、热量和内能的概念及其计算，在此基础上引入热力学第一定律，介绍它在一些典型热力学过程（如等容、等压、等温、绝热以及循环过程）中的应用；接着介绍热力学第二定律的两种表述及其等效性，用实例说明宏观热力学过程具有方向性，并用热力学第二定律总结关于这一方向性的规律；最后给出热力学第二定律的统计意义及熵的概念和熵增加原理.

§5.1　准静态过程　功　热量　内能

5.1.1　准静态过程

一个热力学系统，在外界影响（做功或传热）下，或者说当系统与外界有能量交换时，系统的状态会发生变化. 系统将从一个平衡态变到另一个平衡态，我们把系统状态随时间变化的过程，称为热力学过程. 系统状态发生变化时，如果过程进行得无限缓慢，使过程中间的任一状态都无限接近于平衡态，这样的热力学过程称为平衡过程或准静态过程. 准静态过程是一个理想化的过程，实际发生的热力学过程都不是准静态过程. 因为实际过程通常进行得比较快，导致在没有达到新的平衡态前系统就已继续了下一步的变化，即在整个过程中，系统一直处于非平衡态，直到过程结束才达平衡态，这样的过程称为非静态过程.

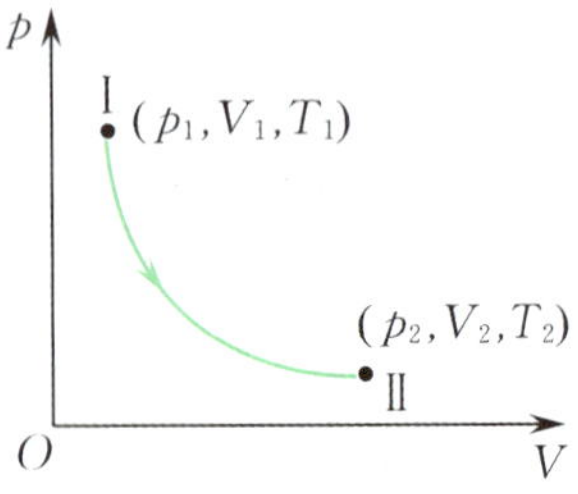

图 5-1　准静态过程

在实际问题中，只要过程进行得不是非常快，一般情况下都可以把实际过程近似地看作准静态过程. 本书中有关计算功和热量的过程都是准静态过程. 准静态过程可以用系统的状态图（如 $p-V$ 图、$p-T$ 图或 $V-T$ 图）中一条连续光滑的曲线来表示，图 5-1 中曲线表示系统从初态 Ⅰ 到末态 Ⅱ 的准静态过程，其中箭头方向为过程进行的方向. 这条曲线称为过程曲线，表示这条曲线的方程称为过程方程.

5.1.2　准静态过程的功

做功是改变热力学系统状态（内能）的一种方式，我们只讨论准静态过程中系统体积发生变化时压力所做的机械功. 如图 5-2 所示，设想汽缸中的气体经历一个无摩擦的准静态膨胀过程，这时外界施于气体的压强等于气体的压强 p，当面积为 S 的活塞移动一微小距离 dl 时，气体对外

做的元功为

$$dW = Fdl = pSdl = pdV. \tag{5-1}$$

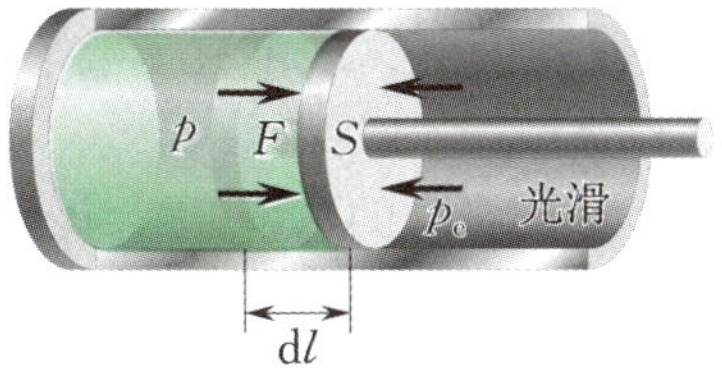

图 5-2　气体膨胀做功

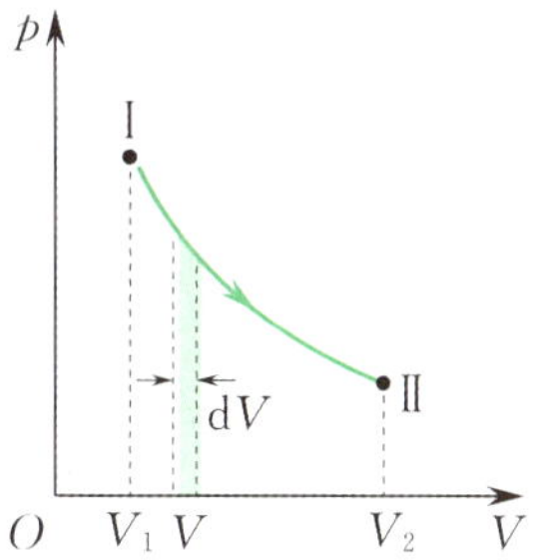

图 5-3　气体做功 p-V 图

气体的体积由 V_1 沿某过程曲线(见图 5-3) 准静态膨胀到 V_2 时,气体对外做的总功为

$$W = \int dW = \int_{V_1}^{V_2} pdV. \tag{5-2}$$

由积分的几何意义知,功在数值上等于过程曲线下由 V_1 到 V_2 所围成的面积. 显然,如果初态和末态相同,但经历的过程不同,则过程曲线下围成的面积不同,功 W 的值就不同. 因此,**功是一个过程量**,而不是一个状态量,上式中的 dW 不是某个函数的微分,而只是代表在无限小过程中的一个无限小量. 如果 $W>0$,系统对外界做正功,如果 $W<0$,则外界对系统做功,或者说系统对外做负功. 式(5-2) 就是热力学中计算功的一般式.

5.1.3　热量和热容量

改变热力学系统状态(内能) 的另一种方式是向系统传递热量. 根据热力学第零定律(见 4.1.1),温度不同的两个物体相互接触后,热的物体会变冷,冷的物体会变热,最终达到热平衡. 这种系统间由于热(或者说由于温度差) 相互作用而传递的能量称为**热量**. 热量一般用 Q 表示,其单位与功的单位相同,为焦耳(J).

虽然做功和传热都可以改变系统的状态,但本质不同. 做功是通过系统的宏观位移来完成的,本质上是系统的有规则运动与系统内分子无规则运动(热运动) 之间的能量转换,也就是机械能与内能的转换;而传递热量本质上是系统外物体的分子无规则运动与系统内分子无规则运动之间的转换,是系统外物体的内能转换为系统的内能. 但就对系统的作用效果来看两者是等效的. 焦耳曾用实验证明,如果分别用传热和做功的方式使系统的温度升高,则当系统升高的温度相同时,所传递的热量和所做的功有一定的比例关系:向系统传递 1 卡的热量使它升高的温度与对它做 4.18 焦耳的机械功使它升高的温度相同. 于是得到著名的**热功当量**,即

$$1\ \text{cal} = 4.18\ \text{J}.$$

热力学中,热量 Q 如何计算呢?实验表明:在相同温差条件下,不同的物质(系统) 传递的热量多少是不同的;在温差和物质相同的条件下,通过不同的过程所传递的热量多少也是不同的. 1 g 纯水温度升高 1 ℃ 需要 1 cal 热量,但 1 g 铜升温 1 ℃ 所需热量少于 0.1 cal,为此我们引入物质的**比热容**(简称**比热**) 来表征不同物质相对的吸热本领,定义为 1 g 物质温度升高 1 ℃ 所需吸收的热量,用 c 表示,即

$$c = \lim_{\Delta T \to 0} \frac{1}{m} \frac{\Delta Q}{\Delta T} = \frac{1}{m} \frac{dQ}{dT},$$

式中 m 为物质的质量. m 与比热 c 的乘积 mc 称为物质的**热容量**,通常用 C 表示,1 mol 物质的热容

量称为摩尔热容,用 C_m 表示,即

$$C_m = \frac{M}{m}C = Mc = \frac{M}{m}\frac{dQ}{dT} = \frac{1}{\nu}\frac{dQ}{dT}, \tag{5-3}$$

式中 M 为摩尔质量,$\nu = \frac{m}{M}$ 为摩尔数. 在国际单位制中,摩尔热容的单位为焦耳每摩开($J \cdot mol^{-1} \cdot K^{-1}$). 物质吸收的热量与它所经历的过程有关,因此同一物质可有无数个摩尔热容. 热力学中,常用到两个摩尔热容.

1 mol 物质(气体)在等容(体积不变)过程中,温度升高 1 K 吸取的热量,称为该物质的摩尔定容热容,记为 $C_{V,m}$,即

$$C_{V,m} = \lim_{\Delta T \to 0}\left(\frac{\Delta Q}{\Delta T}\right)_V = \left(\frac{dQ}{dT}\right)_V. \tag{5-4}$$

1 mol 物质(气体)在等压(压强不变)过程中,温度升高 1 K 吸取的热量,称为该物质的摩尔定压热容,记为 $C_{p,m}$,即

$$C_{p,m} = \lim_{\Delta T \to 0}\left(\frac{\Delta Q}{\Delta T}\right)_p = \left(\frac{dQ}{dT}\right)_p. \tag{5-5}$$

根据摩尔热容的定义,一定量的理想气体,温度由 T_1 变化到 T_2 时,吸收或者放出的总热量可由下式求得

$$Q = \int dQ = \frac{m}{M}\int_{T_1}^{T_2} C_m dT = \frac{m}{M}C_m(T_2 - T_1). \tag{5-6}$$

注意:C_m 是过程量,故热量 Q 也是过程量. 如果 $Q > 0$,表示气体从外界吸收热量;反之,如果 $Q < 0$,则表示气体向外界放出热量. 式(5-6)就是热力学中计算热量的一般式.

5.1.4 内能

上一章曾讲过,内能是热力学系统内部状态所决定的能量. 系统处在一定的状态,就有一确定的内能. 在热力学中,把内能与系统状态的这种一一对应关系表述为内能是系统状态的单值函数(简称态函数). 从分子动理论的观点来说,系统的内能就是系统中所有分子热运动的动能和分子间相互作用的势能之总和. 由于温度是分子平均平动动能的量度,而分子之间相互作用的势能与分子之间的距离有关,或者说与气体的体积有关. 所以,实际气体的内能应是温度和体积的函数,即 $E = E(V, T)$.

对于处在平衡态下的理想气体,因不计分子间势能,所以它的内能与体积无关,仅与温度有关. 理想气体的内能是温度的单值函数,即 $E = E(T)$. 质量为 m、摩尔质量为 M 的理想气体的内能为

$$E = \frac{m}{M}\frac{i}{2}RT = \nu\frac{i}{2}RT. \tag{5-7}$$

由于热力学系统的内能变化与做功或传热有联系,故在热力学中并不着重于计算内能 E 的绝对量值,而是着重计算内能的改变量 ΔE. 对于一定量的理想气体,温度由 T_1 变为 T_2 时,内能的改变量为

$$\Delta E = E_2 - E_1 = \frac{m}{M}\frac{i}{2}R(T_2 - T_1), \tag{5-8}$$

式中 E_1,E_2 分别为系统处于状态 1、状态 2 的内能. 如果 $T_2 > T_1$,则 $\Delta E > 0$,表示气体的内能增加;反之,如果 $T_2 < T_1$,则 $\Delta E < 0$,表示气体的内能减少. 式(5-8)是热力学中计算内能增量的一般式,而且内能的增量与过程无关.

§5.2　热力学第一定律及其在理想气体等值过程的应用

5.2.1　热力学第一定律

在热力学系统的实际状态变化过程中，做功和传热往往是同时进行的. 如果一个系统从外界吸收了热量 Q，同时又对外做功 W，而系统从内能为 E_1 的初态改变到内能为 E_2 的末态，实验证明，Q，W，ΔE 这三个物理量有如下关系：

$$Q = W + (E_2 - E_1) = W + \Delta E, \tag{5-9}$$

式(5-9)称为热力学第一定律. 它表明，外界传给系统的热量，一部分用于系统对外做功，一部分用于增加系统的内能. 显然，这是包括热现象在内的能量守恒和转换定律. 式中各量的正负规定如下：$Q > 0$，表示系统从外界吸收热量，$Q < 0$，表示系统向外界放出热量；内能改变量 $\Delta E = E_2 - E_1 > 0$，表示系统内能增加，$\Delta E < 0$ 表示系统内能减少；$W > 0$ 表示系统对外界做正功，$W < 0$ 表示系统对外界做负功. 在国际单位制中，三个量的单位都是焦耳(J).

对于系统的微小变化过程，热力学第一定律可以写成微分形式

$$\mathrm{d}Q = \mathrm{d}E + \mathrm{d}W = \mathrm{d}E + p\mathrm{d}V. \tag{5-10}$$

历史上曾有人企图制造一种循环动作的机器，使系统经历状态变化后又回到初态，在整个过程中不需要外界供给任何能量而可以不断地对外做功，这种机器称为第一类永动机. 第一类永动机的制造经过多次尝试都失败了，导致了热力学第一定律的建立. 热力学第一定律表明，第一类永动机是不可能造成的，这种机器做功后又回到原来初态，内能没有改变，即 $\Delta E = 0$，根据热力学第一定律有 $Q = W$，对外做的功等于供给它的热量或其他形式的等值能量，不供给能量是不可能的.

5.2.2　热力学第一定律在理想气体等值过程的应用

下面根据理想气体状态方程、内能公式，应用热力学第一定律分别计算理想气体在等容、等压和等温过程中所做的功、内能增量及吸收的热量. 应用中要注意内能变化与过程无关，只与始、末状态的温度有关；而功和热量则与过程密切相关，并给出摩尔定容热容及摩尔定压热容的具体表达式.

1. 等容过程

系统在状态变化过程中体积保持不变的过程，称为等容过程. 等容过程的特征是 $V =$ 恒量，$\mathrm{d}V = 0$. 过程曲线是一条平行于 p 轴的直线，如图 5-4 所示.

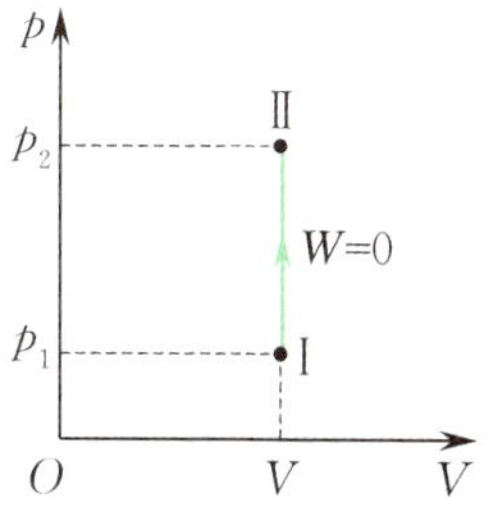

图 5-4　等容过程

因为等容过程中气体的体积保持不变，所以气体对外不做功，$\mathrm{d}W = p\mathrm{d}V = 0$，$W = 0$. 热力学第一定律应用于等容过程的任一微小过程，有

$$\mathrm{d}Q_V = \mathrm{d}E.$$

上式表明，等容过程中，系统吸收的热量全部用于增加系统的内能. 对于一有限的等容过程，当理想气体从状态 Ⅰ 等容变化到状态 Ⅱ 时，由热力学第一定律并考虑到理想气体的内能公式，有

$$Q_V = \Delta E = \frac{m}{M}\frac{i}{2}R(T_2 - T_1). \tag{5-11}$$

将式(5-11)与式(5-6)比较,可得理想气体的摩尔定容热容为

$$C_{V,m} = \frac{i}{2}R. \tag{5-12}$$

可见,理想气体的摩尔定容热容与气体分子的自由度有关. 对于单原子气体分子,$C_{V,m} = \frac{3}{2}R$;对于刚性双原子气体分子,$C_{V,m} = \frac{5}{2}R$;对于刚性多原子气体分子,$C_{V,m} = \frac{6}{2}R$.

2. 等压过程

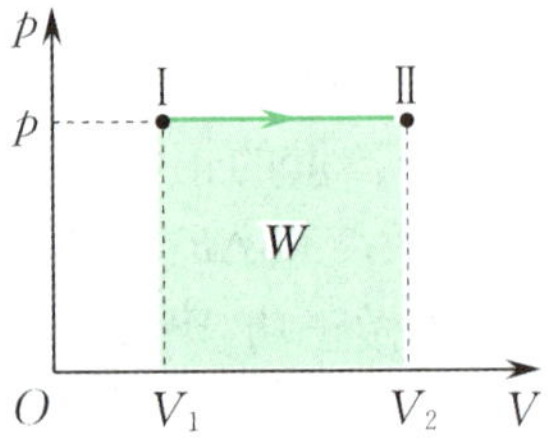

图 5-5 等压过程

系统在状态变化过程中压强保持不变的过程称为等压过程. 等压过程的特征是 $p =$ 恒量,$dp = 0$. 过程曲线是一条平行于 V 轴的直线,如图 5-5 所示.

将热力学第一定律应用于等压过程的任一微小过程,有

$$dQ_p = dE + pdV,$$

上式两边积分,可得理想气体从状态 I 等压变化到状态 II 时,气体吸收的总热量

$$Q_p = \Delta E + \int_{V_1}^{V_2} pdV = E_2 - E_1 + p(V_2 - V_1). \tag{5-13}$$

式(5-13)表明,等压过程中气体吸收的热量,一部分用于对外做功,一部分用于增加系统的内能.

因为内能增量 $\Delta E = \frac{m}{M}\frac{i}{2}R(T_2 - T_1)$ 与过程无关,由理想气体状态方程有 $p(V_2 - V_1) = \frac{m}{M}R(T_2 - T_1)$,式(5-13)又可写成

$$Q_p = \frac{m}{M}\frac{i}{2}R(T_2 - T_1) + \frac{m}{M}R(T_2 - T_1) = \frac{m}{M}\left(\frac{i}{2}R + R\right)(T_2 - T_1). \tag{5-14}$$

比较式(5-14)与式(5-6),可得理想气体的摩尔定压热容为

$$C_{p,m} = \frac{i}{2}R + R = \frac{i+2}{2}R \tag{5-15a}$$

或

$$C_{p,m} = C_{V,m} + R, \tag{5-15b}$$

式(5-15b)称为迈耶公式. 由该式可知,$C_{p,m}$ 的值比 $C_{V,m}$ 大 R. 这是显然的,因为等容过程吸收的热全部用于增加系统的内能;而在等压膨胀过程中,系统吸收的热量除使系统的内能增加外,还要对外做功,所以吸热应多一些.

摩尔定压热容 $C_{p,m}$ 与摩尔定容热容 $C_{V,m}$ 的比值,称为气体的比热容比,用 γ 表示,即

$$\gamma = \frac{C_{p,m}}{C_{V,m}} = \frac{i+2}{i}. \tag{5-16}$$

表 5-1 列出了常温常压下一些气体的 $C_{V,m}$ 和 $C_{p,m}$ 的实验值. 从表中数据容易看出:(1) 对各种气体来说,两种摩尔热容之差 $C_{p,m} - C_{V,m}$ 都接近于 R 值;(2) 对单原子及双原子气体来说,$C_{p,m}$,$C_{V,m}$ 和 γ 的实验值与理论值都比较接近,这说明经典热容理论近似地反映了客观事实,但对分子结构较复杂的气体(如多原子气体),理论值与实验值有较大偏差,说明上述理论是个近似理论,只有用量子理论才能较好地解决热容的问题.

表 5-1 几种气体的摩尔热容实验值

气体分子类型	气体	$C_{p,m}/(J\cdot mol^{-1}\cdot K^{-1})$	$C_{V,m}/(J\cdot mol^{-1}\cdot K^{-1})$	γ
单原子	He	20.95	12.61	1.66
	Ar	20.90	12.53	1.67
双原子	H_2	28.83	20.47	1.41
	N_2	28.88	20.56	1.40
	O_2	29.61	21.16	1.40
	CO	29.0	21.2	1.37
多原子	H_2O(水气)	36.2	27.8	1.30
	CH_4(甲烷)	35.6	27.2	1.31
	C_2H_5OH(乙醇)	87.0	79.1	1.10

3. 等温过程

系统在状态变化过程中温度保持不变的过程，称为等温过程. 等温过程的特征是 $T=$ 恒量，$dT=0$，有 $dE=0$. 过程曲线是一等轴双曲线，如图 5-6 所示.

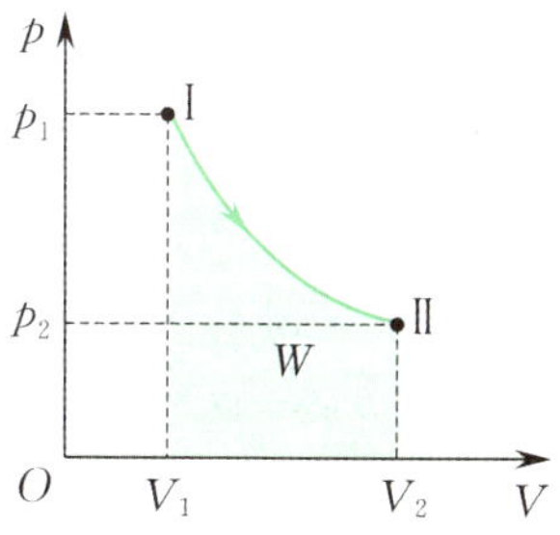

图 5-6 等温过程

热力学第一定律应用于等温过程的任一微小过程，有

$$dQ_T = dE + pdV = pdV.$$

由于等温过程中内能不改变，因此气体吸收的热量全部用于对外做功. 把理想气体状态方程 $pV=\frac{m}{M}RT$ 代入上式，得

$$dQ_T = dW = pdV = \frac{m}{M}RT\frac{dV}{V}.$$

气体从状态 I 等温膨胀到状态 II 时，气体吸收的总热量或者气体对外做的总功为

$$Q_T = W_T = \int_{V_1}^{V_2} pdV = \int_{V_1}^{V_2}\frac{m}{M}RT\frac{dV}{V} = \frac{m}{M}RT\ln\frac{V_2}{V_1}. \tag{5-17a}$$

应用等温过程方程 $p_1V_1 = p_2V_2$，上式还可写成

$$Q_T = W_T = \frac{m}{M}RT\ln\frac{p_1}{p_2}. \tag{5-17b}$$

等温过程的 $dT=0$，所以等温过程的摩尔热容为

$$C_{T,m} = \left(\frac{dQ}{dT}\right)_T \text{为无穷大}. \tag{5-18}$$

例 5-1

如图 5-7 所示，将压强为 5 MPa、体积为 100 cm^3 的氧气膨胀降压到 0.1 MPa，设经历 (1) 等温过程，(2) 先等容后等压过程，(3) 先等压后等容过程，求各过程氧气所做的功、内能增量及吸收的热量. 氧气可视为理想气体.

解 (1) 对等温过程 a，由过程方程

$$p_1V_1 = p_2V_2,$$

得

$$V_2 = \frac{p_1V_1}{p_2} = \frac{5\times10^6\times100}{0.1\times10^6}\ cm^3 = 5\ 000\ cm^3.$$

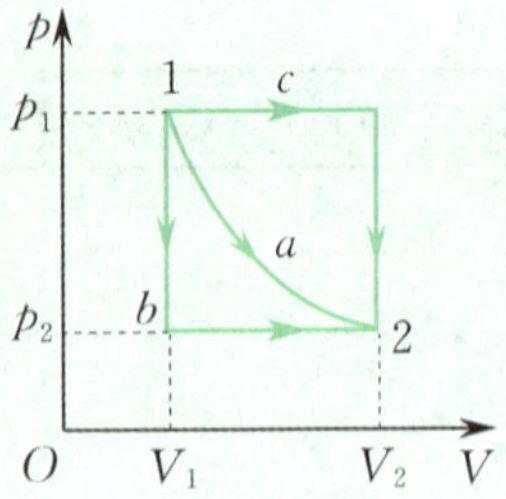

图 5-7

该过程的内能增量、所做的功和吸收的热量分别为

$$\Delta E = 0,$$

$$W_a = \frac{m}{M}RT\ln\frac{V_2}{V_1} = p_1V_1\ln\frac{V_2}{V_1}$$

$$= 5\times10^6\times100\times10^{-6}\ln\frac{5\,000}{100}\ \text{J}$$

$$= 1.96\times10^3\ \text{J},$$

$$Q_a = W_a = 1.96\times10^3\ \text{J}.$$

(2) 对过程 b，其内能增量、所做的功和吸收的热量分别为

$$\Delta E = 0,$$

$$W_b = W_V + W_p = 0 + p_2(V_2 - V_1)$$

$$= 0.1\times10^6\times(5\,000-100)\times10^{-6}\ \text{J}$$

$$= 490\ \text{J},$$

$$Q_b = \Delta E + W_b = 490\ \text{J}.$$

(3) 对过程 c，其内能增量、所做的功和吸收的热量分别为

$$\Delta E = 0,$$

$$W_c = W_p + W_V = p_1(V_2 - V_1) + 0$$

$$= 5\times10^6\times(5\,000-100)\times10^{-6}\ \text{J}$$

$$= 2.45\times10^4\ \text{J},$$

$$Q_c = \Delta E + W_c = 2.45\times10^4\ \text{J}.$$

例 5-2

0.5 mol 的单原子理想气体从 a 态沿直线变化到 b 态，如图 5-8 所示.

(1) 求过程中气体的内能增量、对外做功及吸收的热量；

(2) ab 过程中哪一点温度最高?最高温度是多少?

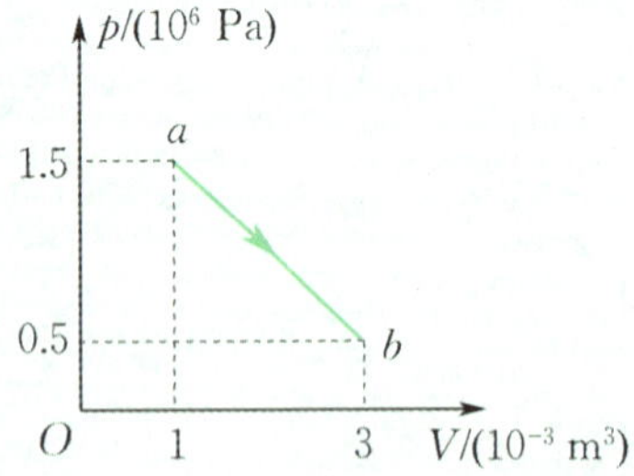

图 5-8

解 (1) 对于 a,b 两点有 $p_aV_a = p_bV_b$，故 a,b 两点的温度相同，因此，内能改变

$$\Delta E = 0.$$

气体在该过程对外做的功数值上等于直线 ab 与 V 轴围成的(梯形)面积，即

$$W = \frac{1}{2}\times(p_b + p_a)\times(V_b - V_a)$$

$$= \frac{1}{2}\times(0.5+1.5)\times10^6\times(3-1)\times10^{-3}\ \text{J}$$

$$= 2\,000\ \text{J}.$$

该过程吸收的热量为

$$Q = W + \Delta E = 2\,000\ \text{J}.$$

(2) ab 过程为一直线过程，该过程的过程方程由两点式直线方程，有

$$\frac{p-p_a}{V-V_a} = \frac{p_b - p_a}{V_b - V_a},$$

得

$$p = p_a - 5\times10^8(V - V_a).$$

由理想气体状态方程 $pV = \nu RT$，得

$$T = \frac{pV}{\nu R} = \frac{V}{\nu R}[p_a - 5\times10^8(V-V_a)].$$

令 $\left.\frac{\mathrm{d}T}{\mathrm{d}V}\right|_{V=V_{max}} = 0$，可求得最高温度点对应的体积和压强为

$$V_{max} = \frac{p_a + V_a\times5\times10^8}{2\times5\times10^8} = 2\times10^{-3}\ \text{m}^3,$$

$$p_{max} = p_a - 5\times10^8(V_{max} - V_a)$$

$$= 1.0\times10^6\ \text{Pa}.$$

最高的温度为

$$T_{max} = \frac{p_{max}V_{max}}{\nu R} = \frac{1.0\times10^6\times2\times10^{-3}}{0.5\times8.31}\ \text{K}$$

$$= 481.3\ \text{K}.$$

思考题

5-1　内能和热量有什么区别?下列两种说法是否正确?

(1) 物体的温度越高,则热量越多;

(2) 物体的温度越高,则内能越大.

5-2　对一定量的某种理想气体在下列变化过程中,内能有何变化?

(1) 压强不变,体积膨胀;

(2) 体积不变,气体吸热,压强增大;

(3) 温度不变,体积压缩.

5-3　理想气体状态方程在不同过程中可以有不同形式,$p\mathrm{d}V=\frac{m}{M}R\mathrm{d}T$,$V\mathrm{d}p=\frac{m}{M}R\mathrm{d}T$,$p\mathrm{d}V+V\mathrm{d}p=0$,$p\mathrm{d}V+V\mathrm{d}p=\frac{m}{M}R\mathrm{d}T$ 各表示的是什么过程?

§5.3　绝热过程　*多方过程

5.3.1　绝热过程

系统与外界不发生热交换的过程称为绝热过程.绝热过程的特征是 $Q=0$,$\mathrm{d}Q=0$.为了实现绝热过程,容器的壁必须是绝热的,例如,气体在用绝热材料包起来的容器中或者在杜瓦瓶内进行的变化过程可近似地看作绝热过程.此外,如果过程进行得足够快,系统来不及与外界交换热量,这样的过程也可近似看作绝热过程,如声波传播时引起空气压缩或者膨胀的过程、内燃机中燃气的爆炸过程等.

1. 绝热过程中气体对外做的功和内能增量

热力学第一定律应用于绝热过程的任一微小过程,有

$$\mathrm{d}Q=\mathrm{d}E+p\mathrm{d}V=0$$

或

$$\mathrm{d}W=p\mathrm{d}V=-\mathrm{d}E.$$

上式表明,绝热过程中气体对外做功等于系统内能增量的负值.理想气体由初态 Ⅰ 绝热膨胀到末态 Ⅱ 时,气体对外做的总功为

$$W=\int_{V_1}^{V_2}p\mathrm{d}V=-\Delta E=-\frac{m}{M}C_{V,\mathrm{m}}(T_2-T_1). \tag{5-19}$$

式(5-19)表明,系统绝热膨胀对外做功是以内能减少为代价,这必然导致气体的温度降低,压强减小.所以,绝热过程中 p,V,T 三个状态参量同时变化.

2. 绝热过程方程和 $p-V$ 图

可以证明(推导过程见后),在绝热过程中,p,V,T 三个量中任意两个量之间的关系为

$$pV^{\gamma}=C_1, \tag{5-20}$$

$$TV^{\gamma-1}=C_2, \tag{5-21}$$

$$p^{\gamma-1}T^{-\gamma}=C_3, \tag{5-22}$$

以上三式称为**绝热过程方程**. 式中 C_1, C_2, C_3 均为恒量,它们的值可由气体的初始状态决定. $\gamma=C_{p,\mathrm{m}}/C_{V,\mathrm{m}}$ 称为绝热指数(比热容比);因 $C_{p,\mathrm{m}}>C_{V,\mathrm{m}}$,所以 $\gamma>1$.

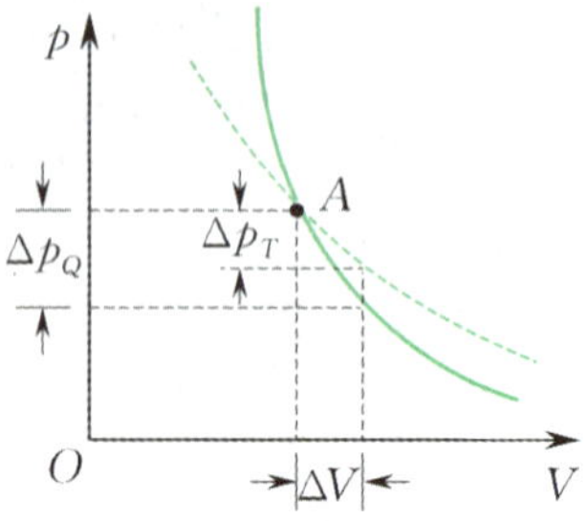

图 5-9　同一气体的绝热线与等温线

绝热过程 $pV^{\gamma}=C_1$ 可用 $p-V$ 图上一曲线表示,如图 5-9 中的实线所示,此曲线称为**绝热线**. 图中还画出了同一气体的等温线(虚线),A 点是两曲线的交点,从图上看出,绝热线比等温度线陡些.

从数学角度看,等温线在 A 点的斜率为

$$\left(\frac{\mathrm{d}p}{\mathrm{d}V}\right)_T=-\frac{p}{V},$$

而绝热线在 A 点的斜率为

$$\left(\frac{\mathrm{d}p}{\mathrm{d}V}\right)_Q=-\gamma\frac{p}{V}.$$

因 $\gamma>1$,在交点 A 处,绝热线斜率的绝对值大于等温线斜率的绝对值,即绝热线比等温度线陡些.

从物理意义上看,假设从交点 A 开始,令气体体积增加 ΔV,则无论过程是等温还是绝热,其压强 p 都要降低. 当气体等温膨胀时,引起压强降低的因素只有一个,即体积的增加;而当气体绝热膨胀时,引起压强降低的因素有两个,即体积的增加和温度的降低. 所以气体绝热膨胀时引起的压强降低比气体等温膨胀时降低得多些,即图中 $\Delta p_Q>\Delta p_T$,故绝热线比等温度线陡些.

*绝热过程方程的推导

根据绝热过程特征,利用热力学第一定律(微分形式)以及理想气体状态方程可以导出绝热过程方程.

绝热过程中 $\mathrm{d}Q=0$,根据热力学第一定律,有

$$p\mathrm{d}V=-\mathrm{d}E=-\nu C_{V,\mathrm{m}}\mathrm{d}T.$$

对状态方程 $pV=\nu RT$ 两边微分,有

$$p\mathrm{d}V+V\mathrm{d}p=\nu R\mathrm{d}T.$$

上两式消去 $\mathrm{d}T$,得

$$p\mathrm{d}V+V\mathrm{d}p=\frac{-R}{C_{V,\mathrm{m}}}p\mathrm{d}V,$$

移项并整理得

$$V\mathrm{d}p=-\left(1+\frac{R}{C_{V,\mathrm{m}}}\right)p\mathrm{d}V=-\frac{C_{p,\mathrm{m}}}{C_{V,\mathrm{m}}}p\mathrm{d}V=-\gamma p\mathrm{d}V,$$

即

$$\frac{\mathrm{d}p}{p}+\gamma\frac{\mathrm{d}V}{V}=0.$$

积分后得

$$pV^{\gamma}=C_1.$$

这就是式(5-20),将上式与状态方程依次消去 p 和 V,便得到式(5-21)和式(5-22).

5.3.2　气体绝热自由膨胀过程

作为非静态绝热过程的一个例子,下面讨论理想气体向真空绝热自由膨胀的过程. 一绝热容器容积为 $2V$,开始用隔板将理想气体限制在容器的左半边且达到平衡态,另半边抽成真空. 抽去隔板后,气体将向真空自由膨胀至 $2V$ 空间(见图 5-10),系统经过一段时间后最终达到新的平衡

态. 绝热自由膨胀过程是非静态过程，因此无过程方程，即式(5-20)、式(5-21)和式(5-22)都不再适用. 由于气体向真空自由膨胀，对外不做功，即 $W=0$，又因为过程绝热(容器是绝热的)，$Q=0$，由热力学第一定律得

$$E_2-E_1=0,$$

即气体绝热自由膨胀过程中内能不变. 对于理想气体，内能是温度的单值函数，故

$$T_2=T_1,$$

即气体绝热自由膨胀后温度不变. 由状态方程可以求得气体自由膨胀后的压强 $p_2=\dfrac{p_1}{2}$.

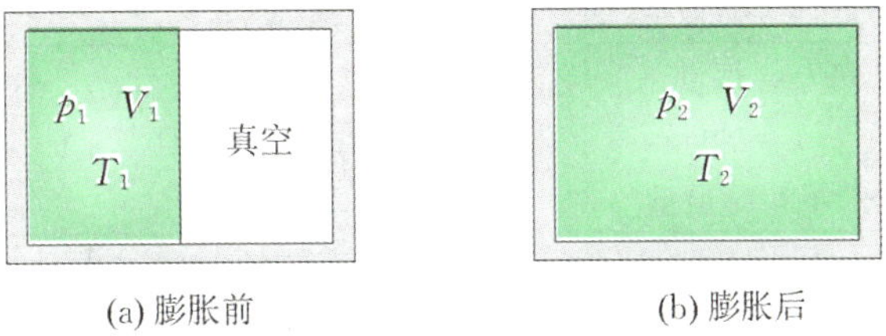

图 5-10　气体绝热自由膨胀示意图

必须指出，气体绝热自由膨胀后虽然温度不变，但由于过程是非静态的(不可能无限缓慢地进行)，过程进行的每一步，气体都处在非平衡状态，因此，不能说理想气体绝热自由膨胀过程是等温过程.

*5.3.3　多方过程

实际上，理想气体进行的过程常常既不是等温过程又不是绝热过程，而是介于两者之间的过程. 这时的过程方程可以表示为

$$pV^n=C\quad (C\text{ 常数}),\tag{5-23}$$

过程方程满足式(5-23)的过程称为多方过程，式中 n 称为多方指数. 显然，$n=1$ 时为等温过程，$n=\gamma$ 时为绝热过程，当 $1<n<\gamma$ 时，则表示气体进行的实际过程. 其实，多方过程并不限于 $1\leqslant n\leqslant\gamma$ 范围，例如，当 $n=0$ 时，表示为等压过程，当 $n=\infty$ 时，表示等容过程(由式(5-23)得 $p^{\frac{1}{n}}V=C'$，$n=\infty$，$V=C'$). 因此，绝热过程、等温过程、等容过程及等压过程都可以看成是多方过程的特殊情况.

利用式(5-23)，可以求得气体在多方过程中对外所做的功

$$W=\int_{V_1}^{V_2}p\mathrm{d}V=\int_{V_1}^{V_2}\frac{C}{V^n}\mathrm{d}V,$$

积分上式，注意到 $p_1V_1^n=p_2V_2^n=C$，得

$$W=\frac{p_1V_1-p_2V_2}{n-1}.\tag{5-24}$$

令 $n=\gamma$，可得理想气体准静态绝热过程对外做功的另一表达式，即

$$W=\frac{p_1V_1-p_2V_2}{\gamma-1}.\tag{5-25}$$

式(5-25)与式(5-19)是一致的.

为了便于理解、分析和比较，下面将热力学第一定律在理想气体各等值过程中应用的有关公式列入表 5-2 中.

表 5-2 理想气体各等值过程、绝热过程和多方过程有关公式对照表

过程	特征	过程方程	吸收热量 Q	对外做功 W	内能增量 ΔE
等容	$\mathrm{d}V=0$	$\frac{p}{T}=$恒量	$\nu C_{V,\mathrm{m}}(T_2-T_1)$	0	$\nu C_{V,\mathrm{m}}(T_2-T_1)$
等压	$\mathrm{d}p=0$	$\frac{V}{T}=$恒量	$\nu C_{p,\mathrm{m}}(T_2-T_1)$	$p(V_2-V_1)$ 或 $\nu R(T_2-T_1)$	$\nu C_{V,\mathrm{m}}(T_2-T_1)$
等温	$\mathrm{d}T=0$	$pV=$恒量	$\nu RT\ln\frac{V_2}{V_1}$ 或 $\nu RT\ln\frac{p_1}{p_2}$	$\nu RT\ln\frac{V_2}{V_1}$ 或 $\nu RT\ln\frac{p_1}{p_2}$	0
绝热	$\mathrm{d}Q=0$	$pV^{\gamma}=$恒量 $V^{\gamma-1}T=$恒量 $p^{\gamma-1}T^{-\gamma}=$恒量	0	$-\nu C_{V,\mathrm{m}}(T_2-T_1)$ 或 $\frac{p_1V_1-p_2V_2}{\gamma-1}$	$\nu C_{V,\mathrm{m}}(T_2-T_1)$
多方		$pV^n=$恒量	$W+\Delta E$	$\frac{p_1V_1-p_2V_2}{n-1}$	$\nu C_{V,\mathrm{m}}(T_2-T_1)$

例 5-3

16 g 氧气的温度为 300 K，体积为 2×10^{-3} $\mathrm{m^3}$，当绝热膨胀至体积为 20×10^{-3} $\mathrm{m^3}$ 时，求此过程中氧气做的功.

解 先求氧气从 $V_1=2\times10^{-3}$ $\mathrm{m^3}$ 绝热膨胀到 $V_2=20\times10^{-3}$ $\mathrm{m^3}$ 时的温度 T_2. 由绝热过程方程有

$$T_1V_1^{\gamma-1}=T_2V_2^{\gamma-1},$$

$$T_2=\left(\frac{V_1}{V_2}\right)^{\gamma-1}T_1.$$

由于氧气为双原子气体，$C_{V,\mathrm{m}}=\frac{5}{2}R$，$C_{p,\mathrm{m}}=\frac{7}{2}R$，$\gamma=\frac{C_{p,\mathrm{m}}}{C_{V,\mathrm{m}}}=1.4$，故

$$T_2=\left(\frac{V_1}{V_2}\right)^{1.4-1}T_1$$

$$=(0.1)^{0.4}\times300\ \mathrm{K}=119.4\ \mathrm{K}.$$

在绝热过程中 $Q=W+\Delta E=0$，故此氧气做的功为

$$W=-\Delta E=-\frac{m}{M}C_{V,\mathrm{m}}(T_2-T_1)$$

$$=-0.5\times\frac{5}{2}\times8.31\times(119.4-300)\ \mathrm{J}$$

$$=1.88\times10^3\ \mathrm{J}.$$

思考题

5-4 理想气体的内能从 E_1 增大到 E_2 时，对应于等容、等压、绝热三种过程的温度变化是否相同？吸热是否相同？为什么？

5-5 讨论理想气体在下述过程中，ΔE，ΔT，W 和 Q 的正负.

(1) 等容降压；

(2) 等压压缩；

(3) 绝热膨胀；

(4) 如图 5-11 所示的 $a\rightarrow1\rightarrow b$ 过程.

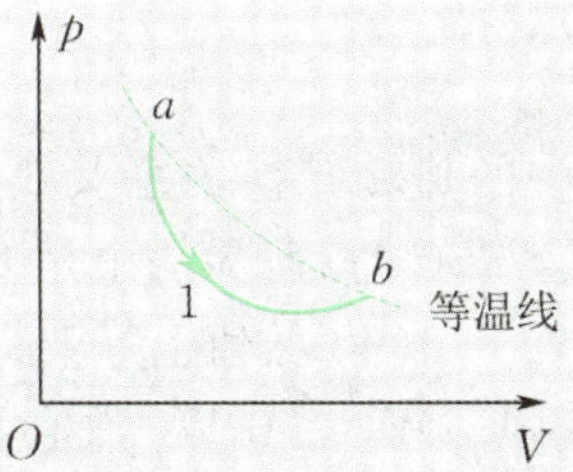

图 5-11

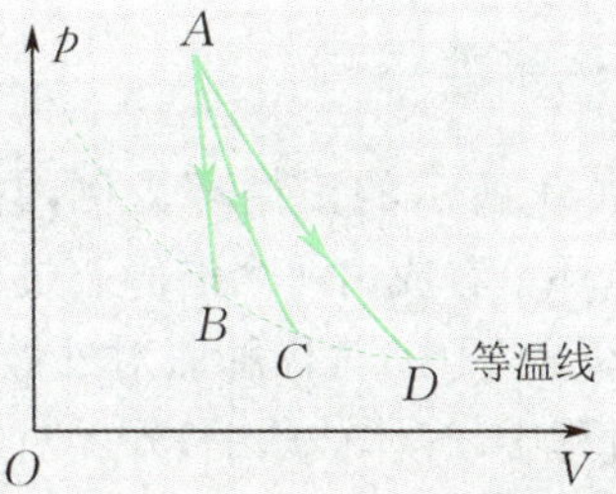

图 5-12

5-6　一定量的理想气体从 $p-V$ 图上同一初态 A 开始，分别经历三种不同的过程到达不同的末态，末态的温度相同，如图 5-12 所示. 其中 $A \to C$ 是绝热过程.

(1) 在 $A \to B$ 过程中气体是吸热还是放热？为什么？

(2) 在 $A \to D$ 过程中气体是吸热还是放热？为什么？

§5.4　循环过程　卡诺循环

5.4.1　循环过程

生产实践中需要持续不断地把热转变为功，但依靠单一的变化过程不可能达到这个目的. 例如，汽缸中的气体等温膨胀时，它从热源所吸收的热量全部用于对外做功，但汽缸的长度总是有限的，这个过程不可能无限制地进行下去，所以依靠气体等温膨胀所做的功是有限的. 为了持续不断地把热转变为功，必须利用循环过程.

若系统经历一系列状态变化过程后又回到原来初态，则这全部的状态变化过程称为循环过程. 循环过程的系统称为工作物质，简称工质. 如果循环过程的一系列变化都是准静态的，则循环过程可以在 $p-V$ 图上用一闭合曲线表示，如图 5-13 所示. 按循环过程进行的方向分为两种：① 正循环（见图 5-13(a)）—— 顺时针方向进行的循环，可将热转化为功，各种热机（如蒸汽机、内燃机等）是利用正循环工作的；② 逆循环（见图 5-13(b)）—— 逆时针方向进行的循环，利用外界做功获得低温，各种冷库、制冷机（如电冰箱、空调机等）是利用逆循环工作的.

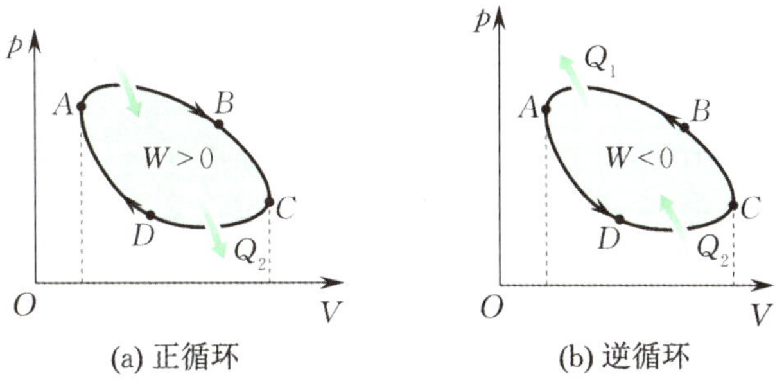

图 5-13　循环过程示意图

循环过程的特征是：工作物质经历一系列状态变化过程后又回到原来初态，由于内能是状态的单值函数，故内能没有改变，即 $\Delta E = E_2 - E_1 = 0$.

5.4.2 正循环 热机效率

下面以图 5-13(a) 所示的正循环为例，讨论循环过程中的热功转换关系及热机的效率. 图 5-13(a)所示的循环可看成由两个准静态过程组成，一个是 ABC 过程，另一个是 CDA 过程. 从做功情况看，在 ABC 过程中，气体膨胀对外做功(设为 W_1)$W_1>0$，W_1 数值上等于曲线 ABC 下面的面积；在 CDA 过程中，气体被压缩，外界对气体做功(设为 W_2)$W_2<0$，W_2 数值上也等于曲线 CDA 下面的面积. 一次循环中，气体所做的**净功** W，数值上等于闭合曲线 $ABCDA$ 所包围的面积. 这个面积称为**循环面积**，有

$$W=W_1-|W_2|=\text{循环面积}.$$

从热交换的情况看，ABC 过程是膨胀吸热(设为 Q_1)，$Q_1>0$；而 CDA 过程是压缩放热(设为 Q_2)，$Q_2<0$. 一次循环中，气体所吸取的**净热量** Q 应为

$$Q=Q_1-|Q_2|.$$

将热力学第一定律 $Q=\Delta E+W$ 应用于整个循环过程，因 $\Delta E=0$，所以

$$Q=Q_1-|Q_2|=W. \tag{5-26}$$

式(5-26) 表明，在一次循环中，工作物质吸取的净热等于它对外做的净功，且数值上都等于循环曲线包围的面积，即

$$\text{净热}=\text{净功}=\text{循环面积}.$$

这个结论对任何循环过程都是适用的.

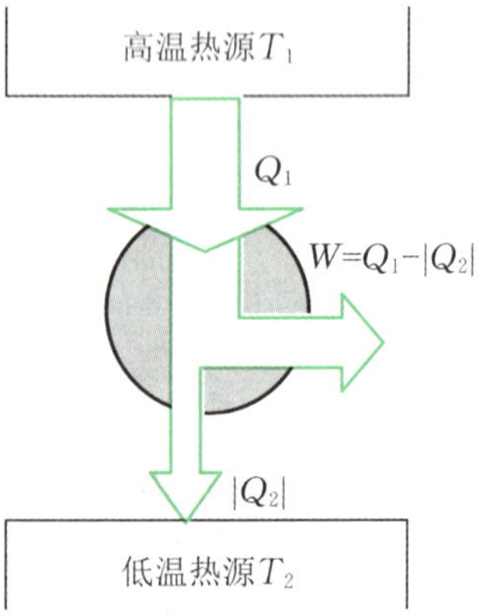

图 5-14 热机工作示意图

热机的工作原理如图 5-14 所示. 不管是什么类型的热机，都是把热量转变为机械功的机器，由工作物质、高温热源以及低温热源三部分组成. 热机的工作物质从高温热源吸取热量 Q_1，向低温热源放出热量 $|Q_2|$，对外做功为 W. 吸取的热量 Q_1 不可能全部用于对外做功，热机有一定的效率，用 η 表示，即

$$\eta=\frac{W}{Q_1}=\frac{Q_1-|Q_2|}{Q_1}=1-\frac{|Q_2|}{Q_1}. \tag{5-27}$$

因为 $|Q_2|\neq 0$，所以热机的效率 $\eta<1$. 式(5-27) 是**热机效率的定义式**，对任何热机都适用. 式中 Q_1 为工作物质从高温热源吸取热量的总和，$|Q_2|$ 为向低温热源放出热量总和的绝对值.

5.4.3 卡诺循环及其效率

19 世纪上半叶，为了从理论上探索提高热机效率的途径，法国青年工程师卡诺(S. Carnot，1796—1832) 于 1824 年提出一种理想的循环，称为**卡诺循环**. 卡诺循环由四个准静态过程组成，即由两个等温过程和两个绝热过程构成，如图 5-15 所示. 工作于卡诺循环的热机称为**卡诺热机**. 卡诺热机的工作物质是理想气体，高温热源温度为 T_1，低温热源温度为 T_2.

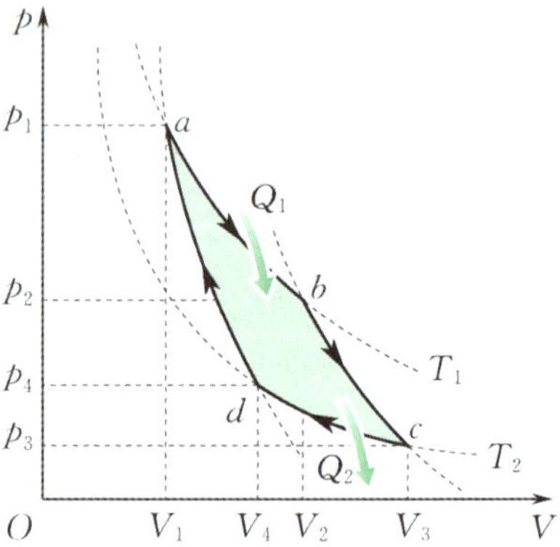

图 5-15 卡诺循环

在等温膨胀过程 ab 中，气体从高温热源 T_1 中吸取热量 Q_1 为

$$Q_1=\frac{m}{M}RT_1\ln\frac{V_2}{V_1}.$$

在等温压缩过程 cd 中,气体向低温热源 T_2 放出的热量 $|Q_2|$ 为

$$|Q_2|=\frac{m}{M}RT_2\ln\frac{V_3}{V_4}.$$

代入式(5-27),有

$$\eta=1-\frac{|Q_2|}{Q_1}=1-\frac{T_2}{T_1}\frac{\ln\frac{V_3}{V_4}}{\ln\frac{V_2}{V_1}}. \qquad ①$$

bc 和 da 为两绝热过程,有

$$T_1V_2^{\gamma-1}=T_2V_3^{\gamma-1},\ T_1V_1^{\gamma-1}=T_2V_4^{\gamma-1},$$

两式相除得

$$\frac{V_2}{V_1}=\frac{V_3}{V_4}. \qquad ②$$

将式 ② 代入式 ①,可得卡诺热机的效率

$$\eta=1-\frac{|Q_2|}{Q_1}=1-\frac{T_2}{T_1}. \qquad (5-28)$$

式(5-28)表明:(1) 要完成一次卡诺循环必须有高温和低温两个热源;(2) 卡诺热机循环的效率只与高、低温热源的温度有关,两热源的温差越大,卡诺循环的效率越大;(3) 卡诺循环的效率总是小于 1 的.

5.4.4　逆循环　制冷系数

图 5-13(b) 是逆循环工作示意图. 在逆循环中,工作物质将从低温热源吸取热量 Q_2,同时接受外界对它所做的功 $|W|$,向高温热源放出热量 $|Q_1|=|W|+Q_2$. 从低温热源吸取热量的结果,使低温热源(或低温物体)的温度降得更低,这就是制冷机的原理. 图 5-16 为制冷机的原理图.

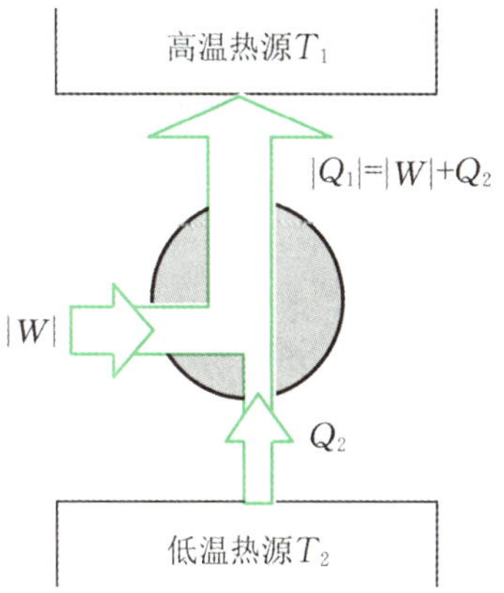

图 5-16　制冷机工作示意图

值得注意的是,制冷机把热量从低温物体传向高温物体是有代价的,即必须外界对它做功. 制冷机的功效常用它从低温热源吸取的热量 Q_2 与外界对它所做的功 $|W|$ 的比值来衡量,这个比值称为制冷系数,用 w 表示,即

$$w=\frac{Q_2}{|W|}=\frac{Q_2}{|Q_1|-Q_2}. \qquad (5-29)$$

可以证明,卡诺制冷机的制冷系数为

$$w=\frac{Q_2}{|W|}=\frac{Q_2}{|Q_1|-Q_2}=\frac{T_2}{T_1-T_2}. \qquad (5-30)$$

从式(5-30)可见,当高温热源(例如室温)T_1 一定,低温热源(又称冷库)的温度 T_2 越低,制冷系数 w 越小,即消耗同样的外界功,从低温热源吸取的热量越少. 当吸取的热量一定时,低温热源的温度越低则耗能越大.

5.4.5 电冰箱的结构及制冷原理

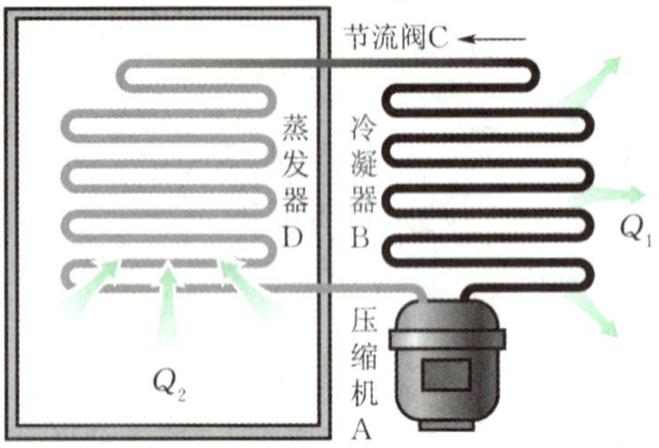

图 5-17 电冰箱的结构原理示意图

图 5-17 是家用电冰箱的结构示意图,主要制冷部分包括:箱体、压缩机 A、冷凝器 B、节流阀 C 和蒸发器 D. 工作物质(即制冷剂)通常采用氨或氟利昂(常温下为气态,一定压强下又很易液化的物质).

工作原理如下:

(1) 压缩过程:从蒸发器 D 出来的低压制冷剂蒸气(氟利昂)被压缩机吸入汽缸,通过外界做功 W 进行急速压缩,温度和压强升高.

(2) 冷凝过程:高温高压的制冷剂气体进入冷凝器 B 中与外面的空气(高温热源)进行热交换,将制冷剂在蒸发器中吸取的热量 Q_2 和压缩机做功 $|W|$ 以热的形式放出 $|Q_1|=Q_2+|W|$,使气体变为高压液体.

电冰箱

(3) 节流膨胀过程:利用节流阀 C,使制冷剂降压降温成为低温、低压液体后进入蒸发器 D.

(4) 蒸发过程:低压液态制冷剂进入蒸发器 D 进行汽化,将从冰箱(低温热源)中吸取热量 Q_2,使冰箱内的温度降低而自身全部蒸发为蒸气. 氟利昂蒸气最后被吸入压缩机进行下一次循环……

例 5-4

图 5-18 为一理想气体的循环过程,其中 ab,cd 为等压过程,bc,da 为绝热过程,b,c 点温度分别为 T_2,T_3,求此循环的效率 η,该循环是卡诺循环吗?

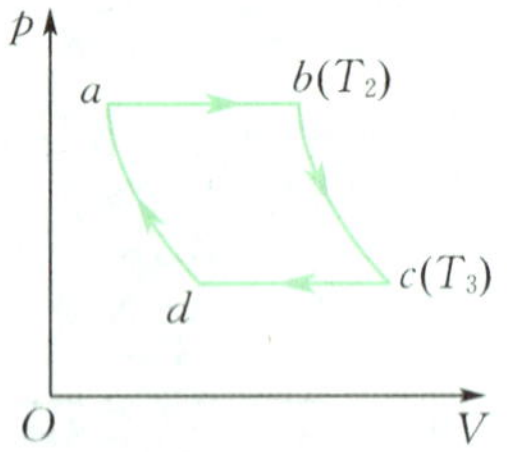

图 5-18

解 等压过程 ab 中,理想气体从外界吸热为

$$Q_1=\frac{m}{M}C_{p,\mathrm{m}}(T_b-T_a),$$

等压过程 cd 中,气体向外界放热为

$$|Q_2|=\frac{m}{M}C_{p,\mathrm{m}}(T_c-T_d).$$

由热机循环效率的定义,得

$$\eta=1-\frac{|Q_2|}{Q_1}=1-\frac{T_c-T_d}{T_b-T_a}$$

$$=1-\frac{T_c\left(1-\frac{T_d}{T_c}\right)}{T_b\left(1-\frac{T_a}{T_b}\right)}. \quad ①$$

由绝热过程方程,有

$$p_1^{\gamma-1}T_b^{-\gamma}=p_2^{\gamma-1}T_c^{-\gamma}, \quad ②$$

$$p_1^{\gamma-1}T_a^{-\gamma}=p_2^{\gamma-1}T_d^{-\gamma}. \quad ③$$

由式②和式③得

$$\frac{T_a}{T_b}=\frac{T_d}{T_c},$$

则

$$1-\frac{T_d}{T_c}=1-\frac{T_a}{T_b}. \quad ④$$

将式④代入式①,得热机循环效率

$$\eta=1-\frac{T_c}{T_b}=1-\frac{T_3}{T_2}.$$

注意,上式 η 虽然由两个温度 T_3 及 T_2 表示,但这个循环不是卡诺循环,因为在等压过程中含有无限多个热源.

例 5-5

1 mol 双原子分子理想气体，经历等温、等容与绝热过程构成的循环，如图 5-19 所示. a 点温度 $T_a = 600\ \text{K}$，c 点温度 $T_c = 300\ \text{K}$，求热机循环效率 η.

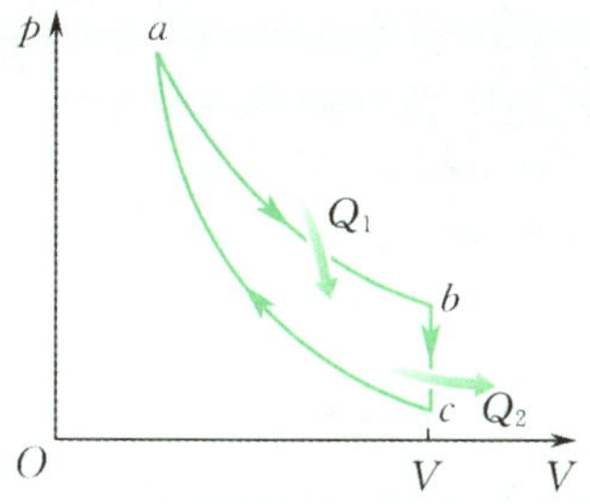

图 5-19

解　此循环中，ab 等温过程，气体膨胀吸热

$$Q_1 = \frac{m}{M} R T_a \ln \frac{V_b}{V_a}.$$

由绝热方程 $V_c^{\gamma-1} T_c = V_a^{\gamma-1} T_a$，对双原子分子理想气体 $\gamma = 1.4$，所以

$$\frac{V_b}{V_a} = \frac{V_c}{V_a} = \left(\frac{T_a}{T_c}\right)^{\frac{1}{\gamma-1}} = \left(\frac{600}{300}\right)^{\frac{1}{0.4}} = 2^{2.5},$$

代入得

$$\begin{aligned} Q_1 &= R T_a \ln 2^{2.5} \\ &= 8.31 \times 600 \times 2.5 \times \ln 2\ \text{J} \\ &= 8\ 640\ \text{J}. \end{aligned}$$

bc 等容降压，气体放热为

$$\begin{aligned} |Q_2| &= \frac{5}{2} R (T_b - T_c) \\ &= \frac{5}{2} \times 8.31 \times (600 - 300)\ \text{J} \\ &= 6\ 232.5\ \text{J}. \end{aligned}$$

循环效率

$$\eta = 1 - \frac{|Q_2|}{Q_1} = 1 - \frac{6\ 232.5}{8\ 640} = 27.8\%.$$

例 5-6

(1) 设冰箱以卡诺循环制冷，若室内温度 27 ℃，要使冰箱保持 270 K，制冷系数应为多少？(2) 若一天耗 1 度电，则冰箱一天内向房间放出多少热量？

解　(1) 根据题意，高温热源 $T_1 = 273\ \text{K} + 27\ \text{K} = 300\ \text{K}$，低温热源 $T_2 = 270\ \text{K}$，由卡诺循环制冷系数式(5-30)，有

$$w = \frac{Q_2}{|W|} = \frac{T_2}{T_1 - T_2} = \frac{270}{300 - 270} = 9.$$

(2) 1 度电 $= 1\ \text{kW} \cdot \text{h} = 10^3 \times 60 \times 60\ \text{J} = 3.6 \times 10^6\ \text{J}$，即一天外界给冰箱做功 $W = 3.6 \times 10^6\ \text{J}$.

根据卡诺循环特点，

$$|Q_1| - Q_2 = W,$$

又因 $Q_2 = w|W|$，代入上式得

$$\begin{aligned} |Q_1| &= Q_2 + |W| = (w+1)|W| \\ &= (9+1) \times 10^3 \times 3\ 600\ \text{J} \\ &= 3.6 \times 10^7\ \text{J}. \end{aligned}$$

思考题

5-7　两台卡诺热机，使用同一低温热源，不同高温热源，在 p-V 图上它们的循环曲线所包围的面积相等，如图 5-20 所示. 问它们对外做的净功是否相同？效率是否相同？

5-8　从理论上讲，提高卡诺热机的效率有哪些途径？在实际中采用什么办法？

5-9　甲说："系统经过一正卡诺循环后，系统本身没有任何变化."乙说："系统经过一正卡诺循环后，不但系统本身没有任何变化，而且外界也没有任何变化."甲和乙的说法都正确吗？为什么？

5-10　一条绝热线与一条等温线可否相交两点？两条绝热线能不能相交？

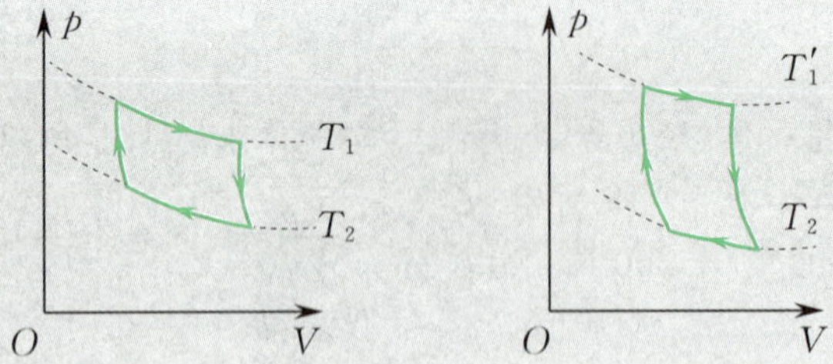

图 5 - 20

§5.5 热力学第二定律

5.5.1 热力学第二定律的两种表述

18 世纪末至 19 世纪上半叶，蒸汽机已在工业生产和交通运输中广泛使用，但其效率一直很低(仅 5% 左右). 为了提高热机的效率，人们通过长期的探索实践认识到，不可能制造出效率 $\eta >$ 100% 的热机(称为第一类永动机)，因为违背了热力学第一定律. 那么，能否制造出 $\eta = 100\%$ 的热机(称为第二类永动机) 呢?这并不违反热力学第一定律. 大量事实表明，第二类永动机也是不可能制造出来的. 在总结了大量实践经验的基础上，英国物理学家开尔文于 1851 年得出如下结论：

不可能从单一热源吸取热量使之完全变为有用功而不产生其他影响，即单一热源的热机不可能实现.

这一结论称为热力学第二定律的开尔文表述. 开尔文表述中有两个关键词. 一是"单一热源". 如果热源不是单一的，热源内一部分的温度与另一部分的温度不同，就有两个或多个热源. 二是"不产生其他影响". 所谓"其他影响"，是指热源和被做功的物体之外的变化，如果可以产生其他影响，那么单一热源完全变为有用功是可能的. 理想气体等温膨胀过程，就是把从热源吸取的热全部变成了有用功，但却产生了体积膨胀这个"其他影响".

热力学第二定律还有另外的表述. 德国物理学家克劳修斯在研究热传导现象中发现，工质要从低温热源吸取热量 Q_2，外界必须做功，才能将 Q_2 送到高温热源中去. 克劳修斯于 1850 年提出下列表述：

热量不可能自动地从低温物体传向高温物体而不引起其他变化.

这个结论称为热力学第二定律的克劳修斯表述. 该表述要注意"自动" 二字. 如果通过外界做功，热量是可以从低温物体传向高温物体的. 制冷机(如冰箱) 就是例子. 这个结论不可能从热力学第一定律推导得到，因为热量从低温物体自动传到高温物体并不违反能量守恒定律. 因此，热力学第二定律是独立于热力学第一定律的另一个热力学定律，它表明热力学过程是有方向性的.

5.5.2 两种表述的等效性

热力学第二定律的两种表述表面上看来各自独立，其实两者是等效的，可以用反证法来证明其等效性，即如果违反一个表述就必然违反另一个表述.

假设开尔文表述不成立，即可以从温度为 T_1 的热源吸取热量 Q_1，并把它全部变为功 W 而不引起其他变化，则可以用这个功去推动一部制冷机，如图 5－21 所示. 当把热机和制冷机看作联合制冷机时，净效果是不需要消耗任何外界的功，热量 Q_2 就自动地从低温热源 T_2 流向高温热源 T_1. 这就违反了克劳修斯表述.

再证明违反克劳修斯表述则必违反开尔文表述. 假设克劳修斯表述不成立，即热量 Q 可以自动地从低温热源 T_2 传到高温热源 T_1，而不引起其他变化，如图 5－22 所示. 现在两热源之间设置一卡诺热机，此热机从高温热源吸取热量 $Q_1 = Q$，将 Q_2 放给低温热源，对外界做功 $W = Q_1 - |Q_2|$. 对高温热源来说没有发生任何变化，总的效果是工质从单一热源（低温热源 T_2）吸取热量 $Q - |Q_2|$，并把它全部变为了有用功而不引起其他变化，这就违反了开尔文表述.

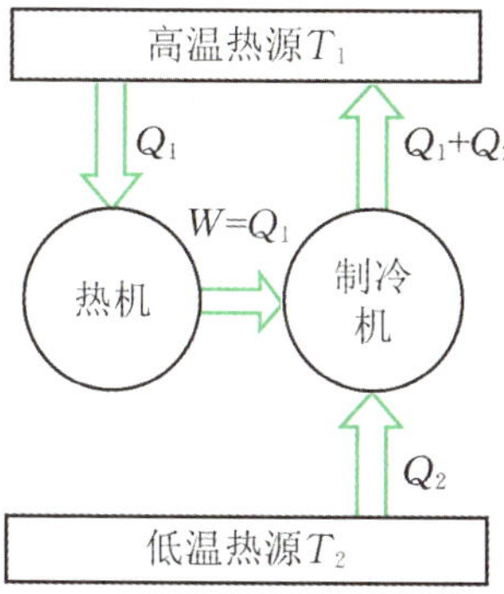

图 5－21　两种表述的等价性 ①

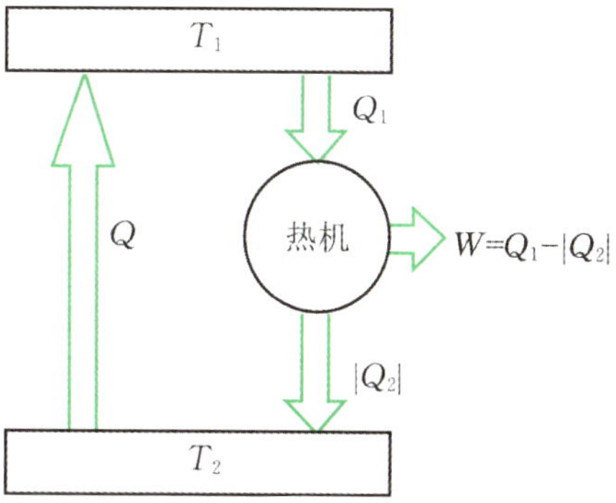

图 5－22　两种表述的等价性 ②

5.5.3　可逆过程与不可逆过程

热力学第二定律两种表述的等价性说明了它们具有内在的共性. 开尔文表述指出了热功转换过程的方向性，在不引起其他变化的条件下，功可以完全转变为热，而在同样的条件下，热却不可能完全转变为功. 克劳修斯表述指出了热传导过程的方向性，热量可以自动地由高温物体传向低温物体，但反方向的过程不可能自动发生. 可见，两种表述均指明了自然过程进行的方向性.

不仅热功转换和热传导过程有方向性，人们从大量事实中认识到，一切自然过程的进行都有方向性，其反方向的过程虽不违背热力学第一定律，却不可能自动发生. 例如，气体向真空绝热自由膨胀的过程（见图 5－10），抽去中间隔板，气体自动地迅速膨胀充满整个容器，最后达到一平衡态，而反方向的过程，即均匀充满整个容器的气体全部自动收缩回至容器一半的过程是不可能自动发生的. 又如，将两种不同的气体混合，最终达到均匀分布，但混合后的气体不可能自动分离为两种气体. 诸如摩擦生热、泼出去的水、各种爆炸过程、墨滴在水中的扩散、瀑布自高山飞流直下，等等，其逆过程均不可能自发进行. 大量事实说明，一切与热现象有关的自然宏观过程都有方向性，其相反的过程不会自动发生.

为了更好地理解热力学过程的方向性，引入可逆过程和不可逆过程的概念. 系统由某一状态出发，经某一过程到达另一状态. 如果过程沿相反方向进行，可以经过与原来一样的那些中间状态，而又重新回到初状态，外界未发生任何变化，这种过程称为**可逆过程**. 反之，如果沿过程反方向进行，不能重复经历原来的所有中间状态回到初状态，或回到初状态而外界不能完全复原，则称这种过程为不可逆过程.

可逆过程只是一个理想概念,是在一定条件下对实际过程的一种理想化抽象. 只有完全消除了摩擦、耗散等因素并且进行得无限缓慢的过程(即无摩擦的准静态过程)才是可逆的. 我们同样可以用反证法,与证明热力学第二定律两种表述的等价性类似,证明自然界一切不可逆过程都具有等价性和内在的联系,即由一种过程的不可逆性可以推断出另一过程的不可逆性. 从这个意义上说,热力学第二定律可以有多种不同的表述(任一自发过程的不可逆性都可作为热力学第二定律的表述). 因此,热力学第二定律就是关于自然过程进行方向和条件的规律,它的实质在于指出了一切与热现象有关的实际宏观过程都是不可逆的.

5.5.4 卡诺定理

在热力学第二定律建立之前的20多年,法国工程师卡诺于1824年建立了理想热机模型——卡诺热机,同时还提出了卡诺定理,表述如下:

(1) 在相同的高温热源 T_1 和相同的低温热源 T_2 之间工作的一切可逆热机,其效率都相等 $\left(\eta=1-\dfrac{T_2}{T_1}\right)$,与工作物质无关.

(2) 在相同的高温热源 T_1 和相同的低温热源 T_2 之间工作的一切不可逆热机,其效率都不可能大于可逆热机的效率,

$$\eta=1-\frac{|Q_2|}{Q_1}\leqslant 1-\frac{T_2}{T_1}, \tag{5-31}$$

式中等号对应于可逆热机,小于号对应于不可逆热机. 卡诺定理的重要意义在于它从理论上指出了提高热机效率的途径. 就过程而论,应使实际的不可逆机尽量地接近可逆机;就高低温热源的温度而言,应尽量提高两热源的温度差,热量的可利用价值才大. 应当指出,在实际热机中,如蒸汽机等,低温热源的温度 T_2 一般就是环境温度,要想获得比环境温度更低的低温热源,就必须用制冷机,而制冷机要消耗外功,用降低低温热源的温度来提高热机的效率是不经济的,所以要提高热机的效率应当考虑提高高温热源的温度.

§5.6 热力学第二定律的统计意义　熵

5.6.1 热力学第二定律的统计意义

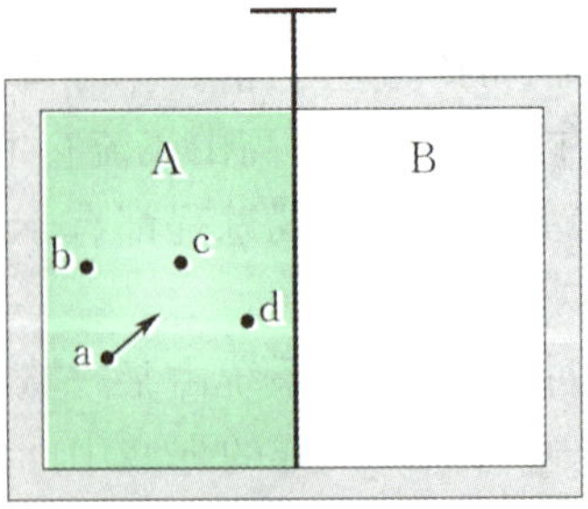

图 5-23　分子在容器中

热力学第二定律指出,一切与热现象有关的宏观过程都是不可逆的,那么,从微观的角度如何理解热力学第二定律的意义呢?

为了说明这个问题,先看一个简单的例子. 设有一长方形容器(容器壁为绝热壁),用隔板将其分为左右相等的A,B两室,A室有a,b,c,d四个分子,B室为真空,如图5-23所示. 现将隔板抽起,则四个分子在A,B两室自由分布,其可能的分布列于表5-3中.

表 5-3 四个分子在 A,B 室的分布

分子各种可能分布的微观状态		每个室的分子数宏观状态		一个宏观状态对应的微观状态数 Ω	各宏观状态出现的概率
A	B	A	B		
a,b,c,d	—	4	0	1	$\frac{1}{16}=\frac{1}{2^4}$
a,b,c a,b,d a,c,d b,c,d	d c b a	3	1	4	$\frac{4}{16}=\frac{4}{2^4}$
a,b a,c a,d b,c b,d c,d	c,d b,d b,c a,d a,c a,b	2	2	6	$\frac{6}{16}=\frac{6}{2^4}$
a b c d	b,c,d a,c,d a,b,d a,b,c	1	3	4	$\frac{4}{16}=\frac{4}{2^4}$
—	a,b,c,d	0	4	1	$\frac{1}{16}=\frac{1}{2^4}$

注:共有 5 种不同的宏观状态,对应 16 种不同的微观状态.

从表 5-3 可知,四个分子在 A,B 室的分布共有 5 种宏观状态,其中 A 或 B 室聚集四个分子的宏观态各有 1 个微观态. A 或 B 室其中一室有一个分子,另一室有三个分子的宏观态各有 4 个微观态数,A,B 室各有两个分子,即均匀分布的宏观态有 6 个微观态数. 四个分子的总微观状态数等于 16,即 2^4. 整齐的排列(即四个分子均出现在 A 室或 B 室)的概率只有 $\frac{1}{16}=\frac{1}{2^4}$,而无序的排列(即四个分子均匀分布)的概率为 $\frac{6}{16}=\frac{6}{2^4}$. 如果 A 室原有 1 000 个分子,那么抽起隔板之后,1 000 个分子都留在 A 室或均匀分布后又自动全部退回到 A 室的概率只有 $\frac{1}{2^{1\,000}}$. 如果 A 室原有 1 mol 气体 ($N_A=6.02\times10^{23}$),那么抽起隔板之后,1 mol 气体分子都在 A 室的概率为 $\frac{1}{2^{N_A}}=\frac{1}{2^{6.02\times10^{23}}}$,这个概率实际上是不会出现的. 也就是说,气体自由膨胀后,最终能观测到的宏观状态是微观态数最多的状态,即分子无序排列程度最高的平衡态.

为了定量说明系统的微观状态与宏观状态的关系,定义某宏观状态所对应的微观状态的数目为该宏观状态的**热力学概率**,用 Ω 表示. 上述气体分子绝热自由膨胀的不可逆过程,是由热力学概率小的宏观态向热力学概率大的宏观态进行的.

一切不可逆过程都具有等价性和内在联系,应用热力学概率的概念可以这样描述一切不可逆过程的方向性:**对于不受外界影响的热力学系统(或称孤立系统),其内部发生的过程总是由热力学概率小的状态向热力学概率大的状态进行,由包含微观状态数目少的宏观状态向包含微观**

状态数目多的宏观状态进行. 这就是热力学第二定律的统计意义.

5.6.2 玻尔兹曼熵与熵增加原理

综上所述,系统宏观态对应的微观态数目 Ω 增大的趋势,决定了孤立系统内实际过程的不可逆性和过程进行的方向. 例如,表 5-3 中,宏观态对应的微观态数为 1 的,其热力学概率 Ω 最小,宏观态对应的微观态数为 6 的,其热力学概率 Ω 最大. 为了定量表示这种由于状态上的差异引起过程进行的方向问题,需要引入一个新的态函数 —— 熵,用 S 表示,熵是一个反映系统状态的物理量.

由热力学第二定律的统计意义,不可逆过程是由微观态数目少(热力学概率小)的宏观态向微观态数目多(热力学概率大)的宏观态进行的,显然,热力学概率 Ω 与描述系统状态的物理量熵之间必定存在某种函数关系. 1877 年,奥地利物理学家玻尔兹曼采用统计方法建立了这个关系,即

$$S = k\ln\Omega, \tag{5-32}$$

式中 k 是玻尔兹曼常量,上式称为玻尔兹曼熵公式. 熵的量纲与 k 的量纲相同,在国际单位制中熵的单位是焦耳每开($\mathrm{J\cdot K^{-1}}$).

玻尔兹曼熵公式把宏观量熵 S 与微观量 Ω(热力学概率) 联系了起来,并给出了熵的统计解释. 热力学概率越大,即某一宏观态所对应的微观态数目越多,系统内分子热运动的无序性(无规则性) 越大,所以,熵是系统内分子热运动无序程度的量度. 熵的这一物理含义,已远远超出了分子运动的领域,它适用于任何做无序运动的粒子系统,甚至对大量的无序出现的事件(如大量的无序出现的信息) 的研究,包括物理学、化学、生物学、工程技术乃至社会科学等都广泛用到熵的概念和理论.

对熵而言,更具意义的不是某一平衡态熵的具体数值,而是始、末两态熵的改变量. 显然,熵的改变量仅由始、末状态决定,而与具体过程无关. 由式(5-32),有

$$\Delta S = S_2 - S_1 = k(\ln\Omega_2 - \ln\Omega_1) = k\ln\frac{\Omega_2}{\Omega_1}. \tag{5-33}$$

根据热力学第二定律的统计意义,孤立系统内的一切实际过程(不可逆过程),末态包含的微观态数目比初态包含的微观态数目多,即 $\Omega_2 > \Omega_1$,由式(5-33) 有,$\Delta S > 0$.

如果孤立系统内进行的是可逆过程,则意味着过程中任意两状态的热力学概率相等,因而熵保持不变,即 $\Delta S = 0$.

由此得出结论:在孤立系统内进行的一切自发过程(不可逆过程) 总是沿着熵增大的方向进行,而系统内进行的一切可逆过程,其熵不变,即

$$\Delta S \geqslant 0, \tag{5-34}$$

式中等号对应于可逆过程,大于号对应于不可逆过程. 这一结论称为熵增加原理,也是热力学第二定律的数学表达式.

例 5-7

用热力学概率方法计算 1 mol 理想气体向真空自由膨胀时的熵变,设体积从 V_1 膨胀到 V_2,且初、末态为平衡态.

解 绝热自由膨胀系统的温度没有改变,影响系统微观状态数只需考虑分子位置的改变. 每一个分子在体积内各处的概率是相等的,则一个分子按位置分布的可能状态数应与体积成正比,即 $\Omega' \propto V$,对 N_A 个分子,$\Omega \propto V^{N_A}$,

所以有

$$\frac{\Omega_2}{\Omega_1}=\left(\frac{V_2}{V_1}\right)^{N_A},$$

$$\Delta S=S_2-S_1=k(\ln\Omega_2-\ln\Omega_1)$$

$$=k\ln\frac{\Omega_2}{\Omega_1}=N_A k\ln\frac{V_2}{V_1}$$

$$=R\ln\frac{V_2}{V_1}.$$

由于 $V_2>V_1$，故

$$\Delta S>0.$$

5.6.3　克劳修斯熵公式

熵的玻尔兹曼公式是从微观角度定义的，实际上，对热力学过程的分析总是离不开用宏观状态参量的变化来描述. 克劳修斯从宏观角度出发，导出了熵与宏观态参量之间的关系.

在玻尔兹曼提出熵之前，克劳修斯于 1865 年根据卡诺定理已经引入了态函数熵，并导出了熵的计算式. 克劳修斯在研究可逆卡诺热机时注意到，虽然工作物质从高温热源 T_1 吸收的热量 Q_1 与它在低温热源 T_2 放出的热量 Q_2 不等，但热量除以相应热源的温度所得的量值，在整个循环中却保持常数. 根据式(5－31)有

$$\frac{Q_1}{T_1}-\frac{|Q_2|}{T_2}=0.$$

若恢复热力学第一定律中热量符号的规定，$Q_2<0$，于是上式变为

$$\frac{Q_1}{T_1}+\frac{Q_2}{T_2}=0. \tag{5-35}$$

式(5－35)表明，在整个可逆卡诺循环中，热温比 $\frac{Q}{T}$ 的总和为零(因为两绝热过程 $Q=0$). 这个结论可推广到任意可逆循环，图 5－24 中的闭合曲线 AⅠBⅡA 表示任意可逆循环，有

$$\sum_{i=1}^{n}\frac{\Delta Q_i}{T_i}=0.$$

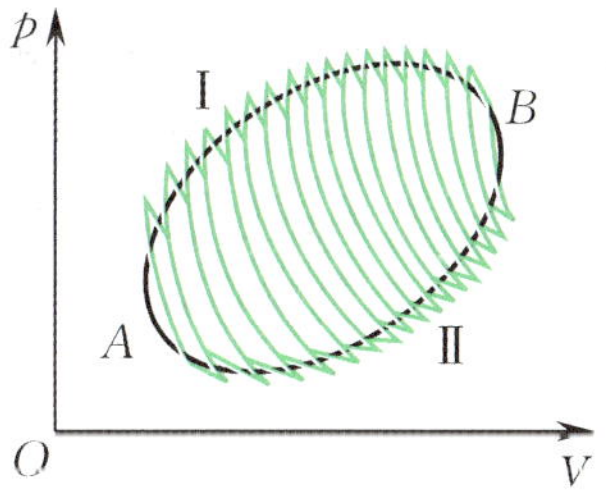

图 5－24　任意可逆循环看成无数小卡诺循环组成

因为任意可逆循环 AⅠBⅡA，可看成 n 个微小卡诺循环组成，当 $n\to\infty$ 时，上式的求和化为沿闭合路径 AⅠBⅡA 的积分

$$\oint_L\frac{dQ}{T}=0, \tag{5-36}$$

式(5－36)称为克劳修斯等式. 由图 5－24，上式可以写成

$$\int_{A\text{Ⅰ}B}\frac{dQ}{T}+\int_{B\text{Ⅱ}A}\frac{dQ}{T}=\int_{A\text{Ⅰ}B}\frac{dQ}{T}-\int_{A\text{Ⅱ}B}\frac{dQ}{T}=0,$$

即

$$\int_{A\text{Ⅰ}B}\frac{dQ}{T}=\int_{A\text{Ⅱ}B}\frac{dQ}{T}.$$

由于所选择的循环是任意的，上式表明，积分 $\int_A^B\frac{dQ}{T}$ 的值与路径无关，只由 A，B 两状态决定. 这说明系统存在一个态函数，它与保守力场中引入的势能有类似性质，克劳修斯把这个态函数定义为熵，用 S 表示. 如果 S_A 和 S_B 分别表示系统在状态 A 和状态 B 的熵，系统沿任意可逆过程由状态 A 变到 B，熵的增量为

$$\Delta S=S_B-S_A=\int_A^B\frac{dQ}{T}, \tag{5-37}$$

式(5－37)就是著名的克劳修斯熵公式. 对任意微小的可逆过程，有

$$dS = \frac{dQ}{T}. \tag{5-38}$$

对于不可逆过程,有

$$\oint_L \frac{dQ}{T} < 0, \tag{5-39}$$

式(5-39)称为克劳修斯不等式.式(5-37)和式(5-38)相应地改为

$$\Delta S = S_B - S_A > \int_A^B \frac{dQ}{T}, \tag{5-40}$$

$$dS > \frac{dQ}{T}. \tag{5-41}$$

对于孤立系统(绝热系统),系统与外界无热量交换,$dQ = 0$,式(5-40)和式(5-41)变为

$$\Delta S = S_B - S_A > 0 \quad 或 \quad dS > 0, \tag{5-42}$$

即在绝热不可逆过程中,系统的熵永远沿着熵增加的方向进行,直至熵达到最大值为止.

对于熵的概念和熵的计算再强调以下几点:

(1) 玻尔兹曼熵和克劳修斯熵在概念上是有区别的.克劳修斯熵只对系统的平衡态才有意义,是系统平衡态的函数.而玻尔兹曼熵对非平衡态也有意义,非平衡态也有微观状态数与之对应,因而有一定的熵值与之对应,从这个意义上说玻尔兹曼熵更具普遍性.由于平衡态对应于热力学概率最大的状态,可以说克劳修斯熵是玻尔兹曼熵的最大值.在统计物理学中,可以证明两个熵公式是等价的,但在热力学中进行计算时多用克劳修斯熵公式.

(2) 熵是一个态函数,某一状态的熵值只有相对意义,与熵的零点选取有关.如果过程的初、末两态均为平衡态,则系统的熵变只取决于初态和末态,与过程是否可逆无关.但式(5-37)的积分必须沿可逆过程进行.因此,当系统从初态到末态经历一个不可逆过程时,可以设计一个连接初、末两态的可逆过程,然后用式(5-37)计算熵变.

(3) 熵值具有可加性,系统总的熵变等于各组成部分熵变的和.

例 5-8

已知冰在 0 ℃ 时的熔解热 $\lambda = 334\ \text{J}\cdot\text{g}^{-1}$.求 1 kg 冰在 0 ℃ 时完全融化成水的熵变,并计算从冰到水微观状态数增大到几倍.

解 冰在 0 ℃ 时等温融化,可以设想它与一个 0 ℃ 的恒温热源接触而进行可逆的等温吸热过程,因而

$$\begin{aligned}\Delta S &= \int \frac{dQ}{T} = \frac{Q}{T} = \frac{m\lambda}{T} \\ &= \frac{10^3 \times 334}{273}\ \text{J}\cdot\text{K}^{-1} \\ &= 1.22 \times 10^3\ \text{J}\cdot\text{K}^{-1}.\end{aligned}$$

根据玻尔兹曼熵公式(5-32),有

$$\Delta S = S_{水} - S_{冰} = k\ln \Omega_{水} - k\ln \Omega_{冰} = k\ln \frac{\Omega_{水}}{\Omega_{冰}},$$

由此得

$$\frac{\Omega_{水}}{\Omega_{冰}} = e^{\frac{\Delta S}{k}} = e^{\frac{1.22\times10^3}{1.38\times10^{-23}}} = 10^{3.84\times10^{25}}.$$

可见,冰融化成水时熵大大增加了.从微观角度看,就是分子排列的无序程度大大增加了.如果水汽化为水蒸气,则系统的熵更大,分子分布将更加无序混乱.

例 5-9

用克劳修斯熵公式计算 1 mol 理想气体从 V_1 绝热自由膨胀到 V_2 的熵变.

解 自由膨胀是不可逆过程,用克劳修斯熵公式计算初、末两态的熵变,需要设计一个连接初态、末态的可逆过程.因为绝热自由膨胀,系统的温度(设为 T_0)没有改变,故可以设计一

个可逆等温膨胀过程，使系统由体积 V_1 缓慢膨胀到 V_2，由式(5-37)计算这一过程的熵变

$$\Delta S=\int\frac{\mathrm{d}Q}{T_0}=\frac{1}{T_0}\int\mathrm{d}Q.$$

等温过程中，$\mathrm{d}Q=\mathrm{d}W=p\mathrm{d}V=RT_0\frac{\mathrm{d}V}{V}$，代入上式有

$$\Delta S=\int_{V_1}^{V_2}R\frac{\mathrm{d}V}{V}=R\ln\frac{V_2}{V_1}.$$

该结果与例 5-7 用玻尔兹曼熵公式计算的结果相同.

思考题

5-11　根据热力学第二定律判断下列说法是否正确?

(1) 功可以全部转化为热，但热不能全部转化为功；

(2) 热量能够从高温物体传到低温物体，但不能从低温物体传到高温物体；

(3) 理想气体等温膨胀时，所吸收的热量完全转化为功是违反热力学第二定律的.

5-12　有人说:“不可逆过程就是不能向相反方向进行的过程”，对吗?为什么?

5-13　既然涉及热现象的过程都是不可逆的，为什么要引入可逆过程的概念?

5-14　可逆过程是否一定是准静态过程?准静态过程是否一定是可逆的?不可逆过程是否一定是非静态过程?非静态过程是否一定是不可逆的?

5-15　为什么热力学第二定律可以有许多不同的表述?

阅读材料(4)

热学熵与信息熵

1. 信息与信息量

信息与物质、能量一样，是人类赖以生存发展的基本要素. 现代社会中，信息的地位日趋重要，在一定程度上，人类社会发展的速度取决于人类对信息利用的水平. 因此，了解信息、掌握信息、懂得如何充分有效地利用信息也就变得非常迫切了. 那么，什么是信息?早年的信息不过是消息的同义词，现今人们通常把信息看作由语言、文字、图像表示的新闻、消息或者情报，等等. 事实上，给信息一个准确无误的定义是非常困难的，因为它涉及的范围十分广泛，不仅包括所有的知识，还包括通过我们五官感觉到的一切. 如此众多的信息通常需要以语言文字或数学公式、图表等作为载体予以表达，显然，要对采用不同载体表达的信息的数量进行比较是很难的. 但有一点可以肯定，那就是信息的获得通常可使事态的不确定程度得到有效减少.

例如，假定我们面对一个可能存在 P_0 个解答的问题，只要获得某些信息，就可使可能解答的数目减少，若我们能获得足够的信息，就得到唯一的解答. 比如，某人给出一张无任何信息的面朝下的扑克牌，这张牌可能是 52 张中的任一张；若被告知是一个“A”，则它只能是四个“A”中的任一张；若又被告知是黑桃，则其解答是唯一的——黑桃 A. 这说明信息获得越多，事件的不确定度越少，信息获得足够多，不确定度为零.

既然信息的获得能使事件不确定度减少，那么如何计算信息量呢?通常的事物有多种可能性，最简单的情况是仅有两种可能，如“是与否”“有与无”“生与死”“红与黑”. 现代的计算机采用二进制，数据的每一位非 0 即 1，也是两种可能性，这类仅有两种可能情况的事件是概率论中最简单的情况. 1948 年，美国贝尔实验室电气工程师、现代信息论创始人香农从仅有两种可能性的等概率事件出发给出信息量的定义，**把从两种可能性中做出判断的事件的信息量称为 1 比特(bit)**，并把 bit 作为信息量的单位. 当然，实际的问题并不一定是只有两种可能性. 例如，假定有一事件可能有 $x_1,x_2,\cdots,x_N$ 种结果，每一种结果出现的概率为 P_i，香农把这类事件的信息量定义为

$$I' = -\sum_{i=1}^{N} P_i \log_2 P_i. \tag{5-43}$$

对于等概率事件，$P_1 = P_2 = \cdots = P_N = \frac{1}{N}$，则

$$I' = -\left(\frac{1}{N}\log_2\frac{1}{N} + \frac{1}{N}\log_2\frac{1}{N} + \cdots + \frac{1}{N}\log_2\frac{1}{N}\right) = -\log_2\frac{1}{N} = \log_2 N. \tag{5-44}$$

这就是经常用到的计算等概率事件信息量的公式. 对上面讲到的两种等概率事件，$N = 2$，信息量 $I' = 1$ bit. 按照信息量的定义，如果我们得到了 ΔI 信息量，则事件的不确定度减少，可供选择的结果减少. 对于等概率事件，设开始可供选择的结果为 N 种，信息量为 I'_1，获得 ΔI 信息量后，可供选择的结果减为 M 种，这时的信息量为 I'_2，由于 ΔI 是获得的信息量，应等于信息源(即事件)的信息量减少，根据式(5-44)，得

$$\Delta I = I - I' = \log_2 N - \log_2 M. \tag{5-45}$$

2. 信息熵与热学熵

我们可以发现，香农对信息量的定义式(5-43)与玻尔兹曼熵公式 $S = k\ln\Omega$ 十分类似. 实际上，信息就是熵的对立面. **熵是体系的混乱度或无序度的量度，而获得信息却使体系不确定度减少**，即减少系统的熵. 为此，香农把熵的概念引入信息论中，并把式(5-43)的信息量直接称为**信息熵**，用 S 表示，即

$$S = -\sum_{i=1}^{N} P_i \log_2 P_i. \tag{5-46}$$

香农所定义的信息熵，实际上是平均信息量. 对等概率事件，平均信息量就是其中任一事件的信息量.

下面以掷钱币的例子来说明信息熵与信息量之间的关系. 设有五个人每人手中各持一枚钱币排成一行掷钱币，看落地时五个正面都向上的分布图形(称为图形 A). 因每一钱币正面向上的概率为 $\frac{1}{2}$，由独立事件概率相乘法则知，出现任一图形的概率为 $\left(\frac{1}{2}\right)^5$，总共可能出现 32 种分布图形，因此，图形 A 的不确定度为 32. 但是分别对五个人问五个相同的问题"你这枚钱币的国徽面是向上的吗?"，并得到正确的答案，则图案就完全确定了. 设提问之前掷钱币这一事件的信息熵为 S_1，则有

$$S_1 = \log_2 32 = 5(\text{bit}),$$

提问之后事件已完全确定，故信息熵 S_2 为零，那么系统信息熵的增量为

$$\Delta S = S_2 - S_1 = -5(\text{bit}).$$

同样从式(5-45)可知，提问后获得的信息量为 $\Delta I = 5$ bit. 由此可见，信息的利用(即不确定度减少，因而信息量减少)等于信息熵的减少，因而有

$$\Delta I = -\Delta S \quad 或 \quad 信息量的获得 = 系统的负熵(熵的减少). \tag{5-47}$$

根据熵增加原理，**孤立系统的熵绝不会减少**. 相应地，信息量也不会自发增加. 在通讯过程中不可避免会受到外来因素干扰，使接收到的信息中存在噪声，信息变得模糊不清，信息量减少. 若信号被噪声所淹没，则信息全部丢失.

需要指出的是，实际碰到的信息系统通常都不是孤立系统，而是开放系统. 对于开放系统，熵是可以减少的，而且，我们的目标通常是通过从外部获取信息使系统熵减少，从而使系统状态更加有序和稳定. 比如，人们借助信息获取知识(获取知识就是获取信息)，摆脱了无政府的游牧生产，社会生产的分工合作、对自然资源的合理开发利用，使得社会变得越来越有序和谐；马路上的车流通过信号灯的指挥变得有序通畅，等等. 对于教学过程，也同样是努力减少熵的过程. 在教学交互过程中，通过老师的讲授和学生的消化吸收，使学生头脑中的知识、技能达到有序化(即熵减少)，也就是掌握了教学内容. 如果缺乏学生的自我调控和努力，教学交互过程的熵值就会增高，学生在这种熵值较大的系统中学到的知识和技能就少. 因此，教学交互过程需要师生的共同努力. 当然，对开放式信息系统，并不是所有的过程都要使系统熵减少才好，有时也需要熵增大. 比如教学过程，为了激发学生学习兴趣、活跃课堂气氛、拓展思维，教师需适当地设计一些问题，让学生讨论，各抒己见，这个环节熵是增大的；等问题都解决了，课堂又重归有序，即熵又减少了. 因此，良好的教学过程应是增熵和减熵合理组合的过程. 又比如民主集中的过程，也是增熵和减熵的过程.

对于热力学开放系统，熵的增大或减少取决于系统与外界交换的能量是正还是负. 比如，在冬天，容器中的液体冻结成冰块晶体，分子的分布从混乱到有序，最终分子以确定方式排列在晶体元胞格点上(见图 5-25)，这是一个放热熵减少的过程；反之，冰从周围环境吸收热量融化成液体，则系统的熵又增加了.

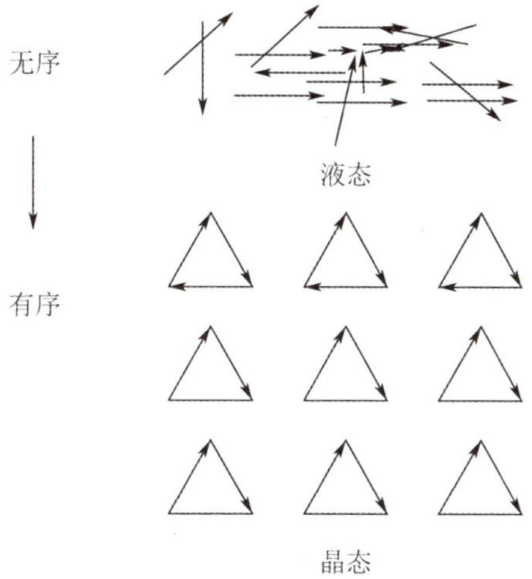

图 5-25　液态到晶态的熵减少过程示意图

信息熵概念的建立为测试信息的多少找到了一个统一的科学的定量计量方法，奠定了信息论的基础. 香农引入信息熵的概念，虽然没有与热力学过程相联系，但事实上，信息熵与热学熵之间有着密切的关系，上面的例子充分反映了这种关系. 从某种意义上讲，熵概念在热学中即为热学熵，应用到信息论中则是信息熵.

习题 5

选择题

5-1　1 mol 单原子分子理想气体从状态 A 到状态 B，如果不知是什么气体，也不知经历什么过程，但 A，B 两态的压强、体积和温度都已知，则可求出(　　).

(A) 气体所做的功　　(B) 气体内能的增量

(C) 气体传给外界的热量　(D) 气体的质量

5-2　如图 5-26 所示，理想气体从初态 a 出发，经历 1 或 2 过程到达末态 b，已知 a，b 处于同一绝热线上，则(　　).

(A) 过程 1，2 均吸热

(B) 过程 1，2 均放热

(C) 过程 1 放热，过程 2 吸热

(D) 过程 1 吸热，过程 2 放热

5-3　如图 5-27 所示，一定量的理想气体从体积 V_1 膨胀到 V_2，经历的过程分别为：$A \to B$ 等压过程，$A \to C$ 等温过程，$A \to D$ 绝热过程，其中吸热最多的过程是(　　).

(A) 等压过程

(B) 等温过程

(C) 绝热过程

(D) 三个过程吸收的热量相同

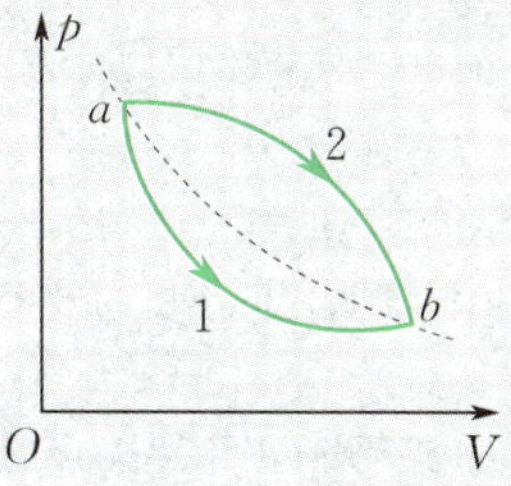

图 5-26

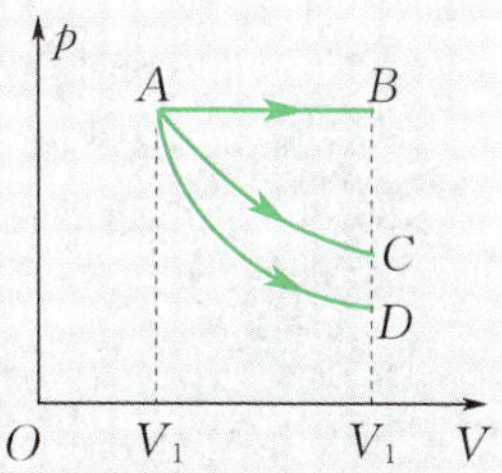

图 5-27

5-4　一定量的理想气体分别由初态 a 经 $a \to 1 \to b$ 过程和由初态 c 经 $c \to 2 \to d \to b$ 过程到达相同的终态 b，如图 5-28 所示. 两个过程中气体从外界吸收的热量 Q_1 和 Q_2 的关系为(　　).

(A) $Q_1 < 0, Q_1 < Q_2$　　(B) $Q_1 > 0, Q_1 < Q_2$

(C) $Q_1 < 0, Q_1 > Q_2$　　(D) $Q_1 > 0, Q_1 > Q_2$

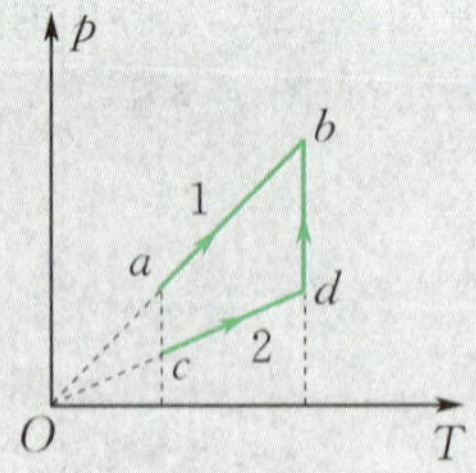

图 5-28

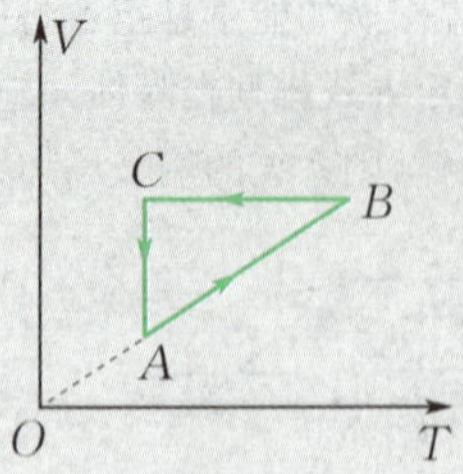

图 5-29

5-5 一定量的理想气体经历循环过程 $ABCA$ 用 V-T 曲线表示,如图 5-29 所示,该气体在循环过程中吸放热的情况是(　　).

(A) $A\to B$,$C\to A$ 过程吸热,$B\to C$ 过程放热

(B) $A\to B$ 过程吸热,$B\to C$,$C\to A$ 过程放热

(C) $B\to C$ 过程吸热,$A\to B$,$C\to A$ 过程放热

(D) $B\to C$,$C\to A$ 过程吸热,$A\to B$ 过程放热

5-6 如图 5-30 所示的理想气体的两个循环过程 $ABCDA$ 和 $ABDA$,它们的效率分别为 η_1 和 η_2. 图中 AB 为等温过程,CA 为绝热过程,BC 为等容过程,BD 为等压过程,则一定有(　　).

(A) $\eta_1 > \eta_2$　　(B) $\eta_1 = \eta_2$

(C) $\eta_1 < \eta_2$　　(D) 不能确定

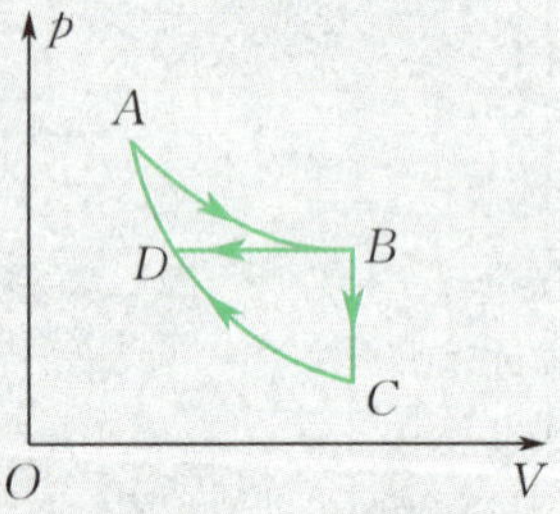

图 5-30

5-7 有人设计了四个理想气体的循环过程,如图 5-31 所示,则在理论上可以实现的为(　　).

5-8 下列说法正确的是(　　).

(A) 由热力学第一定律可以证明任何热机的效率不可能等于 1

(B) 由热力学第一定律可以证明任何卡诺循环的效率都等于 $1-\dfrac{T_2}{T_1}$

(C) 有规则运动的能量能够变为无规则运动的能量,但无规则运动的能量不能变为有规则运动的能量

(D) 系统经过一个正卡诺循环后,系统本身没有任何变化

5-9 关于可逆过程和不可逆过程,以下说法错误的是(　　).

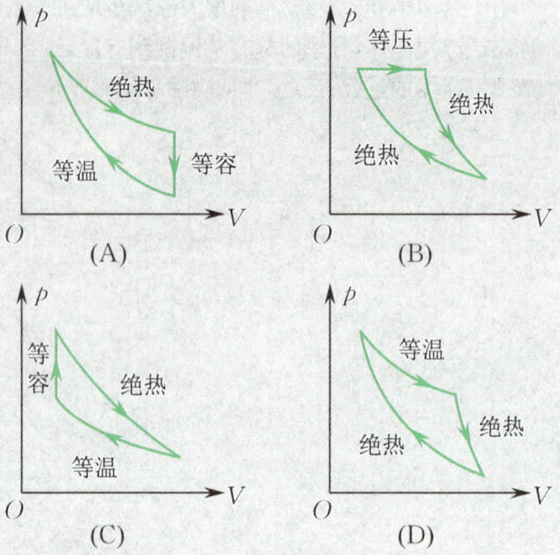

图 5-31

(A) 可逆过程一定是平衡过程

(B) 平衡过程一定是可逆过程

(C) 不可逆过程一定找不到另一过程使系统和外界同时复原

(D) 非平衡过程一定是不可逆过程

5-10 一绝热容器被隔板分成两半,一半真空,另一半是理想气体. 若把隔板抽出,气体将进行自由膨胀,达到平衡后(　　).

(A) 温度降低,熵减少　(B) 温度不变,熵不变

(C) 温度不变,熵增加　(D) 温度降低,熵增加

填空题

5-11 若理想气体经历一热力学过程,过程方程为 $p=\dfrac{a}{V^2}$,气体体积由 V_1 增加至 V_2,则气体对外做功为 $W=$________.

5-12 一定量的某种理想气体在等压过程中对外做功 200 J. 若此种气体为单原分子气体,则该过程需要吸热________J;若为双原子分子气体,则需要吸热________J.

5-13 给定的理想气体(比热容比 γ 为已知)从标准状态(p_0,V_0,T_0)开始绝热膨胀,体积增大为原来的 3 倍,膨胀后的温度 $T=$________,压强 $p=$________.

5-14 如图 5-32 所示为理想气体几种状态变化过程的 p-V 图,其中 MT 为等温线,MQ 为绝热线,在 AM,BM,CM 三种准静态过程中,温度降低的是________过程,气体放热的是________过程.

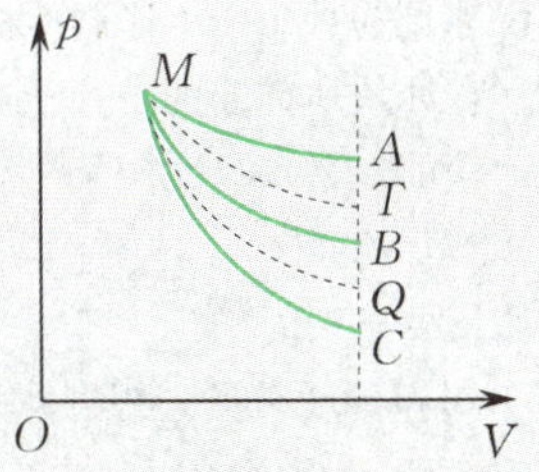

图 5 - 32

5 - 15　如图 5 - 33 所示为 1 mol 理想气体的 T - V 图，AB 为一直线，其延长线通过 O 点，AB 过程是________，气体对外做功为 $W=$ ________.

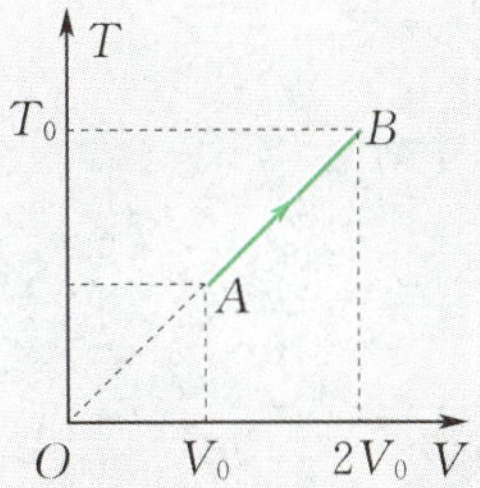

图 5 - 33

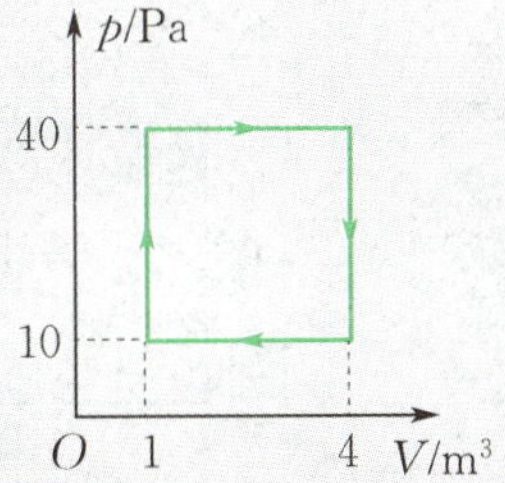

图 5 - 34

5 - 16　气体经历如图 5 - 34 所示的循环过程，在这个循环中，外界传给气体的净热量是________.

5 - 17　从统计意义上说，不可逆过程实质是一个________的转变过程，一切实际过程都向着________或________的方向进行.

计算题

5 - 18　一系统由图 5 - 35 中的 a 态沿 abc 到达 c 态时，吸热 350 J，同时对外做功 126 J.

(1) 如果沿 adc 进行，则系统做功 42 J. 问这时系统吸收了多少热量?

(2) 当系统由 c 态沿曲线 ca 返回到 a 态时，如果外界对系统做功 84 J，问这时系统是吸热还是放热?热量传递是多少?

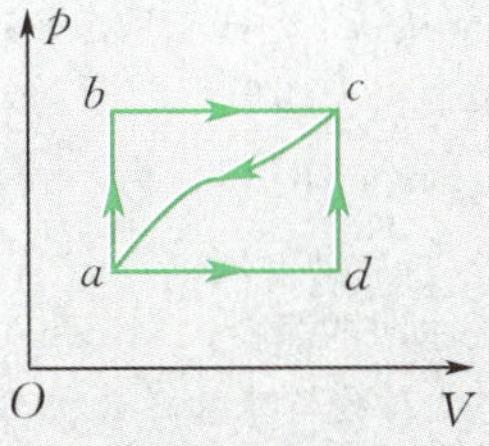

图 5 - 35

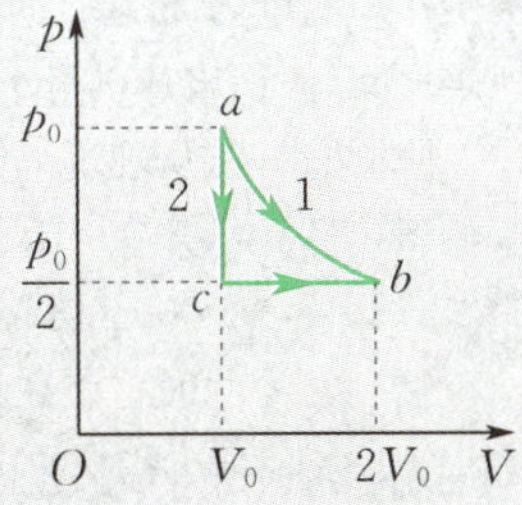

图 5 - 36

5 - 19　如图 5 - 36 所示，1 mol 氧气(视为理想气体)，初态体积 $V_0=22.4\times10^{-3}$ m^3，压强 $p_0=2\times10^5$ Pa；末态体积 $V_2=2V_0$，压强 $p=p_0/2$，分别经历下列两个过程：

(1) 等温过程；

(2) 先等容冷却到压强 $p=\dfrac{p_0}{2}$，再等压膨胀到体积 $V=2V_0$；

分别求两过程中系统吸收的热量和对外做的功.

5 - 20　1 mol 单原子分子理想气体，盛于汽缸内，此汽缸装有可活动的活塞. 已知气体的初压强为 10^5 Pa，体积为 10^{-3} m^3. 现将该气体在等压下加热，直到体积为原来的 2 倍，然后再在等容下加热，到压强为原来的 2 倍，最后绝热膨胀，使温度降为起始温度.

(1) 将整个过程在 p - V 图上表示出来；

(2) 整个过程气体内能的改变量；

(3) 整个过程气体对外做的功.

5 - 21　1 mol 双原子理想气体从状态 A 沿 p - V 图所示的直线变化到状态 B(见图 5 - 37)，试求：

(1) 气体内能的增量 ΔE；

(2) 气体对外界所做的功 W；

(3) 气体吸收的热量 Q；

(4) 此过程的摩尔热容 C_m.

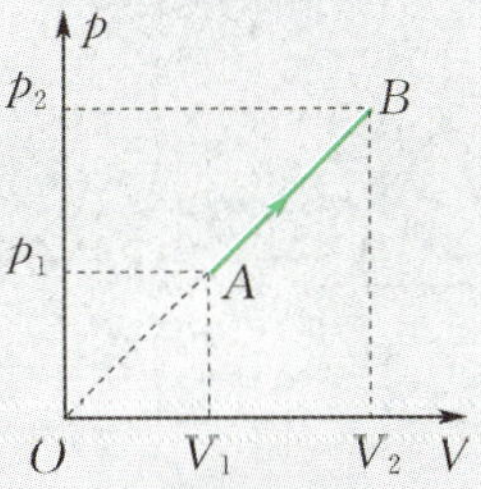

图 5 - 37

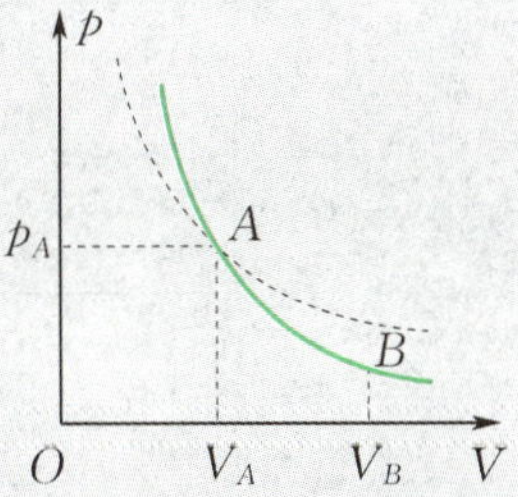

图 5 - 38

***5 - 22**　如图 5 - 38 所示，某理想气体的等温线与绝热线在 p - V 图上交于 A 点，已知 $p_A=2\times10^5$ Pa，$V_A=0.5\times10^{-3}$ m^3，而且 A 点处等温线斜率与绝热线斜率之比为 0.714，今让气体从 A 点绝热膨胀至 B 点，$V_B=1\times10^{-3}$ m^3. 求：

(1) B 点处的压强；

(2) 在此过程中气体对外做的功.

5 - 23　1 mol 氧气温度为 300 K 时的体积为 2.0×10^{-3} m^3. 试求下列两个过程中氧气所做的功：

(1) 绝热膨胀至体积为 2.0×10^{-2} m^3；

(2) 等温膨胀至体积为 2.0×10^{-2} m^3，然后再等容冷却，直到温度等于绝热膨胀后所达到的温度为止.

将上述两过程在 p - V 图上表示出来，说明两过程中功的数值的差别.

*5-24　已知某理想气体在某一准静态过程中的摩尔热容为 $C_m = C_{V,m} - R$. 试求此过程的过程方程(式中 $C_{V,m}$ 为摩尔定容热容).

*5-25　1 mol某种气体服从状态方程 $p(V-b) = RT$,内能为 $E = C_{V,m}T + E_0$(E_0 为常数). 试证明:

(1) 该气体的摩尔定压热容 $C_{p,m} = C_{V,m} + R$;

(2) 在准静态绝热过程中,气体满足方程 $p(V-b)^{\gamma} =$ 恒量,其中 $\gamma = \frac{C_{p,m}}{C_{V,m}}$.

5-26　1 mol理想气体在 $T_1 = 400$ K的高温热源与 $T_2 = 300$ K的低温热源之间进行卡诺循环,在400 K的等温线上起始体积为 $V_1 = 0.001\ \text{m}^3$,末态体积为 $V_2 = 0.005\ \text{m}^3$. 试求此气体在每一循环中:

(1) 从高温热源吸取的热量 Q_1;

(2) 气体对外做的净功 W;

(3) 气体传给低温热源的热量 Q_2.

5-27　如图5-39所示,AB,DC 是两绝热过程,CQA 是等温过程. 已知系统在 CQA 过程中放热100 J,QAB 的面积是30 J,QDC 的面积为70 J. 试问在 BQD 过程中系统是吸热还是放热?热量是多少?

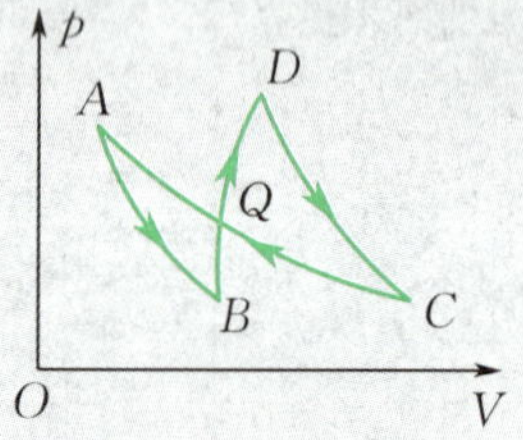

图5-39

5-28　一定量的理想气体进行如图5-40所示的循环,已知气体在状态 A 的温度为 $T_A = 300$ K. 求:

(1) 气体在状态 B,C 的温度;

(2) 各过程中气体对外所做的功;

(3) 整个循环过程中气体从外界吸收的总热量.

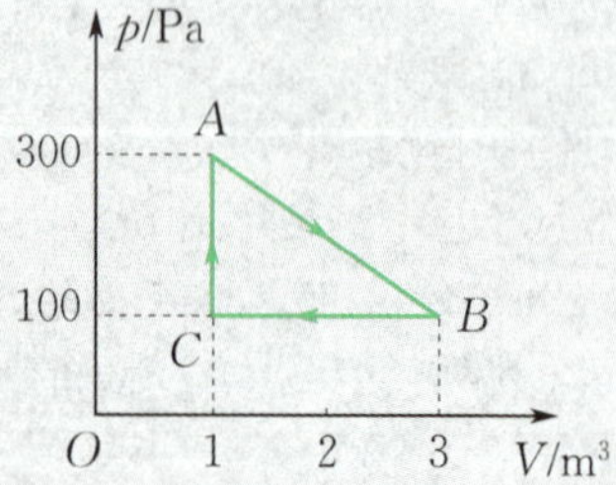

图5-40

5-29　一台家用电冰箱,放在气温为300 K的房间内,做一盘 -13℃ 的冰块需从冷冻室取走 2.09×10^5 J的热量,设冰箱为理想的卡诺制冷机.

(1) 求做一盘冰块所需要的功;

(2) 若此冰箱能以 $2.09\times10^2\ \text{J}\cdot\text{s}^{-1}$ 的速率取出热量,求所要求的电功率.

(3) 做冰块需要多长时间?

5-30　1 mol单原子分子理想气体的循环过程的 V-T 图如图5-41所示. 图中 $T_0 = 300$ K.

(1) 在 p-V 图上表示该循环过程;

(2) 求 ab,bc,ca 各个过程系统吸收的热量;

(3) 求每一循环系统对外做的净功 W;

(4) 求循环效率 η.

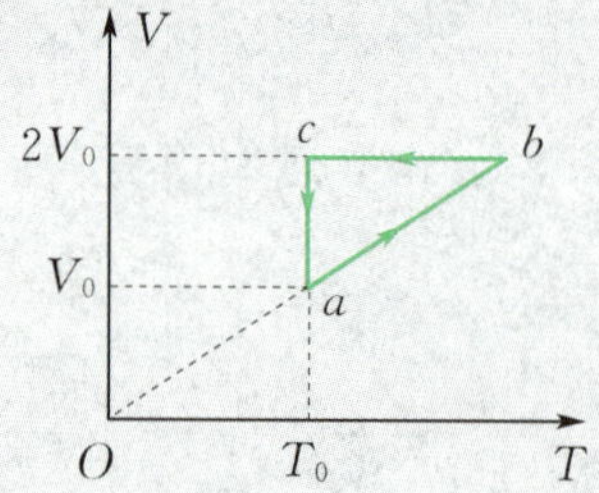

图5-41

5-31　1 mol单原子分子理想气体经历如图5-42所示的循环过程,求:

(1) 循环过程中系统从外界吸收的热量;

(2) 每一循环系统对外做的净功 W;

(3) 循环效率 η.

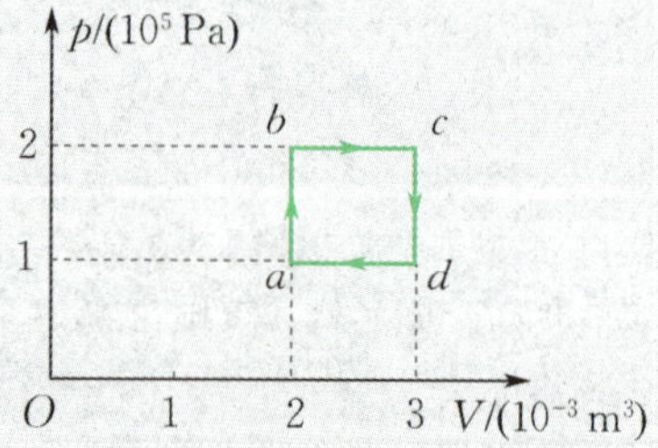

图5-42

5-32　一小型热电厂内,一台利用地热发电的热机工作于温度为227 ℃的地下热源和温度为27 ℃的地表之间. 假设该热机每小时能从地下热源获取 1.8×10^{11} J的热量,试从理论上计算其最大功率.

*5-33　已知在0 ℃时,1 mol的冰融化为1 mol的水需要吸热6 000 J. 求:

(1) 在0 ℃时这些冰化为水时的熵变;

(2) 0 ℃时这些水的微观状态数与冰的微观状态数之比.

第3篇

振动和波动

振动和波动是自然界中物质运动最常见的两种运动形式，广泛存在于自然现象和生产活动中．一切发声体都在振动，机器的运转伴随振动，海浪的起伏和地震的振动，电流、电压、电场、磁场随时间周期性的变化也可以是振动；物质内部晶格或分子中的原子也在振动等．波动是振动在空间的传播过程．自然界中存在各种各样的波，如水面波、声波、无线电波、光波、地震冲击波等．近代物理学研究表明，电子、质子等微观粒子也具有波动性，这种波称为物质波．不同性质的振动和波动其本质虽然不同，但它们都具有与机械振动和机械波相类似的共同特征，如都具有一定的传播速度，伴随有能量的传播，能发生反射、折射、干涉和衍射等，且对它们运动规律的描述都有着相同的数学形式．

本篇主要讨论机械振动和机械波，其描述方法、基本概念和规律，对电磁波、光波甚至物质波都具有普遍意义．

第6章　振动学基础

物体在一定位置附近来回往复的运动称为机械振动，简称振动. 机械振动在自然界和工程技术中广泛存在，如心脏的跳动、运行中的机器零件的振动、汽缸中活塞的运动等都是机械振动. 广义地说，一个物理量随时间 t 做周期性的变化 $\xi(t)=\xi(t+T)$ 就称为振动. 周期性就是振动的典型特征. 交流电路中的电流和电压、电磁场中的电场强度和磁场强度都随时间做周期性的变化，这种振动称为电磁振动或电磁振荡. 振动现象虽然多种多样，但它们都遵从相同形式的基本规律.

最简单、最基本的振动是简谐振动. 任何复杂的振动可以看成若干简谐振动的合成. 本章先讨论简谐振动的基本特征和规律，接着讨论振动的合成，最后简要介绍阻尼振动和受迫振动.

§6.1　简谐振动的特征和规律

6.1.1　简谐振动的特征和表达式

物体运动时，如果离开平衡位置的位移(或角位移)随时间按余弦(或正弦)函数的规律变化，这种运动称为简谐振动. 简谐振动是振动中最基本最简单的振动形式，任何复杂的振动可以看成若干简谐振动的合成.

轻弹簧一端固定，另一端与质量为 m 的物体(可视为质点)相连，放在光滑的水平面上，如果把物体从平衡位置拉开一定距离后释放，忽略一切阻力，物体将在弹性力作用下在其平衡位置附近来回往复地运动，这种理想的振动系统称为弹簧振子.

取物体的平衡位置(物体在该处所受合外力为零)为坐标原点，x 轴正向向右建立坐标，如图 6－1 所示. 任意位置 x 处，物体受到的合外力(即弹性力)为

$$F=-kx, \tag{6-1}$$

式中 k 为弹簧的劲度系数，负号表示力的方向与位移相反.

由牛顿第二定律列出物体运动微分方程

$$-kx=m\frac{\mathrm{d}^2x}{\mathrm{d}t^2},$$

令

$$\omega^2=\frac{k}{m}, \tag{6-2}$$

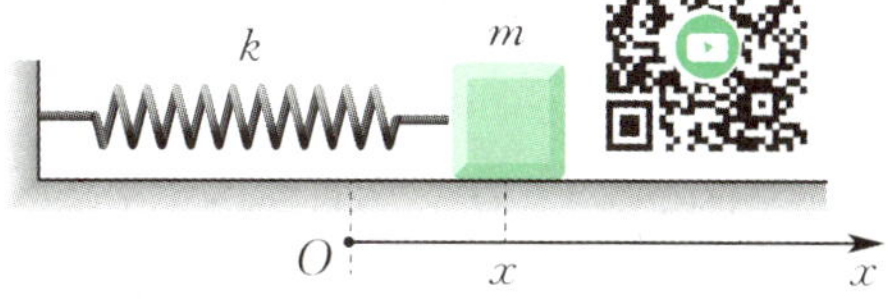

图 6－1　弹簧振子的振动

则有

$$\frac{d^2x}{dt^2}+\omega^2x=0. \tag{6-3}$$

求解式(6-3)可得振动物体的运动学方程,即

$$x=A\cos(\omega t+\varphi), \tag{6-4}$$

式中A和φ为积分常数,它们的值由初始条件决定.根据上述简谐振动的定义,式(6-4)称为**简谐振动方程**.可见,只要一个物体在运动过程中受到大小与位移成正比、方向总是指向平衡位置的力(称为**回复力**)作用,其动力学方程就有式(6-3)的形式,或运动规律(即位移随时间变化的规律)就有式(6-4)的形式,物体的运动就是简谐振动.式(6-3)就是简谐振动的动力学方程(**动力学特征**),式(6-4)也就是简谐振动的运动学方程(**运动学特征**).

将式(6-4)对时间t求一阶、二阶导数,可分别得到做简谐振动物体的速度和加速度

$$v=\frac{dx}{dt}=-\omega A\sin(\omega t+\varphi)=-v_m\sin(\omega t+\varphi)=v_m\cos\left(\omega t+\varphi+\frac{\pi}{2}\right), \tag{6-5}$$

$$a=\frac{dv}{dt}=-\omega^2A\cos(\omega t+\varphi)=-\omega^2x=a_m\cos(\omega t+\varphi\pm\pi), \tag{6-6}$$

式中$v_m=\omega A$和$a_m=\omega^2A$分别为速度和加速度的最大值.可见,物体做简谐振动时,其速度和加速度也随时间做周期性的变化.

6.1.2 简谐振动的三个特征量

振动方程式(6-4)中的A,ω,φ是描述简谐振动的三个特征量,它们的物理意义分述如下.

1. 振幅

式(6-4)中的A是物体离开平衡位置的最大位移的绝对值,称为**位移振幅**,在国际单位制中其单位为米(m).相应地,式(6-5)和式(6-6)中的$v_m=\omega A$和$a_m=\omega^2A$则分别称为**速度振幅**和**加速度振幅**.

2. 圆频率

式(6-4)中的ω是描述振动快慢程度(2π秒内完成振动的次数)的物理量,称为**圆频率**(或**角频率**),单位是弧度每秒($rad\cdot s^{-1}$).振动的典型特征是周期性,物体完成一次全振动所经历的时间称为**周期**,用T表示.在国际单位制中其单位为秒(s).由周期函数的性质,有

$$A\cos(\omega t+\varphi)=A\cos[\omega(t+T)+\varphi]=A\cos(\omega t+\varphi+2\pi),$$

可得T与ω的关系为

$$T=\frac{2\pi}{\omega}. \tag{6-7}$$

单位时间内完成全振动的次数称为**频率**,以ν表示,即

$$\nu=\frac{1}{T}=\frac{\omega}{2\pi}\quad 或\quad \omega=2\pi\nu. \tag{6-8}$$

在国际单位制中其单位是赫兹(Hz).

由式(6-2)知,**ω完全由振动系统本身的力学性质决定**,故又称为**固有圆频率**,由此确定的振动周期和频率称为固有周期和固有频率.

弹簧振子的固有圆频率、固有周期和固有频率分别为

$$\omega=\sqrt{\frac{k}{m}},\ T=2\pi\sqrt{\frac{m}{k}},\ \nu=\frac{1}{2\pi}\sqrt{\frac{k}{m}}.$$

3. 相位和初相位

在振幅和频率确定的简谐振动中，由式(6-4)和式(6-5)可知，振动物体在任意时刻的运动状态(位置和速度)完全由$(\omega t+\varphi)$决定. $(\omega t+\varphi)$称为振动物体在t时刻的**相位**. $t=0$时刻的相位φ称为**初相位**，简称**初相**. 例如，当相位$(\omega t_1+\varphi)=\dfrac{\pi}{2}$时，有$x=0$，$v=-\omega A$，表示系统此时的振动状态是：振子处在平衡位置并以最大速率向x轴负方向运动；当相位$(\omega t_2+\varphi)=\dfrac{3\pi}{2}$时，有$x=0$，$v=\omega A$，此时系统的振动状态是：振子处于平衡位置并以最大速率向x轴正方向运动. 可见，在t_1和t_2时刻，振动相位不同，系统的振动状态就不相同.

相位的概念可用于比较两个同频率的简谐振动的步调. 设有两个同频率的简谐振动

$$x_1=A_1\cos(\omega t+\varphi_1),\quad x_2=A_2\cos(\omega t+\varphi_2),$$

它们的**相位差**为

$$\Delta\varphi=(\omega t+\varphi_2)-(\omega t+\varphi_1)=\varphi_2-\varphi_1.$$

当$\Delta\varphi=0$(或2π的整数倍)时，称两振动**同相**(步调一致)；当$\Delta\varphi=\pi$(或π的奇数倍)时，称两振动**反相**(步调相反)；当$\Delta\varphi$为其他值时，如果$\varphi_2-\varphi_1>0$，称x_2超前x_1振动$\Delta\varphi$，或说x_1落后于x_2振动$\Delta\varphi$. 相位差$|\Delta\varphi|$的取值一般限制在$0\sim\pi$内.

图 6-2 是同一简谐振动的位移、速度和加速度随时间变化的曲线. 容易看出，速度的相位超前位移$\dfrac{\pi}{2}$，加速度的相位又超前速度$\dfrac{\pi}{2}$，加速度与位移的相位差为π，即加速度与位移反相.

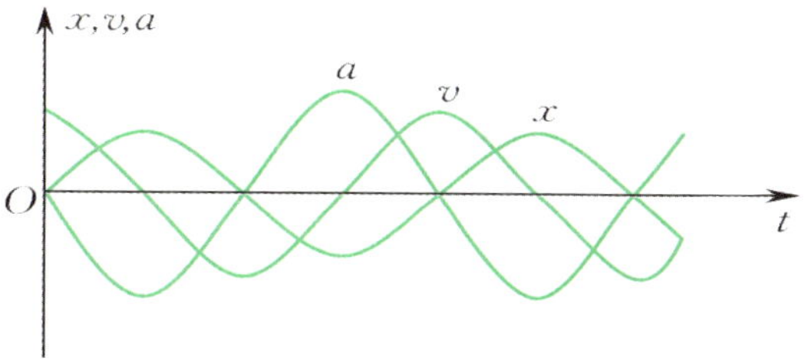

图 6-2 简谐振动中x,v,a的相位比较

比较两个简谐振动的相位关系时应注意：(1) 只有同频率(ω相同)的两个简谐振动才可以比较；(2) 只有两简谐振动都是余弦函数(或都是正弦函数)形式才可以比较. 否则，得到的相位差没有意义.

6.1.3 简谐振动的初始条件(A和φ的确定)

以上讨论了振幅A和初相φ的意义，下面讨论A和φ的值如何确定. 设$t=0$时，振动物体的初位置和初速度分别为x_0和v_0，由式(6-4)和式(6-5)，得

$$\begin{cases} x_0=A\cos\varphi, \\ -\dfrac{v_0}{\omega}=A\sin\varphi. \end{cases}$$

求解上述方程组，得到

$$A=\sqrt{x_0^2+\frac{v_0^2}{\omega^2}}, \tag{6-9}$$

$$\varphi=\arctan\left(-\frac{v_0}{\omega x_0}\right). \tag{6-10}$$

初位置x_0和初速度v_0称为**初始条件**. 可见，**简谐振动的振幅A和初相φ可由初始条件(x_0, v_0)决定**，或者说，简谐振动的初相φ的值与计时起点有关.

6.1.4 简谐振动的旋转矢量表示法

如图 6-3(a) 所示,一长度为 A 的矢量 $\boldsymbol{A}$(称为振幅矢量),以角速度 ω 在 Oxy 平面上绕 O 点逆时针匀速转动. $t=0$ 时刻,$\boldsymbol{A}$ 与 x 轴正方向的夹角为 φ,任意时刻 t,矢量 $\boldsymbol{A}$ 的端点 M 在 x 轴上的投影点(P 点) 的坐标为

$$x = A\cos(\omega t+\varphi),$$

式中已包含简谐振动的三个特征量 A,ω,φ,是简谐振动的表达式. 可见,逆时针方向做匀速圆周运动的矢量 $\boldsymbol{A}$,其端点 M 在 x 轴上的投影点 P 的运动是简谐振动. 这样,可以借助圆周运动来研究(描述) 简谐振动,这种方法称为简谐振动的旋转矢量表示法.

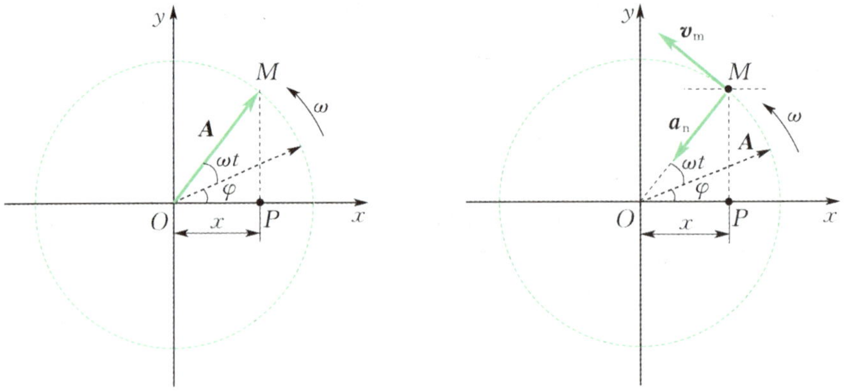

(a) 位移表示法　　(b) 速度和加速度表示法

图 6-3　简谐振动的旋转矢量表示法

简谐振动可用一个旋转矢量来表示,矢量的长度等于简谐振动的振幅;矢量逆时针方向匀速旋转的角速度等于简谐振动的圆频率 ω;$t=0$ 时刻,矢量 $\boldsymbol{A}$ 与 x 轴正向的夹角等于简谐振动的初相 φ. 任意时刻,矢量与 x 轴正向的夹角就等于简谐振动的相位$(\omega t+\varphi)$.

简谐振动物体的速度和加速度也可借助圆周运动来描述,如图 6-3(b) 所示,矢量端点 M 做匀速圆周运动的速度 $v_m = A\omega$ 在 x 轴上的投影

$$v=-v_m\sin(\omega t+\varphi)=-A\omega\sin(\omega t+\varphi)$$

正好是 P 点做简谐振动的速度方程式(6-5);M 做匀速圆周运动的加速度 $a_n = A\omega^2$ 在 x 轴上的投影

$$a=-a_n\cos(\omega t+\varphi)=-A\omega^2\cos(\omega t+\varphi)$$

正好是 P 点做简谐振动的加速度方程式(6-6).

利用旋转矢量图,还可以很方便地表示两个简谐振动的相位差. 例如,两质点做同方向、同频率的简谐振动,振幅相等. 当质点 1 在 $x_1=\dfrac{A}{2}$ 处,向 x 轴负方向运动时,另一个质点 2 在 $x_2=0$ 处,向 x 轴正方向运动. 将这两个振动对应的旋转矢量画在同一图上,如图 6-4 所示. 由图很容易得到这两个简谐振动的相位差

$$\Delta\varphi=\varphi_1-\varphi_2=\frac{\pi}{3}-\left(-\frac{\pi}{2}\right)=\frac{5\pi}{6},$$

即质点 1 的振动超前质点 2 的振动$\dfrac{5\pi}{6}$.

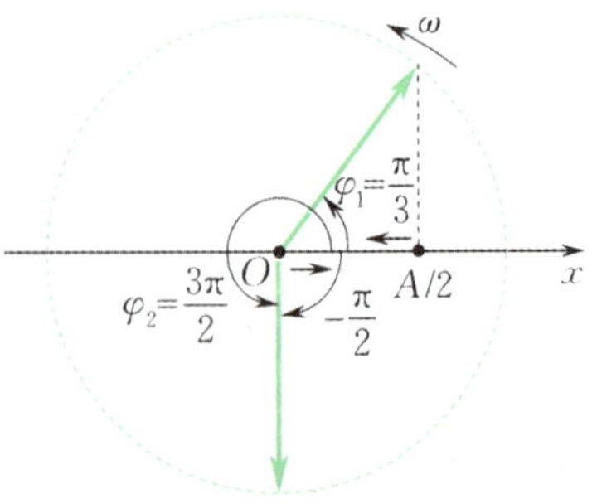

图 6-4　两简谐振动的相位差

例 6-1

一质点沿 x 轴做简谐振动，振幅 $A=0.12\ \text{m}$，周期 $T=2\ \text{s}$. $t=0$ 时刻，质点在 $x_0=0.06\ \text{m}$ 处且向 x 轴正方向运动. 求：(1) 简谐振动的表达式；(2) $t=0.5\ \text{s}$ 时质点的位置、速度和加速度；(3) 质点从 $x=-0.06\ \text{m}$ 向 x 轴负方向运动，第一次回到平衡位置所需的时间.

解　(1) 设简谐振动的表达式为

$$x=A\cos(\omega t+\varphi).$$

依题意 $A=0.12\ \text{m}$，$T=2\ \text{s}$，则

$$\omega=\frac{2\pi}{T}=\pi\ \text{rad}\cdot\text{s}^{-1}.$$

由初始条件用解析法求 φ

因为 $t=0$ 时，$x_0=0.06\ \text{m}$，$v_0>0$，代入振动方程得 $\cos\varphi=\dfrac{1}{2}$，即

$$\varphi=\pm\frac{\pi}{3}.$$

由速度方程 $v_0=-\omega A\sin\varphi>0$，故舍去 $\varphi=+\dfrac{\pi}{3}$，得

$$\varphi=-\frac{\pi}{3}.$$

简谐振动的表达式为

$$x=0.12\cos\left(\pi t-\frac{\pi}{3}\right)\ \text{m}.$$

由初始条件用旋转矢量法求 φ

根据初始条件画出 $t=0$ 时刻振幅矢量的位置，它与 x 轴正向的夹角即为初相 φ，如图 6-5(a) 所示，容易得到 $\varphi=-\dfrac{\pi}{3}$.

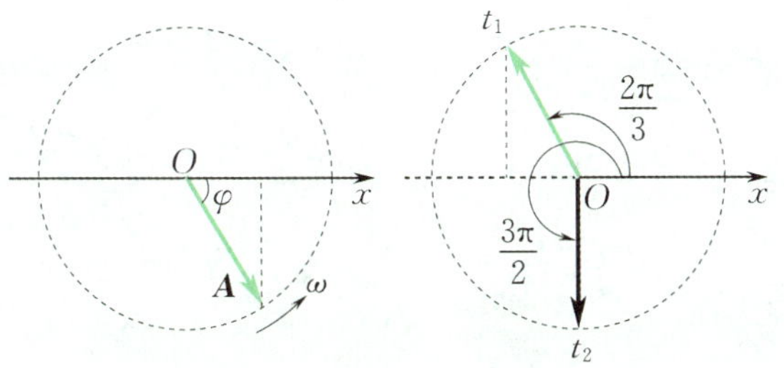

(a)　(b)

图 6-5

(2) 将振动表达式对时间 t 求一阶、二阶导数，得

$$v=\frac{\mathrm{d}x}{\mathrm{d}t}=-0.12\pi\sin\left(\pi t-\frac{\pi}{3}\right),$$

$$a=\frac{\mathrm{d}v}{\mathrm{d}t}=-0.12\pi^2\cos\left(\pi t-\frac{\pi}{3}\right).$$

$t=0.5\ \text{s}$ 代入振动表达式及上两式，得

$$x=0.12\cos\left(\pi\times0.5-\frac{\pi}{3}\right)\ \text{m}=0.10\ \text{m},$$

$$v=-0.12\pi\sin\left(\pi\times0.5-\frac{\pi}{3}\right)\ \text{m}\cdot\text{s}^{-1}=-0.18\ \text{m}\cdot\text{s}^{-1},$$

$$a=-0.12\pi^2\cos\left(\pi\times0.5-\frac{\pi}{3}\right)\ \text{m}\cdot\text{s}^{-2}=-1.03\ \text{m}\cdot\text{s}^{-2}.$$

(3) 用旋转矢量法求所需的时间很简便. 由图 6-5(b) 可知，旋转矢量从 $x=-0.06\ \text{m}$ 向 x 轴负方向运动，第一次回到平衡位置，相当于旋转矢量转过了角度

$$\Delta\theta=\frac{3\pi}{2}-\frac{2\pi}{3}=\frac{5\pi}{6}.$$

因为 $\Delta\theta=\omega\Delta t$，所以

$$\Delta t=\frac{\frac{5\pi}{6}}{\omega}=0.83\ \text{s}.$$

该时间也可用解析法求得. 当 $x=-0.06\ \text{m}$，设该时刻为 t_1，代入运动方程，有

$$-0.06=0.12\cos\left(\pi t_1-\frac{\pi}{3}\right),$$

即

$$\cos\left(\pi t_1-\frac{\pi}{3}\right)=-\frac{1}{2},$$

$$\pi t_1-\frac{\pi}{3}=\frac{2\pi}{3}\ \text{或}\ \frac{4\pi}{3}.$$

因为物体向 x 轴负向运动，$v<0$，所以取 $\dfrac{2\pi}{3}$，求得 $t_1=1\ \text{s}$.

当物体第一次回到平衡位置，设该时刻为 t_2，由于物体向 x 轴正向运动，此时物体在平衡位置处的相位为 $\dfrac{3\pi}{2}$，由 $\pi t_2-\dfrac{\pi}{3}=\dfrac{3\pi}{2}$，求得 $t_2=1.83\ \text{s}$. 所以，从 $x=-0.06\ \text{m}$ 处第一次

回到平衡位置所需时间为

$$\Delta t = t_2 - t_1 = 0.83\ \text{s}.$$

显然，此问题用旋转矢量法比用解析法要简便很多.

例 6-2

已知两个简谐振动的位移时间曲线如图 6-6(a) 所示，写出两简谐振动的表达式，并求它们的相位差.

解 曲线 1：由曲线可以看出

$$A = 0.2\ \text{m},$$

$$\omega = \frac{2\pi}{T} = \frac{2\pi}{4}\ \text{rad}\cdot\text{s}^{-1} = \frac{\pi}{2}\ \text{rad}\cdot\text{s}^{-1}.$$

将 $t=0$ 时刻的状态在旋转矢量图中表示出来，如图 6-6(b) 所示，得出

$$\varphi_1 = \frac{3\pi}{2} \text{ 或 } -\frac{\pi}{2}.$$

振动 1 的简谐振动表达式为

$$x_1 = 0.2\cos\left(\frac{\pi}{2}t + \frac{3\pi}{2}\right)(\text{SI}).$$

曲线 2：由曲线可以看出

$$A = 0.2\ \text{m},$$

$$\omega = \frac{2\pi}{T} = \frac{\pi}{2}\ \text{rad}\cdot\text{s}^{-1}.$$

同样，由旋转矢量图得到

$$\varphi_2 = \frac{5\pi}{3} \text{ 或 } -\frac{\pi}{3}.$$

振动 2 的简谐振动表达式为

$$x_2 = 0.2\cos\left(\frac{\pi}{2}t + \frac{5\pi}{3}\right)\text{m}.$$

两简谐振动的相位差为

$$\Delta\varphi = \varphi_2 - \varphi_1 = \frac{5\pi}{3} - \frac{3\pi}{2} = \frac{\pi}{6}.$$

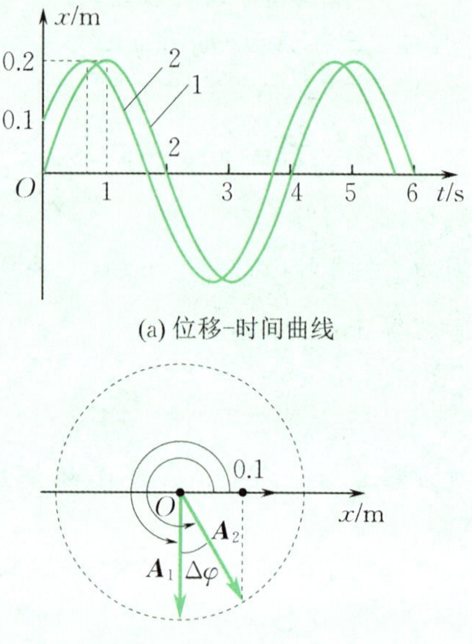

(a) 位移-时间曲线

(b) 旋转矢量法

图 6-6

思考题

6-1 简谐振动有何特征？试从运动学和动力学的角度分别说明.

6-2 分析下列几种运动是否为简谐振动？

(1) 拍皮球时，球的运动(设皮球与地面的碰撞是弹性的)；

(2) 质点做匀加速圆周运动时，它在直径上的投影点的运动；

(3) 把浮在静水面上的木块按下去然后松开，木块的运动；

(4) U 形玻璃管中的水银做上下振动.

6-3 用旋转矢量法决定下列振动的初相：

(1) 开始时,振动质点在位移为 $+A/2$ 且向 x 轴正方向运动;

(2) 开始时,振动质点在位移为 $-A/2$ 且向 x 轴负方向运动;

(3) 开始时,振动质点在位移为 $-A$ 处.

6-4 两个简谐振动的位移-时间曲线如图 6-7 所示,则振动(1) 和振动(2) 的初相各是多少?

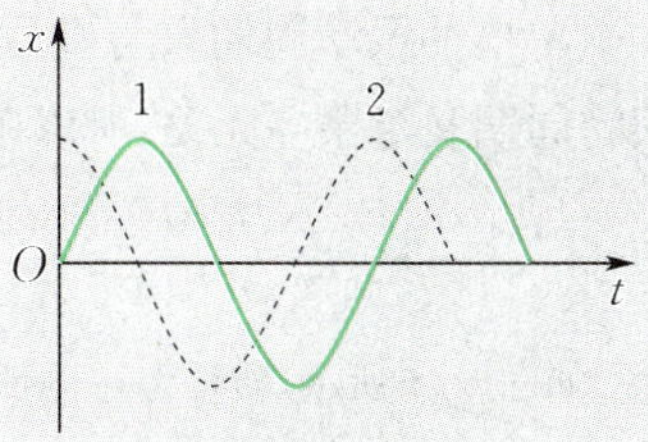

图 6-7

§ 6.2 简谐振动的实例

6.2.1 单摆

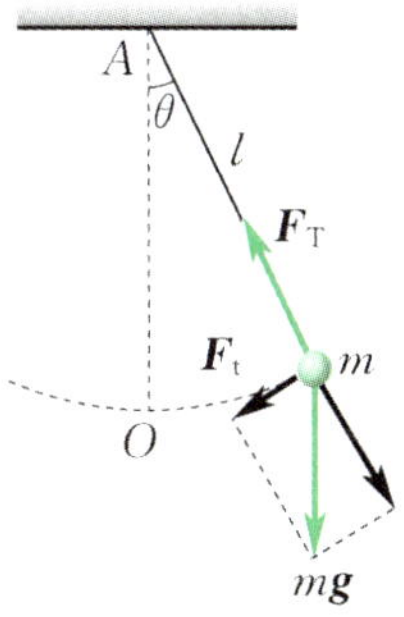

图 6-8 单摆

一根质量可以忽略且不能伸缩的细线,上端固定,下端系一可视为质点的重物(摆球)就构成一个单摆,如图 6-8 所示. 使摆球稍微偏离平衡位置(O 点)后释放,摆球在竖直平面内的平衡位置附近来回摆动.

设某一时刻,摆球偏离铅垂线的角位移为 θ,并取逆时针方向为角位移 θ 的正方向,忽略空气阻力,摆球所受重力 $m\boldsymbol{g}$ 和绳子张力 $\boldsymbol{F}_\mathrm{T}$ 的合力,对过 A 点水平轴的力矩为

$$M=-mgl\sin\theta,$$

式中负号表示力矩的方向总是与角位移的方向相反. 若 θ 很小(小于 5°),则 $\sin\theta=\theta-\frac{\theta^3}{3!}+\frac{\theta^5}{5!}-\cdots$,略去高阶无穷小,上式简化为

$$M=-mgl\theta,$$

即回复力矩的大小与角位移 θ 成正比,而方向与角位移 θ 的方向相反. 由转动定律得摆球运动的动力学方程为

$$-mgl\theta=ml^2\frac{\mathrm{d}^2\theta}{\mathrm{d}t^2},$$

令 $\omega^2=\frac{g}{l}$,有

$$\frac{\mathrm{d}^2\theta}{\mathrm{d}t^2}+\omega^2\theta=0,$$

这一方程与式(6-3)有相同的形式. 故可得出结论:单摆的小角度摆动是简谐振动. 由上式还可得单摆振动的周期公式

$$T=\frac{2\pi}{\omega}=2\pi\sqrt{\frac{l}{g}}. \tag{6-11}$$

在单摆中,物体所受的回复力不是弹性力,而是重力的切向分力. 在 θ 很小时,此力与角位移 θ 成正比,方向指向平衡位置,虽然本质上不是弹性力,但其作用完全和弹性力一样,所以是一种准弹性力. 当 θ 角不是很小时,物体所受的回复力与 $\sin\theta$ 成正比,物体不再做简谐振动.

单摆的振动周期只与重力加速度 g 和摆长 l 有关，而与摆球的质量无关. 在小摆角的情况下，单摆的周期又与振幅无关，所以单摆可用作计时. 单摆为测量重力加速度提供了一种简单的方法.

*6.2.2 复摆

如图 6-9 所示，质量为 m 的任意形状的物体，被支承在无摩擦的水平轴 O 上. 将它从平衡位置拉开一个微小的角度 θ 后释放，物体将绕 O 轴做微小的自由摆动，这样的装置称为复摆. 设复摆对 O 轴的转动惯量为 J，其质心 C 到 O 轴的距离为 l. 下面证明，在 $\theta < 5°$ 时，复摆的振动为简谐振动.

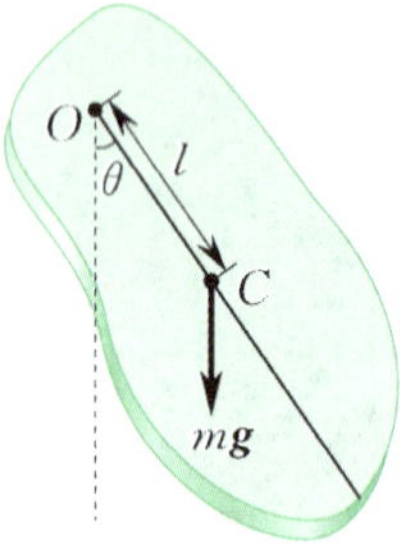

图 6-9 复摆

与上述单摆的分析类似，任意角位移 θ 时，复摆受到的合外力矩为

$$M = -mgl\sin\theta.$$

在摆角 θ 很小时，有 $\sin\theta \approx \theta$，由转动定律得复摆运动的动力学方程为

$$-mgl\theta = J\frac{\mathrm{d}^2\theta}{\mathrm{d}t^2},$$

令 $\omega^2 = \dfrac{mgl}{J}$，有

$$\frac{\mathrm{d}^2\theta}{\mathrm{d}t^2} + \omega^2\theta = 0,$$

即复摆的小角度摆动是简谐振动，其振动的圆频率和周期分别为

$$\omega = \sqrt{\frac{mgl}{J}},\quad T = 2\pi\sqrt{\frac{J}{mgl}}.$$

*6.2.3 LC 振荡

如图 6-10 所示的电路，先将电键 S 接到电源一边让电容器充电，然后将电键 S 打向 L 一边，L 与 C 便构成一振荡回路(称为 LC 振荡电路)，电流计 G 中将有大小和方向都交替变化的电流通过，这是一个非机械振动的简谐振动的例子. 若忽略电流计及线圈的电阻，根据闭合电路的欧姆定律，可列出电路方程如下：

$$u_C - L\frac{\mathrm{d}i}{\mathrm{d}t} = 0,$$

式中 $u_C = \dfrac{q}{C}$，$i = -\dfrac{\mathrm{d}q}{\mathrm{d}t}$，代入得

$$L\frac{\mathrm{d}^2q}{\mathrm{d}t^2} + \frac{q}{C} = 0.$$

令 $\omega^2 = \dfrac{1}{LC}$，有

$$\frac{\mathrm{d}^2q}{\mathrm{d}t^2} + \omega^2 q = 0,$$

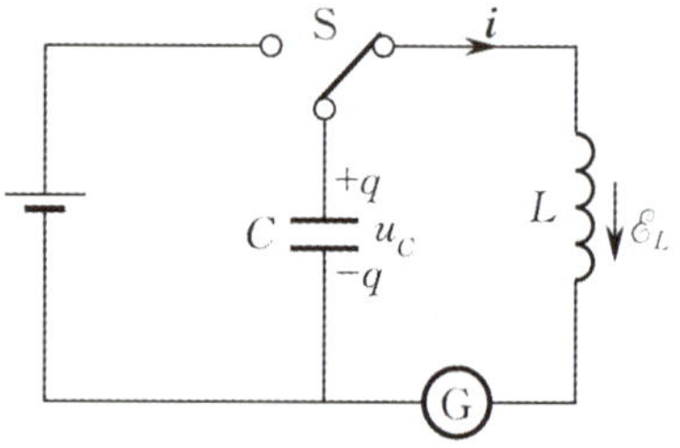

图 6-10 LC 振荡电路

此方程类似式(6-3)，可以断定，电键 S 一合向右边，电容器上的电量就按简谐振动的规律变化，即

$$q = q_m\cos(\omega t + \varphi).$$

电路中相应电流 i 的表达式为

$$i = -\frac{\mathrm{d}q}{\mathrm{d}t} = \omega q_0\sin(\omega t + \varphi),$$

即电流随时间按正弦函数规律变化，其变化的圆频率 ω 和周期 T 分别为 $\omega = \dfrac{1}{\sqrt{LC}}$ 和 $T = 2\pi\sqrt{LC}$. 这种电流称为振荡电流.

例 6-3

一立方体木块浮于静止的水中，其浸入水中的高度为 a，如图 6-11(a) 所示. 今用手将其轻轻下压，使其浸入水中的高度为 b，然后放手，任其自由振动. (1) 试证明，若不计水的黏滞阻力，木块将做简谐振动；(2) 若自放手时开始计时，写出振动表达式.

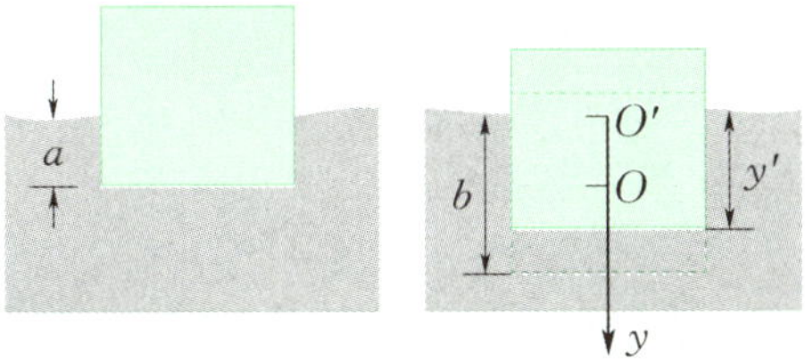

(a) 平衡时　　(b) 任意位置

图 6-11

解　(1) 设木块截面积为 S，水的密度为 ρ，木块的质量为 m，当木块平衡时，有

$$mg=F_{浮}=\rho gSa,$$

所以

$$m=\rho Sa.$$

取水面为坐标原点 O'，y 轴正方向向下，如图 6-11(b) 所示，当木块在水中的浸入高度为 y' 时，木块的运动方程为

$$F=mg-F'_{浮}=\rho gSa-\rho gSy'$$
$$=m\frac{d^2y'}{dt^2}=\rho Sa\frac{d^2y'}{dt^2},$$

即

$$-g(y'-a)=a\frac{d^2y'}{dt^2}$$

或

$$\frac{d^2y'}{dt^2}+\frac{g}{a}(y'-a)=0.$$

如果取 $y=y'-a$（相当于把坐标原点改取在木块平衡时其下表面所处位置 O 处），上式变为

$$\frac{d^2y}{dt^2}+\frac{g}{a}y=0\quad 或\quad \frac{d^2y}{dt^2}+\omega^2y=0.$$

此方程与式(6-3)有相同形式，故木块的运动是简谐振动. 此例说明：常力（例如重力）并不影响振动系统的振动情况，只改变振动系统的平衡位置.

(2) 由(1)可得

$$\omega^2=\frac{g}{a},$$

所以

$$T=\frac{2\pi}{\omega}=2\pi\sqrt{\frac{a}{g}}.$$

微分方程的通解为

$$y=A\cos(\omega t+\varphi),$$

将初始条件（$t=0$ 时，$y_0=b-a$，$v_0=0$）分别代入运动方程和速度方程，有

$$y_0=b-a=A\cos\varphi,$$
$$-\omega A\sin\varphi=0,$$

求得

$$A=b-a,\ \varphi=0,$$

故所求振动表达式为

$$y=(b-a)\cos\sqrt{\frac{g}{a}}t\,(\mathrm{SI}).$$

§ 6.3　简谐振动的能量

仍以弹簧振子为例来讨论简谐振动的能量. 设振子质量为 m，弹簧的劲度系数为 k，忽略摩擦和一切阻力，系统只在保守内力（弹性力）的作用下运动，故系统机械能守恒.

任意位置 x 处，系统的弹性势能和动能分别为

$$E_p = \frac{1}{2}kx^2 = \frac{1}{2}kA^2\cos^2(\omega t + \varphi), \tag{6-12}$$

$$E_k = \frac{1}{2}mv^2 = \frac{1}{2}m\omega^2 A^2\sin^2(\omega t + \varphi) = \frac{1}{2}kA^2\sin^2(\omega t + \varphi), \tag{6-13}$$

系统的总能为

$$E = E_k + E_p = \frac{1}{2}kA^2 = \frac{1}{2}m\omega^2 A^2. \tag{6-14}$$

可见,弹簧振子在振动过程中,动能和势能都随时间做周期性变化,但总能与时间无关.图 6-12 画出了初相位 $\varphi = 0$ 的振动系统的动能 E_k、势能 E_p 和总能 E 随时间变化的关系曲线.由图可以看出,动能和势能变化的频率是振动频率的 2 倍.

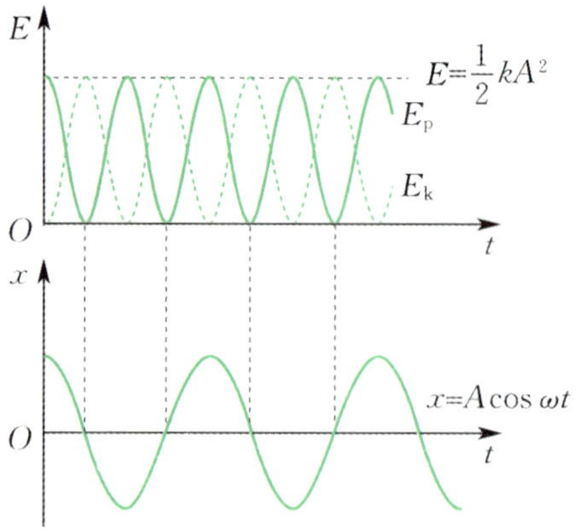

图 6-12 谐振子的动能、势能和总能随时间变化的曲线

根据能量守恒可以导出简谐振动的微分方程.已知任意位置系统的总能为

$$E = \frac{1}{2}mv^2 + \frac{1}{2}kx^2 = \text{常量},$$

将上式对时间求导,有

$$mva + kxv = 0,$$

即

$$a = \frac{d^2x}{dt^2} = -\frac{k}{m}x,$$

这与式(6-3)给出的简谐振动的微分方程是一样的.从能量守恒导出简谐振动方程的思路,对研究非机械振动十分有利,因为那种情况已不宜采用受力分析的方法了.

利用式(6-12)和式(6-13)可求出振子的势能和动能在一个周期内的平均值.

$$\overline{E}_p = \frac{1}{T}\int_0^T E_p dt = \frac{1}{T}\int_0^T \frac{1}{2}kA^2\cos^2(\omega t + \varphi)dt = \frac{1}{4}kA^2,$$

$$\overline{E}_k = \frac{1}{T}\int_0^T E_k dt = \frac{1}{T}\int_0^T \frac{1}{2}kA^2\sin^2(\omega t + \varphi)dt = \frac{1}{4}kA^2,$$

即弹簧振子的势能和动能的平均值相等,而且都等于总能的一半.这一结论虽然是从弹簧振子这一特例推出,但具有普遍意义,适用于任何简谐振动系统.

例 6－4

试根据能量守恒导出复摆振动的微分方程.

解　设 t 时刻，复摆的角位移为 θ(参见图 6－9). 将复摆、地球看作一个系统，只有保守内力(重力)做功，系统机械能守恒. 取 O 点为零势能点，系统的机械能为

$$E = E_k + E_p = \frac{1}{2}J\omega^2 - mgl\cos\theta$$

$$= \frac{1}{2}J\left(\frac{d\theta}{dt}\right)^2 - mgl\cos\theta.$$

因总能不随时间变化，有

$$\frac{dE}{dt} = \frac{1}{2}J\cdot 2\left(\frac{d\theta}{dt}\right)\cdot\frac{d^2\theta}{dt^2} - mgl\cdot(-\sin\theta)\frac{d\theta}{dt} = 0.$$

当摆角 θ 很小时，$\sin\theta\approx\theta$，上式整理得

$$\frac{d^2\theta}{dt^2} + \frac{mgl}{J}\theta = 0,$$

$$\frac{d^2\theta}{dt^2} + \omega^2\theta = 0,$$

这就是复摆振动的微分方程，与 6.2.2 节得到的复摆振动的微分方程完全相同.

例 6－5

质量为 0.10 kg 的物体，以振幅 1.0×10^{-2} m 做简谐振动，其最大加速度为 4.0 m·s^{-2}. 求：(1) 振动的周期；(2) 通过平衡位置时的动能；(3) 总能量；(4) 物体动能和势能相等的位置.

解　(1) 因 $a_{max} = A\omega^2$，故

$$\omega = \sqrt{\frac{a_{max}}{A}} = \sqrt{\frac{4.0}{1.0\times10^{-2}}}\ \text{rad}\cdot\text{s}^{-1}$$

$$= 20\ \text{rad}\cdot\text{s}^{-1}.$$

振动周期

$$T = \frac{2\pi}{\omega} = \frac{2\times3.14}{20}\ \text{s} = 0.314\ \text{s}.$$

(2) 通过平衡位置时的动能

$$E_k = \frac{1}{2}mv_{max}^2 = \frac{1}{2}m\omega^2A^2$$

$$= \frac{1}{2}\times0.10\times20^2\times(1.0\times10^{-2})^2\ \text{J}$$

$$= 2.0\times10^{-3}\ \text{J}.$$

(3) 总能量

$$E = E_{kmax} = 2.0\times10^{-3}\ \text{J}.$$

(4) 设 x 处动能和势能相等，则有

$$E_k = E_p = \frac{E}{2},$$

即

$$\frac{1}{2}kx^2 = \frac{1}{2}\cdot\frac{1}{2}kA^2,$$

所以

$$x = \pm\frac{\sqrt{2}}{2}A = \pm0.707\times10^{-2}\ \text{m}.$$

思考题

6－5　如果把一个单摆拉开一个小角度 θ_0 然后放开让其自由摆动，问：

(1) 此 θ_0 是否就是振动的初相?

(2) 单摆绕悬点转动的角速度是否就是简谐振动的角频率?

6－6　一劲度系数为 k 的弹簧，挂一质量为 m 的物体，它振动的频率多大?如果把弹簧截去一半，仍将原物体挂上，它的振动频率是否改变?

6－7　弹簧振子做简谐振动时，如果它的振幅增大为原来的两倍，而频率减小为原来的一半，问它的能量怎样改变?

§6.4 简谐振动的合成

实际中常遇到一个质点同时参与两个或几个振动的情况,如两个声波同时传到空间某一点时,该点处的空气质点就同时参与两个振动.根据运动叠加原理,这时质点的运动就是这两个振动的合成.一般的振动合成问题比较复杂,本节只研究几种简单的情况.

6.4.1 同方向简谐振动的合成

1. 两个同方向、同频率的简谐振动的合成

设一质点在同一直线上(x 轴上)同时参与两个独立的同频率(ω 相同)的简谐振动,这两个简谐振动在任意 t 时刻的振动表达式分别为

$$x_1 = A_1\cos(\omega t + \varphi_1),\quad x_2 = A_2\cos(\omega t + \varphi_2),$$

式中 A_1,A_2 和 φ_1,φ_2 分别为两个简谐振动的振幅和初相,x_1,x_2 为两简谐振动在同一直线方向上相对同一平衡位置的位移.根据运动叠加原理,任意时刻合振动的位移 x 仍在该直线上,且等于上述两个分位移的代数和,即

$$x = x_1 + x_2 = A_1\cos(\omega t + \varphi_1) + A_2\cos(\omega t + \varphi_2).$$

应用三角函数的和差化积公式将上式展开并整理,得

$$x = A\cos(\omega t + \varphi), \tag{6-15}$$

式中 A 和 φ 为合振动的振幅和初相,它们的值分别为

$$A = \sqrt{A_1^2 + A_2^2 + 2A_1A_2\cos(\varphi_2 - \varphi_1)}, \tag{6-16}$$

$$\varphi = \arctan\frac{A_1\sin\varphi_1 + A_2\sin\varphi_2}{A_1\cos\varphi_1 + A_2\cos\varphi_2}. \tag{6-17}$$

式(6-15)表明,两个同方向、同频率的简谐振动合成后,合振动仍为一简谐振动,且频率与两分振动的频率相同.这一结论可用旋转矢量法更简捷、更直观地得出.

如图6-13所示,用$\boldsymbol{A}_1$,$\boldsymbol{A}_2$ 代表两分振动的振幅矢量,由于$\boldsymbol{A}_1$,$\boldsymbol{A}_2$ 逆时针方向匀速旋转的角速度相同,故它们的夹角 $\varphi_2 - \varphi_1$ 始终保持不变.由矢量合成的平行四边形法则,可得合矢量 $\boldsymbol{A} = \boldsymbol{A}_1 + \boldsymbol{A}_2$,且合矢量 $\boldsymbol{A}$ 也以相同的角速度 ω 绕 O 点逆时针旋转.合矢量 $\boldsymbol{A}$ 就是相应的合振动的振幅矢量.任一时刻合矢量 $\boldsymbol{A}$ 的端点在 x 轴上的投影点 P 的坐标 x 就是式(6-15);合振动的振幅

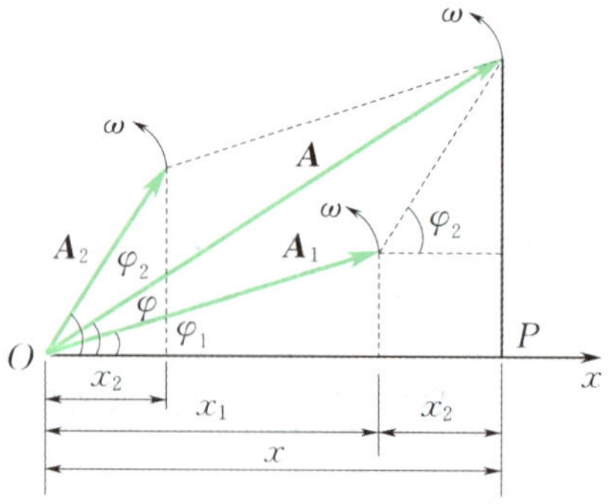

图 6-13 两同方向同频率简谐振动合成矢量图

(式(6-16))以及初相(式(6-17))也可以从矢量关系图中直接得到.

由式(6-16)可知,合振动的振幅与两分振动的振幅以及它们的相位差有关,下面讨论两种特殊情况,所得结论在机械波、光波的干涉和衍射现象中经常用到.

(1) 若两分振动的相位差 $\varphi_2-\varphi_1=2k\pi, k=0, \pm 1, \pm 2, \cdots$,则由式(6-16),得

$$A=\sqrt{A_1^2+A_2^2+2A_1A_2}=A_1+A_2, \tag{6-18}$$

即两分振动的相位相同或相位差为 2π 的整数倍时,合振幅等于两分振动的振幅之和,合成结果为相互加强.

(2) 若两分振动的相位差 $\varphi_2-\varphi_1=(2k+1)\pi, k=0, \pm 1, \pm 2, \cdots$,则由式(6-16),得

$$A=\sqrt{A_1^2+A_2^2-2A_1A_2}=|A_1-A_2|, \tag{6-19}$$

即两分振动的相位相反或相位差为 π 的奇数倍时,合振幅等于两分振动的振幅之差的绝对值,合成结果为相互减弱. 若 $A_1=A_2$,则 $A=0$,即两个振动完全抵消,振动合成的结果使质点处于静止状态.

一般情况下,相位差($\varphi_2-\varphi_1$)可取任意值,合振动的振幅则介于 A_1+A_2 和 $|A_1-A_2|$ 之间.

例 6-6

两个同方向的简谐振动曲线如图 6-14 所示,用图中给出的 A_1, A_2, T 表示:(1) 合振动的振幅;(2) 合振动的表达式.

解 由图可知两个简谐振动频率相同、相位相反. 合振动振幅为

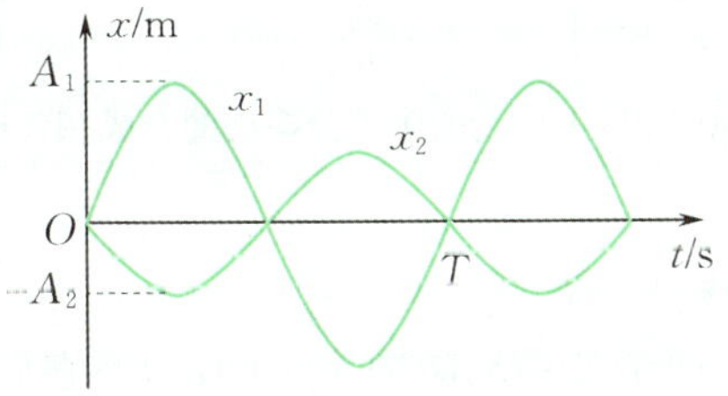

图 6-14

$$A=A_1-A_2.$$

合振动的角频率与两个分振动的角频率相同,即

$$\omega=\frac{2\pi}{T}.$$

合振动初相与振幅较大的分振动的初相相同,由旋转矢量法容易得到

$$\varphi=-\frac{\pi}{2}.$$

合振动的表达式为

$$x=(A_1-A_2)\cos\left(\frac{2\pi}{T}t-\frac{\pi}{2}\right)(\text{SI}).$$

*2. 多个同方向、同频率的简谐振动的合成

下面仍采用旋转矢量法,讨论 n 个同方向、同频率且振幅相等的简谐振动的合成. 设它们的初相位依次相差一个恒量 δ,它们的运动方程分别为

$$x_1=a\cos\omega t,$$
$$x_2=a\cos(\omega t+\delta),$$
$$x_3=a\cos(\omega t+2\delta),$$
$$\cdots\cdots$$
$$x_n=a\cos[\omega t+(n-1)\delta].$$

按矢量合成法则,它们的振幅矢量以及合成振动的振幅矢量如图 6-15 所示. 合振动的振幅 A 和初相位 φ 可求解方法如下.

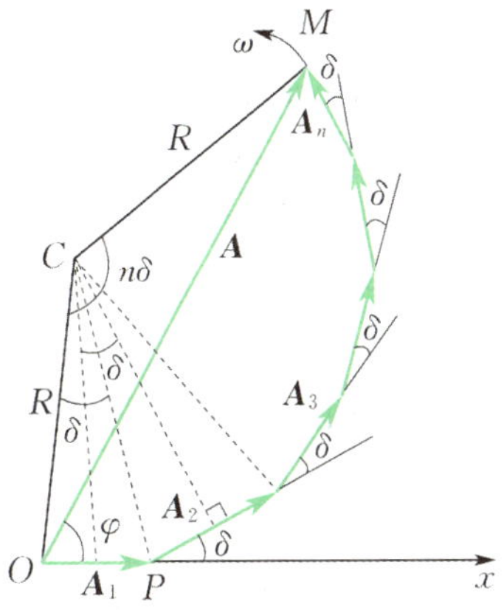

图 6-15 n 个同方向、同频率简谐振动的合成矢量图

由于各分振幅大小相等而且依次转过相等的角度 δ,各分振幅将构成正多边形的一部分. 这个正多边形总有一个外接圆,设其圆心在 C 点而圆半径

为R. 可以证明,每个分振幅矢量所对应的圆心角等于初相位差δ,而所有振幅所对应的圆心角$\angle MCO$就等于$n\delta$. 因为$\triangle COM$为等腰三角形,由图可得合振动的振幅

$$A = 2R\sin\frac{n\delta}{2}.$$

在$\triangle OCP$中,$a = 2R\sin\frac{\delta}{2}$,与上式比较可得

$$A = a\frac{\sin\frac{n\delta}{2}}{\sin\frac{\delta}{2}}.$$

又因$\angle COM = \frac{1}{2}(\pi - n\delta)$,$\angle COP = \frac{1}{2}(\pi - \delta)$,所以

$$\varphi = \angle COP - \angle COM = \frac{n-1}{2}\delta,$$

这样合振动的表达式就可以写成

$$x = A\cos(\omega t + \varphi) = a\frac{\sin\frac{n\delta}{2}}{\sin\frac{\delta}{2}}\cos\left(\omega t + \frac{n-1}{2}\delta\right).$$

下面讨论两种特殊情况.

(1) 各分振动同相位,即$\delta = 2k\pi, k = 0, \pm 1, \pm 2, \cdots$,则$A = \lim\limits_{\delta \to 0} a\frac{\sin\frac{n\delta}{2}}{\sin\frac{\delta}{2}} = na$为最大值. 在振幅矢量图中,这时各分振幅矢量的方向都相同,因而也得到最大的合振幅.

(2) 各分振动的初相位差$\delta = 2k'\pi/n$,k'为不等于nk的整数,这时$A = a\frac{\sin k'\pi}{\sin k'\frac{\pi}{n}} = 0$. 在振幅矢量图中,各分振幅矢量依次相连接构成了一个闭合的正多边形,合振幅当然是零. 以上讨论的多个分振动的合成在分析光的干涉和衍射规律时有重要的应用.

3. 两个同方向、不同频率的简谐振动的合成——拍

当两个同方向、不同频率的简谐振动合成时,由于这两个分振动的频率不同,因而它们的相位差随时间改变,合振动虽然与原来振动方向相同,但一般不再是简谐振动,而是比较复杂的振动. 下面仅讨论两个分振动的频率都比较大且两分振动的频率之差又很小(即$|\nu_2 - \nu_1| \ll \nu_2 + \nu_1$)的合振动情况,在实际工作和生活中有着广泛应用. 这时的合振动具有特殊的性质,即合振动的振幅会随时间做周期性的变化.

设两个分振动的角频率分别为ω_1和ω_2,振幅和初相位相同,振动表达式分别为

$$x_1 = A\cos(\omega_1 t + \varphi),\quad x_2 = A\cos(\omega_2 t + \varphi).$$

由运动叠加原理,合振动为

$$x = x_1 + x_2 = A\cos(\omega_1 t + \varphi) + A\cos(\omega_2 t + \varphi),$$

利用三角函数公式可得

$$x = 2A\cos\frac{\omega_2 - \omega_1}{2}t\cos\left(\frac{\omega_2 + \omega_1}{2}t + \varphi\right), \tag{6-20}$$

上式中有两个因子都是周期性函数. 当$|\nu_2 - \nu_1| \ll \nu_2 + \nu_1$时,第一个因子的周期比第二个因子的周期大很多. 可把$2A\cos\frac{\omega_2 - \omega_1}{2}t$视为振幅项,即合振动仍可看作一个简谐振动,但它的振幅随时

间周期性变化，且合振动的角频率为两个分振动角频率的平均值 $\frac{\omega_2+\omega_1}{2}\approx\omega_1\approx\omega_2$.

从合振幅公式可以看出，当 $t=0$ 时，合振幅极大，等于 $2A$. 经 T 时间后又出现合振幅的极大值，即

$$\left|\cos\frac{\omega_2-\omega_1}{2}T\right|=|\cos\pi|=1.$$

两个同方向、频率很接近的简谐振动合成时出现合振动的振幅时而加强，时而减弱的现象称为拍. 合振动在单位时间内加强或减弱的次数称为拍频，即

$$\nu_{拍}=\frac{1}{T}=\left|\frac{\omega_2-\omega_1}{2\pi}\right|=\left|\frac{\omega_2}{2\pi}-\frac{\omega_1}{2\pi}\right|=|\nu_2-\nu_1|, \tag{6-21}$$

其数值为两分振动频率之差.

图 6 - 16 是两个同方向频率很接近的简谐振动的合成结果. 其中图 6 - 16(a) 和(b) 分别表示两个分振动，图 6 - 16(c) 代表合振动. 可以看出，在 t_1 时刻，两分振动的相位相同，合振幅最大；在 t_2 时刻两个分振动的相位相反，合振幅最小；在 t_3 时刻合振幅又变为最大.

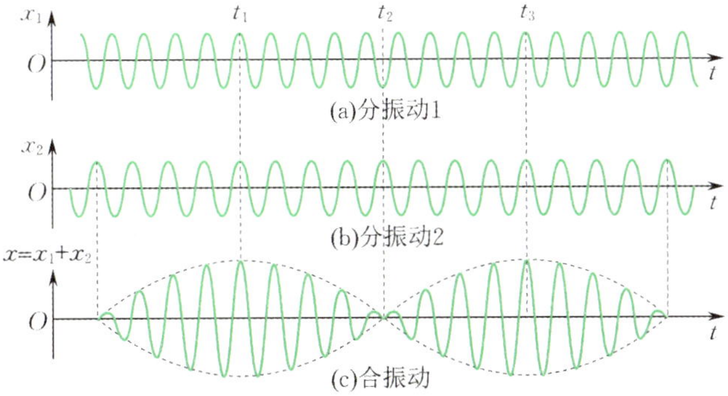

图 6 - 16　两个同方向、不同频率简谐振动的合成

拍现象在技术上有重要的应用. 例如，管乐器中的双簧管就是利用两个簧片振动频率的微小差别产生振动的拍音；调整乐器时，使它与标准音叉出现的拍音消失来校准乐器；还可用来测量频率，如果已知一个高频振动频率，使它和另一频率相近但未知的振动叠加，测量合成振动的拍频，就可以求出未知的频率. 拍现象还用于汽车速度监视、地面卫星跟踪等. 此外，在各种电子学测量仪器中，也常用到拍现象.

6.4.2　两个相互垂直的简谐振动的合成

1. 两个振动方向相互垂直、频率相同的简谐振动的合成

当一个质点同时参与两个不同方向的简谐振动时，质点的合位移是这两个振动位移的矢量和. 一般情况下，质点将在平面上做曲线运动，它的轨迹形状将取决于两个分振动的频率、振幅和相位差.

为简单起见，我们只讨论两个相互垂直、频率相同的简谐振动的合成. 设两个简谐振动分别沿 x 轴和 y 轴，其振动方程分别为

$$x=A_1\cos(\omega t+\varphi_1),\quad y=A_2\cos(\omega t+\varphi_2),$$

上两式消去时间 t，可得合振动的轨迹方程

$$\frac{x^2}{A_1^2}+\frac{y^2}{A_2^2}-2\frac{xy}{A_1A_2}\cos(\varphi_2-\varphi_1)=\sin^2(\varphi_2-\varphi_1). \tag{6-22}$$

一般来说,上述方程是一个椭圆方程,轨迹的形状由两分振动的振幅及相位差($\varphi_2-\varphi_1$)决定.下面讨论几种特殊情况.

(1) 当 $\varphi_2-\varphi_1=0$,即两分振动同相位时,式(6-22)变为

$$\frac{x}{A_1}-\frac{y}{A_2}=0 \quad 或 \quad y=\frac{A_2}{A_1}x.$$

此时,合振动的轨迹是一条通过坐标原点而斜率为$\dfrac{A_2}{A_1}$的直线,如图 6-17(a) 所示.

(2) 当 $\varphi_2-\varphi_1=\pi$,即两分振动反相时,轨迹方程为

$$y=-\frac{A_2}{A_1}x.$$

合振动的轨迹为也是一条直线,但斜率为负值,如图 6-17(b) 所示.

在(1),(2) 两种情况下,若令 $\varphi_2=\varphi_1=\varphi$,则在任意时刻质点离开平衡位置的位移为

$$r=\sqrt{x^2+y^2}=\sqrt{A_1^2+A_2^2}\cos(\omega t+\varphi).$$

可见,合振动仍是简谐振动,频率与分振动相同,振幅等于$\sqrt{A_1^2+A_2^2}$.

(3) 当 $\varphi_2-\varphi_1=\pm\dfrac{\pi}{2}$ 时,式(6-22)变为

$$\frac{x^2}{A_1^2}+\frac{y^2}{A_2^2}=1,$$

合振动的轨迹是一正椭圆.图 6-17(e) 对应 $\varphi_2-\varphi_1=\dfrac{\pi}{2}$ 的情况,因为 y 轴方向的振动比 x 轴方向的振动超前$\dfrac{\pi}{2}$,所以质点在椭圆上沿顺时针方向运动,称为右旋椭圆运动,运行周期等于分振动的周期.图 6-17(f) 对应 $\varphi_2-\varphi_1=-\dfrac{\pi}{2}$ 的情况,此时 y 轴方向的振动比 x 轴方向的振动落后$\dfrac{\pi}{2}$,所以质点沿椭圆做逆时针方向运动,称为左旋椭圆运动.$\varphi_2-\varphi_1=\pm\dfrac{\pi}{2}$ 且 $A_1=A_2$,则质点将做圆周运动.

(4) 当 $\varphi_2-\varphi_1$ 为其他任意值时,合振动的轨迹一般是椭圆,椭圆的具体形状(长短轴的方向与大小)以及运动的方向由分振动的振幅大小和相位差决定.图 6-17(c),(d),(g),(h) 画出了 4 种不同的情形,对应于不同的相位差.

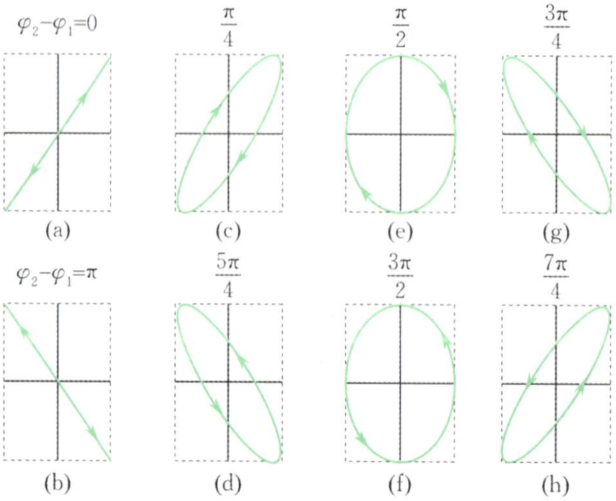

图 6-17 同频率的相互垂直的简谐振动的合成

2. 两个振动方向相互垂直、频率不同的简谐振动的合成　李萨如图形

两个相互垂直的简谐振动，若具有不同频率，其相位差将随时间变化，合振动的轨迹一般不形成稳定的图形. 但若两相互垂直的简谐振动频率相差很大，且成简单的整数比关系，则合振动的轨迹就呈现稳定的封闭曲线. 曲线的样式与两分振动的频率比及相位差有关. 图 6-18 给出了周期比分别为 1 : 2，1 : 3 和 2 : 3 时质点振动的合成运动轨迹. 这种图形称为**李萨如(J. A. Lissajous，1822—1880) 图形**. 在实验室利用电子示波器，调整输入信号的频率比，可以在示波器的荧光屏上观察到不同样式的李萨如图形. 因此，可由一个振动的已知频率，测求另一个振动的未知频率，工程上常用这种方法来测定未知频率.

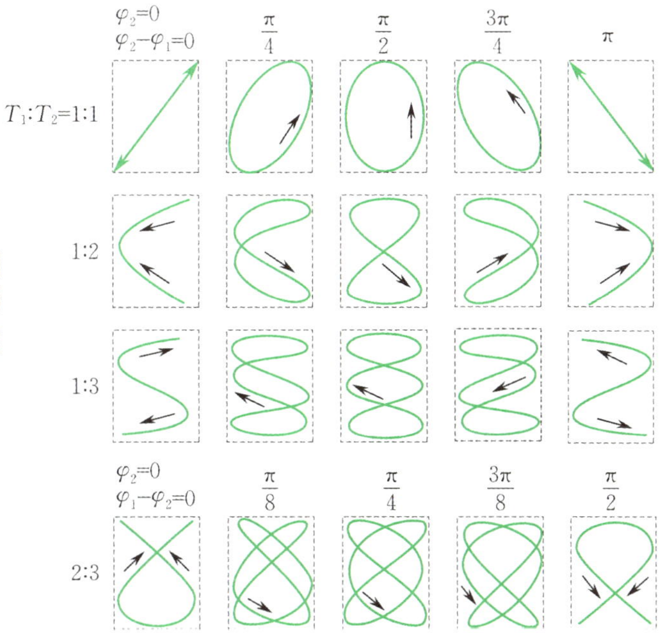

图 6-18　李萨如图形

思考题

6-8　图 6-19 中 a，b 表示两个同方向、同频率的简谐振动的振动曲线. 它们合振动的振幅、初相、周期各为多少？试在图中画出合振动的振动曲线.

6-9　何谓“拍”？形成拍的条件如何？拍的振幅最大值是多少？拍的频率如何确定？

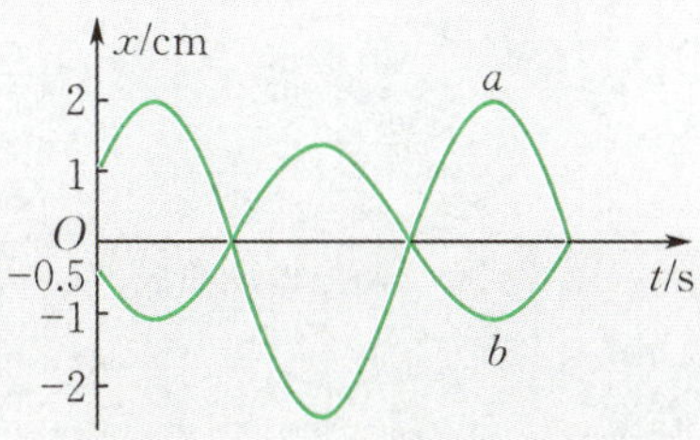

图 6-19

§6.5 阻尼振动 受迫振动 共振

6.5.1 阻尼振动

前面讨论的简谐振动,是一种无阻尼的自由振动,振动过程中系统的机械能始终保持守恒,因而振幅不随时间变化,即物体只在弹性力或准弹性力作用下的振动是一种**等幅振动**. 但在实际的振动中,物体总要受到或大或小的阻力作用. 以弹簧振子为例,如果考虑空气及摩擦阻力的作用,它的振幅将逐渐减小,直至停止振动. 这种在弹性力和阻力共同作用下的振动称为**阻尼振动**.

振动系统受到的阻力通常来自周围介质. 实验指出,当振动物体的速度不太大时,介质对运动物体的阻力与物体的速率成正比,方向与运动方向相反,即

$$f_r = -\gamma v = -\gamma \frac{\mathrm{d}x}{\mathrm{d}t},$$

式中比例系数 γ 称为阻尼系数,它的大小与物体的形状、大小、表面情况以及介质的性质有关.

在考虑阻力作用下弹簧振子的运动微分方程(动力学方程)为

$$m\frac{\mathrm{d}^2x}{\mathrm{d}t^2} = -kx - \gamma\frac{\mathrm{d}x}{\mathrm{d}t},$$

令 $\omega_0^2 = \dfrac{k}{m}$, $2\beta = \dfrac{\gamma}{m}$,其中 ω_0 为无阻尼时振动系统的固有角频率,β 为阻尼因子,代入上式可得

$$\frac{\mathrm{d}^2x}{\mathrm{d}t^2} + 2\beta\frac{\mathrm{d}x}{\mathrm{d}t} + \omega_0^2 x = 0. \tag{6-23}$$

这是二阶常系数线性齐次微分方程,其解的形式与阻尼大小有关,下面讨论三种情况:

(1) **欠阻尼**,即 $\beta < \omega_0$(阻尼较小)的情况. 式(6-23)的解为

$$x = A_0 e^{-\beta t}\cos(\omega t + \varphi_0), \tag{6-24}$$

式中 $\omega = \sqrt{\omega_0^2 - \beta^2}$,$A_0$ 和 φ_0 是由初始条件决定的积分常数. 式(6-24)表明,小阻尼时仍为周期振动(周期为 $T = \dfrac{2\pi}{\omega} = \dfrac{2\pi}{\sqrt{\omega_0^2 - \beta^2}}$,比无阻尼自由振动的周期要大),但振幅 $A_0 e^{-\beta t}$ 随时间按指数规律衰减,且阻尼愈大,振幅衰减得愈快,振动曲线如图 6-20 所示.

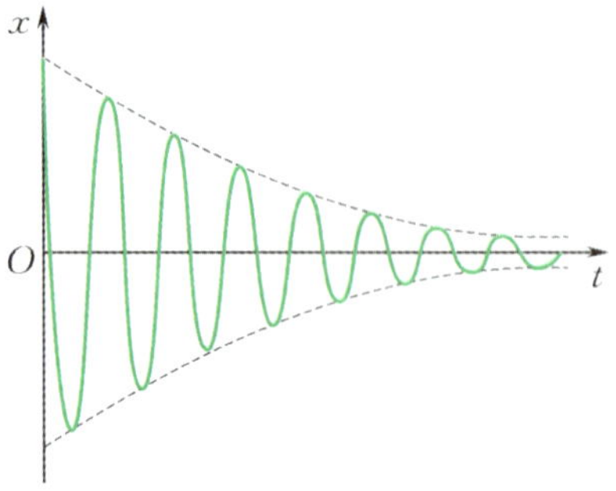

图 6-20 阻尼振动曲线

(2) **过阻尼**,即 $\beta > \omega_0$(阻尼过大)的情况. 式(6-23)的解为

$$x = e^{-\beta t}\left(c_1 e^{\sqrt{\beta^2 - \omega_0^2}\,t} + c_2 e^{-\sqrt{\beta^2 - \omega_0^2}\,t}\right), \tag{6-25}$$

式中 c_1,c_2 为两积分常数. 式(6-25)表明,过阻尼情况下的运动为非周期运动,随着 t 的增大,系统缓慢趋向平衡位置. 过阻尼情况下的 $x-t$ 曲线如图 6-21 中的曲线 b 所示.

(3) **临界阻尼**,即 $\beta = \omega_0$ 的情况. 式(6-23)的解为

$$x = e^{-\beta t}(c_3 + c_4 t), \tag{6-26}$$

式中 c_3,c_4 为两积分常数. 显然,临界阻尼情况下,物体的运动也非周期运动,和过阻尼相比,临界阻

尼情况下物体离开平衡位置后回到平衡位置的时间最短. 临界阻尼情况下的 $x-t$ 曲线如图 6－21 中的曲线 c 所示.

图 6－21 给出了上述三种不同阻尼情况时的位移-时间曲线.

实际中,常利用改变阻尼的办法来控制系统的振动情况. 如各类机器的防震器多采用一系列的阻尼装置;精密天平、灵敏电流计中装有阻尼装置并调至临界阻尼状态,使测量快捷、准确.

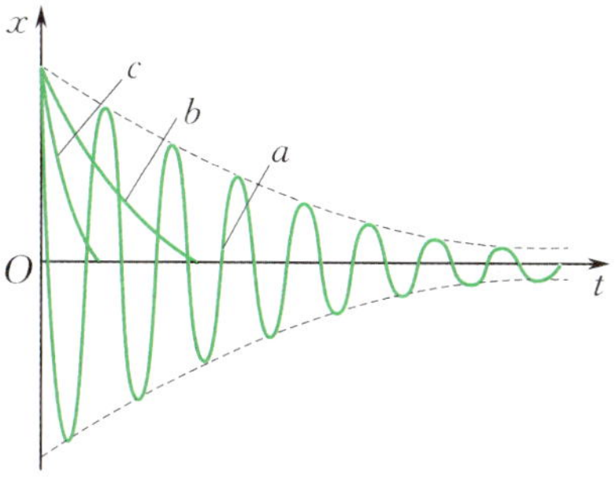

图 6－21　三种阻尼的比较

6.5.2　受迫振动

在实际的振动系统中,阻尼总是存在的,要使有阻尼的振动系统维持等幅振动,必须给振动系统不断地补充能量,即施加一周期性的外力. 振动系统在周期性外力作用下的振动称为**受迫振动**,这个周期性外力称为**策动力**.

为简单起见,设策动力的形式为

$$F=F_0\cos\omega t,$$

式中 F_0 为策动力的幅值,ω 为策动力的角频率. 物体在弹性力、阻力和策动力共同作用下的动力学方程为

$$m\frac{\mathrm{d}^2x}{\mathrm{d}t^2}=-kx-\gamma\frac{\mathrm{d}x}{\mathrm{d}t}+F_0\cos\omega t. \tag{6-27}$$

令 $\omega_0^2=\dfrac{k}{m}, 2\beta=\dfrac{\gamma}{m}, f_0=\dfrac{F_0}{m}$,则式(6－27) 改写成

$$\frac{\mathrm{d}^2x}{\mathrm{d}t^2}+2\beta\frac{\mathrm{d}x}{\mathrm{d}t}+\omega_0^2x=f_0\cos\omega t. \tag{6-28}$$

在阻尼较小的情况下,上述微分方程的解为

$$x=A_0\mathrm{e}^{-\beta t}\cos(\sqrt{\omega_0^2-\beta^2}\,t+\varphi_0)+A\cos(\omega t+\varphi). \tag{6-29}$$

式(6－29) 表明,受迫振动可以看成是两个振动的合成. 一是阻尼振动(第一项),它随时间 t 很快衰减;二是稳定的等幅振动(第二项). 经过一段时间后,第一项衰减到可以忽略不计,所以受迫振动达到稳定后的振动是等幅振动,其表达式为

$$x=A\cos(\omega t+\varphi_0). \tag{6-30}$$

将式(6－30) 代入式(6－28),可求得稳定受迫振动的振幅

$$A=\frac{f_0}{[(\omega_0^2-\omega^2)^2+4\beta^2\omega^2]^{\frac{1}{2}}}, \tag{6-31}$$

即受迫振动的振幅与系统的固有频率、阻尼系数及策动力的频率和幅值有关,而与系统的初始条件无关.

6.5.3　共振

从受迫振动的振幅公式(6－31) 可知,对一个给定的振动系统,当阻尼和策动力幅值不变时,受迫振动的位移振幅是策动力角频率 ω 的函数,它存在一个极值. 用求极值的方法$\left(令\dfrac{\mathrm{d}A}{\mathrm{d}\omega}=0\right)$,可求得使位移振幅达到极大值的角频率为

$$\omega_{\mathrm{r}}=\sqrt{\omega_0^2-2\beta^2}, \tag{6-32}$$

相应的最大振幅为

$$A_r = \frac{f_0}{2\beta\sqrt{\omega_0^2-\beta^2}}. \tag{6-33}$$

由式(6-33)可看出,在小阻尼(即$\beta \ll \omega_0$)的情况下,若$\omega_r \approx \omega_0$,即策动力频率等于振动系统的固有频率时,振幅达到最大值.我们把这种振幅达到最大值的现象称为**位移共振**.图6-22给出了不同阻尼情况下的位移共振曲线.

用类似方法可以分析物体做受迫振动时,其速度也随策动力角频率变化,即

$$v = -\omega A\sin(\omega t+\varphi) = -v_m\sin(\omega t+\varphi),$$

速度的最大值

$$v_m = \omega A = \frac{\omega f_0}{\sqrt{(\omega_0^2-\omega^2)^2+4\beta^2\omega^2}}. \tag{6-34}$$

在小阻尼(即$\beta \ll \omega_0$)的情况下,若$\omega_r \approx \omega_0$,速度振幅有最大值,称为**速度共振**,如图6-23所示.进一步的研究表明,当系统发生速度共振时,外界能量的输入处于最佳状态,即策动力在整个周期内对系统做正功,用以补偿阻尼引起的能耗,因此,速度共振也称为能量共振.在小阻尼情况下,位移共振与速度共振的条件趋于一致,故一般可以不必区分两种共振.

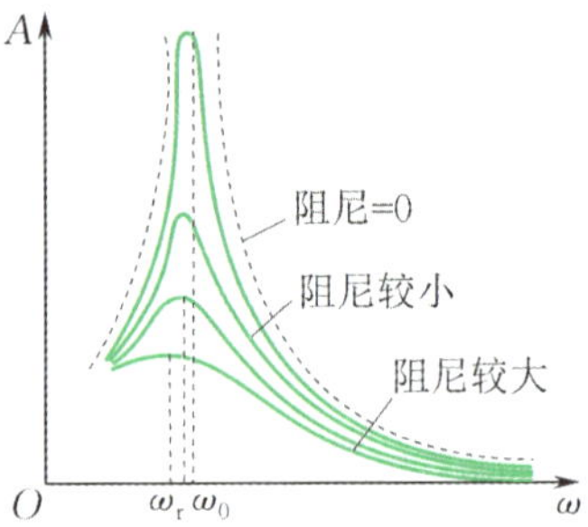

图6-22　位移共振曲线

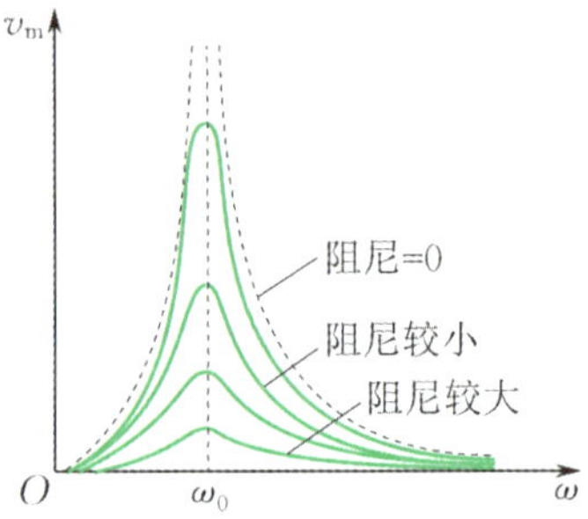

图6-23　速度共振曲线

共振现象在光学、电学、无线电技术中应用极广,如收音机的"调谐"就是利用了"电磁共振".共振也有不利的一面,如何避免共振对桥梁、水坝、高楼等建筑物的破坏,是设计者必须要考虑的问题.

思考题

6-10　何谓受迫振动?受迫振动在什么条件下是简谐振动?产生共振的条件是什么?

6-11　受迫振动稳定后的振幅与哪些量有关?周期取决于什么?

阅读材料(5)

谐振分析和频谱

根据简谐振动合成的讨论知道,两个同方向不同频率的简谐振动合成的结果一般不再是简谐振动.先看两个频率比为1∶2的简谐振动合成的例子.设

$$x = x_1 + x_2 = A_1\sin\omega t + A_2\sin 2\omega t,$$

合振动的 $x-t$ 曲线如图 6-24 所示. 可以看出,合振动仍是周期振动,但不再是简谐振动. 合振动的频率与频率最低的那个简谐振动的频率(基频)相同. 一般地,如果分振动是两个以上且分振动的频率都是其中一个最低频率的整数倍(倍频),则上述结论仍然正确,即合振动仍是周期振动,其频率与频率最低的那个简谐振动的频率相同. 合振动的具体变化规律(曲线形状)与分振动的个数、振幅比例关系以及相位差有关. 图 6-25 说明了由若干分简谐振动合成"方波"振动的情况. 图 6-25(a) 表示方波的合振动曲线,其频率为 ν;图 6-25(b),(c),(d) 依次为频率是 $\nu, 2\nu, 3\nu$ 的简谐振动的曲线. 这三个简谐振动的合成曲线如图 6-25(e) 所示. 它已和方波振动曲线相近了,如果再加上频率为 $4\nu, 5\nu, \cdots$ 而振幅适当的若干简谐振动,就可以合成相当准确的方波振动曲线了.

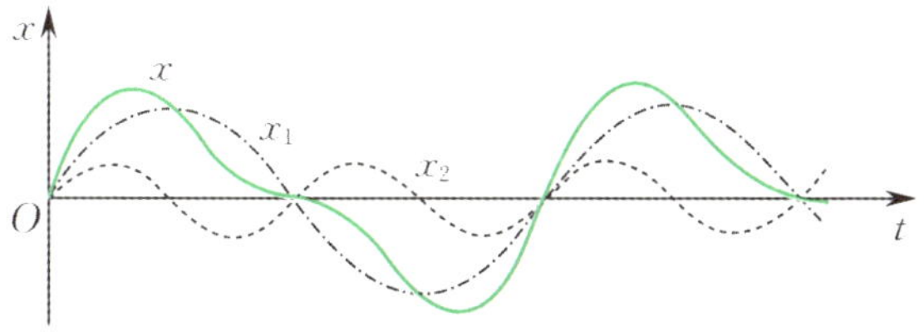

图 6-24　频率比为 1∶2 的两个简谐振动的合成

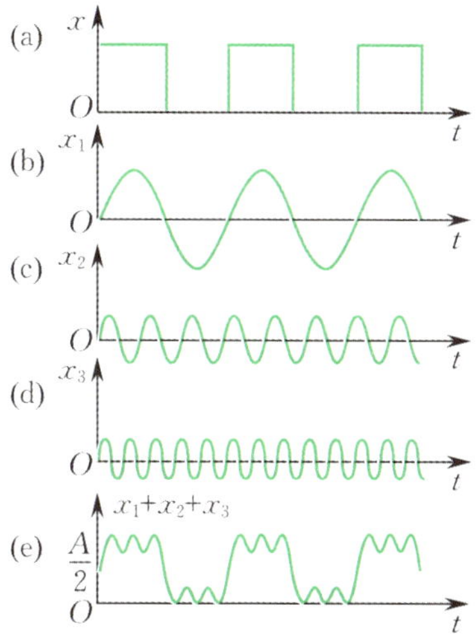

图 6-25　方波的合成

既然一系列倍频简谐振动的合成是频率等于基频的周期运动,那么,任何一个复杂的周期性振动都可以分解为一系列简谐振动之和. 这种把一个复杂的周期性振动分解为许多简谐振动之和的方法称为**谐振分析**.

根据实际振动曲线的形状,或它的位移时间函数关系,求出它所包含的各种简谐振动的频率和振幅的数学方法称为**傅里叶分析**,它指出:一个周期为 T 的周期函数 $F(t)$ 可以表示为

$$F(t)=\frac{a_0}{2}+\sum_{n=1}^{\infty}A_n\cos(n\omega t+\varphi_n),$$

其中各分振动的振幅 A_n 与初相 φ_n 可以用数学公式根据 $F(t)$ 求出. 这些分振动中,频率最低的称为基频振动,它的频率就是原周期函数 $F(t)$ 的频率. 其他分振动的频率就是基频的整数倍,依次分别称为二次、三次、四次……谐频.

不仅周期性振动可以分解为一系列频率为最低频率整数倍的简谐振动,而且任意一种非周期性振动也可分解为许多简谐振动. 不过对非周期性振动的谐振分析要用傅里叶变换处理,这里不再介绍.

为了显示一个实际振动所包含的各种简谐振动的振动情况(振幅、频率),常用图线把它表示出来. 若用横坐标表示各个谐频振动的频率,纵坐标表示对应的振幅,就得到谐频振动的振幅分布图,称为振动的**频谱**. 不同的周期运动,具有不同的频谱,周期运动的各谐振成分的频率都是基频的整数倍,所以它的频谱是分立的线状谱. 图 6-26(a) 和(b) 分别画出了锯齿波振动及其频谱. 而非周期性振动的频谱密集成连续谱,图 6-26(c) 和(d) 分别画出了阻尼振动及其频谱.

谐振分析无论对实际应用或理论分析研究,都是十分重要的方法,因为实际存在的振动大多不是严格的简谐振动,而是比较复杂的振动. 在实际现象中,一个复杂振动的特征总跟组成它们的各种不同频率的谐振成分有关. 例如,同为C音,音调(即基频) 相同,但钢琴和胡琴发出的C音的音色不同,就是因为它们所包含的高次谐频的个数与振幅不同.

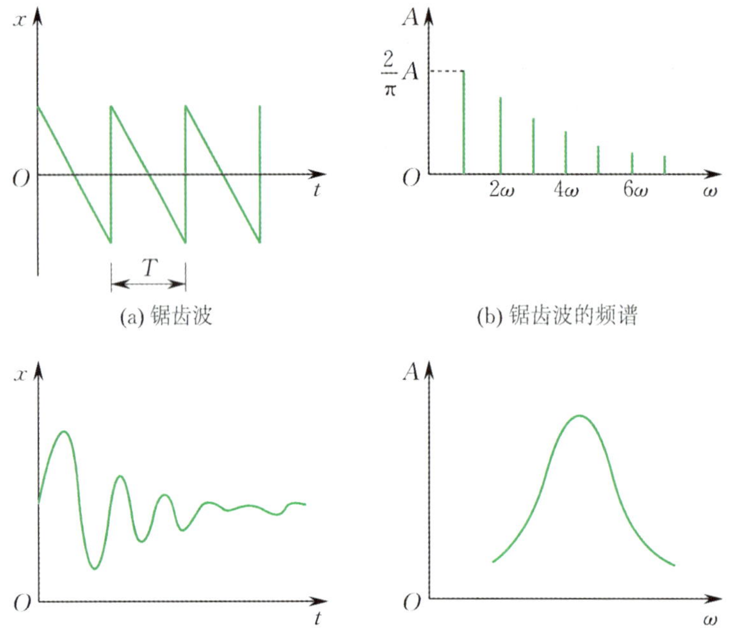

(a) 锯齿波　　(b) 锯齿波的频谱

(c) 阻尼振动　　(d) 阻尼振动的频谱

图 6-26　振动及其频谱

习题 6

选择题

6-1　质点沿 x 轴做简谐振动，用余弦函数表示，振幅为 A. 当 $t=0$ 时，质点过 $x_0=-\frac{A}{\sqrt{2}}$ 处且向 x 轴正向运动，则其初相为(　　).

(A) $\frac{\pi}{4}$　　(B) $\frac{5\pi}{4}$

(C) $-\frac{5\pi}{4}$　　(D) $-\frac{\pi}{3}$

6-2　图 6-27 中三条曲线分别表示简谐振动的位移 x、速度 v、加速度 a. 下列说法中正确的是(　　).

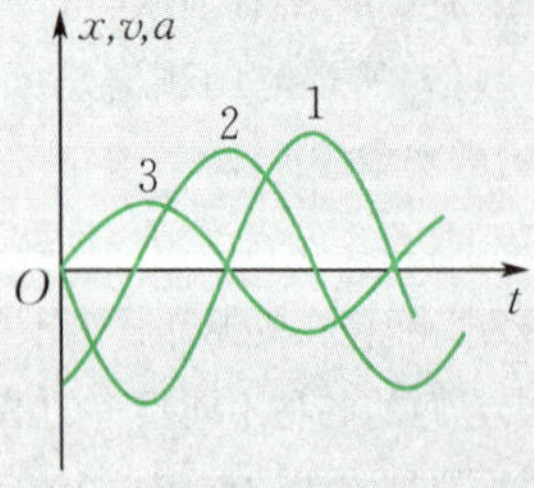

图 6-27

(A) 曲线 3,1,2 分别表示 x,v,a 曲线

(B) 曲线 2,1,3 分别表示 x,v,a 曲线

(C) 曲线 1,3,2 分别表示 x,v,a 曲线

(D) 曲线 1,2,3 分别表示 x,v,a 曲线

6-3　一简谐振动曲线如图 6-28 所示，则振动周期是(　　).

(A) 2.00 s　　(B) 2.20 s

(C) 2.40 s　　(D) 2.62 s

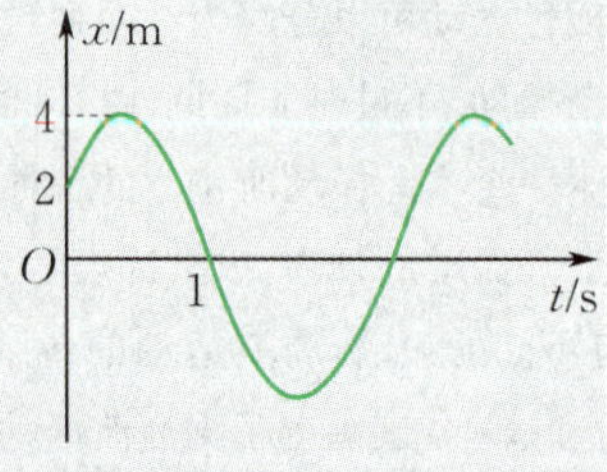

图 6-28

6-4　用余弦函数描述一谐振子的运动情况，若其速度时间曲线如图 6-29 所示，位移的初相为(　　).

(A) $\frac{\pi}{3}$　　(B) $\frac{\pi}{2}$

(C) $\frac{2\pi}{3}$　　(D) $\frac{\pi}{6}$

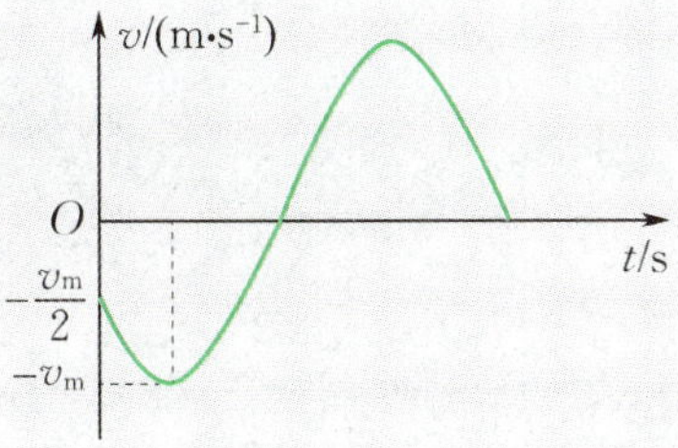

图 6-29

6-5　一质点沿 x 轴做简谐振动,振动方程为 $x=4\times10^{-2}\cos\left(2\pi t+\frac{\pi}{3}\right)$(SI). 从 $t=0$ 时刻起,到质点位置在 $x=-2$ cm 处且向 x 轴正方向运动的最短时间为(　　).

(A) $\frac{1}{2}$ s　　(B) $\frac{1}{4}$ s

(C) $\frac{1}{6}$ s　　(D) $\frac{1}{8}$ s

6-6　一弹簧振子做谐振动,当其偏离平衡位置的位移大小为振幅的 $\frac{1}{4}$ 时,其动能为振动总能的(　　).

(A) $\frac{9}{16}$　　(B) $\frac{11}{16}$

(C) $\frac{13}{16}$　　(D) $\frac{15}{16}$

6-7　两个沿 x 轴做谐振动的质点,其频率、振幅均相同,当第一个质点自平衡位置向负方向运动时,第二个质点在 $x=-\frac{A}{2}$ 处也向负向运动,则两者的相位差 $(\varphi_2-\varphi_1)$ 为(　　).

(A) $\frac{\pi}{2}$　　(B) $\frac{2\pi}{3}$

(C) $\frac{\pi}{6}$　　(D) $\frac{5\pi}{6}$

6-8　已知两同方向谐振动的表达式分别为

$$x_1=4\times10^{-2}\cos\left(6t+\frac{\pi}{3}\right)\text{(SI)},$$

$$x_2=4\times10^{-2}\cos\left(6t-\frac{\pi}{3}\right)\text{(SI)},$$

则它们合振动的表达式为(　　).

(A) $x=4\times10^{-2}\cos(6t+\pi)$

(B) $x=4\times10^{-2}\cos 6t$

(C) $x=2\times10^{-2}\cos 6t$

(D) $x=4\times10^{-2}\cos\left(6t+\frac{2}{3}\pi\right)$

6-9　两个简谐振动的曲线如图 6-30 所示,则两个振动的初始速率之比 $v_{10}:v_{20}$ 和加速度最大值之比 $a_{1m}:a_{2m}$ 分别为(　　).

(A) 2∶1,4∶1　　(B) 2∶1,1∶4

(C) 1∶2,4∶1　　(D) 1∶1,2∶1

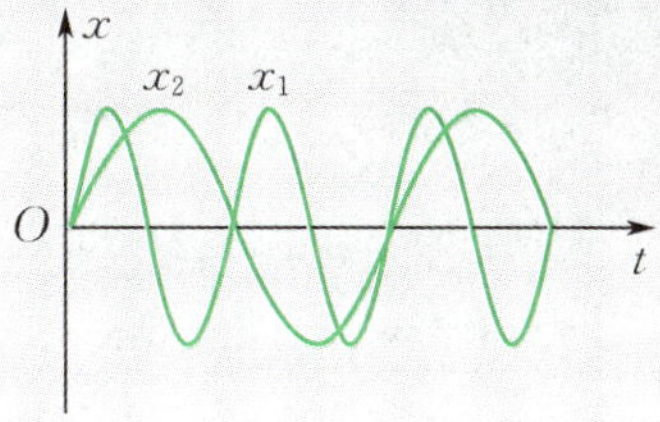

图 6-30

6-10　一物体同时参与同一直线上的两个简谐振动,振动方程分别为

$$x_1=0.05\cos\left(4\pi t+\frac{\pi}{3}\right)\text{(SI)},$$

$$x_2=0.03\cos\left(4\pi t-\frac{2\pi}{3}\right)\text{(SI)},$$

合振动的振幅为(　　).

(A) 0.04 m　　(B) 0.02 m

(C) 0.08 m　　(D) 0

填空题

6-11　两个劲度系数均为 k 的相同的弹簧. (1) 把它们串联起来,下面挂一个质量为 m 的重物,此系统做简谐振动的周期为________;(2) 把它们并联起来,下面挂一个质量为 m 的重物,此系统做简谐振动的周期为________.

6-12　质量为 m 的质点在力 $F=-\pi^2x$(SI) 的作用下沿 x 轴运动,其运动的周期为 $T=$ ________.

6-13　一质点做简谐振动,速度最大值 $v_m=5\ \text{cm}\cdot\text{s}^{-1}$,振幅 $A=2$ cm,若令速度具有正最大值的那一时刻为 $t=0$,则振动的余弦函数表达式为 $x=$ ________.

6-14　一质点在 x 轴上做简谐振动,振幅为 $A=4$ cm,周期 $T=2$ s,取其平衡位置为坐标原点. 若 $t=0$ 时刻质点第一次通过 $x=-2$ cm 处,且向 x 轴负方向运动,则质点第二次通过 $x=-2$ cm 处的时刻为________.

6-15　弹簧振子做简谐振动时,弹性力在一个周期内做功 $W=$ ________;弹性力在半个周期内做功 $W=$ ________.

6-16 两个同方向同频率的简谐振动，其合振动的振幅为 20 cm，与第一个简谐振动的相位差为 $\varphi-\varphi_1=\dfrac{\pi}{6}$. 若第一个简谐振动的振幅为 $10\sqrt{3}=17.3$ cm，第二个简谐振动的振幅为________ cm；两个简谐振动的相位差 $\varphi_2-\varphi_1=$________.

计算题

6-17 质量为 0.4 kg 的质点做简谐振动，其运动方程为 $x=0.4\sin\left(5t-\dfrac{\pi}{2}\right)$(SI). 求：

(1) 初始位置和初始速度；

(2) $t=\dfrac{4\pi}{3}$ s 时的位移、速度和加速度；

(3) 质点在最大位移一半处且向 x 轴正向运动的速度、加速度和所受的力.

6-18 质量为 10 g 的质点做简谐振动，其振幅为 24 cm，周期为 4.0 s，当 $t=0$ 时，位移为 +24 cm，求：

(1) $t=0.5$ s 时，物体所在的位置；

(2) $t=0.5$ s 时，物体所受的力的大小和方向；

(3) 由起始位移运动到 $x=12$ cm 处所需的最短时间.

6-19 已知一简谐振动的周期为 1 s，振动曲线如图 6-31 所示. 求：

(1) 谐振动的余弦表达式；

(2) a,b,c 各点的相位及这些状态所对应的时刻.

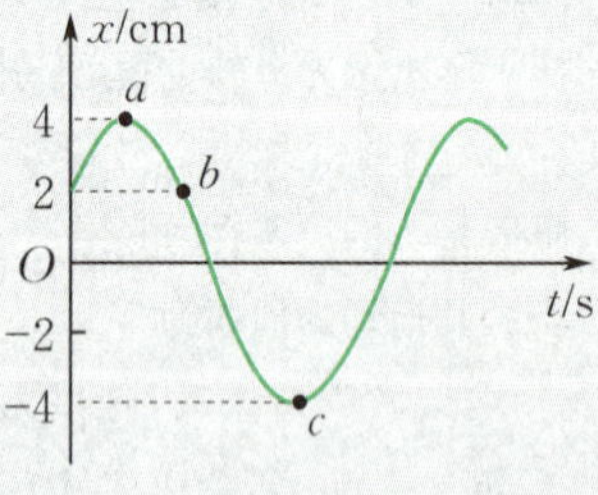

图 6-31

6-20 质量为 100 g 的质点沿 x 轴做简谐振动，振幅为 1.0 cm，加速度的最大值为 4.0 cm·s^{-2}. 求：

(1) 过平衡位置时的动能和总振动能；

(2) 动能和势能相等时的位置.

6-21 如图 6-32 所示，在竖直面内半径为 R 的一段光滑圆弧形轨道上，放一小物体，使其静止于轨道的最低处，然后轻碰一下此物体，使其沿圆弧形轨道来回做小幅度运动. 试证：

(1) 此物体做简谐振动；

(2) 此简谐振动的周期为 $T=2\pi\sqrt{\dfrac{R}{g}}$.

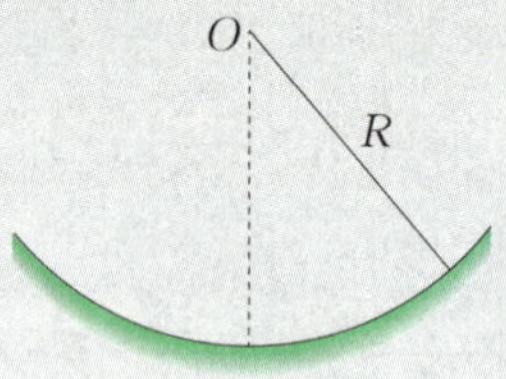

图 6-32

6-22 证明如图 6-33 所示的振动系统的振动频率为

$$\nu=\frac{1}{2\pi}\sqrt{\frac{k_1+k_2}{m}},$$

式中 k_1,k_2 分别为两弹簧的劲度系数，m 为物体的质量.

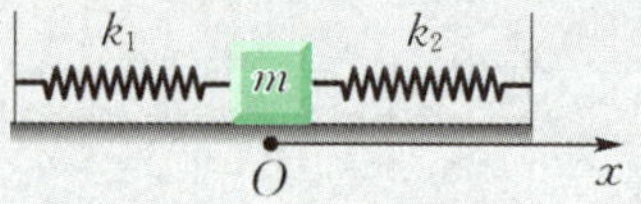

图 6-33

6-23 设地球是一个半径为 R、体密度 $\rho=5.5\times10^3$ kg·m^{-3} 的均匀球体，现假定沿直径凿通一条隧道，若有一质量为 m 的质点在此隧道内做无摩擦运动.

(1) 证明此质点的运动为简谐振动；

(2) 计算其周期.

6-24 一轻弹簧，劲度系数 $k=200$ N·m^{-1}，下端悬挂一质量 $m=4.0$ kg 的物体并静止，现将物体向下拉 10.0 cm，然后由静止释放并开始计时. 求：

(1) 物体的振动方程；

(2) 物体在平衡位置上方 5.0 cm 处时弹簧对物体的拉力；

(3) 物体从第一次越过平衡位置时刻起到它运动到上方 5 cm 处所需的最短时间.

6-25 一钟摆的等效摆长 $l=0.995$ m，摆锤可上下移动调节其周期，该钟每天走慢 2 分钟，如果此钟摆可当作质量集中在摆锤中心的单摆，应将摆锤向上移动多少距离，才能使钟走得准确.

6-26 一振动台上放一质量为 1.0 kg 的物体，振动频率为 2.0 Hz. 振幅为 2.0 cm，问：

(1) 最高处和最低处时，物体对振动台的压力各为多少？

(2) 频率不变，振幅多大时，物体会跳离台面？

(3) 振幅不变，频率多高时，物体会跳离台面？

6-27　已知两同方向谐振动的表达式分别为

$$x_1 = 4\times10^{-2}\cos\left(2t+\frac{\pi}{6}\right)(\text{SI}),$$

$$x_2 = 3\times10^{-2}\cos\left(2t-\frac{5\pi}{6}\right)(\text{SI}),$$

求它们合振动的振幅和初相.

6-28　三个同方向的谐振动的方程分别为

$$x_1 = 0.30\cos\left(8t+\frac{3\pi}{4}\right),$$

$$x_2 = 0.40\cos\left(8t+\frac{\pi}{4}\right),$$

$$x_3 = 0.30\cos(8t+\varphi_3),$$

式中 x 以 m 计，t 以 s 计.

(1) 在图 6-34 上作旋转矢量图求出 x_1 和 x_2 合振动的振幅 A_{12} 和初相 φ_{12}；

(2) 欲使 x_1 和 x_3 合成振幅最大，则 φ_3 应取何值？

(3) 欲使 x_2 和 x_3 合成振幅最小，则 φ_3 应取何值？

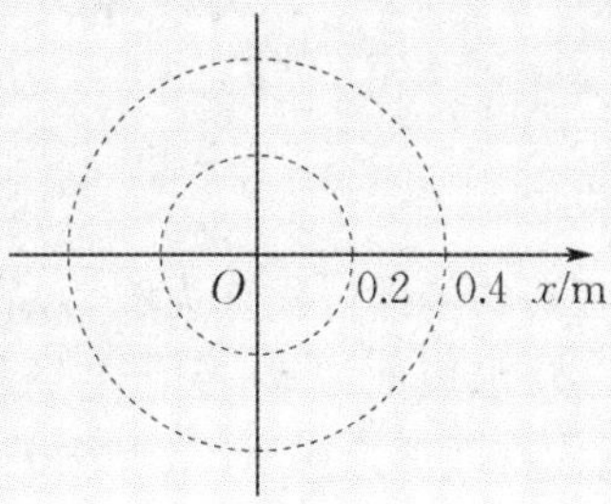

图 6-34

第7章　波动学基础

振动状态的传播过程称为**波动**,简称**波**. 机械振动在弹性介质中的传播称为机械波,如绳子上的波、声波、水表面波等;变化电场和变化磁场在空间的传播称为电磁波,如无线电波、光波、X射线等;近代物理理论揭示,微观粒子(电子、质子、分子等)也具有波动性,这种波称为物质波. 不同的波,虽然它们产生的机制、物理本质不同,但都具有波动的共同特征和规律. 例如,都具有一定的传播速度,都伴随着能量的传播,都能产生反射、折射、干涉、衍射等现象,并且都有相似的数学表达形式.

本章主要讨论机械波,内容包括:机械波的产生和传播、平面简谐波的波动表达式、波动过程中能量的传播规律、声波、波的干涉和衍射、驻波、多普勒效应. 本章介绍的很多概念和规律对电磁波、光波乃至物质波也是适用的.

§7.1　机械波的形成和传播

7.1.1　机械波的形成

机械振动在弹性介质(固体、液体或气体)中传播就形成**机械波**. 例如,把一根绳子的一端固定,用手沿水平方向将绳拉紧,然后上下抖动绳子的一端,振动就沿着绳子向另一端传播,绳上形成机械波. 音叉振动时,引起周围空气分子振动,前面的质点带动后面的质点,使振动由近及远传播出去,形成声波. 由此可见,**形成机械波的条件是:(1) 有振动源(波源);(2) 有能够传播这种振动的弹性介质**.

7.1.2　横波和纵波

机械波按质点振动方向和波的传播方向的关系分为横波和纵波. 介质中质点的振动方向与波的传播方向相互垂直的波,称为**横波**. 如图 7－1(a) 所示,上下抖动绳子的一端,绳子上就交替出现凸起的波峰和凹下的波谷,且波峰和波谷以一定的速度沿着绳子传播,这是横波的外形特征. 若介质中质点的振动方向与波的传播方向相互平行,这种波称为**纵波**. 例如,将一根一端固定的长弹簧水平地悬挂起来,用手有节奏地拍打弹簧的另一端,各部分弹簧就依次左右振动起来,弹簧上交替出现相互间隔的密部和疏部的波形,并以一定的速度沿弹簧向右传播,这是纵波的外形特征,如图 7－1(b) 所示. 空气中传播的声波就是一种纵波.

从图 7－1 还可以看出,无论是横波还是纵波,它们都只是振动状态(即振动相位) 的传播,介质中的每个质点仅在各自的平衡位置附近重复波源的振动,频率和振幅与波源相同,只是各质点的"起步"(即初相) 不同,各质点并未随振动的传播而流走. 或者说,波动传播只是波形(凸起和凹下的形式或密部和疏部的形式）在向前行走，因此称为**行波**.

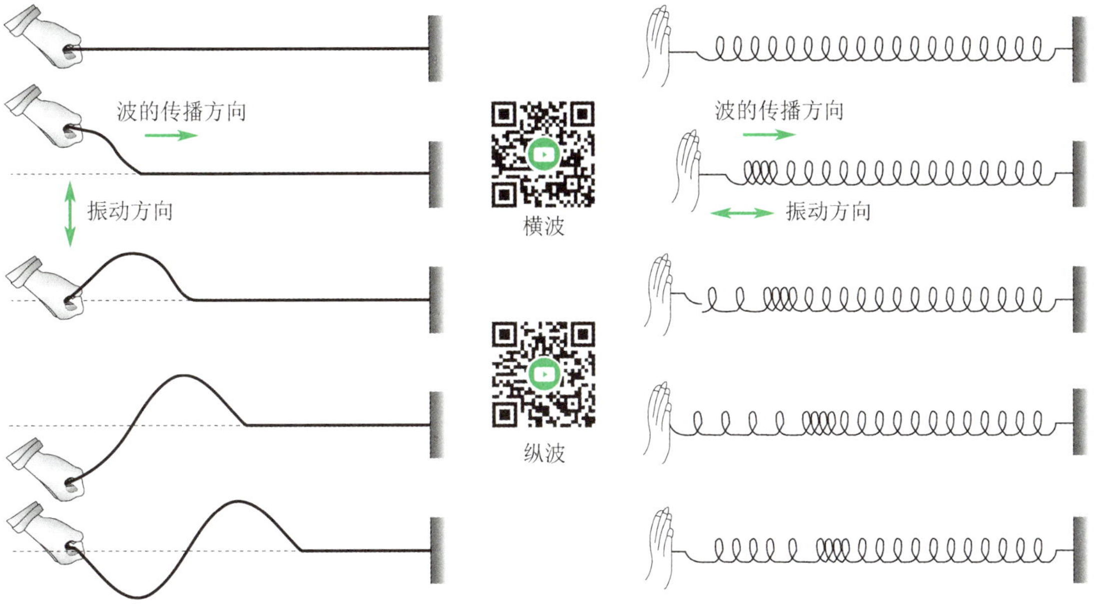

(a) 横波　　　　(b) 纵波

图 7－1　横波与纵波

横波和纵波是波动的两种基本形式，复杂的波（如水的表面波、地震波等）可以看成是横波和纵波的叠加.

7.1.3　描述波动的物理量

1. 波长

波的传播方向上，相邻两个相位差为 2π 的质点之间的距离称为**波长**，用 λ 表示. 波长亦即一个完整波形的长度，波的传播方向上，每隔一个波长的距离，振动状态就重复一次，波长描述了波在空间上的周期性. 对于横波，波长就是相邻两个波峰或相邻两个波谷之间的距离；而对于纵波，波长就是相邻两个疏部或相邻两个密部之间的距离.

2. 波的周期（频率）

波前进一个波长的距离所需要的时间称为**波的周期**，用 T 表示. 波的周期也就是各质点振动的周期. 每隔一个周期 T，振动质点的相位就重复一次，周期描述了波在时间上的周期性. 波的周期的倒数称为波的频率，用 ν 表示.

波的周期（或频率）就是介质中各质点振动的周期（或频率），等于波源振动的周期（或频率）.

3. 波速

波动是振动状态（即相位）的传播，单位时间内振动状态（或相位）传播的距离称为**波速**，又称为**相速**，用 u 表示. 对于机械波，波速决定于介质的密度和弹性模量. 下面先简要介绍一下物体的弹性形变.

固体、液体和气体在外力作用下都会发生弹性形变，形变有以下几种形式.

（1）长变

长为 l、截面为 S 的一段固体棒，两端受到如图 7－2(a) 所示的作用力时，发生 Δl 的形变. 应力 F/S 与应变 $\Delta l/l$ 成正比，即

$$Y=\frac{F/S}{\Delta l/l},\tag{7-1}$$

比例系数 Y 称为**杨氏模量**. 外力 F 不太大时,Δl 较小,S 基本不变,$\frac{YS}{l}$ 为常数,用 k 表示,式(7-1)写成 $F=k\Delta l$,k 为劲度系数.

(2) 切变

底面积为 S、高为 h 的一段固体,两端底面受如图 7-2(b) 所示的剪切力作用时,发生剪切形变. 切应力 F/S 与切应变 θ 成正比,即

$$G=\frac{F/S}{\theta},\tag{7-2}$$

比例系数 G 称为**切变模量**.

(3) 体变

一块原体积为 V 的介质,受到来自各方向的压力,当压强由 p 变为 $p+\Delta p$ 时,体积缩为 $V+\Delta V(\Delta V<0)$,如图 7-2(c) 所示. $\Delta V/V$ 称为体应变,与压强的增量 Δp 成正比,即

$$B=-\frac{\Delta p}{\Delta V/V},\tag{7-3}$$

比例系数 B 称为**体积弹性模量**.

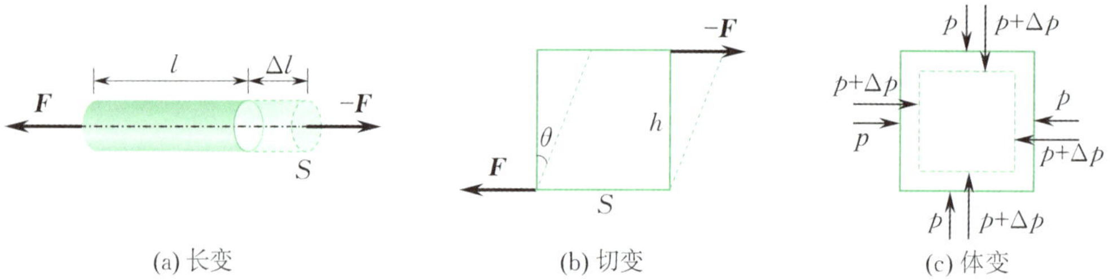

图 7-2 物体的弹性形变

液体和气体只有体变弹性,因此液体和气体只能传播纵波. 液体和气体中纵波的波速为

$$u=\sqrt{\frac{B}{\rho}},\tag{7-4}$$

式中 B 是介质的体积弹性模量,ρ 是介质的体密度.

固体可以产生切变、体变和长变等各种弹性形变,故固体既能传播与切变有关的横波又能传播与体变或长变有关的纵波. 可以证明,横波在固体中传播的波速为

$$u=\sqrt{\frac{G}{\rho}},\tag{7-5}$$

式中 G 是介质的切变模量,ρ 是介质的体密度. 纵波在固体中的传播波速为

$$u=\sqrt{\frac{Y}{\rho}},\tag{7-6}$$

式中 Y 是介质的杨氏模量,ρ 是介质的体密度.

必须严格区分波的传播速度与介质中质点振动的速度,两者是截然不同的两个概念.

波速、波长、频率三个量的关系为

$$u=\frac{\lambda}{T},\ u=\lambda\nu,\tag{7-7}$$

式(7-7) 不仅适用于机械波,也适用于光波、电磁波.

由于波的频率(或周期)由波源决定,与介质无关;而波速完全决定于介质的性质,因此,不同频率的波在同一介质中传播时具有相同的波速. 例如室温下,不同频率的声波在空气中的传播速率都是 340 $\mathrm{m \cdot s^{-1}}$. 而同一频率的波在不同介质中传播时其速度(或波长)不同.

7.1.4　波的几何描述

为了形象地描述波在传播过程中各振动质点在相位上的关系,介绍波线和波阵面的概念.

表示波传播方向的直线称为波线(或波射线);介质中振动相位相同的点构成的面称为波阵面(或波面). 某一时刻,最前面的那个波阵面称为波前. 显然,某一时刻的波前只有一个,波阵面却有无限多个. 波阵面是球面的波称为球面波;波阵面是平面的波称为平面波. 注意,平面波是一个理想的概念(模型). 一般来说,振动源振动在均匀无限大各向同性介质中传播形成的波,其波阵面应是球面,如图 7-3(a) 所示. 但在远离振源的区域(因球面波的半径已很大),在讨论区域内的波阵面可近似看成平面,如图 7-3(b) 所示. 所以,平面波实际上就是远离振源的球面波的一部分. 在各向同性均匀介质中,波线和波阵面垂直.

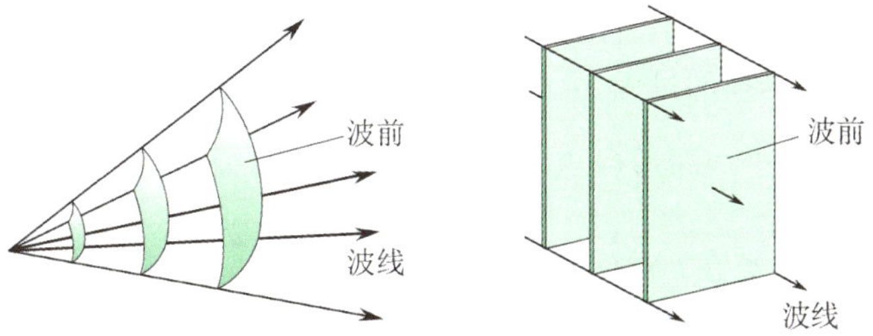

图 7-3　波线与波面

§7.2　平面简谐波的波函数

简谐振动在介质中传播形成的波称为简谐波. 远离波源的球面波可视为平面波. 如同一切复杂的振动可看成若干频率不同的简谐振动的合成一样,一切复杂的波也可看成由频率不同的若干简谐波的合成. 下面讨论在无吸收的各向同性的均匀无限大介质中传播的平面简谐波的波函数(波动表达式).

7.2.1　波函数的建立

机械波是弹性介质内大量质点参与的一种集体运动形式,这种运动形式可以用数学函数式加以描述. 以沿 x 轴方向传播的绳上一维横波为例,若要描述它,应该知道任意 x 处的质点在任意 t 时刻的位移 y,位移 y 显然是空间坐标 x 和时间 t 的函数,记为 $y(x,t)$. 我们把这样一个描述波动的函数称为波函数,或称为波动表达式. 下面建立平面简谐波的波函数.

设有一平面简谐横波沿 x 轴正方向传播,波速大小为 u,取任意一条波线为 x 轴,并取该波线上任一质元的平衡位置为坐标原点 O,以 y 表示波线上各质点的振动位移,如图 7-4 所示. 若原点 $(x=0)$ 处质点的振动方程为

$$y_0 = A\cos(\omega t + \varphi), \tag{7-8}$$

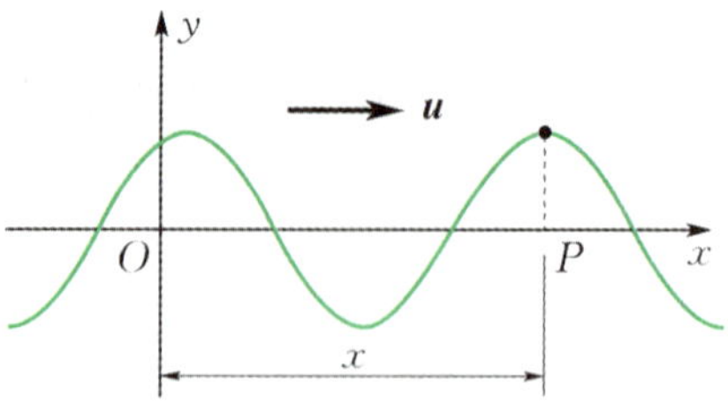

图 7-4　平面简谐波

式中 y_0 是 O 处质点 t 时刻离开平衡位置的位移，φ 是原点处质点振动的初相. 现在来计算波线上任意 x 处 P 点在 t 时刻的振动位移. 若波是在无吸收的均匀无限大介质中传播，则 x 处的 P 点将以相同的振幅和频率重复 O 点处质点的振动，但时间上要滞后一些，因振动从 O 点传到 P 点需要时间 $\Delta t=\dfrac{x}{u}$，即 x 处 P 点在 t 时刻的振动位移 $y(x,t)$ 就是原点（O 点）处质点在 $(t-\Delta t)=\left(t-\dfrac{x}{u}\right)$ 时刻离开平衡位置的位移，将式(7-8)中的 t 换为 $\left(t-\dfrac{x}{u}\right)$ 即得 x 处 P 点在 t 时刻的振动位移方程，即

$$y(x,t)=A\cos\left[\omega\left(t-\frac{x}{u}\right)+\varphi\right]. \tag{7-9}$$

因为 x 和 t 是任意的，式(7-9)实际上给出了波线上任意 x 处质点在任意 t 时刻的振动位移，按照上述波函数的定义，式(7-9)就是沿 x 轴正方向传播的平面简谐波的波函数.

上面从时间滞后的角度得到了波函数，其实也可从相位滞后的角度去考虑. 因为振动传播的过程实为振动状态即相位传播的过程，由式(7-8)知，t 时刻原点处质点的相位是 $(\omega t+\varphi)$，振动从 O 点传到 P 点，P 点在相位上应滞后 O 点 $\Delta\varphi=2\pi\dfrac{x}{\lambda}$，即 t 时刻 P 点的相位应是 $(\omega t+\varphi-\Delta\varphi)=\left(\omega t+\varphi-\dfrac{2\pi x}{\lambda}\right)$，故 x 处 P 点在 t 时刻的振动位移为

$$y(x,t)=A\cos\left(\omega t-\frac{2\pi x}{\lambda}+\varphi\right). \tag{7-10}$$

式(7-9)与式(7-10)是一致的，因为 $\dfrac{\omega}{u}=\dfrac{2\pi\nu}{u}=\dfrac{2\pi}{\lambda}$. 它们都是沿 x 轴正方向传播的平面简谐波的波函数的标准形式.

如果平面简谐波向 x 轴负方向传播，则图 7-4 中 P 点处质点的振动在时间上比 O 点处质点早 Δt，或在相位上超前 O 处质点 $\Delta\varphi$. 故只需将式(7-9)、式(7-10)中的负号改为正号就得到向 x 轴负方向传播的平面简谐波的波函数. 利用 $\omega=\dfrac{2\pi}{T}=2\pi\nu$ 以及 $uT=\lambda$，沿 x 轴方向传播的平面简谐波的波函数还可以改写成如下常用形式：

$$y=A\cos\left[2\pi\left(\frac{t}{T}\mp\frac{x}{\lambda}\right)+\varphi\right], \tag{7-11}$$

$$y=A\cos\left[2\pi\left(\nu t\mp\frac{x}{\lambda}\right)+\varphi\right], \tag{7-12}$$

式中“$-$”对应简谐波向 x 轴正方向传播，而“$+$”对应简谐波向 x 轴负方向传播.

应该注意的是，横波和纵波的波函数有相同的形式，对于横波，质元离开平衡位置的位移 y 与波动的传播方向 x 轴垂直. 而对于纵波，质元离开平衡位置的位移 y 沿波动的传播方向即 x 轴方向.

7.2.2　波函数的物理意义

由波动表达式可以看出，波函数含有两个自变量（x 和 t），时间上和空间上都具有周期性的特征，即满足

$$y(x,t+T)=y(x,t),\ y(x+\lambda,t)=y(x,t),$$

上两式可作为平面简谐波的周期和波长的定义式. 波的周期 T 和波长 λ 是表征波动的时间周期性和空间周期性的物理量.

(1) 如果 x 给定,设 $x=x_0$,则位移 y 只是 t 的函数,$y=y(t)$,波动表达式(7-9) 变为

$$y(x_0,t)=A\cos\left(\omega t-\frac{\omega x_0}{u}+\varphi\right)=A\cos\left(\omega t-2\pi\frac{x_0}{\lambda}+\varphi\right).$$

上式表示坐标为 x_0 处质点的位移 y 随时间 t 变化的关系,即 **x_0 处质点的振动表达式**. $\left(\varphi-\frac{\omega x_0}{u}\right)=\varphi-2\pi\frac{x_0}{\lambda}$ 即是 x_0 处质点振动的初相,与原点处质点比较,x_0 处质点的振动在相位上落后了 $\frac{\omega x_0}{u}$ 或 $2\pi\frac{x_0}{\lambda}$. 沿着波的传播方向,各质点的振动相位依次落后.

同一波线上两定点 x_1 和 x_2 处质点振动的相位差为

$$\Delta\varphi=\varphi_{x_1}-\varphi_{x_2}=-\frac{\omega x_1}{u}-\left(-\frac{\omega x_2}{u}\right)=\frac{2\pi}{\lambda}(x_2-x_1). \tag{7-13}$$

(2) 如果 t 给定,如 $t=t_0$,则位移 y 只是 x 的函数,$y=y(x)$,波动表达式(7-9) 变为

$$y(x,t_0)=A\cos\left(\omega t_0-\frac{\omega x}{u}+\varphi\right)=A\cos\left(\omega t_0-2\pi\frac{x}{\lambda}+\varphi\right),$$

上式表示 t_0 时刻,波线上各质点离开各自平衡位置的位移分布情况,即 **t_0 时刻的波形**,如图 7-5 所示. 它是一条简谐函数曲线,说明它是一列简谐波. 应该注意的是,对于横波,t_0 时刻的波形曲线就是该时刻波线上所有质点的分布情况. 而对于纵波,波形曲线并不反映该时刻质点的分布情况,而只是该时刻所有质点的位移分布.

(3) 如果 x 和 t 都变化,那么波函数表示波线上各个质点在不同时刻的位移. 更形象地说,**波函数反映了波形的传播**,这样的波称为**行波**. 图 7-6 中的实线和虚线分别为 t 和 $t+\Delta t$ 时刻的波形曲线. 可见,经过一段时间 Δt 后,波形向前推进了距离 $\Delta x=u\Delta t$. 所以,当 t 和 x 连续变化时,波函数就描绘了波形不断向前推进,振动状态不断向前传播的全过程.

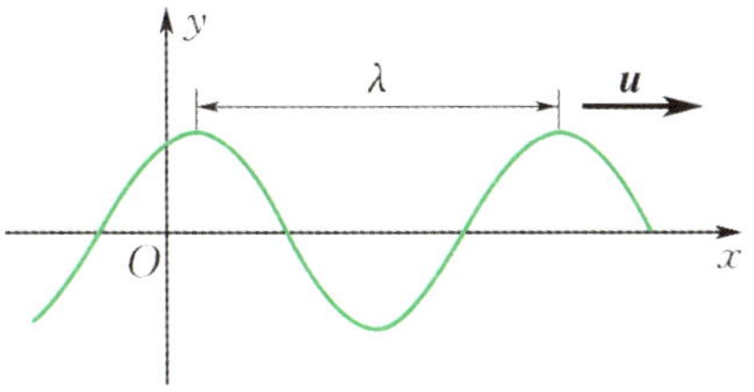

图 7-5　t_0 时刻的波形

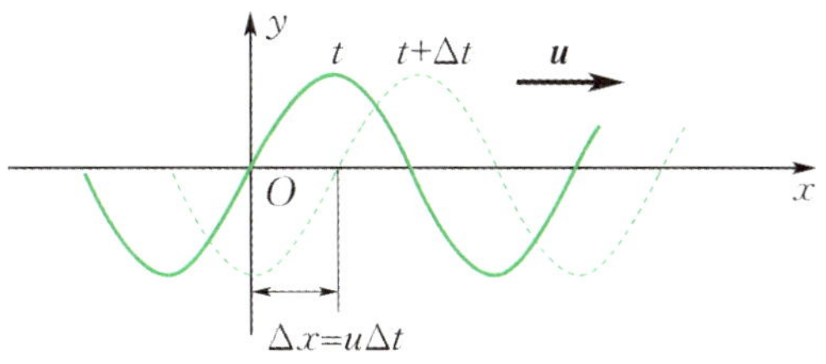

图 7-6　波的传播

例 7-1

一简谐横波在弦线上传播,其波函数为 $y=0.05\cos\pi(2.50t-0.01x)$(SI). 求波长、周期和波速.

解　由已知的波函数求波动的特征量,一般采用比较法,即将已知波函数改写成波函数的标准形式,然后通过比较求出各参量.

$$y=0.05\cos\pi(2.50t-0.01x)\ \text{m}$$
$$=0.05\cos 2\pi\left(\frac{2.50}{2}t-\frac{0.01}{2}x\right)\ \text{m}$$

与 $y=A\cos\left[2\pi\left(\frac{t}{T}-\frac{x}{\lambda}\right)+\varphi\right]$ 比较,得

$$T=\frac{2}{2.5}\ \text{s}=0.8\ \text{s},$$

$$\lambda = \frac{2}{0.01}\ \text{m} = 200\ \text{m}, \qquad u = \frac{\lambda}{T} = 250\ \text{m} \cdot \text{s}^{-1}.$$

例 7-2

一平面简谐波沿 x 轴正方向传播，其波长为 0.1 m，原点的振动表达式为 $y = 0.03\cos \pi t$(SI). 试求：(1) 波动表达式；(2) $x_1 = 0.5$ m 及 $x_2 = 1.0$ m 两点振动的相位差.

解 写波动表达式就是写出波线上任意 x 处质点在任意 t 时刻的振动位移方程 $y(x,t)$，一般需要知道三个条件：① 波线上任意一点的振动方程；② 波的传播方向；③ 波速 u(或波长 λ). 显然本题的条件是具备的.

(1) 已知原点的振动方程为 $y = 0.03\cos \pi t$，波的传播方向上 x 处质点重复原点处质点的振动，振幅 A 相同，频率 ω 相同，就是相位(初相) 比原点处质点落后

$$\Delta\varphi = 2\pi \frac{x}{\lambda},$$

故 x 处质点在 t 时刻的振动位移方程即波动表达式为

$$\begin{aligned} y &= 0.03\cos(\pi t - \Delta\varphi) \\ &= 0.03\cos\left(\pi t - 2\pi \frac{x}{\lambda}\right) \\ &= 0.03\cos(\pi t - 20\pi x)\text{(SI)}. \end{aligned}$$

(2) 由式(7-13) 可求得同一波线上两点的相位差为

$$\begin{aligned} \varphi_1 - \varphi_2 &= \frac{2\pi}{\lambda}(x_2 - x_1) = \frac{2\pi}{0.1}(1 - 0.5)\ \text{rad} \\ &= 10\pi\ \text{rad}, \end{aligned}$$

相位差为 2π 的整数倍，说明这两点的振动状态相同，即相位相同(步调一致). 另外，从这两点的距离 $x_2 - x_1 = 0.5$ m 为波长($\lambda = 0.1$ m) 的整数倍，即相距 5 个完整的波形，也可说明其相位相同.

例 7-3

一平面简谐波沿 x 轴正方向传播，速度 $u = 0.08\ \text{m} \cdot \text{s}^{-1}$，$t = 0$ 时刻的波形如图 7-7(a) 所示. 求：(1) 原点处质点的振动表达式；(2) 波函数；(3) P 点的振动表达式；(4) a,b 两点的振动方向.

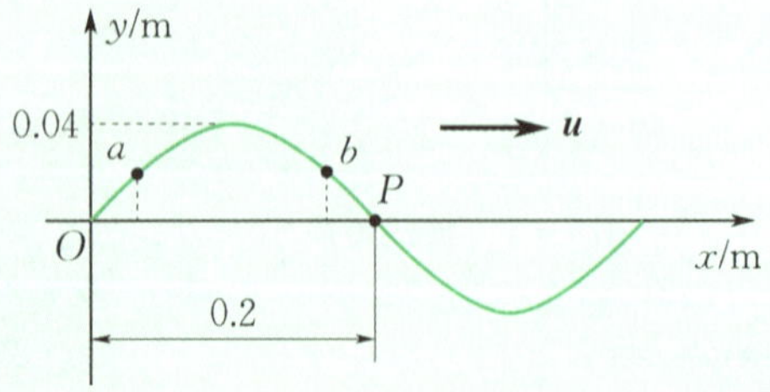

图 7-7(a)

解 这是求解波函数的另一类问题，即已知某时刻的波形曲线，写波函数. 这类问题的求解方法通常是根据所给的波形曲线，先写出原点处质点的振动方程，再写波函数.

(1) 设原点处质点的振动表达式为

$$y = A\cos(\omega t + \varphi),$$

由图 7-7(a) 可以看出，

$$A = 0.04\ \text{m}, \ \lambda = 0.4\ \text{m},$$

$$\omega = \frac{2\pi u}{\lambda} = \frac{2}{5}\pi\ \text{rad} \cdot \text{s}^{-1}.$$

下面来确定初相位 φ. 因为 $t = 0$ 时刻，O 点处质点过平衡位置且向 y 轴负方向运动，画出 $t = 0$ 时刻的旋转矢量图如图 7-7(b) 所示，由图可得

$$\varphi = \frac{\pi}{2}.$$

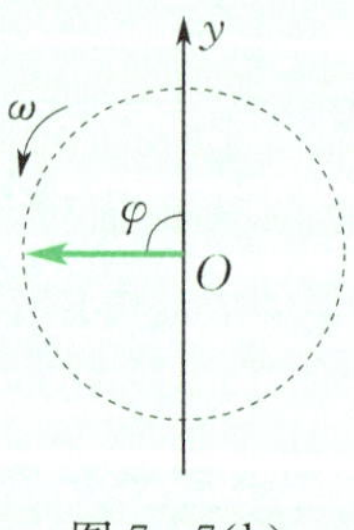

图 7-7(b)

故原点处质点的振动表达式为

$$y=0.04\cos\left(\frac{2\pi}{5}t+\frac{\pi}{2}\right)(\mathrm{SI}).$$

(2) 波函数为

$$y=0.04\cos\left[\frac{2\pi}{5}\left(t-\frac{x}{0.08}\right)+\frac{\pi}{2}\right](\mathrm{SI}).$$

(3) 将 $x=0.2$ m 代入波函数，得 P 点的振动表达式

$$y=0.04\cos\left[\frac{2\pi}{5}\left(t-\frac{0.2}{0.08}\right)+\frac{\pi}{2}\right]$$
$$=0.04\cos\left(\frac{2\pi}{5}t-\frac{\pi}{2}\right)(\mathrm{SI}).$$

(4) 作出 Δt 后的波形图如图 7－7(c) 中虚线所示，可以看出，此时 a 点向平衡位置运动，b 点则远离平衡位置运动，图中箭头表示它们的运动方向.

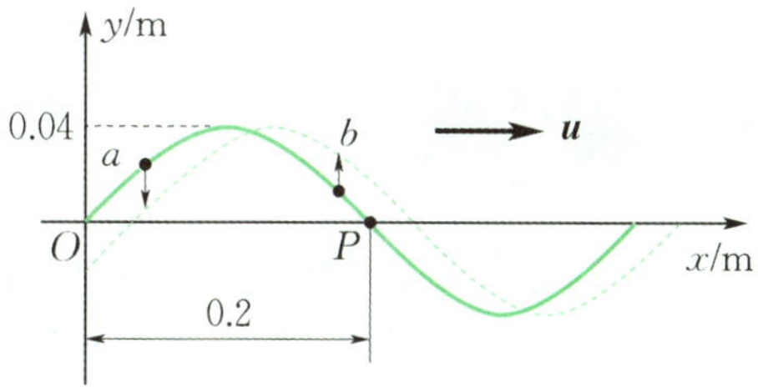

图 7－7(c)

*7.2.3　波动方程

将波动表达式(7－9)分别对 t 和 x 求二阶偏导数，可得

$$\frac{\partial^2 y}{\partial t^2}=-A\omega^2\cos\omega\left[\left(t-\frac{x}{u}\right)+\varphi\right]=-\omega^2 y,$$

$$\frac{\partial^2 y}{\partial x^2}=-A\frac{\omega^2}{u^2}\cos\omega\left[\left(t-\frac{x}{u}\right)+\varphi\right]=-\frac{\omega^2}{u^2}y.$$

比较以上两式可得

$$\frac{\partial^2 y}{\partial x^2}=\frac{1}{u^2}\frac{\partial^2 y}{\partial t^2}. \tag{7-14}$$

这是一个二阶偏微分方程，是一切平面波所必须满足的动力学方程，称为平面简谐波的波动方程. 它不仅适用于机械波，任何一个物理量 y(可以是力学量、电学量或其他量) 与时间和坐标的关系满足这一方程，则该物理量就是按波的形式传播. 方程中的 u 就是这种波的传播速度. 式(7－14) 是物理学中一个具有普遍意义的波动方程.

思考题

7－1　横波和纵波有什么区别？什么叫波线？什么叫波阵面？什么叫波前？

7－2　说明波长、波频、波速这三个物理量的含义. 在 $u=\lambda\nu$ 中，各量由哪些因素决定？从一给定波源发出的机械波通过不同介质传播时，什么量是变的？什么量是不变的？

7－3　关于波长的概念有三种说法，试分析它们是否一致.

(1) 相邻振动步调一致的两点间的距离；

(2) 相位差为 2π 的两点间的距离；

(3) 在一个周期内振动相位传播的距离.

7－4　简谐波中质元的振动速度与波的传播速度是否相同？它们的大小分别决定什么因素？

7－5　设某时刻波形曲线如图 7－8 所示. 波沿 x 轴正方向传播.

(1) 在图中用箭头示出 A,C,F,G 各质点在该时刻的运动方向；

(2) 求此时刻 B,E,G 三质点的振动相位；

(3) 画出经过 $\frac{T}{4}$ 后的波形图.

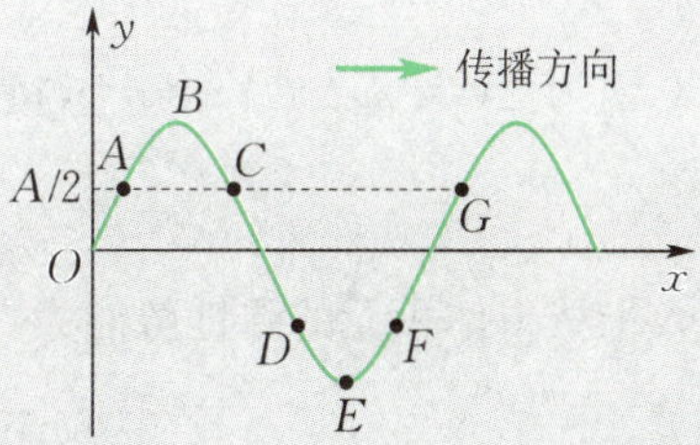

图 7－8

7-6 波函数 $y=A\cos\left[\omega\left(t-\frac{x}{u}\right)+\varphi\right]=A\cos\left(\omega t-\frac{\omega x}{u}+\varphi\right)$中，$\frac{x}{u}$，$\frac{\omega x}{u}$，$\varphi$，$y$各代表什么物理意义？

§7.3 波的能量 *声波

波动传播过程是振动状态的传播过程，波源的振动(状态)通过介质向外传播出去. 波动传播过程也是能量的传播过程，波源振动的能量也通过介质由近及远地向外传播出去(波传播到介质中的某处时，该处原来不动的质点开始振动，因而具有动能，同时该处的介质也将产生形变，因而也具有势能). 下面讨论波的能量.

7.3.1 波的能量

下面以平面余弦纵波在细棒中传播为例，推导波动传播时，介质中任一体元的能量. 如图7-9所示，在细棒中取体积元ΔV，其质量为$\Delta m=\rho\Delta V$，ρ为棒的体密度. 在没有波传播时，体积元左端坐标为x，右端为$x+\Delta x$，即体积元长度为Δx，设棒的横截面积为S，则$\Delta V=S\Delta x$. 当波动传播到这个体积元时，它有动能和弹性势能.

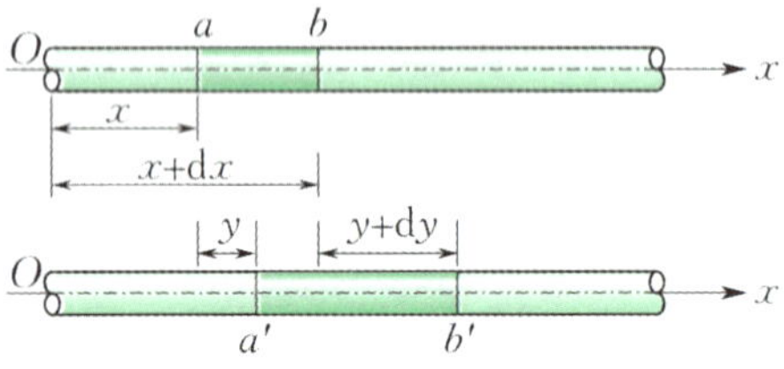

图7-9 体积元的能量

设棒中平面简谐纵波的表达式为

$$y=A\cos\omega\left(t-\frac{x}{u}\right),$$

则体积元在任意时刻的振动速度为

$$v=\frac{\partial y}{\partial t}=-\omega A\sin\omega\left(t-\frac{x}{u}\right),$$

体积元的动能为

$$\Delta W_{\mathrm{k}}=\frac{1}{2}\Delta mv^2=\frac{1}{2}\rho\Delta V\omega^2A^2\sin^2\omega\left(t-\frac{x}{u}\right). \tag{7-15}$$

下面推导体积元的弹性势能. 从图7-9可以看出，t时刻，体积元左端的位移为y，右端的位移为$(y+\Delta y)$，因此体积元的长度改变量为Δy. 因体积元的原长为Δx，所以体积元的长应变为$\frac{\Delta y}{\Delta x}$. 根据杨氏模量的定义和胡克定律，体积元所受的弹性力大小为

$$f=YS\frac{\Delta y}{\Delta x}=k\Delta y.$$

在外力不太大时，$k=YS/\Delta x$为常数，称为劲度系数，所以体积元的弹性势能为

$$\Delta W_{\mathrm{p}}=\frac{1}{2}k(\Delta y)^2=\frac{1}{2}\frac{YS}{\Delta x}(\Delta y)^2=\frac{1}{2}YS\Delta x\left(\frac{\Delta y}{\Delta x}\right)^2=\frac{1}{2}YS\Delta x\left(\frac{\partial y}{\partial x}\right)^2.$$

因为$\Delta V=S\Delta x$，$Y=u^2\rho$，将波动表达式对x求一阶偏导得

$$\frac{\partial y}{\partial x}=\frac{\omega A}{u}\sin\omega\left(t-\frac{x}{u}\right),$$

代入上式得体积元的弹性势能为

$$\Delta W_{\mathrm{p}}=\frac{1}{2}\rho\Delta V\omega^2A^2\sin^2\omega\left(t-\frac{x}{u}\right), \tag{7-16}$$

体积元的总机械能为

$$\Delta W=\Delta W_k+\Delta W_p=\rho\Delta V\omega^2A^2\sin^2\omega\left(t-\frac{x}{u}\right). \tag{7-17}$$

比较式(7-15)与式(7-16)可知，**波在传播过程中，任意时刻体积元的动能和势能相等，而且相位相同，即动能和势能同时达到最大值，又同时变为零，体积元的总能量不守恒**. 说明体积元不断地从前面的质元吸收能量，又不断地把能量传递给后面的质元. 这样，能量就随着波的行进，从介质的一部分传向另一部分.

关于行波中任一体积元的动能与势能同步变化的问题，可以这样来理解：以图 7-10 所示的横波波形为例，波动中与势能联系的是质元之间的相对位移，即体积元的相对形变$\frac{\Delta y}{\Delta x}$，在波形曲线中就是曲线的斜率. 在 B 处质元的振动速度为零，所以动能为零，同时在该处$\frac{\partial y}{\partial x}$也为零，因而弹性势能也为零；在 B' 处质元的振动速度最大，动能最大，同时波形曲线较陡，$\frac{\partial y}{\partial x}$为最大，所以弹性势能也最大.

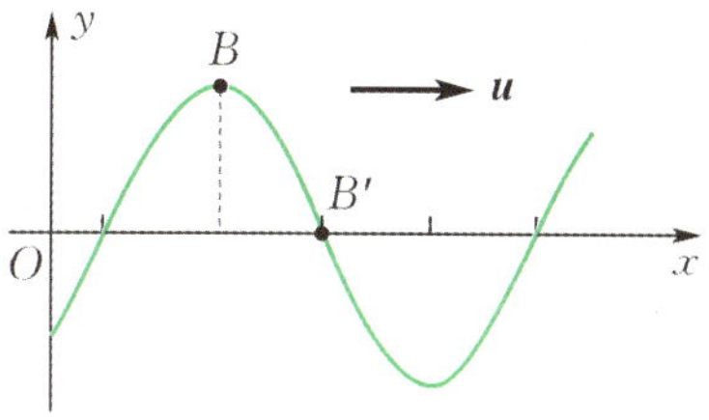

图 7-10　波传播时体元的形变

7.3.2　波的能量密度

介质中，单位体积内波动的能量称为**波的能量密度**，以 w 表示. 由式(7-17)有

$$w=\frac{\Delta W}{\Delta V}=\rho\omega^2A^2\ \sin^2\omega\left(t-\frac{x}{u}\right).$$

上式表明，波的能量密度随时间作周期性变化，它在一个周期内的平均值称为平均能量密度，以 $\overline{w}$ 表示，即

$$\overline{w}=\frac{1}{T}\int_0^T w\mathrm{d}t=\frac{1}{T}\int_0^T\rho\omega^2A^2\ \sin^2\omega\left(t-\frac{x}{u}\right)\mathrm{d}t=\frac{1}{2}\rho\omega^2A^2. \tag{7-18}$$

式(7-18)虽然是从平面余弦纵波的特例导出的，但机械波的能量与振幅的平方成正比、与频率的平方成正比的结论却是对所有弹性波都适用的.

7.3.3　波的强度

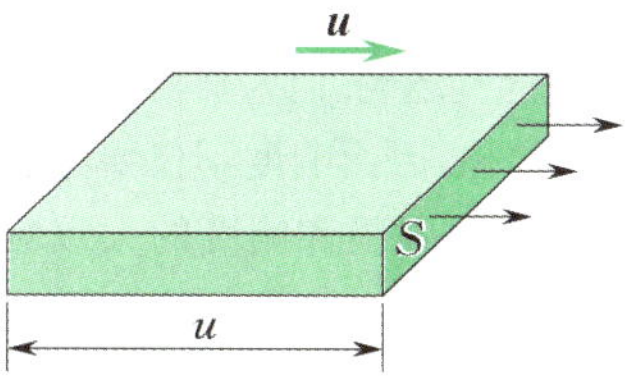

图 7-11　波的能流密度

单位时间内通过介质中某一面积的能量称为通过该面积的**能流**. 设在介质中垂直于波速 u 取一面积 S，则在单位时间内通过 S 面的能量等于体积 uS 中的能量，如图 7-11 所示. 能量是周期性变化的，通常取其一个周期的时间平均值，即得平均能流为

$$\overline{P}=\overline{w}uS,$$

式中 $\overline{w}$ 是平均能量密度.

单位时间内通过垂直于波线的单位面积上的平均能量称为**能流密度**或**波的强度**，用 I 表示，有

$$I=\overline{w}u=\frac{1}{2}\rho u\omega^2A^2. \tag{7-19}$$

在给定的均匀介质中，波的强度正比于振幅与角频率乘积的平方. 在国际单位制中，波的强度的单位为瓦特每平方米($\mathrm{W\cdot m^{-2}}$)，它的物理意义是：在与波的传播方向垂直的单位面积上通过的波的功率.

*7.3.4 声波

在弹性介质中，如果波源所激起的纵波的频率在 20 Hz ～ 20 kHz 之间，就能引起人的听觉. 在该频率范围内的振动称为声振动，由声振动所激起的纵波称为声波. 频率高于 20 kHz 的声波称为**超声波**. 频率低于 20 Hz 的声波称为次声波. 声波具有机械波的一般特性，这里我们只讨论声波的某些特殊问题.

1. 声压

介质中有声波传播时的压强和无声波时的静压强 p_0 之间有一差值，这一差值称为声压. 声波是疏密波，在稀疏区域，实际压强小于原来静压强，声压为负值；在稠密区，实际压强大于原来静压强，声压为正值. 随着声波传播的周期性变化，介质中任一点的声压也必随时间周期性变化，可以证明声压随时间变化的规律为

$$p = \rho u\omega A\cos\left[\omega\left(t-\frac{x}{u}\right)-\frac{\pi}{2}\right] = p_{\mathrm{m}}\cos\left[\omega\left(t-\frac{x}{u}\right)-\frac{\pi}{2}\right], \tag{7-20}$$

式中 $p_{\mathrm{m}} = \rho u\omega A$，称为声压振幅. 在声学工程中，讨论声压比讨论位移更为重要. 因为声压较容易测量，实际上常常先测出声压，再根据声强与声压的关系换算而得出声强.

2. 声强、声强级

声强就是声波的平均能流密度. 根据能流密度公式(7-19)，有

$$I = \frac{1}{2}\rho u\omega^2 A^2 = \frac{1}{2}\frac{p_{\mathrm{m}}^2}{\rho u},$$

即声强与频率的平方、振幅的平方成正比. 频率越高越容易获得较大的声压和声强. 高频声波易于聚焦，可以在焦点处获得极大的声强.

引起听觉的声波，不仅有频率范围，而且有声强范围. 对于每个给定的可闻频率，声强都有上下两个限值，低于下限的声强不能引起听觉，能引起听觉的最低声强称为听觉阈；高于上限的声强也不能引起听觉，而太高只能引起痛觉，这一声强的上限值称为痛觉阈. 声强的上下限值随频率而异，在 1 kHz 时，一般正常人听觉的最高声强为 1 $\mathrm{W\cdot m^{-2}}$，最低声强为 10^{-12} $\mathrm{W\cdot m^{-2}}$. 通常把这一最低声强作为测定声强的标准，用 I_0 表示. 由于可闻声强的数量级相差悬殊，通常用对数标度作为声强级的量度，以 L_I 表示，即

$$L_I = \lg\frac{I}{I_0}.$$

声强级的单位为贝尔(Bel). 这个单位太大，常采用贝尔的十分之一，即分贝(dB)作为声强级的单位，这样，声强级的公式为

$$L_I = 10\lg\frac{I}{I_0}. \tag{7-21}$$

声音响度是人对声音强度的主观感觉，它与声强级有一定的关系，声强级越大，人感觉越响. 但人耳对声音的感觉不仅与声强有关，也和频率有关. 两个声强相等而频率不同的纯音听起来并不一样响. 因而响度不仅要考虑声音的物理效应，还要考虑声音对人耳的生理效应. 表 7-1 给出了几种常见的声音的声强级和响度的大致对应情况.

表 7-1 几种声音的声强、声强级和响度

声源	声强 /($\mathrm{W\cdot m^{-2}}$)	声强级 /dB	响度
听觉阈	10^{-12}	0	可感觉
耳语	10^{-10}	20	较轻
交谈(轻)	10^{-8}	40	轻
通常谈话	10^{-6}	60	正常
闹市车声	10^{-4}	80	响

续表

声源	声强 /(W·m^{-2})	声强级 /dB	响度
燃放鞭炮	10^{-2}	100	极响
大炮轰声	1	120	震耳

声波是由振动的弦线(如琴弦、人的声带等)、振动的空气柱(如风琴管、单簧管)、振动的板与振动的膜(如鼓、扬声器)等产生的机械波.近似周期性或由少数几个周期性的波合成的声波,如果强度不太大时引起愉快悦耳的乐音.波形不是周期性的或者是由较多个周期波合成的声波,就是噪声.

思考题

7-7　如何理解波动传播时,介质中任一体积元在任意时刻的动能和势能相等、相位相同?

7-8　波动传播过程中,任一质元的总能量随时间变化,这与能量守恒定律是否矛盾?

§7.4　波的叠加和干涉

干涉现象是波动的本质特征之一,机械波、电磁波、物质波都存在干涉现象.

7.4.1　波的叠加原理

波的叠加

几列波在同一种介质中传播,那么,这几列波在空间某点处相遇时,每一列波都能保持自己原有的特性(频率、波长、振动方向等)传播,好像在各自的传播路径上没有遇到别的波一样,这一现象称为波传播的独立性原理.管弦乐队合奏或几个人同时说话时,我们能够辨别各种乐器或每个人的声音,这就是机械波(声波)传播的独立性的例子.通常天空中有许多无线电波在传播,我们能随意接收到某一电台的广播,这是电磁波传播的独立性的例子.

几列波在空间传播相遇时,相遇的区域内,任一质点的振动为各列波单独在该点引起的振动的合振动,即任意时刻,该处质点的振动位移是各列波在该点引起的振动位移的矢量和,这一规律称为波的叠加原理.波叠加原理的重要性还在于可将一列复杂的波分解为若干简谐波的组合.

7.4.2　波的干涉

波的干涉

一般来说,振幅、频率、相位等都不同的两列波在某一点叠加时,情况比较复杂.这里只讨论一种最简单而又很重要的情况,即两个频率相同、振动方向相同、相位相同(或相位差恒定)的波源所发出的两列波的叠加,我们称这种波源为相干波源,它们发出的波称为相干波.两相干波在空间传播相遇时,会出现某些点的振动始终加强,某些点的振动始终减弱或完全抵消的现象,这种现象称为波的干涉.

设有两个相干波源 S_1 和 S_2,其振动表达式分别为

$$y_{10}=A_1\cos(\omega t+\varphi_1),$$
$$y_{20}=A_2\cos(\omega t+\varphi_2),$$

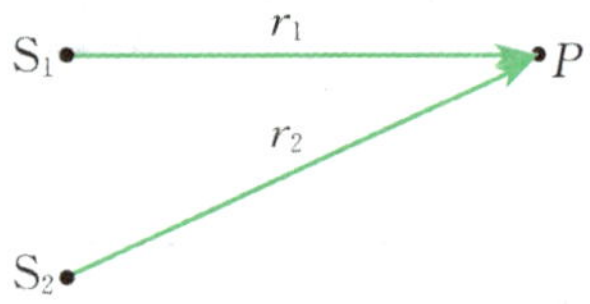

图 7-12 相干波的叠加

两波源发出的波在空间 P 点相遇,如图 7-12 所示.

两列波各自在 P 点引起的振动表达式分别为

$$y_1=A_1\cos\left(\omega t+\varphi_1-2\pi\frac{r_1}{\lambda}\right),$$

$$y_2=A_2\cos\left(\omega t+\varphi_2-2\pi\frac{r_2}{\lambda}\right),$$

式中 r_1,r_2 为两相干波源到 P 点的距离. 根据波的叠加原理,P 点的振动应是上述两个同方向、同频率简谐振动的合成,所以 P 点的合振动为

$$y=y_1+y_2=A\cos(\omega t+\varphi),$$

式中 A 为合振动的振幅,其表达式为

$$A=\sqrt{A_1^2+A_2^2+2A_1A_2\cos\left(\varphi_2-\varphi_1-2\pi\frac{r_2-r_1}{\lambda}\right)}. \tag{7-22}$$

可见,合振动的振幅主要取决于两列波在 P 点所引起的两分振动的相位差 $\Delta\varphi$,即

$$\Delta\varphi=\varphi_2-\varphi_1-2\pi\frac{r_2-r_1}{\lambda}. \tag{7-23}$$

当 P 点的位置满足

$$\Delta\varphi=\varphi_2-\varphi_1-2\pi\frac{r_2-r_1}{\lambda}=2k\pi,\quad k=0,\pm1,\pm2,\cdots \tag{7-24}$$

时,合振动振幅最大,这时 $A=A_1+A_2$,称为干涉相长.

当 P 点的位置满足

$$\Delta\varphi=\varphi_2-\varphi_1-2\pi\frac{r_2-r_1}{\lambda}=(2k+1)\pi,\quad k=0,\pm1,\pm2,\cdots \tag{7-25}$$

时,合振动振幅最小,这时 $A=|A_1-A_2|$,称为干涉相消.

如果 $\varphi_2=\varphi_1$,即两相干波源的初相相同,则上述条件还可简化为

$$\delta=r_2-r_1=\begin{cases}\pm k\lambda, & \text{干涉加强},\\ \pm(2k+1)\dfrac{\lambda}{2}, & \text{干涉减弱},\end{cases}\quad k=0,1,2,\cdots, \tag{7-26}$$

式中 $\delta=r_2-r_1$ 称为波程差. 上式表明:初相相同的两相干波源发出的波在空间叠加时,波程差等于波长整数倍的各点,合振动振幅最大;波程差等于半波长奇数倍的各点,合振动振幅最小;在其他情况下,合振动的振幅介于最大值 A_1+A_2 和最小值 $|A_1-A_2|$ 之间.

由于波的强度正比于振幅的平方,而 $A^2=A_1^2+A_2^2+2A_1A_2\cos\Delta\varphi$,两列波叠加后的强度为

$$I=I_1+I_2+2\sqrt{I_1I_2}\cos\Delta\varphi. \tag{7-27}$$

叠加后波的强度随两相干波在空间各点所引起的振动相位差的不同而不同. 当 $I_1=I_2$ 时,有

$$I=2I_1(1+\cos\Delta\varphi)=4I_1\cos^2\frac{\Delta\varphi}{2}.$$

图 7-13 给出了干涉现象的强度分布.

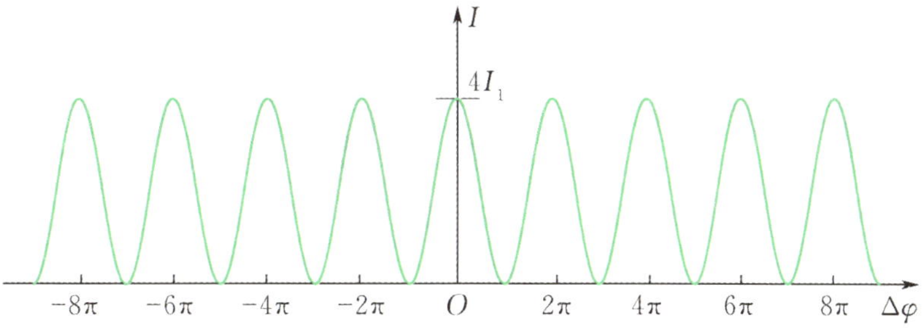

图 7-13　干涉现象的强度分布

例 7-4

设 S_1，S_2 为两相干波源，两者相距四分之一波长，如图 7-14 所示．S_1 的相位比 S_2 的相位超前$\frac{\pi}{2}$．若两波源的振幅相同（同为 A_0）且两列波在 S_1，S_2 连线方向上的强度不变，问在 S_1，S_2 连线上：(1) S_2 右侧各点的合成波的强度如何？(2) S_1 左侧各点的合成波的强度如何？

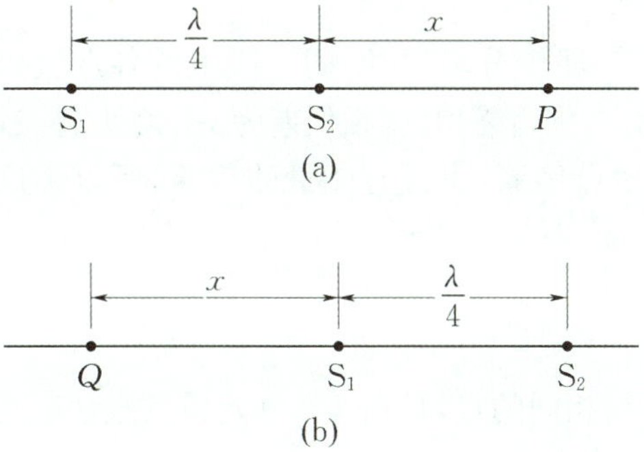

图 7-14

解　(1) 设 S_2 右侧任一点 P 与 S_2 的距离为 x（见图 7-14(a)）．两波源的相位差为 $\varphi_2-\varphi_1=-\frac{\pi}{2}$，由式(7-23)，两列波在 P 点处引起的合振动的相位差为

$$\Delta\varphi=\varphi_2-\varphi_1-2\pi\frac{r_2-r_1}{\lambda}$$
$$=-\frac{\pi}{2}-\frac{2\pi}{\lambda}\left[x-\left(x+\frac{\lambda}{4}\right)\right]$$
$$=-\frac{\pi}{2}+\frac{\pi}{2}=0,$$

故 S_2 右侧各点干涉加强，合振幅恒为 $A=2A_0$．又因为波的强度 $I\propto A^2$，所以合成波的强度 $I=4I_1$．

(2) 设 S_1 左侧任一点 Q 与 S_1 的距离为 x（见图 7-14(b)）．同样的方法可求得这两列波在 Q 点引起的合振动的相位差为

$$\Delta\varphi=\varphi_2-\varphi_1-2\pi\frac{r_2-r_1}{\lambda}$$
$$=-\frac{\pi}{2}-\frac{2\pi}{\lambda}\left[\left(x+\frac{\lambda}{4}\right)-x\right]$$
$$=-\frac{\pi}{2}-\frac{\pi}{2}=-\pi,$$

故 S_1 左侧各点的干涉相消，其合振幅恒为 0，合成波的强度也为 0．

§7.5 驻 波

7.5.1 驻波的形成

驻波是波干涉的特例，在声学和波动光学中有着重要的应用. 两列振幅相同的相干波在同一直线上相向传播时，叠加的结果便形成驻波.

图 7 - 15 是细绳上形成驻波的实验装置示意图. 弹性轻绳的一端系于电动音叉 A 的一臂上，绳的另一端通过定滑轮 P 与一砝码相连，改变砝码的质量可以调节绳中的张力. B 是一劈尖，音叉振动时，通过绳子产生波动向右传播(称为入射波)，入射波到达 B 后反射，形成反射波向左传播. 这样，入射波和反射波在同一绳上沿相反方向传播，它们将相互干涉. 移动劈尖 B 至适当位置，结果在绳上就形成图中所示的波动状态.

图 7 - 15 驻波实验

把振幅最大的点称为波腹，始终静止的点称为波节. 绳子分段振动，同一段上的各点振幅不同，但相位相同(或步调一致). 而相邻两段的各点，振动相位始终相反(相位差为 π). 绳上各点，只有段与段之间的相位突变，而没有振动状态或相位的逐点传播，也没有能量的传播，所以称这种波为驻波.

7.5.2 驻波波函数

如果把坐标原点取在入射波和反射波振动相位始终相同的点，且在 $x = 0$ 处质点振动达到正向最大位移的时刻开始计时($t = 0$)，则入射波和反射波的波函数分别为

$$y_1 = A\cos 2\pi\left(\frac{t}{T} - \frac{x}{\lambda}\right),$$

$$y_2 = A\cos 2\pi\left(\frac{t}{T} + \frac{x}{\lambda}\right),$$

合成波方程为

$$y = y_1 + y_2 = 2A\cos\frac{2\pi}{\lambda}x\cos 2\pi\nu t, \tag{7 - 28}$$

这就是驻波波函数，其中 $\cos 2\pi\nu t$ 表示谐振动，而 $\left|2A\cos\frac{2\pi}{\lambda}x\right|$ 即为谐振动的振幅. 式中 x 和 t 被分隔于两个余弦函数中，说明此函数不满足 $y(t+\Delta t, x+u\Delta t) = y(t, x)$，因此它不表示行波，只表示各质点都在做频率相同的简谐振动，但各点的振幅随位置的不同而变化. 图 7 - 16 画出了不同时刻的入射波、反射波和合成波的波形图，图中的实线表示合成波. 由图可见，波节的位置始终是不动的，而波腹处有最大的振幅.

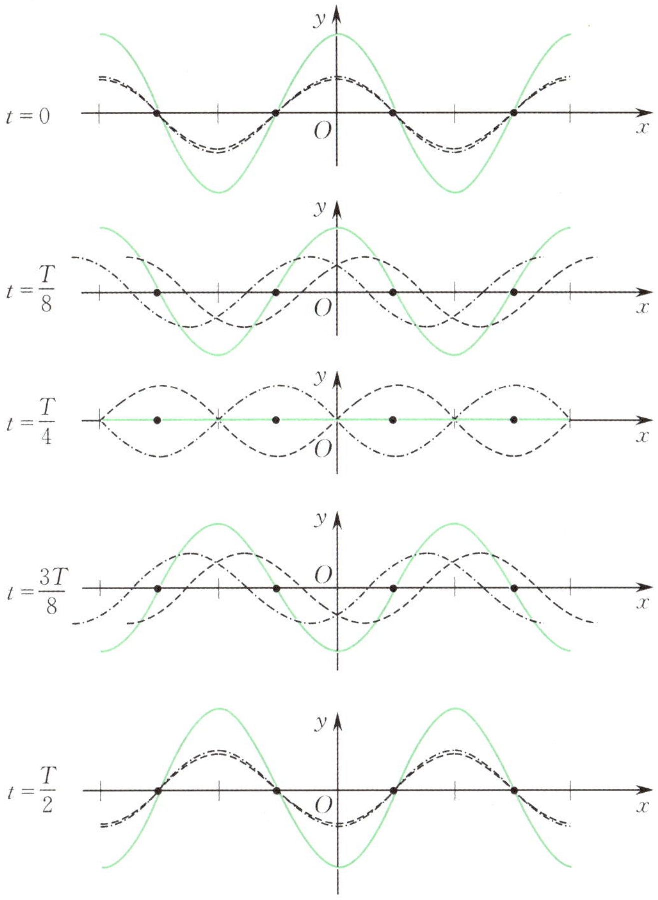

图 7 - 16　驻波的形成

7.5.3　驻波的特点

1. 波腹与波节的位置

振幅最大的点称为波腹，振幅值为 $2A$，由式(7 - 28)可知，对应于使 $\left|\cos\frac{2\pi}{\lambda}x\right| = 1$，即 $\frac{2\pi}{\lambda}x = k\pi$ 的各点为波腹的位置，因此波腹点的坐标为

$$x = \pm k\frac{\lambda}{2}, \quad k = 0,1,2,\cdots. \tag{7 - 29}$$

同理，使 $\left|\cos\frac{2\pi}{\lambda}x\right| = 0$，即 $\frac{2\pi}{\lambda}x = (2k+1)\frac{\pi}{2}$ 的各点为波节的位置，因此波节点的坐标为

$$x = \pm(2k+1)\frac{\lambda}{4}, \quad k = 0,1,2,\cdots. \tag{7 - 30}$$

由式(7 - 29)和式(7 - 30)可知，相邻两波腹或相邻两波节间的距离为 $\lambda/2$，而相邻的波腹与波节之间的距离为 $\lambda/4$. 这就为我们提供了一种测定行波波长的方法，只要测出相邻两波腹或相邻两波节之间的距离就可以确定原来两列行波的波长 λ.

需要说明的是，式(7 - 29)和式(7 - 30)两式给出的波腹与波节位置的结论不具普遍性，因为它们是从特例中导出的.

2. 驻波中各点的相位

在驻波波函数式(7-28)中,振动因子为 $\cos 2\pi\nu t$,但不能认为驻波中各点的振动相位也相同或如行波中那样逐点不同. x 处的振动位移由 $2A\cos\frac{2\pi}{\lambda}x$ 确定,显然对应于不同的 x 值,$2A\cos\frac{2\pi}{\lambda}x$ 可正可负. 如果把相邻两波节之间的各点视为一段,则由余弦函数的取值规律可知,$\cos\frac{2\pi}{\lambda}x$ 的值对同一段内的各质点有相同的符号;对于分别在相邻两段内的两质点则符号相反. 以 $\left|2A\cos\frac{2\pi}{\lambda}x\right|$ 作为振幅,这种符号的相同或相反就表明:**在驻波中,同一段上的各质点振动相位相同,而相邻两段中各质点的振动相位相反**. 因此,驻波实际上是介质一种特殊的分段振动现象. 同一段内各质点沿相同方向同时到达各自振动位移的最大值,又沿相同方向同时通过平衡位置;而任一波节两侧各质点同时沿相反方向到达振动位移的正、负最大值,又沿相反方向同时通过平衡位置. 驻波没有振动状态或相位的逐点传播.

3. 驻波的能量

由于驻波是由两列振幅相等、传播方向相反、能流密度数值相同的平面简谐波合成的. 由式(7-19)可知,总的能流密度为零,没有能量向外传播. 但是它的振动动能和弹性势能也是相互转化的,在转化过程中总能量不变. 当两波节间各点的振动位移同时达到各自的最大值时,各质元速度为零,振动动能为零. 由图7-16可见,在波腹处,应变$\frac{\Delta y}{\Delta x}$(曲线斜率)为零,势能为零;而波节处应变$\frac{\Delta y}{\Delta x}$最大,势能有极大值,所以波节附近集中了驻波的弹性势能. 当各质元离开最大位移向平衡位置运动时,势能减小,动能增大. 当同时达到平衡位置时,各质元应变为零,势能为零. 而波腹附近速度最大,所以波腹附近集中了驻波的振动动能. 驻波的能量就是这样从波节附近转移到波腹附近,又从波腹附近转移到波节附近,在转移过程中,总能量不变. 这就是说,在驻波振动中,一个波段内不断地进行动能与势能的相互转换,并不断地分别集中在波腹与波节附近而不向外传播.

7.5.4 半波损失

在图7-15所示的驻波实验中,反射点是固定不动的,所以形成波节,说明入射波与反射波在反射点进行反相叠加,即反射波在反射点发生了相位 π 的突变,相当于波在反射时突然损失(或增加)了半个波长的波程,称之为**半波损失**. 如果反射点是自由的,合成的驻波在反射点将形成波腹,反射波没有半波损失. 一般情况下,入射波在两种介质分界面处反射时是否发生半波损失,与波的种类、两种介质的性质以及入射角的大小有关. 对于机械波而言,当入射波垂直于界面入射时,它由介质的密度和波速的乘积 ρu 决定. 相对来讲,ρu 较大的介质称为**波密介质**,ρu 较小的称为**波疏介质**. 当波从波疏介质垂直入射到波密介质并在分界面上反射时,反射波有半波损失,分界面处出现波节;反之,当波从波密介质垂直入射到波疏介质,在分界面上反射时,反射波没有半波损失,分界面处出现波腹.

分界面处的相位分析

7.5.5　弦线振动的简正模式

驻波现象有许多实际的应用. 例如，将弦线的两端拉紧固定，拨动弦线，弦线中就产生经两端反射而反向传播的两列波，叠加后形成驻波. 由于弦线两端固定，必定形成波节，所以其波长应满足下列条件的一系列波才能在弦线上形成驻波：

$$L = n\frac{\lambda}{2},\quad n = 1,2,\cdots. \tag{7-31}$$

用 λ_n 表示与某一 n 值对应的波长，则由式(7-31)可得允许的波长为

$$\lambda_n = \frac{2L}{n}.$$

由于波速 $u = \lambda\nu$，有

$$\nu_n = n\frac{u}{2L},\quad n = 1,2,\cdots. \tag{7-32}$$

式(7-32)中的频率称为弦振动的本征频率，本征频率对应的振动方式称为弦振动的简正模式，如图 7-17 所示. 其中与 $n = 1$ 对应的频率称为基频，而对应于 $n = 2, n = 3, \cdots$ 的其他较高的本征频率称为二次谐频、三次谐频 ……，这些频率称为系统的固有频率. 如果外界驱使系统振动，当驱动力频率等于或接近系统的某一固有频率时，系统将被激发，产生振幅很大的驻波，这种现象也称为共振.

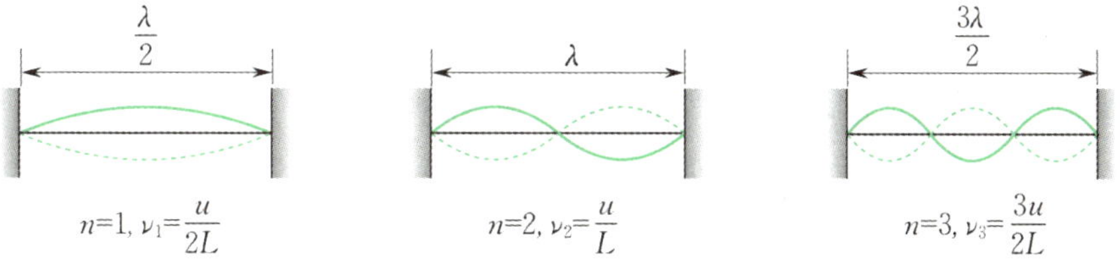

图 7-17　两端固定的弦线的几种简正模式

例 7-5

一圆频率为 ω、振幅为 A 的平面简谐波沿 x 轴正向传播，如图 7-18 所示. 设在 $t = 0$ 时刻该波在原点 O 处引起的振动使介质质元由平衡位置向 y 轴负向运动. M 是垂直于 x 轴的波密介质的反射面. 已知 $OB = \frac{7\lambda}{4}$，$PB = \frac{\lambda}{4}$，设反射波不衰减. 求：(1) 入射波与反射波的波函数；(2) 合成波(驻波)波函数；(3) P 点的振动方程.

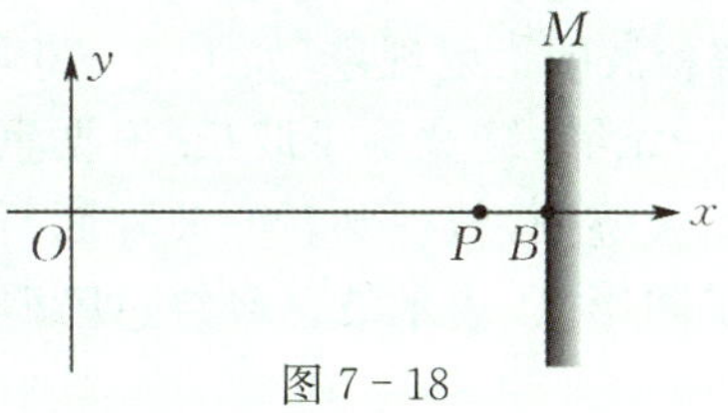

图 7-18

解　(1) 先写原点的振动方程，设 O 处质点的振动方程为

$$y_O = A\cos(\omega t + \varphi).$$

由题意，$t = 0$ 时，$y_O = 0$，$v_O < 0$，所以 $\varphi = \frac{\pi}{2}$.

故原点的振动方程为

$$y_O = A\cos\left(\omega t + \frac{\pi}{2}\right).$$

入射波波函数为

$$y(x,t) = A\cos\left(\omega t - 2\pi\frac{x}{\lambda} + \frac{\pi}{2}\right).$$

在 B 点，入射波引起的振动表达式为

$$y_B = A\cos\left(\omega t - \frac{2\pi}{\lambda}\frac{7\lambda}{4} + \frac{\pi}{2}\right) = A\cos(\omega t - \pi).$$

由于 M 是波密介质反射面，所以 B 点处反射波

振动有一个相位的突变,即反射波在 B 点的振动方程为

$$y'_B = A\cos(\omega t - \pi + \pi) = A\cos\omega t,$$

反射波的波函数为

$$y'(x,t) = A\cos\left[\omega t - \frac{2\pi}{\lambda}(|OB| - x)\right]$$
$$= A\cos\left[\omega t - \frac{2\pi}{\lambda}\left(\frac{7\lambda}{4} - x\right)\right]$$
$$= A\cos\left(\omega t + 2\pi\frac{x}{\lambda} + \frac{\pi}{2}\right).$$

(2) 合成波(驻波)波函数为

$$y = y(x,t) + y'(x,t)$$
$$= A\cos\left(\omega t - 2\pi\frac{x}{\lambda} + \frac{\pi}{2}\right) + A\cos\left(\omega t + 2\pi\frac{x}{\lambda} + \frac{\pi}{2}\right)$$
$$= 2A\cos 2\pi\frac{x}{\lambda}\cos\left(\omega t + \frac{\pi}{2}\right).$$

(3) 将 P 点的坐标 $x = \frac{7\lambda}{4} - \frac{\lambda}{4} = \frac{3\lambda}{2}$ 代入上述方程,可得 P 点的振动方程

$$y_P = -2A\cos\left(\omega t + \frac{\pi}{2}\right).$$

思考题

7-9 两波叠加产生干涉现象的条件是什么?在什么情况下两波波形相互加强?在什么情况下两波波形相互减弱?

7-10 驻波是怎样形成的?它有什么特征?为什么说驻波实质上不是波?

7-11 驻波中各点的相位有什么关系?为什么说相位没有传播?

§7.6 波的衍射、反射和折射

7.6.1 惠更斯原理 波的衍射

我们常看到这样的现象,水面波在水表面传播时,遇到一障碍物,当障碍物小孔的大小与波长相近时,就可以看到穿过小孔的波是圆形的,与原来波的形状无关,好像障碍物中的小孔成了一个新的波源. 荷兰物理学家惠更斯总结了大量的实验事实后指出:介质中波动传播到的各点都可以看作是发射子波的新波源,其后任意时刻,这些子波的包迹就构成新的波阵面. 这就是惠更斯原理. 根据这一原理,只要知道某一时刻的波阵面,就可以用几何方法决定下一时刻的波阵面,如图 7-19 所示.

波绕过障碍物继续传播的现象称为波的衍射. 产生衍射现象的条件是:障碍物的大小与波长相近. 机械波的波长比较长,因而衍射现象较易发生,如两人隔着墙壁谈话,也能听到对方的声音,这就是声波的衍射现象. 利用惠更斯原理可以定性地解释波的衍射现象. 如图 7-20 所示,一平面波在传播中遇到与波面平行的障碍物,障碍物上开了一条缝,缝宽等于波长. 根据惠更斯原理,缝处各点可以看成是发射子波的波源,作出这些子波的包迹面,就得到新的波阵面. 很明显,此时的波阵面已不再是平面,在靠近边缘处,波阵面进入了阴影区,表示波已经绕过障碍物的边缘传播了.

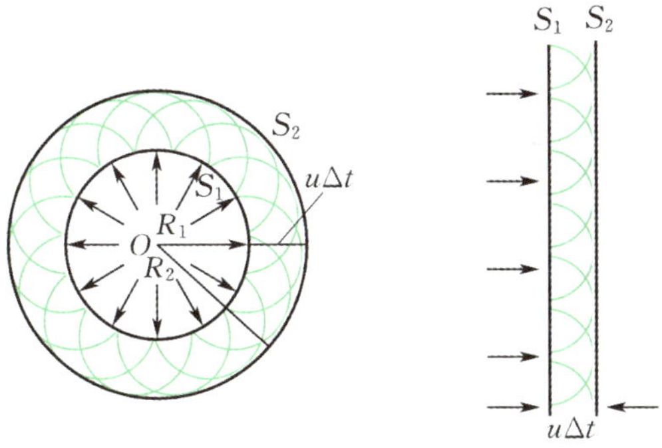

(a) 球面波 (b) 平面波

图 7-19 用惠更斯原理求新的波阵面

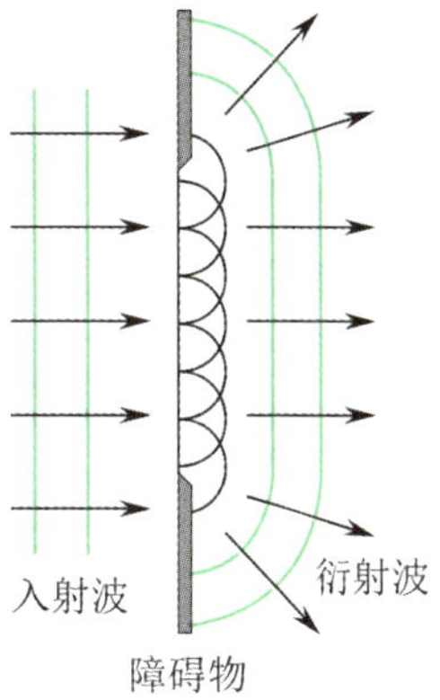

图 7-20 波的衍射

*7.6.2 波的反射和折射

利用惠更斯原理还可以推导出波的反射定律和折射定律. 如图7-21所示,设有一平面波以入射角i(入射线与界面法线的夹角)入射到两种介质分界面MN上,波在介质Ⅰ中的传播速度为u_1. t时刻,入射波的波前到达AB位置(波阵面为通过AB并与图面垂直的平面),A点和界面相遇. 根据惠更斯原理,波阵面AB上各点都可看作发出子波的波源,处于分界面上点A发出的子波,一部分返回介质Ⅰ中传播,称为反射波;另一部分进入介质Ⅱ中传播,称为折射波.

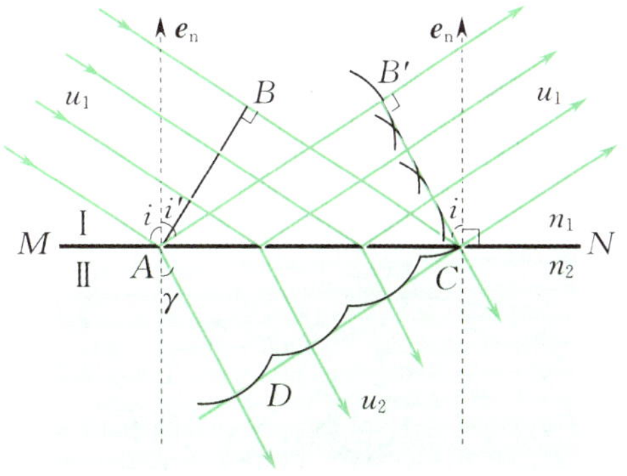

图 7-21 波的反射和折射

对反射波而言,由于它与入射波在同一介质中传播,其波速应相同,因而在同一段时间Δt内,它们传播的距离相等. 设由B点发出的子波到达分界面上点C所需时间为Δt,即$BC = u_1\Delta t$. 过点C作A,C之间各点发出的子波波面(如图中的一些圆弧线)的公切面$B'C$,即为$t+\Delta t$时刻反射波的波前,作垂直于此波前的直线,即得反射线. 反射线与法线的夹角i'称为反射角. 由于直角三角形ABC与三角形$AB'C$全等,因此$\angle BAC = \angle B'CA$,所以$i = i'$,即反射角等于入射角,且入射线、法线和反射线在同一平面内. 这就是波的反射定律.

对折射波而言,由于它在介质Ⅱ中传播,其波速设为u_2,在Δt时间内,点A发出的子波传播的距离为$AD = u_2\Delta t$. 如前所述,这时同一入射波波前上点B发出的子波传播了距离$BC = u_1\Delta t$,因此,过点C作A,C之间各点发出的子波波面(如图中的一些圆弧线)的公切面CD,即为$t+\Delta t$时刻折射波的波前,作垂直于此波前的直线,即得折射线. 折射线与法线的夹角γ称为折射角. 若$u_2 \neq u_1$,则$AD \neq BC$,故折射波的波前CD与入射波的波前AB不再平行,入射线在介质Ⅱ中发生偏折而成为折射线,亦即改变了波的传播方向,这就是波的折射现象. 由图7-21可看出,$BC = u_1\Delta t = AC\sin i$,$AD = u_2\Delta t = AC\sin\gamma$,两式相除,得

$$\frac{\sin i}{\sin\gamma} = \frac{u_1}{u_2} = \frac{n_2}{n_1} = n_{21}, \tag{7-33}$$

式中n_1和n_2分别是介质Ⅰ和介质Ⅱ的折射率. 式(7-33)表明:入射角的正弦与折射角的正弦之比,等于波在第一种介质中的波速与在第二种介质中的波速之比(为一恒量n_{21});入射线、折射线和界面法线在同一平面内. 这就是波的折射定律.

惠更斯原理适用于任何形式的波动,无论是机械波还是电磁波,无论是均匀介质中的波还是非均匀介质中的波,只要知道某一时刻的波前,就可根据这一原理用几何作图法确定下一时刻的波前,因而解决了波传播的方向问题,然而该原理也有局限性,它不能解释波的强度在空间的分布,也不能解释子波不能向后传播的问题. 这将由波动光学中的惠更斯-菲涅耳原理加以补充和完善.

§7.7 多普勒效应

在前面的讨论中,波源和观察者相对于介质都是静止的,这种情况下,观察者接收到的频率和波的频率(波源的频率)相同.如果波源或观察者相对于介质运动,则观察者接收到的频率就会有所不同.例如,当高速行驶的火车鸣笛而来时,我们所听到的音调变高;当它鸣笛而去时,音调变低.这种因波源或观察者相对于介质运动而使观察者接收到的波的频率有所变化的现象称为**多普勒效应**,是由多普勒在1842年首先发现的.

为简单起见,我们只讨论波源和观察者在同一直线上运动的情况.设 v_S 为波源相对于介质的速度,v_R 为观察者相对于介质的速度,u 为波相对于介质的速度;波源的频率、接收器接收到的频率和波的频率分别用 ν_S, ν_R, ν 表示.波源的频率表示波源在单位时间内振动的次数,或单位时间内发出的完全波的数目;观察者接收到的频率表示观察者在单位时间内接收到的完全波的数目;而波的频率是指单位时间内通过介质中某点的完全波的数目.这三个频率可能各不相同,下面分三种情况讨论.

7.7.1 波源静止、观察者以速度 v_R 相对于介质运动

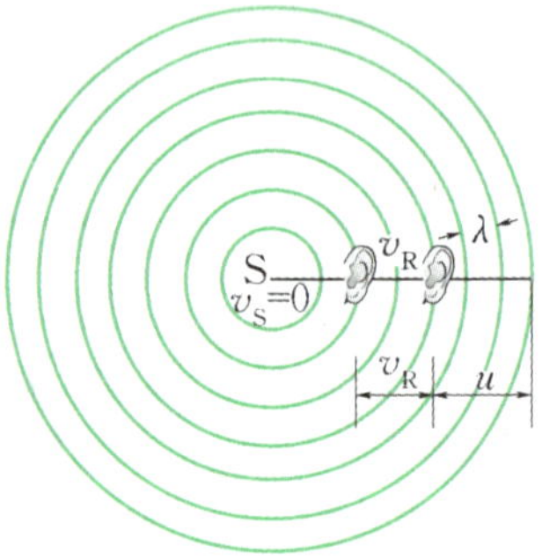

图7-22 波源静止时的多普勒效应

若观察者向着波源运动,观察者在单位时间内接收到的完全波的数目比他静止时要多.在单位时间内原来位于观察者处的波阵面向右传播了 u 的距离,同时观察者自己向左运动了 v_R 的距离,这就相当于波通过观察者的总距离为 $u+v_R$,如图7-22所示.单位时间内观察者所接收到的完全波的数目为

$$\nu_R = \frac{u+v_R}{\lambda} = \frac{u+v_R}{u}\nu,$$

式中 ν 是波的频率.由于波源在介质中静止,波的频率就等于波源的频率,因此有

$$\nu_R = \frac{u+v_R}{u}\nu_S. \tag{7-34}$$

式(7-34)表明,当观察者向着静止的波源运动时,接收到的频率变高,为波源频率的 $\left(1+\frac{v_R}{u}\right)$ 倍.

当观察者离开波源运动时,通过类似的分析,可得观察者接收到的频率为

$$\nu_R = \frac{u-v_R}{u}\nu_S, \tag{7-35}$$

即此时接收到的频率低于波源的频率.

7.7.2 观察者静止、波源以速度 v_S 相对于介质运动

波源在运动中仍按自己的频率发射波,在一个周期 T_S 内,波在介质中传播了距离 $\lambda=uT_S$,完成了一个完整的波形,如图7-23(a)所示.

设波源向着观察者运动,在这段时间内,波源位置由 S 到 S_1,移过距离 $v_S T_S$,如图7-23(b)所示.由于波源的运动,介质中的波长变小了,实际波长为

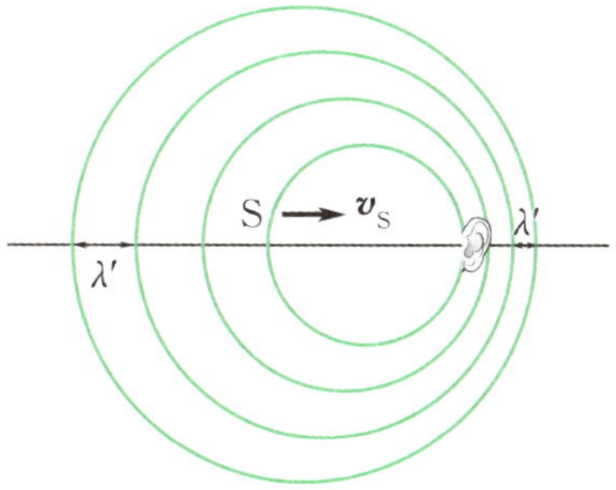

(a) 示意图

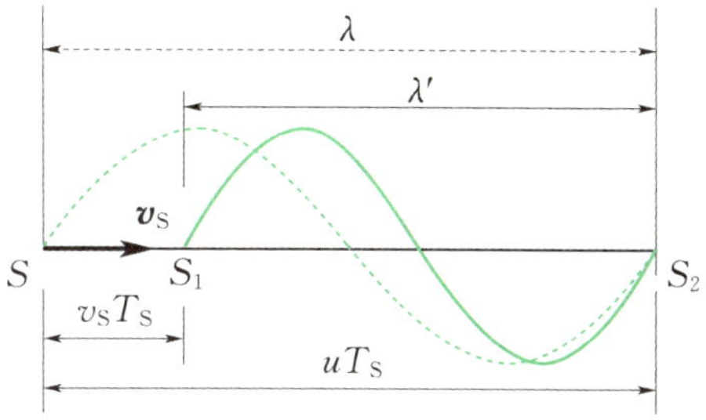

(b) 波长变短

图 7-23　波源运动时的多普勒效应

$$\lambda' = uT_S - v_S T_S = (u - v_S)T_S = \frac{u - v_S}{\nu_S},$$

此时波的频率为

$$\nu = \frac{u}{\lambda'} = \frac{u}{u - v_S}\nu_S.$$

由于观察者静止，他接收到的频率就是波的频率，即

$$\nu_R = \frac{u}{u - v_S}\nu_S. \tag{7-36}$$

可见，观察者接收到的频率大于波源的频率.

当波源远离观察者运动时，通过类似的分析，可得观察者接收到的频率为

$$\nu_R = \frac{u}{u + v_S}\nu_S. \tag{7-37}$$

这时观察者接收到的频率小于波源的频率.

7.7.3　波源和观察者同时相对于介质运动

综合以上两种分析，当波源和观察者均相对于介质运动时，观察者接收到的频率为

$$\nu_R = \frac{u \pm v_R}{u \mp v_S}\nu_S. \tag{7-38}$$

当观察者向着波源运动时，v_R 前取“+”号，远离时取“−”号；当波源向着观察者运动时，v_S 前取“−”号，远离时取“+”号.

不仅机械波有多普勒效应，电磁波也有多普勒效应. 多普勒效应在科学技术上有着广泛的应用. 例如，天文学家将来自星球的光谱与地球上相同元素的光谱比较，发现星球光谱几乎都发生红移(接收到的频率比发射的频率低)，由此可推断这些星球都向着背离地球方向运动，即在“退行”，并能计算这些星球的退行速度. 这一观察结果被视为大爆炸宇宙学理论的重要证据；利用超声波的多普勒效应，在医学上可对心脏跳动情况进行分析诊断，当波在一个运动着的表面反射时，相对于入射波的波长来说，反射波的波长将发生多普勒变化，雷达就是利用这一原理来测定空中目标的速度.

例 7-6

利用多普勒效应监测车速，测速仪固定，波源发出频率为 $\nu = 100\ \mathrm{kHz}$ 的超声波，当汽车向测速仪行驶时，测速仪上的接收器接收到从汽车反射回来的波的频率为 $\nu'' = 110\ \mathrm{kHz}$. 已知空气中的声速为 $u = 330\ \mathrm{m\cdot s^{-1}}$，求车速.

解 把车作为观测者，车接收到的频率为

$$\nu' = \frac{u + v_{\mathrm{R}}}{u}\nu,$$

其中 v_{R} 为车速. 超声波经车反射后，车又作为波的发射体(即波源)，发射的频率仍为 ν'，这时接收器作为不动的观测者，其收到的频率为

$$\nu'' = \frac{u}{u - v_{\mathrm{S}}}\nu' = \frac{v_{\mathrm{R}} + u}{u - v_{\mathrm{S}}}\nu,$$

其中 v_{S} 也是车速.

联立上两式可求出车速

$$v_{\mathrm{R}} = v_{\mathrm{S}} = \frac{\nu'' - \nu}{\nu'' + \nu}u = 56.8\ \mathrm{km\cdot h^{-1}}.$$

阅读材料(6)

超声波及其应用

人耳能听到的声波频率为 20 Hz～20 kHz. 当频率大于 20 kHz 或小于 20Hz 时，人耳便听不到了. 因此，我们把频率高于 20 kHz 的声波称为超声波. 产生超声波的装置有机械型超声发生器(例如气哨、汽笛和液哨等)、利用电磁感应和电磁作用原理制成的电动超声发生器，以及利用压电晶体的电致伸缩效应和铁磁物质的磁致伸缩效应制成的电声换能器等.

超声波的显著特点是：① 频率高. 现在可产生高达 10^9 Hz 的超声波，波长短，衍射不明显，具有良好的定向传播特性. ② 能量大. 超声波的声强比一般声波大得多，用聚焦的方法可以获得声强高达 $10^9\ \mathrm{W\cdot m^{-2}}$ 的超声波. ③ 穿透本领大. 超声波在液体、固体中传播时，衰减很小，能穿透几十米厚度的不透明的固体.

超声波的这些特性使它在科学研究和生产技术上得到广泛的应用，主要有如下几方面：

(1) 超声检测

超声波的波长比一般声波要短，具有较好的方向性，而且能透过不透明物质，这一特性已被广泛用于超声波探伤、测厚、测距、遥控和超声成像技术.

超声成像是利用超声波呈现不透明物体内部形象的技术. 把从换能器发出的超声波经声透镜聚焦在不透明试样上，从试样透出的超声波携带了被照部位的信息(如对声波的反射、吸收和散射的能力)，经声透镜会聚在压电接收器上，所得电信号输入放大器，利用扫描系统可把不透明试样的形象显示在荧光屏上. 上述装置称为超声显微镜. 超声成像技术已在医疗检查方面获得普遍应用，人体各个内脏的表面对超声波的反射能力是不同的，健康内脏和病变内脏的反射能力也不一样，平常说的“B 超”就是根据内脏反射的超声波进行造影，帮助医生分析体内的病变. 在微电子器件制造业中用超声成像技术来对大规模集成电路进行检查，在材料科学中用超声成像技术来显示合金中不同组分的区域和晶粒间界等. 利用超声波的定向发射性质，可以探测水中物体，如探测鱼群、潜艇等，也可用来测量海深. 由于海水的导电性良好，电磁波在海水中传播时，吸收非常严重，因此电磁雷达无法使用. 利用声波雷达——声呐，可以探测出潜艇的方位和距离.

随着激光全息技术的发展，声全息也日益发展起来，声全息术是利用超声波的干涉原理记录和重现不透明物的立体图像的声成像技术，其原理与光波的全息术基本相同，只是记录手段不同而已. 用同一超声信号源激励两个放置在液体中的换能器，它们分别发射两束相干的超声波，一束透过被研究的物体后成为物波，另一束作为参考波. 物波和参考波在液面上相干叠加形成声全息图，用激光束照射声全息图，利用激光在声全息图上反射时产生的衍射效应而获得物的重现像，通常用摄像机和电视机作实时观察. 声全息在地质、医学等领域有着重要的意义.

(2) 超声处理

利用超声的机械作用、空化作用、热效应和化学效应，可进行超声焊接、钻孔、固体粉碎、乳化、脱气、除尘、去锅垢、清洗、灭菌、促进化学反应和进行生物学研究等，在工矿业、农业、医疗等各个部门获得了广泛应用.

下面简要介绍超声波清洗. 液体中，特别是在液固边界处往往存在一些小空泡，这些小泡可能是真空的，也可能含有小量气体或蒸气，大小不一，当一定强度的超声波通过液体时，液体内部产生大量小泡，只有尺寸适宜的小泡才能发生共振现象，这个尺寸称为共振尺寸. 原来就大于共振尺寸的小泡，在超声波作用下被驱出液外. 原来小于共振尺寸的小泡，在超声波的作用下逐渐变大，接近共振尺寸时，超声波的稀疏阶段使小泡迅速涨大，然后在声波压缩阶段中，小泡又突然被绝热压缩直至破灭和分裂，在破灭过程中，小泡内部可达几千度的高温和几千个大气压的高压，并且由于小泡周围的液体快速冲入小泡而形成强烈的局部冲击波. 在小泡涨大时，由于摩擦而产生的电荷，也在破灭过程中进行中和而产生放电现象. 这就是液体内的超声空化作用. 这种超声波空化所产生的巨大压力能破坏不溶性污物而使它们分化于溶液中，蒸气型空化对污垢的直接反复冲击，一方面破坏污物与清洗件表面的吸附，另一方面能引起污物层的疲劳破坏而被剥离，气体型气泡的振动对固体表面进行擦洗，污层一旦有缝可钻，气泡立即“钻入”振动使污层脱落，当固体粒子被油污裹着而黏附在清洗件表面时，油被乳化、固体粒子自行脱落，超声在清洗液中传播时会产生正负交变的声压，形成射流，冲击清洗件，同时由于非线性效应会产生声流和微声流，而超声空化在固体和液体界面会产生高速的微射流，所有这些作用，能够破坏污物，除去或削弱边界污层，增加搅拌、扩散作用，加速可溶性污物的溶解，强化化学清洗剂的清洗作用. 由此可见，凡是液体能浸到且声场存在的地方都有清洗作用，其特点适用于表面形状非常复杂的零部件的清洗. 尤其是采用这一技术后，可减少化学溶剂的用量，从而大大降低环境污染.

由于超声清洗本身具有其他物理清洗或化学清洗无可比拟的优越性，广泛应用于服务业、电子业、医药业、实验室、机械业、硬质合金业、化学工业等诸多领域.

(3) 在基础研究中的应用

超声波作用于介质后，在介质中产生声弛豫过程，声弛豫过程伴随着能量在分子各自由度间的输运过程，并在宏观上表现出对声波的吸收(见声波). 通过物质对超声的吸收规律可探索物质的特性和结构，这方面的研究构成了分子声学这一声学分支. 普通声波的波长远大于固体中的原子间距，在此条件下固体可当作连续介质. 但对频率在 10^{12} Hz 以上的特超声波，其波长可与固体中的原子间距相比拟，此时必须把固体当作是具有空间周期性的点阵结构. 点阵振动的能量是量子化的，称为声子. 特超声对固体的作用可归结为特超声与热声子、电子、光子和各种准粒子的相互作用. 对固体中特超声的产生、检测和传播规律的研究，以及量子液体 —— 液态氦中声现象的研究构成了近代声学的新领域 —— 量子声学.

有趣的是，很多动物都有完善的发射和接收超声波的器官. 以昆虫为食的蝙蝠，视觉很差，飞行中不断发出超声波的脉冲，依靠昆虫身体的反射波来发现食物. 海豚也有完善的声呐系统，使它能在混浊的水中准确地确定远处小鱼的位置. 现代的无线电定位器 —— 雷达，质量有几十、几百、几千千克，蝙蝠的超声定位系统只有几分之一克，而在一些重要性能上，如确定目标方位的精确度、抗干扰的能力等都远优于现代的无线电定位器. 深入研究动物身上各种器官的功能和构造，将获得的知识用来改进现有的设备和创制新的设备，这是近几十年来发展起来的一门新学科，称为仿生学.

对超声波还有许多尚待深入研究的问题，对许多超声应用的机理还未彻底了解，实践中还不断提出新的问题. 这些问题的提出和解决，正在推动超声研究不断向前发展.

习题 7

选择题

7-1 平面简谐波的波函数为 $y = A\cos(Bt - Cx)$，式中 A, B, C 为正值常量，则( ).

(A) 波速为 C　　(B) 圆频率为 $\frac{2\pi}{B}$

(C) 波长为 $\frac{2\pi}{C}$　　(D) 波的周期为 $\frac{1}{B}$

7-2 如图 7-24 所示，平面简谐波沿 x 轴正向传播,波速为 u,已知 P 处质点的振动方程为 $y=A\cdot\cos(\omega t+\varphi)$,则波函数为(　　).

(A) $y=A\cos\left[\omega\left(t-\dfrac{x-L}{u}\right)+\varphi\right]$

(B) $y=A\cos\left[\omega\left(t-\dfrac{x}{u}\right)+\varphi\right]$

(C) $y=A\cos\omega\left(t-\dfrac{x}{u}\right)$

(D) $y=A\cos\left[\omega\left(t+\dfrac{x-L}{u}\right)+\varphi\right]$

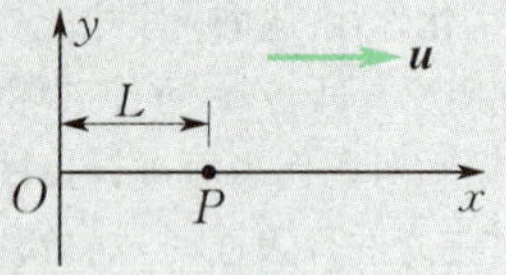

图 7-24

7-3　图 7-25(a) 表示 $t=0$ 时的波形曲线,波沿 x 轴正方向传播,图 7-25(b) 为一质点的振动曲线,则图 7-25(a) 中所表示的 $x=0$ 处振动的初相位与图 7-25(b) 所表示的振动的初相位分别为(　　).

(A) 均为$\dfrac{\pi}{2}$　　(B) 均为$-\dfrac{\pi}{2}$

(C) $\dfrac{\pi}{2}$与$-\dfrac{\pi}{2}$　　(D) $-\dfrac{\pi}{2}$与$\dfrac{\pi}{2}$

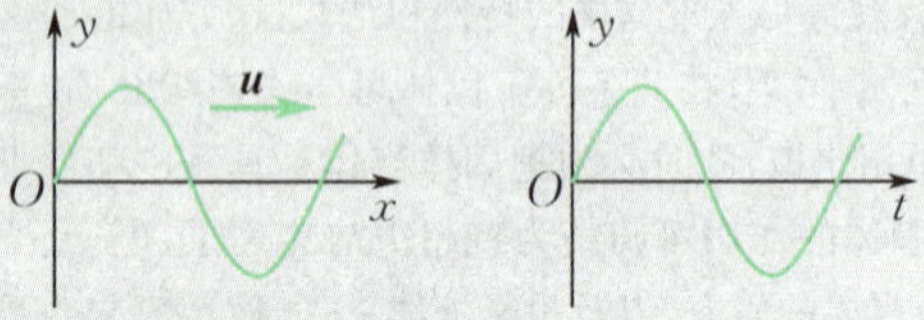

(a) 波形曲线　　(b) 振动曲线

图 7-25

7-4　平面简谐波沿 x 轴正向传播,振幅为 A,频率为 ν,$t=t_0$ 时刻的波形如图 7-26 所示,则 $x=0$ 处质点的振动方程为(　　).

(A) $y=A\cos\left[2\pi\nu(t-t_0)-\dfrac{\pi}{2}\right]$

(B) $y=A\cos\left[2\pi\nu(t-t_0)+\dfrac{\pi}{2}\right]$

(C) $y=A\cos[2\pi\nu(t-t_0)+\pi]$

(D) $y=A\cos\left[2\pi\nu(t+t_0)+\dfrac{\pi}{2}\right]$

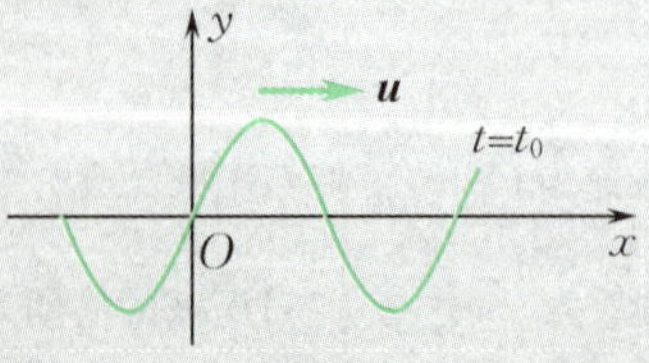

图 7-26

7-5　平面简谐波沿 x 轴负向传播,$t=2$ s 时刻的波形如图 7-27 所示,则原点 O 处质点的振动方程为(　　).

(A) $y=0.50\cos\left(\dfrac{\pi}{4}t+\dfrac{\pi}{2}\right)$

(B) $y=0.50\cos\left(\dfrac{\pi}{2}t+\dfrac{\pi}{2}\right)$

(C) $y=0.50\cos\left(\dfrac{\pi}{2}t-\dfrac{\pi}{2}\right)$

(D) $y=0.50\cos\left(\pi t+\dfrac{\pi}{2}\right)$

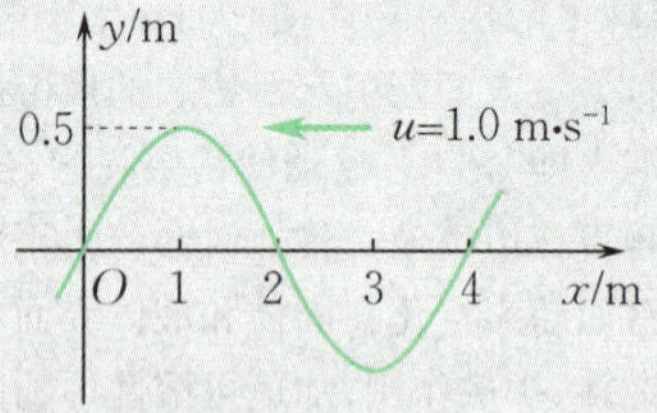

图 7-27

7-6　平面简谐波在弹性介质中传播,某一时刻,介质中某质元正处于平衡位置,则此时刻它的动能是(　　).

(A) 动能最大,势能为零

(B) 动能为零,势能最大

(C) 动能最大,势能最大

(D) 动能为零,势能为零

7-7　如图 7-28 所示,S_1 和 S_2 为两相干波源,它们的振动方向垂直于图面,发出波长为 λ 的简谐波. P 点是两波相遇区域的一点,已知 $S_1P=2\lambda$,$S_2P=2.2\lambda$;两列波在 P 点发生干涉相消,若 S_1 的振动方程为 $y_1=A\cos\left(2\pi t+\dfrac{\pi}{2}\right)$,则 S_2 的振动方程为(　　).

(A) $y_2=A\cos\left(2\pi t-\dfrac{\pi}{2}\right)$

(B) $y_2=A\cos(2\pi t-0.1\pi)$

(C) $y_2=A\cos(2\pi t-2.2\pi)$

(D) $y_2=A\cos(2\pi t-\pi)$

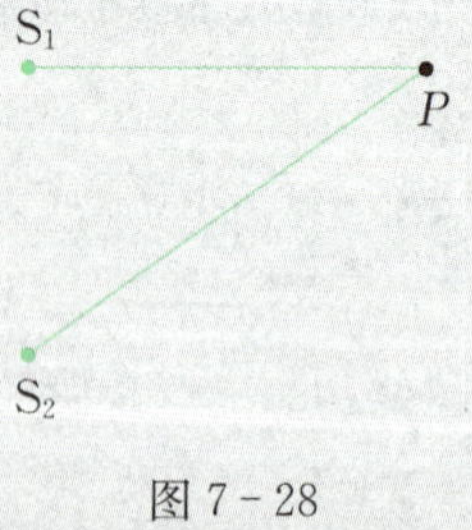

图 7-28

7-8　两相干波源 S_1 和 S_2,相距$\dfrac{\lambda}{4}$,S_1 的相位比

S_2 相位落后$\frac{\pi}{2}$，在 S_1 和 S_2 的连线上，S_1 外侧（左侧）的各点由两波引起的两谐振动的相位差是（　　）.

(A) 0　(B) π　(C) $\frac{\pi}{2}$　(D) $\frac{3\pi}{2}$

7-9　某时刻的驻波波形曲线如图 7-29 所示，则 a，b 两点的相位差是（　　）.

(A) 0　(B) $\frac{\pi}{2}$　(C) $\frac{5\pi}{4}$　(D) π

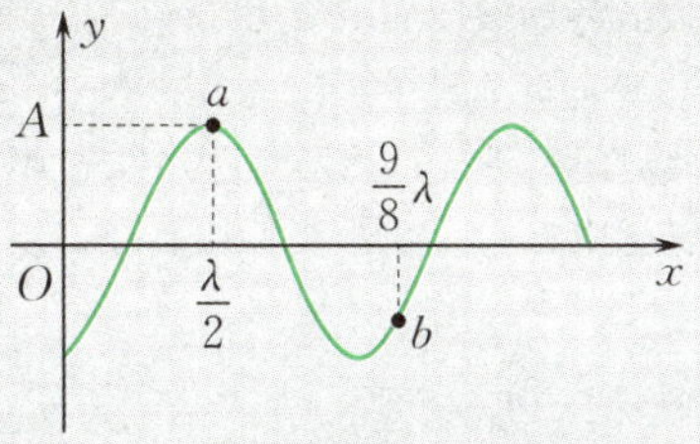

图 7-29

*7-10　图 7-30 示为一向右传播的简谐波在 t 时刻的波形图，BC 为波密介质的反射面，波由 P 点反射，则反射波在 t 时刻的波形为（　　）.

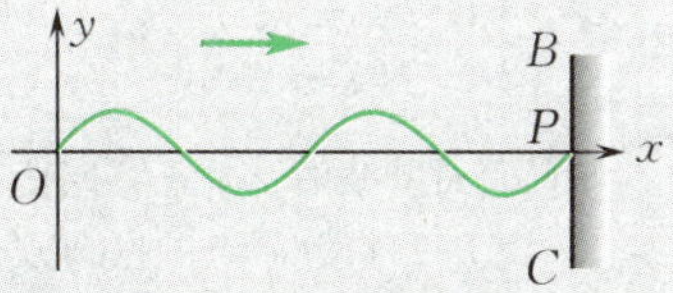

图 7-30

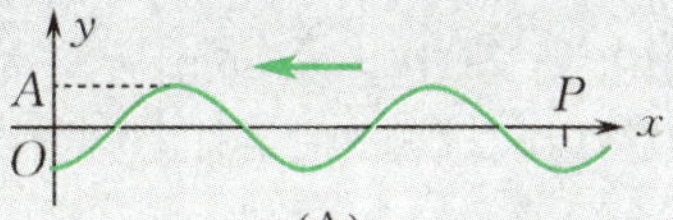

(A)

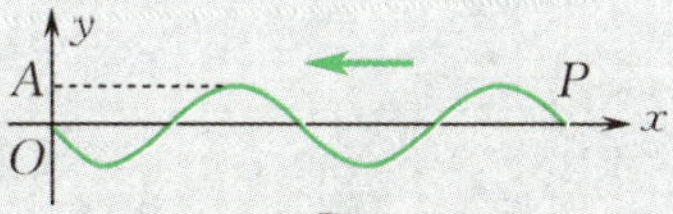

(B)

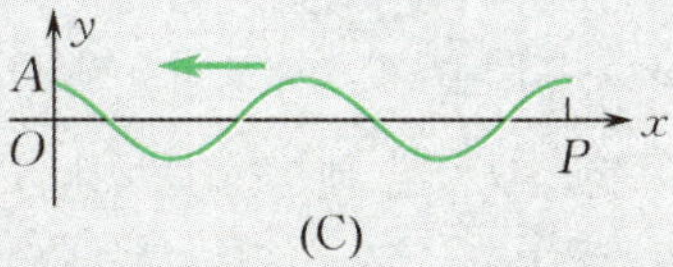

(C)

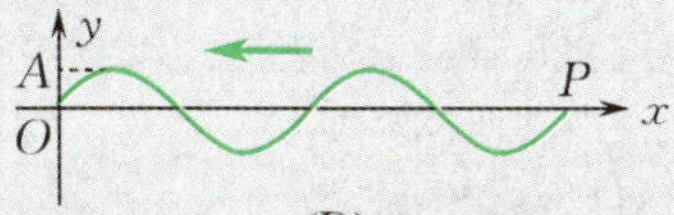

(D)

7-11　设声波在媒质中的传播速度为 u，声源的频率为 ν_S，若声源 S 不动，而接收器 R 相对于媒质以速度 v 沿着 S 和 R 连线向着声源运动，则位于 S 和 R 连线中点的质点 P 的振动频率为（　　）.

(A) $\frac{u}{u+v}\nu_S$　(B) $\frac{u}{u-v}\nu_S$

(C) $\frac{u+v}{u}\nu_S$　(D) ν_S

填空题

7-12　如图 7-31 所示，一平面简谐波沿 x 轴正方向传播，波长为 λ，若 P_1 点处质点的振动方程为 $y_1 = A\cos(2\pi\nu t+\varphi)$，则 P_2 点处质点的振动方程为________；与 P_1 点处质点振动状态相同的那些点的位置是________.

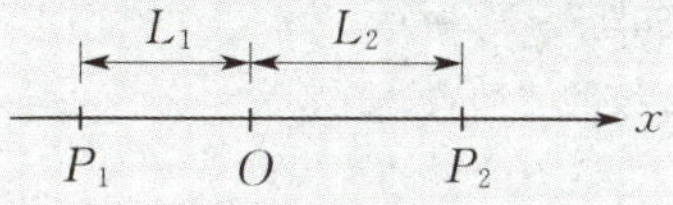

图 7-31

7-13　一平面简谐波在 $t=\frac{T}{4}$ 时的波形曲线如图 7-32 所示，则其波动表达式为________.

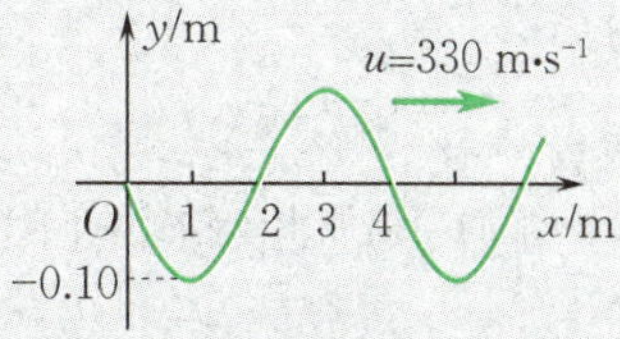

图 7-32

7-14　如图 7-33 所示，两频率为 ν 的相干波源 S_1 和 S_2 发出的平面简谐波在两种不同的介质中传播，在分界面上的 P 点相遇. S_1 的初相比 S_2 超前$\frac{\pi}{2}$，介质 1 中的波速为 u_1，介质 2 中的波速为 u_2；S_1 和 S_2 到 P 点的距离分别为 r_1 和 r_2，则两相干波在 P 点引起合振动的相位差为 $\Delta\varphi=$________.

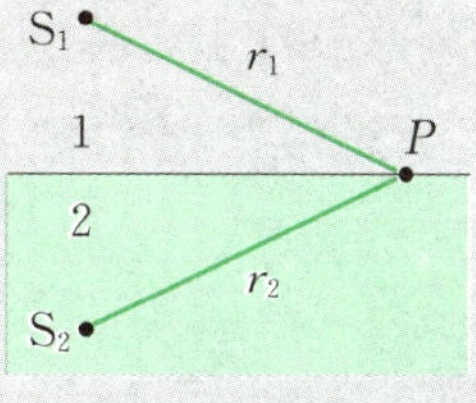

图 7-33

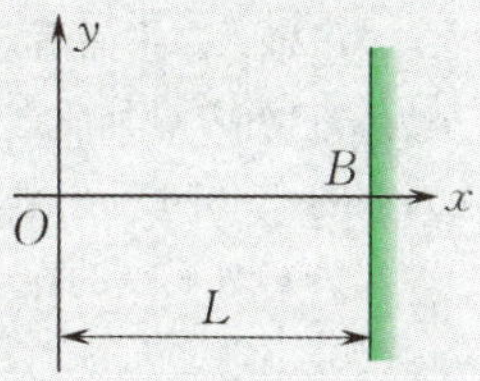

图 7-34

7-15　一沿弦线传播的入射波的表达式为 $y_1 = A\cos\left[2\pi\left(\frac{t}{T}-\frac{x}{\lambda}\right)+\varphi\right]$，波在 $x=L$ 处（B 点）发生反射，反射点为固定端，如图 7-34 所示. 设波在传播和反射过程中振幅不变，则反射波的表达式为 $y_2=$________.

7-16　一平面简谐波沿 x 轴传播时在 $x=0$ 处发生反射，反射波的表达式为

$$y_2 = A\cos\left[2\pi\left(\nu t-\frac{x}{\lambda}\right)+\frac{\pi}{2}\right].$$

已知反射点为一自由端，则由入射波和反射波形成的驻波的波节位置的坐标为__________.

7-17 一列强度为 I 的平面简谐波通过一面积为 S 的平面，波速 $\boldsymbol{u}$ 与该平面的法线 $\boldsymbol{n}_0$ 的夹角为 θ，则通过该平面的能流为__________.

计算题

7-18 一平面简谐波沿 x 轴正方向传播，$t=0$ 时刻的波形如图 7-35 所示. 求：

(1) 该波的波动表达式；

(2) P 处质点的振动方程.

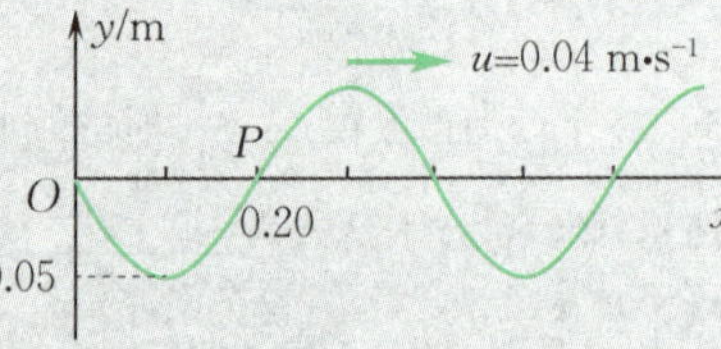

图 7-35

7-19 一平面简谐波沿 x 轴负方向传播，波速为 $u=20\ \mathrm{m\cdot s^{-1}}$，如图 7-36 所示，已知 A 点处质点的振动方程为 $y_A=3\cos 4\pi t$(SI).

(1) 以 A 点为坐标原点，写出波函数；

(2) 以距 A 点 5 m 处的 B 点为坐标原点，写出波函数.

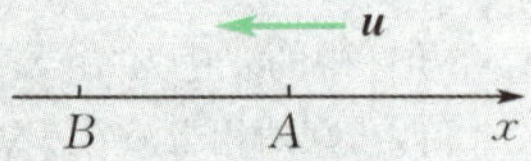

图 7-36

7-20 一平面简谐波沿 x 轴正方向传播，波速大小为 u，已知 P 点处质点的振动方程为 $y_P=A\cos(\omega t+\varphi)$，如图 7-37 所示. 求：

(1) O 处质点的振动方程；

(2) 该波的波函数；

(3) 与 P 点处质点振动状态相同的质点的位置.

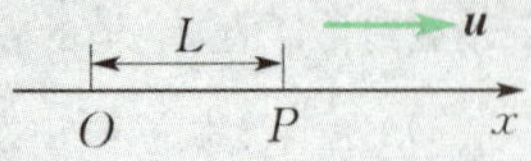

图 7-37

***7-21** 一平面简谐波沿 x 轴正方向传播，波速为 $u=5\ \mathrm{m\cdot s^{-1}}$，原点 O 处质点的振动曲线如图 7-38 所示.

(1) 画出 $x=25$ m 处质点的振动曲线；

(2) 画出 $t=3$ s 时刻的波形曲线.

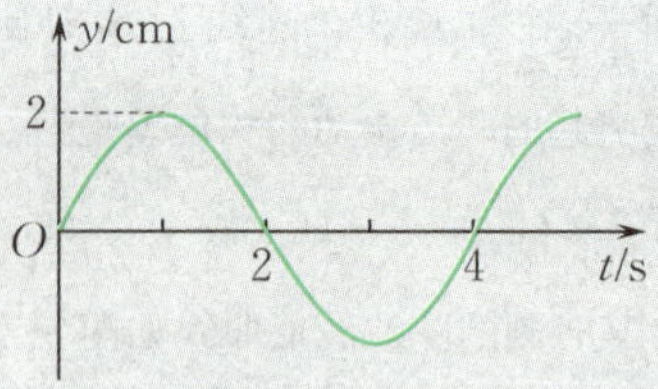

图 7-38

7-22 一平面简谐波沿 x 轴负方向传播，波长为 λ，P 处质点的振动规律如图 7-39 所示.

(1) 求 P 点处质点的振动方程；

(2) 该波的波动表达式；

(3) 若图中 $d=\lambda/2$，求坐标原点 O 处质点的振动方程.

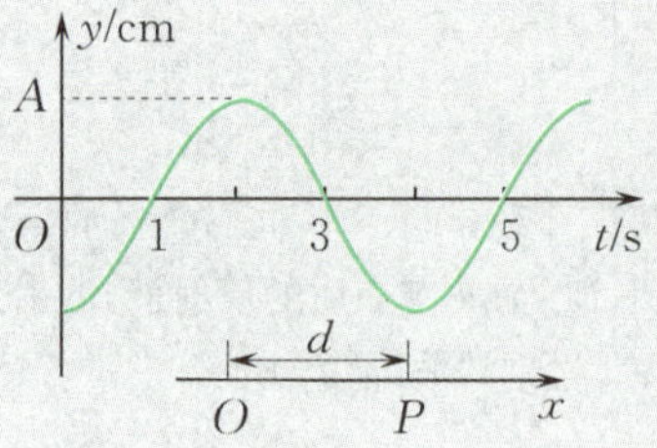

图 7-39

7-23 一平面简谐波沿 x 轴正方向传播，波速为 $u=500\ \mathrm{m\cdot s^{-1}}$，已知 P 点处质点的振动方程为 $y_P=0.03\cos\left(500\pi t-\dfrac{\pi}{2}\right)$(SI). $|OP|=x_0=1$ m.

(1) 按图 7-40 所示坐标系，写出相应的波的表达式；

(2) 在图上画出 $t=0$ 时刻的波形曲线.

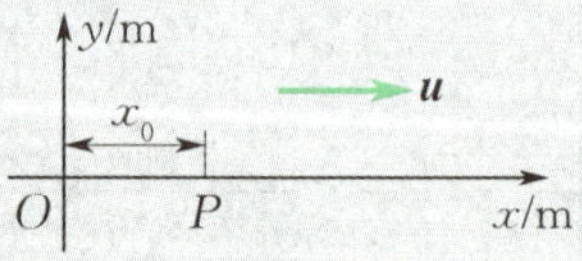

图 7-40

***7-24** 一平面简谐余弦波沿 x 轴正方向传播，波的周期 $T=2$ s，$t=\dfrac{1}{3}$ s 时刻的波形曲线如图 7-41 所示，求：

(1) O 点和 P 点的振动表达式；

(2) 该波的波动表达式；

(3) P 点离 O 点的距离.

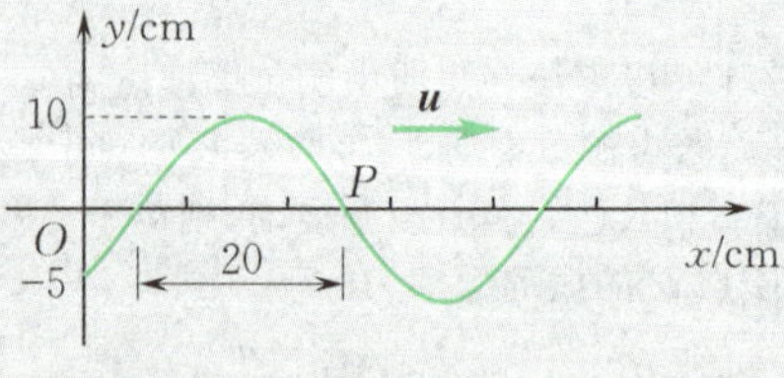

图 7-41

7-25　如图 7-42 所示，两相干波源 S_1 和 S_2，相距 $\frac{\lambda}{4}$，S_1 的相位比 S_2 相位超前 $\frac{\pi}{2}$，设两波源在 S_1，S_2 的连线方向上的强度 I 相同，且不随距离变化，问 S_1，S_2 连线上 S_1 外侧各点处的合成波的强度如何？在 S_2 外侧各点处的合成波的强度又如何？

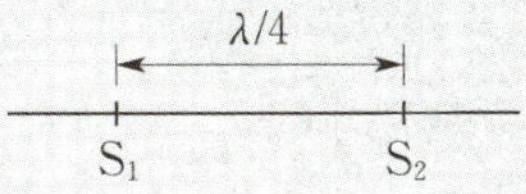

图 7-42

7-26　如图 7-43 所示，两列波长均为 λ 的相干波分别通过图中 O_1 和 O_2 点；通过 O_1 点的波在 MN 平面反射时有半波损失. O_1 和 O_2 两点的振动方程为 $y_{10}=A\cos\pi t$ 和 $y_{20}=A\cos\pi t$，且有 $O_1Q+QP=8\lambda$，$O_2P=3\lambda$，求：

(1) 两列波分别在 P 点引起的振动方程；

(2) P 点的合振动方程.

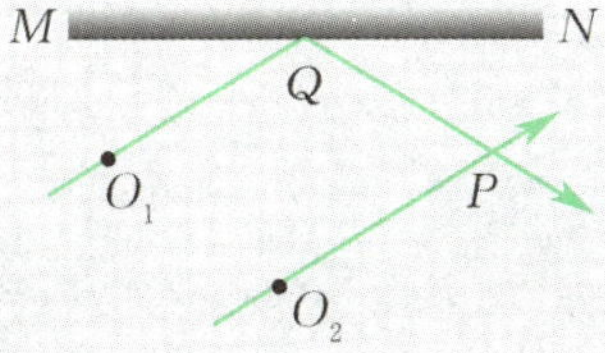

图 7-43

7-27　如图 7-44 所示，两相干波源 S_1 和 S_2，相距 $d=30$ m，S_1 和 S_2 都在 x 坐标轴上，S_1 位于坐标原点. 设由 S_1 和 S_2 分别发出的两列波沿 x 轴传播时强度保持不变，$x_1=9$ m 和 $x_2=12$ m 的两点是相邻的两个因干涉而静止的点，求两波的波长和两波源的最小相位差.

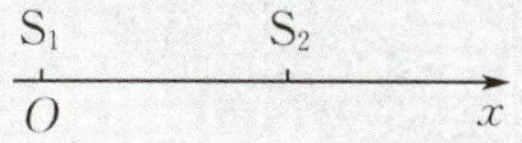

图 7-44

*__7-28__　设入射波的波函数可表示为 $y_1=A\cos 2\pi\left(\frac{t}{T}+\frac{x}{\lambda}\right)$，波在 $x=0$ 处发生全反射，反射点为一自由端，求：

(1) 反射波的波函数；

(2) 合成波(驻波)的波函数；

(3) 波腹和波节的位置；

(4) 若反射点为一固定端时，写出反射波的波函数.

7-29　一警车以 25 $\mathrm{m\cdot s^{-1}}$ 的速度在静止的空气中行驶，假设车上警笛的频率为 800 Hz.

(1) 求静止站在路边的人听到警车驶近和离去时的警笛声波频率；

(2) 如果警车追赶一辆速度为 15 $\mathrm{m\cdot s^{-1}}$ 的客车，则客车上人听到的警笛声波的频率是多少？(设空气中的声速 $u=330\ \mathrm{m\cdot s^{-1}}$)

第4篇

波动光学

光学是研究光的本性、光的传播和光与物质相互作用等规律的学科，分为几何光学、波动光学和量子光学三大部分. 以光的直线传播为基础，研究光在透明介质中传播规律的光学称为几何光学；以光的波动性质为基础，研究光的传播及其规律的光学称为波动光学；以光的粒子性为基础，研究光与物质相互作用规律的光学称为量子光学.

光学的起源和力学、热学一样，可以追溯到两三千年前. 我国的《墨经》就记载了如投影、小孔成像等光的直线传播现象. 欧几里得的《反射光学》研究了光的反射. 阿拉伯学者阿勒·哈增写过一部《光学全书》，讨论了许多光学现象. 但光学真正形成一门科学，应该从建立反射定律和折射定律的时代算起，这两个定律奠定了几何光学的基础.

17 世纪后半期，人们对光的本性的认识曾有两派不同的学说. 一派是牛顿所主张的微粒说，认为光是从发光体发出的以一定速度在空间传播的机械微粒. 另一派是以惠更斯为代表的波动说，认为光是机械振动在介质(以太)中的传播. 由于当时科学水平的限制，人们或者把光看成由机械微粒所组成，或者把光看成是一种机械波，两种观点都不能正确地反映光的客观本质.

19 世纪初，托马斯·杨(Thomas Young)发现了光的干涉现象，并测出了光波的波长. 后来菲涅耳(A. J. Fresnel)完成了更广泛的关于光的干涉和衍射的实验，并于 1835 年以杨氏干涉原理补充了惠更斯波动说，提出了惠更斯-菲涅耳原理，进一步解释了光的干涉和衍射现象. 1808 年，法国人马吕斯(E. L. Malus)发现了光的偏振现象，证明光是一种横波. 光的干涉、衍射和偏振现象表明光具有波动性，并且是横波. 到 19 世纪 60 年代，麦克斯韦建立了系统的电磁理论，并预言光就是电磁波，后来被赫兹的实验所证实.

19 世纪末到 20 世纪初，人们又发现一系列新现象(如黑体辐射、光电效应等)不能用波动理论解释，1900 年，普朗克提出能量子假说，成功解释了黑体辐射的实验规律，1905 年，爱因斯坦提出了光量子假说，认为光是具有一定能量和动量的粒子所组成的粒子流，圆满解释了光电效应.

光究竟是“微粒”还是“波动”?近代科学实践证明，光是一种十分复杂的客体. 关于光的本性问题，只能用它所表现的性质和规律来回答:光在某些方面的行为像波动，而一些方面的行为却像粒子，即它具有波动与粒子的两重性质. 光的这种二重性，已被证实是一切微观粒子所具有的属性.

本篇从波动的角度来研究光的性质，分别介绍光的干涉、衍射和偏振现象，而光的粒子性将在量子物理中介绍.

第8章　光的干涉

干涉现象是波动独有的特征之一. 由第 7 章中机械波的干涉可知，振动方向相同、频率相同、相位差恒定是两列波能够相干的必要条件. 这些条件也是光波产生干涉必须满足的. 与机械波干涉相比，获得光干涉要困难得多. 本章首先介绍获得相干光的两种方法：分波阵面法和分振幅法，进而讨论它们的光干涉. 讨论中我们将引入光程的概念，干涉加强减弱的条件用光程差来表示. 光程差的计算是讨论各种干涉现象的重要因素，读者必须很好地掌握. 最后介绍迈克耳孙干涉仪.

§8.1　光源　光的相干性

8.1.1　光的电磁理论

光是一种电磁波，通常意义上的光是指可见光，即能引起人的视觉的电磁波. 它的波长范围大约在 400 ～ 760 nm，相应的频率范围约为 7.50×10^{14} ～ 3.95×10^{14} Hz，不同频率的可见光给人以不同颜色的感觉，如表 8 - 1 所示.

表 8 - 1　可见光谱

	红	橙	黄	绿	青	蓝	紫
λ/nm	620 ～ 760	592 ～ 620	578 ～ 592	500 ～ 578	464 ～ 500	446 ～ 464	400 ～ 446
ν/$\times10^{14}$ Hz	4.84 ～ 3.95	5.07 ～ 4.84	5.19 ～ 5.07	6.00 ～ 5.19	6.47 ～ 6.00	6.73 ～ 6.47	7.50 ～ 6.73

光波是电磁波，包含两个相互垂直的振动矢量（即电场强度 $\boldsymbol{E}$ 和磁场强度 $\boldsymbol{H}$），而 $\boldsymbol{E}$ 和 $\boldsymbol{H}$ 的振动方向都与波的传播方向垂直. 研究表明，引起视觉和感光作用的主要是电场强度 $\boldsymbol{E}$，因此，通常把光波看成是电场强度 $\boldsymbol{E}$ 的振动在空间的传播，并把 E 矢量称为光矢量，$\boldsymbol{E}$ 矢量的振动称为光振动.

光振动本身无法直接观测，而光的强度能够被观测. 光的电磁理论指出，光的强度 I 取决于在一段观察时间内的电磁波能流密度的平均值，其值与光振动的振幅平方成正比，并可写作

$$I = kE^2, \tag{8-1}$$

式中 k 为比例系数. 由于我们只关心光的相对强度，故取 $k=1$. 光波传到之处，若该处光振动的振幅为最大，看起来就最亮；而振幅为最小（或几近于零）处，差不多完全黑暗. 由上式可知，亮暗的程度也可用光的强度来表述.

8.1.2　光源

发射光波的物体称为光源. 从发光机制上可分为普通光源和激光光源两大类. 普通光源按光

的激发方式不同,又可分为下列几种:

(1) 热光源

利用热能激发的光源称为热光源. 这种光源发射的光属于热辐射性质,例如白炽灯、弧光灯等.

(2) 电致发光

由电能直接转换为光能称为电致发光. 例如气体放电管、半导体发光二极管等.

(3) 光致发光

由光激发所引起的发光现象称为光致发光. 例如日光灯等. 某些物质如碱土金属的氧化物等,在可见光或紫外线照射下被激发而发光. 在外界光源移去后立刻停止发光的称为荧光,在外界光源移去后仍能持续发光的称为磷光.

(4) 化学发光

由化学反应而引起的发光现象称为化学发光. 例如燃烧过程、萤火虫发光等.

利用电能、光能或化学能激发的光源称为冷光源,下面只介绍热光源的发光原理.

光源由大量原子组成,普通光源发光的机理是处于激发态的原子(或分子)的自发辐射,即光源中的原子吸收了外界能量而处于激发态,处于激发态的原子是极不稳定的,存在的时间一般不超过 10^{-8} s,这些原子就会自发地回到低激发态或基态而辐射电磁波(光波),辐射的频率由这两个能级的能量差决定. 每个原子发光是间歇的,一个原子经一次发光后,只有在重新获得足够能量后才会再次发光. 每次发光的持续时间极短,约为 $\Delta t = 10^{-8}$ s. 可见,原子发射的光波是一段频率一定、振动方向一定、长度($L = c\Delta t$)一定的光波列. 在普通光源中,各个原子的激发和辐射参差不齐,而且彼此之间没有任何联系,是一种随机过程. 因而不同原子在同一时刻所发出的波列在频率、振动方向和相位上各自独立,同一原子在不同时刻所发出的波列之间振动方向和相位也各不相同. 可见,普通光源中原子发光此起彼伏、瞬息万变.

8.1.3 获得相干光的方法

由于微观辐射的随机性,同一原子或分子先后发出的各波列之间,以及不同原子或分子发出的一系列波列之间,在振动频率、振动方向和相位上没有联系,不满足相干条件. 两独立光源发出的光不可能产生干涉,来自同一光源两个部分的光也不可能产生干涉.

要获得相干光,首先需要一单色性好的光源,设法把光分成两部分,而这两部分光必须取自同一波列. 通常采用下面两种方法:

(1) 分波阵面法

两相干光源(设为 S_1,S_2)取自同一波阵面上. 由于同一波阵面上各点的振动相位相同,从同一波阵面上取出的 S_1,S_2 一定满足相干条件,可以作为相干光源. 如杨氏双缝实验等就是用这种方法获得相干光的.

(2) 分振幅法

利用透明薄膜上下表面对光的反射,把同一入射光束分割成振幅较小的两束相干光. 如后面将要介绍的薄膜干涉就是用这种方法获得光干涉的.

§8.2 分波阵面干涉

8.2.1 杨氏双缝干涉

1801年，英国医生、物理学家托马斯·杨首先用实验的方法观察到了光的干涉现象，肯定了光的波动理论.

杨氏双缝干涉实验装置如图8-1所示. 在普通单色光源后放一狭缝S，相当于一个线光源，S后又放有与S平行而且等距离的两平行狭缝S_1和S_2，两缝之间的距离很小，且$|SS_1|=|SS_2|$，则S_1和S_2位于同一波阵面上. 从S_1和S_2发出的两列光波的频率、振动方向、相位都相同，构成两相干光源，这种获得相干光的方法称为分波阵面法. 从S_1和S_2发出的光在空间传播相遇，将产生干涉现象. 如果在双缝后放置一屏幕E，在屏上将看到稳定的明暗相间的干涉条纹.

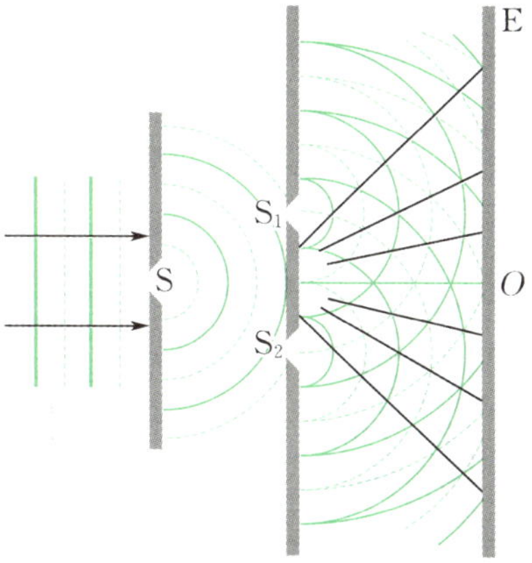

图8-1 杨氏双缝干涉

1. 双缝干涉明暗条纹条件

如图8-2所示，设两缝(S_1，S_2)间距为d，双缝到屏幕E的距离为D(通常$D\gg d$)，P为屏上任意一点，其到S_1和S_2的距离分别为r_1和r_2. 由于S_1和S_2是两同相($\varphi_2=\varphi_1$)的相干波源，由波的干涉理论，P点处明(加强)暗(减弱)的条件决定波程差

$$\delta=r_2-r_1=\begin{cases}\pm k\lambda, & k=0,1,2,\cdots, \quad 明纹(加强),\\ \pm(2k-1)\dfrac{\lambda}{2}, & k=1,2,\cdots, \quad 暗纹(减弱),\end{cases} \tag{8-2}$$

式中λ为入射单色光的波长，k为干涉条纹的级次.

2. 双缝干涉明暗条纹位置

若取屏幕中心为坐标原点O，x轴正向向上，以θ表示P点的位置(θ为双缝中心法线到P点的张角)，因$D\gg d$及$D\gg x$，所以θ角很小，由图8-2有

$$r_2-r_1\approx d\sin\theta\approx d\tan\theta=d\frac{x}{D}. \tag{8-3}$$

利用式(8-2)中的明纹条件，并以x_k取代式(8-3)中的x，可以得到屏上各级明条纹中心的位置坐标

$$x_k=\pm k\frac{D\lambda}{d},\quad k=0,1,2,\cdots. \tag{8-4}$$

同理，利用式(8-2)中的暗纹条件，可以得到屏上各级暗条纹中心的位置坐标

$$x_k=\pm(2k-1)\frac{D\lambda}{2d},\quad k=1,2,\cdots. \tag{8-5}$$

相邻两明纹或两暗纹的间距为

$$\Delta x=x_{k+1}-x_k=\frac{D}{d}\lambda. \tag{8-6}$$

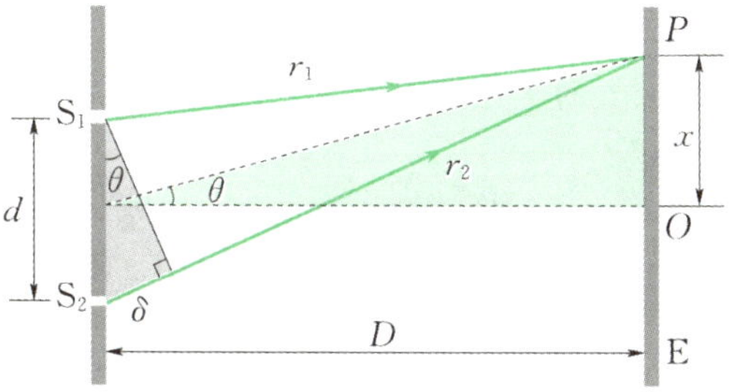

图8-2 双缝干涉计算用图

3. 双缝干涉条纹特征

根据式(8－4)、式(8－5)和式(8－6)，可把双缝干涉条纹的特征归纳如下：

(1) 杨氏双缝干涉条纹平行等距，明暗相间，屏中心 O 点处为零级明条纹中心；

(2) 条纹间距 Δx 与入射光波 λ 及缝屏间距 D 成正比，与双缝间距 d 成反比；λ 一定，D 大，d 小，Δx 大，条纹分得开；

双缝间距对条纹的影响

(3) D 和 d 一定时，用不同的单色光做实验，则 λ 愈小，条纹愈密；λ 愈大，条纹愈稀. 如用白光照射，则屏幕上除中央明纹因各色光重合仍为白色外，其他各级条纹由于不同波长的光在屏上的位置不同而形成光谱，紫光波长较短，出现在靠近中央明纹处；红光波长较长，出现在远离中央明纹处. 随着干涉级次的增大，不同级次的条纹会互相重叠，使干涉条纹变得模糊不清.

8.2.2 劳埃德镜实验

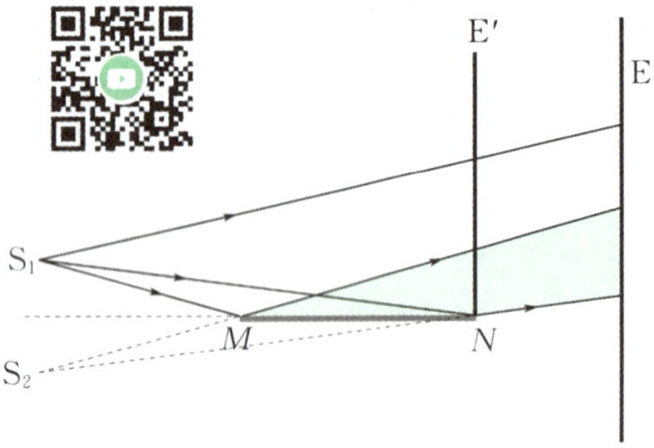

图 8－3 劳埃德镜实验简图

劳埃德镜实验装置如图 8－3 所示，由狭缝光源 S_1 发出的单色光，一部分直接射到屏幕 E 上，另一部分以接近 90° 的入射角射向平面镜 MN，再反射到屏上，这两束光构成相干光. 因两束光是由同一波阵面上分出的，所以是分波阵面干涉. 也可以这样理解，从镜面反射的光线好像是从虚光源 S_2 发出的，S_1 和 S_2 构成两相干光源，如同杨氏双缝干涉实验中的双缝. 在屏幕上两光束相遇的区域(图中阴影部分)可以观察到明暗相间的干涉条纹.

实验发现，如将屏幕移到平面镜的右端 N 处(E′ 位置)，因 $S_1N = S_2N$，似乎在接触处的 N 点应该是波程差等于零的中央明条纹中心. 然而，实验事实与此相反，N 处为暗纹，其他条纹的明暗位置也都与杨氏双缝干涉相反. 这表明，直接射向屏幕的光与经平面镜反射的光在 N 处的相位差为 π，在其他条纹处两光振动的相位差也都附加了 π. 由于直接入射屏幕的光不可能发生相位突变，此相位 π 的突变一定来自在 N 处反射的光. 进一步的实验表明，当光从光疏媒质入射光密媒质界面时，反射光会发生相位 π 的突变. 这相当于反射光多走或少走了半个波长，因此也称这种现象为“半波损失”.

需要指出的是，光从光密媒质入射光疏媒质界面时，反射光不发生相位 π 的突变，即不产生半波损失；任何情况下，透射光均无半波损失.

例 8－1

单色光照射相距为 0.2 mm 的双缝，双缝与屏幕的垂直距离为 1.0 m. 实验发现，从第 1 级明纹到同侧旁第 4 级明纹间的距离为 7.5 mm，求：(1) 单色光的波长；(2) 若用波长为 600 nm 的单色光照射该双缝，求相邻两明纹的距离.

解 (1) 双缝干涉 k 级明纹的位置

$$x_k = \pm k\frac{D}{d}\lambda.$$

因为是同侧,取正号. 再以 $k=1$ 和 $k=4$ 代入上式得

$$\Delta x_{14} = (4-1)\frac{D}{d}\lambda = \frac{3D}{d}\lambda,$$

所以

$$\lambda = \frac{d\Delta x_{14}}{3D} = \frac{0.2\times 10^{-3}\times 7.5\times 10^{-3}}{3\times 1.0}\ \text{m}$$

$$= 5\times 10^{-7}\ \text{m}.$$

(2) 若改用波长为 $\lambda = 600$ nm 的单色光照射,则相邻两明纹的距离为

$$\Delta x = \frac{D}{d}\lambda = \frac{1.0}{0.2\times 10^{-3}}\times 600\times 10^{-9}\ \text{m}$$

$$= 3.0\times 10^{-3}\ \text{m}.$$

例 8-2

用白光($\lambda = 400 \sim 760$ nm) 作光源观察杨氏双缝干涉. 设缝间距为 d,缝与屏的距离为 D,求能观察到的清晰可见光谱的级次.

解 双缝干涉明纹条件为

$$\delta = r_2 - r_1 \approx \frac{xd}{D} = \pm k\lambda.$$

设最先发生重叠的是某一级次(k 级) 的红光和高一级次($k+1$ 级) 的紫光部分,即要求

$$k\lambda_{红} < (k+1)\lambda_{紫},$$

所以

$$k < \frac{\lambda_{紫}}{\lambda_{红} - \lambda_{紫}} = \frac{400}{760-400} = 1.1.$$

k 取整数,所以清晰的可见光谱只有一级.

§8.3 光程与光程差

8.3.1 光程与光程差

在双缝干涉实验中,若在其中一缝后面放一介质薄片,则屏上条纹会发生移动,这说明此时两光束到屏上各点的相位差发生了变化. 然而,对屏上任一点,两光束的几何路程差并没改变,相位差变化的原因是其中一束光通过了介质. 这就是说,当两束相干光都在同一均匀介质中传播时,它们在相遇处叠加时的相位差,仅取决于两光之间的几何路程差,而当两束相干光各自通过不同的介质时,它们在相遇处叠加时的相位差,就不单纯由它们的几何路程差来决定. 为此,需要介绍光程与光程差的概念.

我们知道,单色光在不同介质中传播时,频率不变而波长不同. 若以 λ 表示光在真空中的波长,n 表示介质的折射率,则光在介质中的波长 $\lambda' = \frac{\lambda}{n}$,这表明,光在介质中传播时,其波长只有真空中波长的 $\frac{1}{n}$. 由于光每传播一个波长的距离,相位变化为 2π,若光在介质中传播的几何路程为 r,那么相位的变化应为 $2\pi\frac{r}{\lambda'} = 2\pi\frac{nr}{\lambda}$. 由此可见,当光在不同的介质中传播时,即使传播的几何路程相同,相位的变化也是不同的.

设 S_1 和 S_2 是两同相的相干光源,它们发出的光分别经过不同的介质和不同的几何路程在 P 点相遇,如图 8-4 所示. 两光束到达 P 点时的相位变化之差为

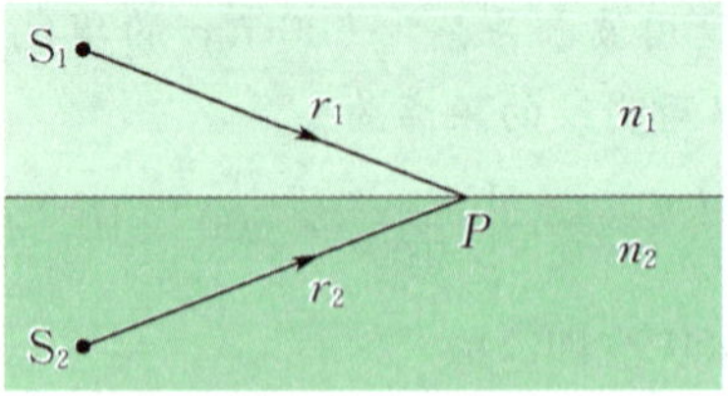

图 8-4　两相干光在不同介质中传播

$$\Delta\varphi = 2\pi\frac{r_2}{\lambda_2'} - 2\pi\frac{r_1}{\lambda_1'} = \frac{2\pi}{\lambda}(n_2r_2 - n_1r_1). \quad (8-7)$$

式(8-7)表明,两相干光束通过不同的介质时,决定其相位变化之差的因素有两个:一是两光经历的几何路程 r_1 和 r_2;二是所经介质的性质,即 n_1 和 n_2. 我们把光在某一介质中所经过的几何路程 r 和该介质折射率 n 的乘积 nr 称为光程. 当光一次经历几种介质时,

$$\text{光程} = \sum n_i r_i. \quad (8-8)$$

在均匀介质中,$nr = \frac{c}{v}r = ct$(c 和 v 分别为光在真空中和介质中的传播速度),因此光程可认为是在相同时间内,光在真空中通过的路程. 引进光程的概念后,可将光在介质中经过的路程折算为光在真空中的路程,这样便可统一用真空中的波长 λ 去比较两束光经历不同介质时所引起的相位改变. 若用 $\delta = n_2r_2 - n_1r_1$ 表示两束光到达 P 点的光程差,则两光束在 P 点的相位差为

$$\Delta\varphi = 2\pi\frac{\delta}{\lambda}. \quad (8-9)$$

式(8-9)是考虑光的干涉问题时经常用到的一个基本关系式. 应该注意,引进光程后,无论光在什么介质中传播,式(8-9)中的 λ 均指光在真空中的波长.

这样,当两同相的相干光源发出的两相干光,经历不同介质和不同几何路程后在相遇点叠加,其干涉条纹的明暗条件便可用光程差表示为

$$\delta = \begin{cases} \pm k\lambda, & k = 0,1,2,\cdots, \quad \text{明纹}, \\ \pm(2k+1)\dfrac{\lambda}{2}, & k = 0,1,2,\cdots, \quad \text{暗纹}. \end{cases} \quad (8-10)$$

8.3.2　透镜不产生附加的光程差

在观察干涉和衍射现象时,经常要用到透镜. 透镜可以改变光的传播方向,那么光路中引入了透镜会不会引起附加的光程差呢?

我们知道,平行光束通过透镜后,各光线会聚于焦点 F(或焦平面上的 F' 点),相互加强形成一亮点,如图 8-5(a),(b) 所示. 这一事实说明,在焦点(F 或 F')处各光线是同相的. 由于平行光的同相面与光线垂直,因此从入射平行光内任一与光线垂直的平面算起,直到会聚点,各光线的光程都是相等的. 例如,在图 8-5(a) 或(b) 中,从 a,b,c 到 F(或 F')或者从 A,B,C 到 F(或 F')的三条光线都是等光程的. 这一等光程性可以这样来理解:在图 8-5(a) 或(b) 中,虽然光线 $AaF(F')$ 比光线 $BbF(F')$ 经过的几何路程长,但是光线 $BbF(F')$ 在透镜中经过的路程比光线 $AaF(F')$ 长,而透镜的折射率大于 1,因此,折算成光程,两者相等. 也就是说,**透镜可以改变光线的传播方向,但不产生附加的光程差**. 在图 8-5(c) 中,物点 S 发出的光经透镜成像为 S',说明物点和像点之间各光线也是等光程的.

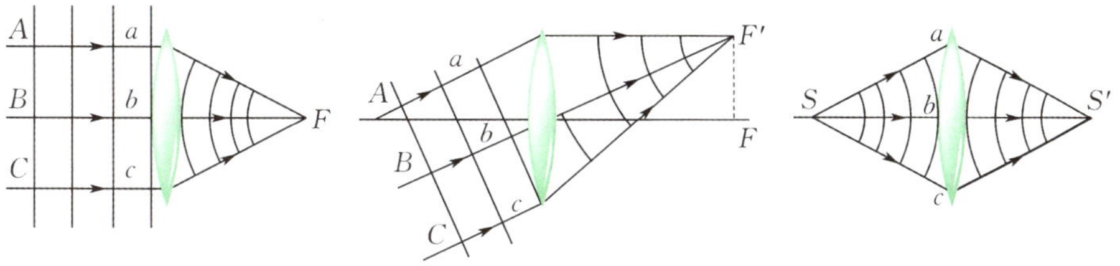

(a) 情况1 (b) 情况2 (c) 情况3

图 8-5 通过透镜的各光线的光程相等

例 8-3

在双缝干涉实验中，若在上缝后插入一折射率为 n、厚度为 e 的透明介质薄片，如图 8-6 所示.(1) 写出两相干光到达屏上任一点 P 的光程差;(2) 分析插入介质片前后，干涉条纹的变化情况.

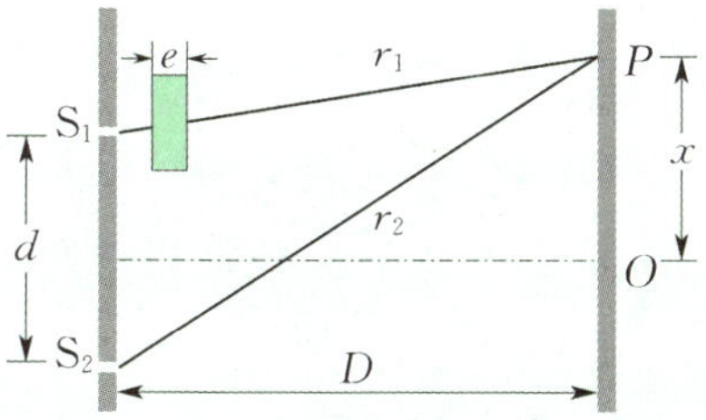

图 8-6

解 (1) 设 S_1 和 S_2 到屏上 P 点的距离分别为 r_1 和 r_2，P 点的坐标为 x. 插介质片后，两光束到 P 点的光程差为

$\delta = r_2 - (r_1 - e + ne) = r_2 - r_1 - (n-1)e.$

将此结果与未插入介质片时比较，可见此时屏上每一点的光程差都发生了变化，故干涉条纹亦将发生变化.

(2) 考虑第 k 级明纹的位置，由明纹条件

$$\delta = r_2 - r_1 - (n-1)e = \pm k\lambda, \quad k = 0,1,2,\cdots,$$

当 $D \gg d$ 时，由式(8-3)，$r_2 - r_1 = \dfrac{d}{D}x$，代入上式，可求得插入介质片后屏上第 k 级明纹的位置为

$$x_k' = \pm k\frac{D}{d}\lambda + (n-1)e\frac{D}{d}.$$

而未插入介质片时，第 k 级明纹的坐标为 $x_k = \pm k\dfrac{D}{d}\lambda$，因为 $n>1$，显然有 $x_k' > x_k$；又因为条纹间距 $\Delta x = \dfrac{D}{d}\lambda$ 与有无插入介质片无关，可见，若介质片是插在上缝后的光路中，将使整幅干涉图样向上平移，但条纹间距不变. 同理可证明，若介质片是插在下缝后的光路中，将使整幅干涉图样向下平移，条纹间距也不变.

例 8-4

在例 8-3 中，若用波长为 632.8 nm 的激光照射双缝，将一折射率为 $n = 1.4$ 的透明介质薄片插入上缝后的一条光路，发现屏幕上中央明纹移动了 7 个条纹，试求该介质薄片的厚度 e.

解 由例 8-3 的讨论知，介质薄片插入上缝后的一条光路，将使整幅干涉图样向上平移，即原屏幕中心上方第 7 级明纹处，现在为零级(中央)明纹；而原屏幕中心 O 处则现为 $k=-7$ 级明纹所在处.

若考虑原屏幕中心 O 点处(参见图 8-6)，插入介质片后，两光束到 O 点的光程差为

$$\delta = r_2 - (r_1 - e + ne) = r_2 - r_1 - (n-1)e = -7\lambda,$$

而 $r_2 - r_1 = 0$，所以

$$e = \frac{7\lambda}{n-1} = \frac{7\times 632.8\times 10^{-9}}{1.4-1}\ \text{m} = 1.1\times 10^{-5}\ \text{m}.$$

若考虑原屏幕中心上方第 7 级明纹处(设为 P 点)，插入介质片后，两光束到 P 点的光程差为

$$\delta = r_2 - (r_1 - e + ne)$$
$$= r_2 - r_1 - (n-1)e = 0.$$

而未插介质片前，两光束到 P 点的光程差为 $r_2 - r_1 = 7\lambda$，所以

$$e = \frac{7\lambda}{n-1} = \frac{7\times 632.8\times 10^{-9}}{1.4-1}\ \text{m}$$
$$= 1.1\times 10^{-5}\ \text{m}.$$

两种考虑方法所得结果是相同的.

思考题

8-1 在杨氏双缝实验中，做如下调节时，屏幕上的干涉条纹将如何变化？

(1) 使两缝间距 d 逐渐增大；

(2) 保持双缝的间距 d 不变，使双缝与屏幕的距离 D 逐渐减小；

(3) 保持 d 和 D 不变，把光源 S 在垂直轴线方向向上或向下平移.

8-2 杨氏双缝干涉实验的两条光路中，若在其中一条光路中插入一块薄玻璃片，则原来中央干涉极大的明条纹将向哪边移动？

8-3 什么是波程差、相位差和光程差？它们的关系如何？

8-4 如图 8-7 所示，设光线 a，b 从相位相同的 A，B 点传至 P，试问：

(1) 在图中的三种情况下，光线 a，b 在相遇处 P 是否存在光程差？为什么？

(2) 若 a，b 为相干光，那么在相遇处的干涉情况如何？

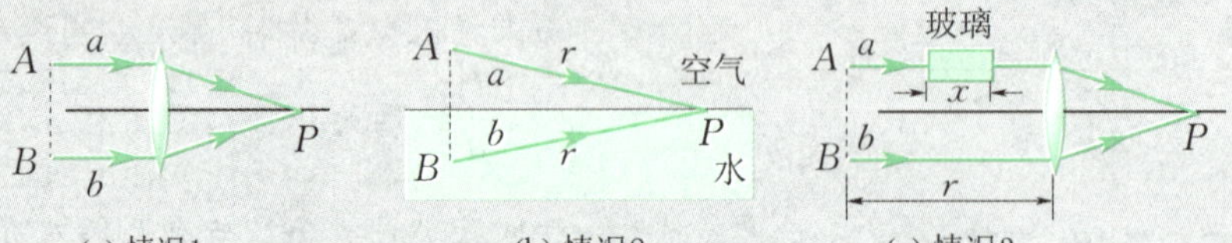

图 8-7

§8.4 分振幅干涉

利用透明薄膜上下表面对光的反射，把入射光的振幅分解为两部分，由这两部分光波相遇产生的干涉，称为分振幅干涉或薄膜干涉.

日常生活中观察到的水面上铺展的油膜、空气中的肥皂泡在阳光的照射下呈现彩色条纹，就是由透明薄膜产生的光干涉现象.

8.4.1 等倾干涉

空气中一厚度为 e、折射率为 n 的平行平面薄膜，如图 8-8 所示，来自单色面光源一点、波长为 λ 的光以入射角 i 入射到薄膜的上表面 A 点处，一部分光在薄膜上表面 A 点反射，形成光线 1，一部分光经折射后，在薄膜下表面 B 点反射后又在上表面的 C 点折射入空气中，形成光线 2. 光线 1 和 2 是从同一入射光线分出来的，若薄膜足够薄，这两束反射光应满足相干条件(光线 1 和 2 是相干

光). 用透镜 L 把这两束平行光线会聚到焦平面上的 P 点，它们将发生干涉.

现在我们来计算光线 1 和 2 在相遇点(P 点) 的光程差. 作 CD 垂直于光线 1，由于透镜不附加光程差，因此从 D 点和 C 点到 P 点的光程相等，但因光线 1 在 A 点反射时有半波损失，而光线 2 在 B 点反射时无半波损失，故光线 1 和光线 2 总的光程差为

$$\delta = n(AB + BC) - AD + \frac{\lambda}{2}. \tag{8-11}$$

由图中几何关系，有

$$AB = BC = \frac{e}{\cos\gamma},$$

$$AD = AC\sin i = 2e\tan\gamma\sin i.$$

再利用折射定律 $n = \dfrac{\sin i}{\sin\gamma}$，以上三式代入式(8-11)，整理得

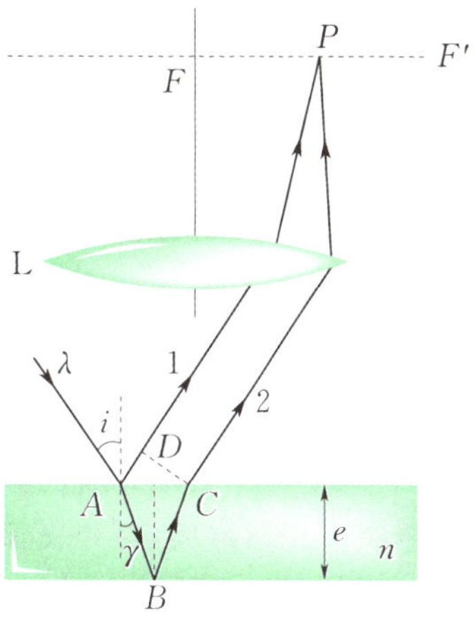

图 8-8 薄膜干涉

$$\delta = 2e\sqrt{n^2 - \sin^2 i} + \frac{\lambda}{2}. \tag{8-12}$$

式(8-12) 表明，光程差取决于入射角 i，凡入射角(倾角) 相同的入射光线，经薄膜上下表面反射后在相遇点的光程差相同，因而形成同一级干涉条纹，这种干涉称为等倾干涉. 等倾干涉条纹的形状与透镜的方位有关，当透镜主轴与膜面垂直时，干涉条纹是一组明暗相间、内疏外密的同心圆环，如图 8-9 所示.

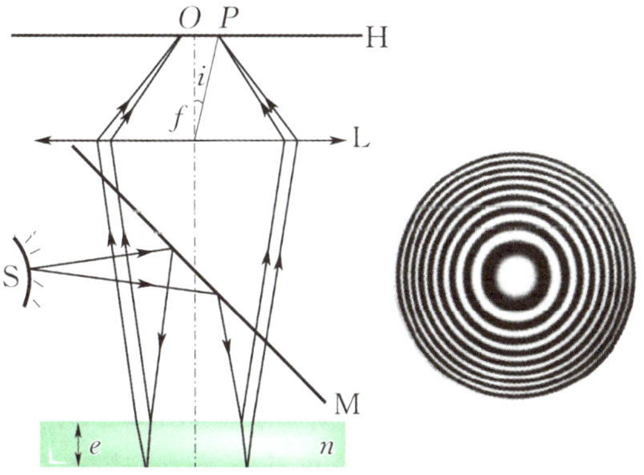

图 8-9 等倾干涉条纹

为简单起见，下面我们只讨论垂直入射的情况，即 $i = 0°$. 由式(8-12)，垂直入射时，反射光干涉加强和减弱的条件为

$$\delta = 2ne + \frac{\lambda}{2} = \begin{cases} k\lambda, & k = 1,2,\cdots, \quad 明纹, \\ (2k+1)\dfrac{\lambda}{2}, & k = 0,1,2,\cdots, \quad 暗纹, \end{cases} \tag{8-13}$$

式中 k 为干涉条纹的级次.

透射光干涉加强和减弱的条件与反射光相反，即反射光干涉加强时，透射光干涉减弱；反射光干涉减弱时，透射光干涉加强，这符合能量守恒定律.

8.4.2 增透膜与增反膜

利用薄膜干涉可以提高光学仪器的透射率或反射本领. 一些高级光学仪器的光学元件(如照相机的镜头、眼镜、棱镜等)，为了减少光能在光学元件玻璃表面上的反射损失，常在镜面上镀一层厚度均匀的氟化镁(MgF_2) 透明薄膜，以增强其透射率. 这种能使透射光增强的薄膜称为增透膜.

与此相反，在另一些光学仪器中往往需要某些光学表面具有很高的反射率，如氦-氖激光器谐振腔中的反射镜要求对某单色光的反射率在 99% 以上. 为了增强反射能量，常在玻璃表面上镀

一层高反射率的透明薄膜，利用薄膜上下表面反射光的光程差满足干涉相长的条件就能使反射光增强，这种薄膜称为**增反膜**. 由于反射光能量约占入射光能量的 5%，为了达到高反射率的目的，常在玻璃表面交替镀上折射率高低不同的多层介质膜，一般镀到 13 层，有的高达 15 或 17 层. 宇航员头盔和面甲上都镀有对红外线具有高反射率的多层膜，以屏蔽宇宙空间中极强的红外线照射.

例 8-5

空气中有一厚度 $e=0.4\ \mu\text{m}$、折射率 $n=1.5$ 的透明薄膜，白光垂直照射薄膜上，问：(1) 反射光呈什么颜色？(2) 若改为以 30° 的入射角照射薄膜，哪种波长的光反射加强？

解 (1) 实际是求什么波长的光在反射中干涉加强. 反射光干涉加强的条件为

$$2ne+\frac{\lambda}{2}=k\lambda,\quad k=1,2,\cdots,$$

式中有 $\frac{\lambda}{2}$ 是因为薄膜上表面反射的光有半波损失的缘故，由上式得

$$\lambda=\frac{2ne}{k-\frac{1}{2}}=\frac{2\times1.5\times0.4\times10^{3}}{k-\frac{1}{2}}=\frac{1\ 200}{k-\frac{1}{2}},$$

分别取 $k=1$，求得 $\lambda=2\ 400\ \text{nm}$；$k=2$，$\lambda=800\ \text{nm}$；$k=3$，$\lambda=480\ \text{nm}$；$k=4$，$\lambda=343\ \text{nm}$. 只有 $\lambda=480\ \text{nm}$ 的光属于可见光范围，所以反射光呈蓝紫色.

(2) 倾斜入射时，由式(8-12)，反射光加强应满足

$$\delta=2e\sqrt{n^2-\sin^2 i}+\frac{\lambda}{2}=k\lambda,$$

得

$$\lambda=\frac{2e\sqrt{n^2-\sin^2 i}}{k-\frac{1}{2}},$$

解得 $k=2$ 时，$\lambda=754\ \text{nm}$；$k=3$ 时，$\lambda=452\ \text{nm}$，这两种波长的光均在可见光范围内. 即 $\lambda=754\ \text{nm}$ 和 $\lambda=452\ \text{nm}$ 的反射光干涉加强.

例 8-6

为了让对照相底片最敏感的黄绿光($\lambda=550\ \text{nm}$)透射增强，常在照相机玻璃镜头的表面上镀一层透明的氟化镁(MgF_2)薄膜. 试问镀膜的最小厚度应为多少？已知氟化镁的折射率为 1.38，玻璃的折射率为 1.50(设光线垂直入射).

解 要使透射光干涉加强，反射光干涉必然减弱. 如图 8-10 所示，设膜厚为 e，因薄膜上、下表面反射的光都有半波损失，半波损失抵消. 由反射光干涉相消的条件

$$2n_2e=(2k+1)\frac{\lambda}{2},\quad k=0,1,2,\cdots,$$

膜的最小厚度能使 $k=0$，所以

$$e_{\min}=\frac{\lambda}{4n_2}=\frac{550}{4\times1.38}\ \text{nm}\approx100\ \text{nm}.$$

注意，一定的膜厚只能使一定颜色的单色光在反射光中消失；照相机镜头表面镀上这层薄膜后只对黄绿光起到了减少反射、增强透射的作用. 因为反射的白光中缺少了黄绿色的光，我们平时看到照相机镜头就呈现淡紫色.

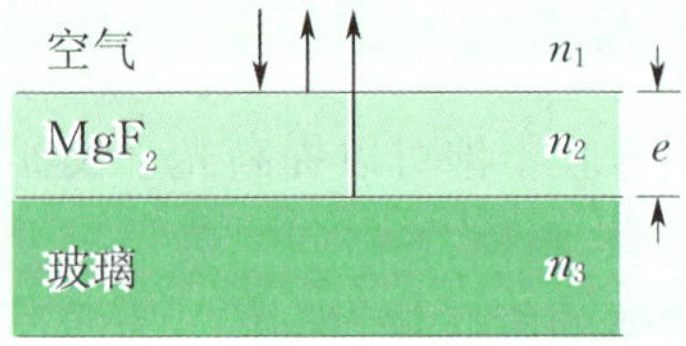

图 8-10

8.4.3 等厚干涉

1. 劈尖干涉

两块平面玻璃片，一端互相叠合，另一端夹一薄纸片（为了便于说明问题和易于作图，图中纸片的厚度特别予以放大），如图 8-11(a) 所示. 在两玻璃片之间就形成一劈尖形的空气薄膜（称为空气劈尖）. 两玻璃片的交线为劈棱，在平行于劈棱的线上空气膜的厚度是相等的.

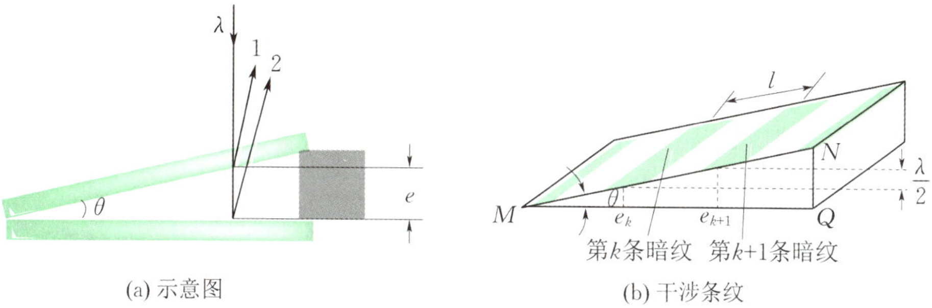

图 8-11 劈尖干涉

波长为 λ 的单色平行光垂直入射到劈尖薄膜上，在空气膜上下两表面反射的光线 1 和 2 构成相干光，它们在空气膜的上表面相遇产生干涉，这也是一种分振幅法的光干涉. 在空气膜厚度为 e 处，上、下两表面反射的光在相遇点的光程差为

$$\delta = 2ne + \frac{\lambda}{2}, \tag{8-14}$$

式中 n 是劈尖膜的折射率，$\lambda/2$ 是空气膜下表面反射的光因有半波损失而附加的光程差. 显然，

$$\delta = 2ne + \frac{\lambda}{2} = \begin{cases} k\lambda, & k = 1,2\cdots, \quad 明纹, \\ (2k+1)\dfrac{\lambda}{2}, & k = 0,1,2,\cdots, \quad 暗纹. \end{cases} \tag{8-15}$$

式(8-15) 表明，入射光波长 λ 一定时，条纹级次 k 正比于劈尖薄膜的厚度 e，即介质厚度相同的地方，上、下表面反射光的光程差相同，干涉形成同一级次的条纹，这种干涉称为**等厚干涉**. 干涉条纹的形状是一组平行于劈棱的明暗相间的直条纹，如图 8-11(b) 所示. 在劈棱处（两玻璃片的接触处），$e = 0$，光程差 $\delta = \lambda/2$，因此劈棱处形成暗条纹，且为零级暗纹.

设第 k 级明（暗）纹对应介质膜的厚度为 e_k，第 $k+1$ 级明（暗）纹对应介质膜的厚度为 e_{k+1}，由式(8-15) 可求得相邻两明纹（或相邻两暗纹）中心对应的介质膜厚度之差为

$$\Delta e = e_{k+1} - e_k = \frac{\lambda}{2n}. \tag{8-16}$$

相邻两明纹（或两暗纹）中心间的距离 l 为

$$l = \frac{\Delta e}{\sin\theta} = \frac{\lambda}{2n\sin\theta}, \tag{8-17a}$$

式中 θ 为劈尖膜的夹角. 由于 θ 很小，$\sin\theta \approx \theta$，上式又可改写为

$$l = \frac{\lambda}{2n\theta}. \tag{8-17b}$$

可见，劈尖干涉的条纹是等间距的，条纹间距与劈尖角 θ 有关，θ 越大，条纹间距越小，条纹越密. 当 θ 大到一定程度后，条纹就密不可分了. 所以干涉条纹只能在劈尖角度很小时才能观察到.

由于劈尖干涉装置简单，测量精度较高，劈尖干涉在精密度量和检测方面有着广泛的应用，

下面通过两个例子简单介绍一下劈尖干涉在技术上的应用.

例 8-7

为了测量金属细丝的直径,把金属丝夹在两块平玻璃之间,形成空气劈尖膜,如图 8-12 所示.已知金属丝与劈棱的距离为 $D=28.88\ \text{mm}$,用波长为 $\lambda=589.3\ \text{nm}$ 的单色平行光垂直照射,测得 30 条明条纹间的距离为 4.295 mm,求金属丝的直径 d.

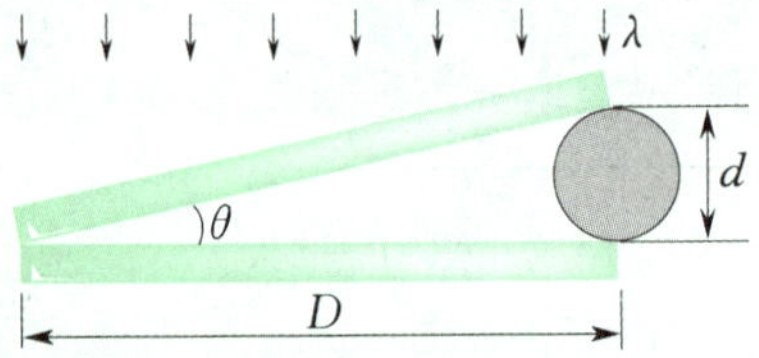

图 8-12

解 由图的几何关系可得

$$d=D\tan\theta,$$

式中 θ 为劈尖角.由式(8-17a),相邻两明条纹间的距离为

$$l=\frac{\lambda}{2n\sin\theta}.$$

对于空气劈尖,$n=1$,而且 $\sin\theta=\frac{\lambda}{2l}$.因为 θ 很小,所以

$$\tan\theta\approx\sin\theta=\frac{\lambda}{2l}=\frac{d}{D},$$

即

$$\begin{aligned}d&=D\frac{\lambda}{2l}\\&=28.88\times10^{-3}\times\frac{589.3\times10^{-9}}{2\times\frac{4.295\times10^{-3}}{30-1}}\ \text{m}\\&=5.746\times10^{-5}\ \text{m}.\end{aligned}$$

例 8-8

利用等厚干涉条纹可以检验精密加工工件表面的平整情况.在工件的被测表面上放一光学平玻璃,使被测表面与光学平玻璃间形成一空气劈尖,如图 8-13(a) 所示.波长为 λ 的单色平行光垂直照射,观察反射光的干涉条纹,今观察到干涉条纹形状如图 8-13(b) 所示.试根据纹路弯曲方向,判断工件表面有什么缺陷?

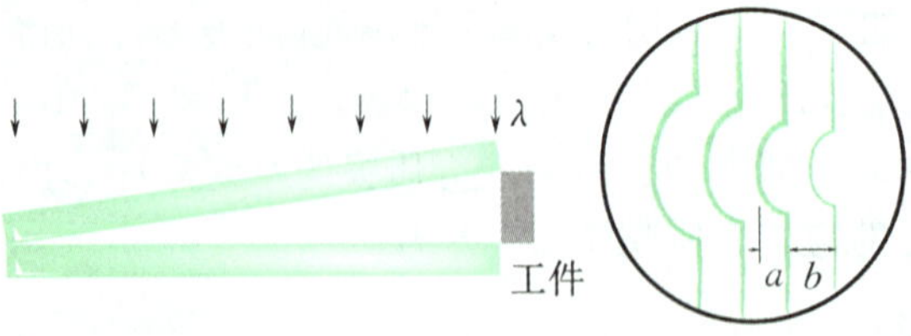

(a) 示意图　(b) 干涉条纹

图 8-13

解 由于平玻璃的下表面是"完全"平的,若工件表面也是平的,则干涉条纹应是平行于劈棱的直条纹.现在条纹有局部弯向劈棱,说明在工件表面的相应位置处有微小凹陷.因为是等厚干涉,同一条纹对应于相同厚度的空气膜,本来越靠近劈棱,膜的厚度越小,而现在同一条纹上的弯曲部分和直纹处对应的空气膜厚度相等,说明工件表面有微小凹陷.实验中,若测出相邻两条纹的间距 b 以及条纹弯曲处最大的畸变量 a,则由几何关系还可求得工件表面凹陷的深度 $\Delta h=\frac{a}{b}\frac{\lambda}{2}$.

2. 牛顿环

把一块曲率半径 R 很大的平凸透镜放在一光学平面玻璃上就构成牛顿环干涉装置,如图 8-14(a) 所示.透镜与平玻璃之间就形成一上表面为球面、下表面为平面的空气薄膜.单色平行光垂直照射,在空气薄膜上、下表面反射的光在空气膜上表面(亦即透镜的凹面)相遇产生干涉,这也是一种分振幅法的光干涉.

在空气膜厚度为 e 处，上、下表面反射光的相干条件为

$$\delta = 2e + \frac{\lambda}{2} = \begin{cases} k\lambda, & k = 1,2,\cdots, \quad \text{明纹}, \\ (2k+1)\dfrac{\lambda}{2}, & k = 0,1,2,\cdots, \quad \text{暗纹}, \end{cases} \tag{8-18}$$

式中 $\frac{\lambda}{2}$ 是空气膜下表面反射的光因有半波损失而附加的光程差. 式(8-18)表明，入射光波长 λ 一定，条纹级次 k 正比于空气膜的厚度 e，即空气膜厚度相同的地方，上、下表面反射光的光程差相同，形成同一干涉级次的条纹，这也是一种等厚干涉. 干涉条纹的形状是一组以接触点 O 为中心的明暗相间的环状干涉条纹（称为牛顿环），如图 8-14(b) 所示. 在透镜与平玻璃接触处，$e = 0$，光程差 $\delta = \frac{\lambda}{2}$，即接触处为零级暗斑.

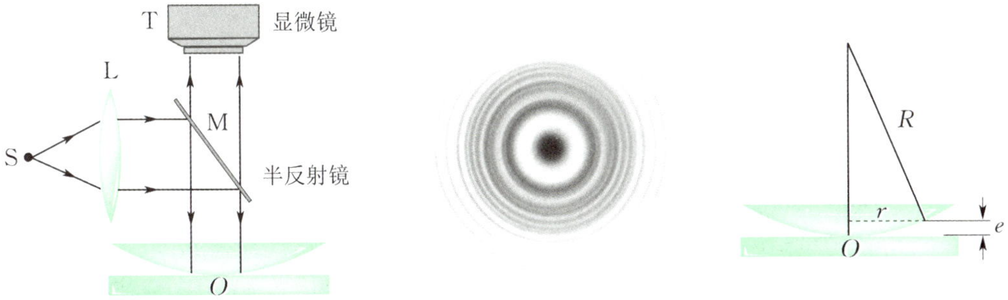

(a) 示意图　　(b) 牛顿环　　(c) 光程差

图 8-14　牛顿环

由图 8-14(c) 的几何关系，有

$$r^2 = R^2 - (R-e)^2 = 2eR - e^2.$$

因为 $R \gg e$，可以忽略 e^2，所以 $r^2 \approx 2eR$. 由式(8-18) 可得 $2e - \delta - \frac{\lambda}{2}$，代入上式得

$$r = \sqrt{\left(\delta - \frac{\lambda}{2}\right)R}.$$

利用明(暗) 环条件，并以 r_k 取代 r，可以分别得到

$$r_k = \sqrt{\left(k - \frac{1}{2}\right)R\lambda}, \quad k = 1,2,\cdots \quad \text{（明环半径）}, \tag{8-19}$$

$$r_k = \sqrt{kR\lambda}, \quad k = 0,1,2,\cdots \quad \text{（暗环半径）}. \tag{8-20}$$

式(8-19) 及(8-20) 表明，r 与 k 成非线性关系，所以牛顿环的条纹间距是不均匀的，r 越大，条纹越密集. 利用牛顿环装置可以测量平凸透镜的曲率半径 R（或已知 R 测照射光的波长 λ），分别测出第 k 个和第 $(k+m)$ 个暗环的半径 r_k 和 r_{k+m}，代入式(8-20)，即可联立导出

$$R = \frac{r_{k+m}^2 - r_k^2}{m\lambda}. \tag{8-21}$$

例 8-9

在一块平玻璃上放一油滴，油滴展开成油膜，如图 8-15 所示，在波长为 $\lambda=600$ nm 的单色光垂直照射下，从反射光中观察油膜所形成的干涉条纹。已知油膜的折射率 $n_1=1.20$，玻璃的折射率 $n_2=1.50$。(1) 当油膜中心最高点与玻璃片的上表面相距 $h=1.2\ \mu$m 时，描述所看到的条纹情况，可以见到几条明条纹？明条纹所在处的油膜厚度是多少？中心点明暗如何？(2) 当油膜继续摊展时，所看到的条纹情况将如何变化？中心点情况如何变化？

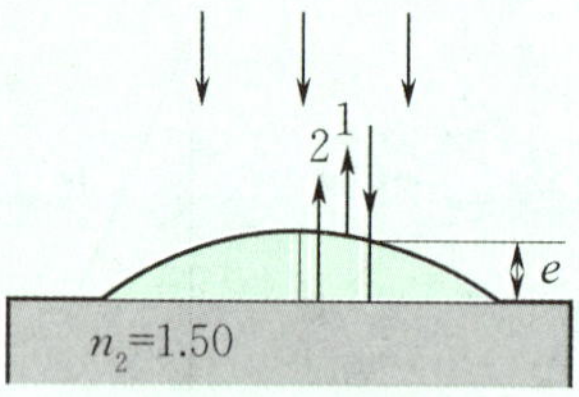

图 8-15

解 (1) 因油膜上下两面反射的光都有半波损失，故无附加光程差，在油膜厚度为 e 处，反射光加强的条件为

$$\delta = 2n_1 e = k\lambda,\quad k=0,1,2,\cdots.$$

边缘处，$e=0$，对应于零级明纹。由题意，设共有 N 条明纹，则

$$N\lambda = 2n_1 h,$$

$$N=\frac{2n_1 h}{\lambda}=\frac{2\times1.2\times1.2\times10^{-6}}{600\times10^{-9}}=4.8,$$

取整数 $N=4$，即除了边缘为一明纹(零级明纹)外，还有 4 条环状明纹，总共有 5 条明纹。油滴中心有一定亮度。各明纹对应的油膜厚度可由下式求出

$$e=\frac{k\lambda}{2n_1}=\frac{k\times600\times10^{-9}}{2\times1.2}\ \text{m}=k\times2.5\times10^{-7}\ \text{m}.$$

分别取 $k=0,1,2,3,4$，可求得油膜厚度分别为 0，0.25 μm，0.50 μm，0.75 μm，1.00 μm。

(2) 当油膜继续摊展时，油膜边缘保持明条纹，其中半径逐渐扩大。由于摊展时厚度减少，明条纹变稀，即油膜包含的明条纹数目减少。到最后时，油膜摊展为薄膜，整个油膜满足 $k=0$ 级亮纹条件。

思考题

8-5 窗玻璃也是介质平板，为什么在日光照射下我们看不到干涉条纹？

8-6 如图 8-16(a) 所示，若劈尖的上表面向上平移，干涉条纹会怎样变化？如图 8-16(b) 所示，若劈尖的上表面向右平移，干涉条纹又会怎样变化？如图 8-16(c) 所示，若劈尖的角度增大，干涉条纹又将发生怎样的变化？

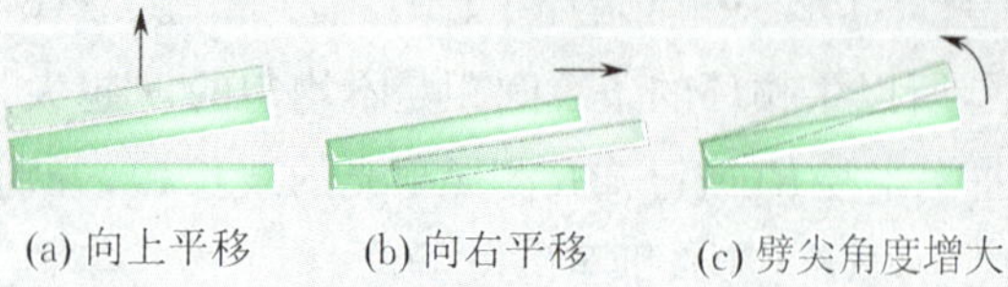

图 8-16

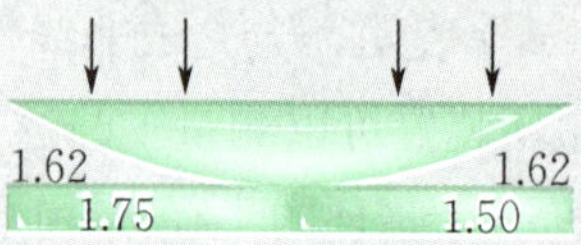

图 8-17

8-7 在图 8-17 所示的装置中，平板玻璃由两部分组成(冕牌玻璃 $n_1=1.50$ 和火石玻璃 $n_3=1.75$)，透镜是用冕牌玻璃制成的，透镜与玻璃板之间的空间充满折射率为 $n_2=1.62$ 的气体。试问由此而成的牛顿环装置的反射光干涉花样如何？为什么？

§8.5 迈克耳孙干涉仪

迈克耳孙干涉仪是根据分振幅干涉原理制成的，是近代精密测量仪器之一，在科学技术中有着广泛而重要的应用. 图 8-18(a)，(b) 分别为迈克耳孙干涉仪的外形图和原理图.

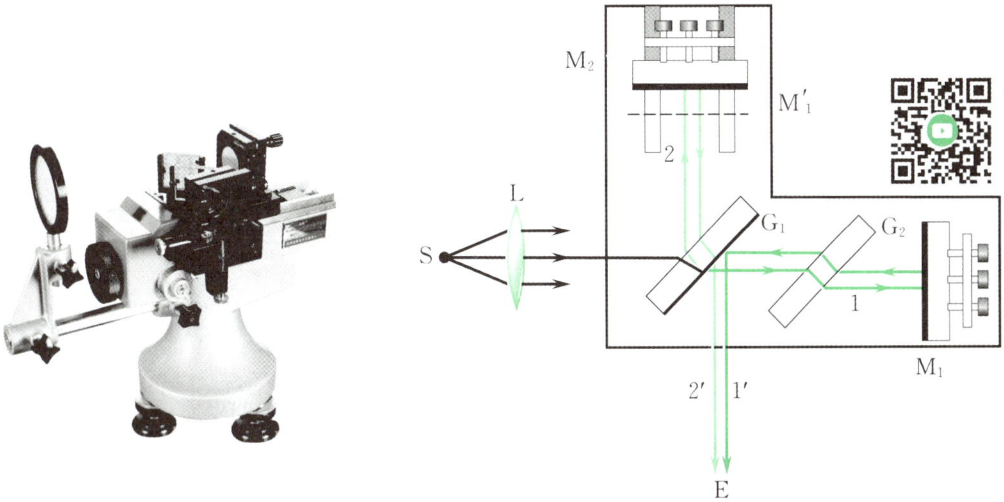

(a) 外形图　　(b) 原理图

图 8-18　迈克耳孙干涉仪

M_1 和 M_2 是两块精密磨光的平面镜，其中 M_1 固定，M_2 用螺旋控制可前后移动. G_1 和 G_2 是两块材料相同、厚度相等的平行玻璃片. 在 G_1 的右边表面上涂有半透明的薄银层，使照射在 G_1 上的光一半反射，一半透射，因此 G_1 也称为分光板. G_1 和 G_2 严格平行并与 M_1 和 M_2 成 45° 角. 从光源 S 发出的光经透镜后射向 G_1，分成两束. 反射光 2 经 M_2 反射后穿过 G_1 成为光线 2′，透射光 1 经 M_1 反射后，在 G_1 处反射成为光线 1′，光线 1′ 和 2′ 构成相干光，在 E 处可看到它们干涉的结果. G_2 的作用是使光线 1 与光线 2 都三次穿过厚度相同的平玻璃，从而避免光线 2′ 和 1′ 之间存在较大的光程差，所以 G_2 也称为补偿板.

分光板 G_1 后表面的半反射膜，在 E 处看来，使 M_1 在 M_2 附近形成虚像 M_1'，光束 1′ 就像从 M_1' 反射的一样. 因此干涉图样就如同由 M_1' 和 M_2 之间的空气膜产生的一样. 当 M_1 和 M_2 严格垂直时，M_1' 和 M_2 之间形成平行平面空气膜，这时在 E 处可以观察到等倾干涉圆条纹；当 M_1 和 M_2 不严格垂直时，M_1' 和 M_2 之间形成空气劈尖，这时在 E 处可以观察到等厚干涉直条纹.

相干光的光程差主要是由迈克耳孙干涉仪两臂长决定，当 M_2 平行移动时，光程差随之改变，在 E 处可观察到干涉条纹移动，数出视场中干涉条纹移过的数目 N，就可以计算出 M_2 移动的距离

$$d = N\frac{\lambda}{2}. \tag{8-22}$$

根据上述原理，可用迈克耳孙干涉仪精密测量长度或测定照射光的波长. 1881 年迈克耳孙曾用他的干涉仪做了著名的迈克耳孙-莫雷实验，它的否定结果成为爱因斯坦创立狭义相对论的实验基础之一.

例 8 - 10

在迈克耳孙干涉仪的两臂中，分别插入长 $L=10\ \text{cm}$ 的玻璃管，其中一个抽成真空，另一个则储有压强为 $1.013\times10^5\ \text{Pa}$ 的空气，用以测量空气的折射率 n. 设所用光波波长为 546 nm，实验时向真空玻璃管中逐渐充入空气，直至压强达到 $1.013\times10^5\ \text{Pa}$ 为止. 在此过程中，观察到有 107.2 条干涉条纹移过视场中的某点，求空气的折射率.

解 干涉仪两臂中任一臂的光程差每变化一个波长，视场中就有一个条纹移动. 当向其中一臂的真空管逐渐充入空气时，这条光路光程差的改变量与条纹移动数 N 之间的关系为

$$2nl-2l=2(n-1)l=N\lambda=107.2\lambda,$$

空气的折射率 n 为

$$n=1+\frac{107.2\lambda}{2l}$$
$$=1+\frac{107.2\times546\times10^{-9}}{2\times10.0\times10^{-2}}$$
$$=1.000\ 29.$$

由以上结果可以看出 $n\approx1$，即一般情况下空气的折射率当作 $n=1$. 此例也告诉我们，用迈克耳孙干涉仪可以很方便而且很精确地测量透明的、均匀各向同性物质(气、液、固)的折射率.

阅读材料(7)

全息照相

光是一种电磁波，它的全部信息包含振幅(反映物体上各点发出的光的强弱，决定像的强度)、相位(反映物体上各点在空间的相对位置，决定像的形状)和频率(反映光的颜色). 普通照相是通过成像系统(照相机镜头)使物体成像在感光材料上，材料上的感光强度与物体表面光强分布有关，因为光强与振幅平方成正比，所以它只记录了光波的振幅信息，无法记录物体光波的相位差别. 因此，普通照相记录的只能是物体的一个二维平面像，缺乏立体感.

全息照相虽然也是一种照相过程，但在概念上同普通照相根本不同. 全息照相在记录振幅信息的同时还记录了相位信息，即记录了光波的全部信息，因而这种照相称为全息照相. 全息照相记录的不是物光的强度分布，而是干涉条纹. 干涉条纹的可见度反映了物光波的振幅，干涉条纹的疏密和取向则由物光波的波长和相位决定. 物体上每个点发出的光波记录在整个底片上，换言之，底片上的每个点都记录了所有物点发出的光波. 这样用干涉法把物光波场的"全部信息"都记录下来所获得的照片，称为全息照片或全息图. 由全息图可以再现物光波，从而形成原物体逼真的三维像. 这个物光波的完整记录与再现的过程，称为全息术或全息照相. 全息图上的每一点都携带被摄物的全部信息，全息摄影图具有可分割性，分割后的每一小块干板都可再现完整的物体像.

全息照相的基本原理是以光波的干涉和衍射为基础的，1948 年物理学家丹尼斯・伽柏(Dennis Gabor)首先提出一种无透镜两步成像法，称作波前再现或全息术，目的是想利用全息术提高电子显微镜的分辨率. 在布拉格(Bragg)和泽尼克(Zernike)的研究基础上，伽柏找到了一种避免相位信息丢失的技巧. 但是由于这种技术要求高度相干性及高强度的光源而一度发展缓慢. 整个 50 年代，一些科学家大大扩展了伽柏的理论并加深了对这一新的成像技术的理解. 直到 1960 年第一台激光器问世，解决了相干光源问题，继而在 1962 年美国科学家利思(Leith)和乌帕特尼克斯(Upatnieks)提出了离轴全息图以后，全息技术的研究才获得突飞猛进的发展，并越来越为人们所重视.

1. 波前记录

当两束光相干时，其干涉场分布(包括干涉条纹的形状、疏密及明暗分布)与这两束光的波面特性(振幅及相

位）密切相关.例如，两束平面波相干，干涉场等强度面是明暗相间的平面族；两束球面波相干，干涉场为一组旋转双曲面；平面波和同轴的球面波相干，干涉场是旋转抛物面；平面波与复杂波面相干，得到复杂的干涉场分布；等等.但无论是简单的还是复杂的分布，一种分布只对应着唯一的相干方式，若两束光的波面形状有微小的改变，或者两者的相对位置有微小改变（如相交角度改变），都会引起干涉场分布的改变.因而，干涉场的分布与波面相位可以说是一一对应的.由此可以推知，利用干涉场的条纹可以“冻结”相位信息.

基于前面的分析，利用感光材料来记录干涉场的条纹，可以达到“冻结”物光波相位信息的目的.具体方法是在物光波到达感光板的同时，用另一束已知振幅及相位，并能与物光相干的光波（称为参考光）同时照射感光板曝光后，感光板上记录到的是两者相干涉的条纹.由前面讲述的一一对应关系可知，物光波的振幅和相位信息便以干涉条纹的形状、疏密和强度的形式“冻结”在感光的全息干版上.这就是波前记录的过程.

如图8-19所示，全息干版H上设置x,y坐标，设物光波和参考波的复振幅分别为

$$O(x,y)=O_o(x,y)\exp[j\varphi_o(x,y)],$$
$$R(x,y)=R_o(x,y)\exp[j\varphi_r(x,y)],$$

其中O_o,φ_o分别是物光波到达全息干版H上的振幅和相位分布，R_o,φ_r分别是参考光波的振幅和相位分布.干涉场光振幅应是两者的相干叠加，H上的总光场为

$$U(x,y)=O(x,y)+R(x,y).$$

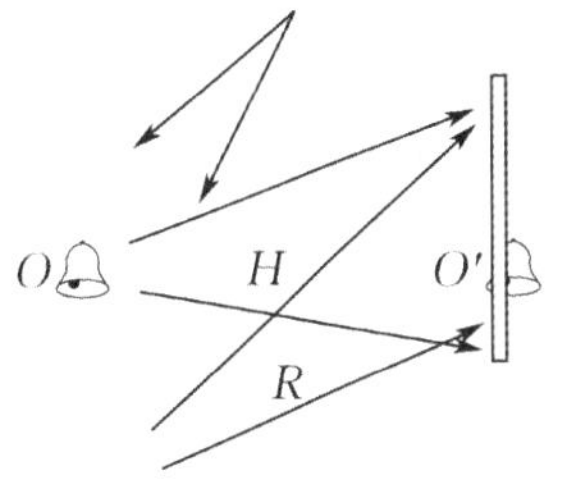

图8-19　波前记录示意图

干版记录的是干涉场的光强分布，曝光光强为

$$I(x,y)=U(x,y)\cdot U^*(x,y)=|O|^2+|R|^2+O\cdot R^*+O^*\cdot R,$$

式中带“*”的量表示相应的共轭函数.经线性处理后，底片的透过率函数t_H与曝光光强成正比

$$t_H(x,y)\propto I(x,y),$$

略去一个无关紧要的比例常数，上式可直接写成

$$t_H(x,y)=|O|^2+|R|^2+O\cdot R^*+O^*\cdot R.$$

这样得到的底片就是全息照片，又称全息图.一般说来，这是一种最初级的全息照片.

2. 波前再现

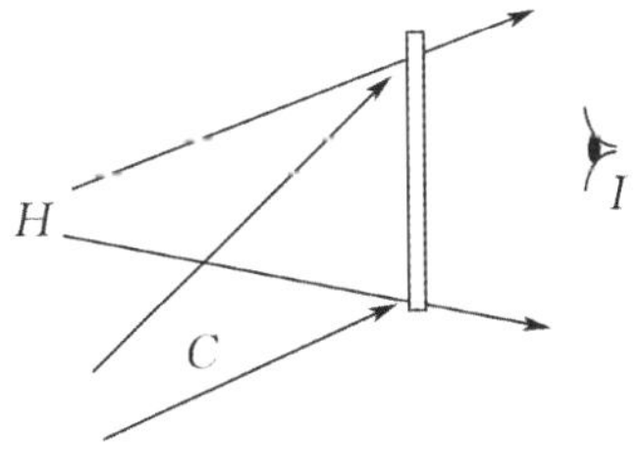

图8-20　波前再现示意图

波前再现是使记录时被“冻结”在全息干版上的物波前在特定条件下“复活”，构成与原物波前完全相同的新的波前继续传播，形成三维立体像的过程.波前再现需借助于照明光波（见图8-20），而该照明光波必须满足一定的条件才有可能再现原物的波前，通过数学模型可进一步了解这一条件.

设照明光波表示为

$$C(x,y)=C_0(x,y)\exp[j\varphi_c(x,y)],$$

其中C_0,φ_c分别为振幅和相位分布.当用$C(x,y)$照射全息图H时，透过H后的光振幅$U'(x,y)$由下式确定：

$$U'(x,y)=C(x,y)\cdot t_H(x,y),$$

得到

$$\begin{aligned}U'(x,y)&=C_0(x,y)\exp[j\varphi_c(x,y)]\cdot[|O|^2+|R|^2+O\cdot R^*+O^*\cdot R]\\&=C_0O_0^2\exp[j\varphi_c(x,y)]+C_0R_0^2\exp[j\varphi_c(x,y)]+\\&\quad C_0O_oR_o\exp[j(\varphi_o-\varphi_r+\varphi_c)]+C_0O_oR_o\exp[-j(\varphi_o-\varphi_r+\varphi_c)],\end{aligned}$$

上式称为全息学基本方程，其中方程右边各项的意义如下：

(1) 第一、二项与再现光相似，它具有与$C(x,y)$完全相同的相位分布，只是振幅分布不同，因而它将以与再现光$C(x,y)$相同的方式传播.

(2) 第三项包含物的相位信息，但还含有附加相位.这一项最有希望重现物光波.

(3) 第四项包含物的共轭相位信息.这一项有可能形成共轭像.

全息照片能够再现三维立体像.由于全息图上每一点都记录有物体上所有点发出的波的全部信息，每一点都

可以在参考光照射下再现出像的整体. 当然,对再现像有贡献的点越多,像的亮度越高. 另外,由于点越多,再现时的照明孔径也越大,像的分辨率就越高,可以观察三维立体像的视角也越宽.

3. 全息照相装置

光源必须是相干光源. 通过前面分析知道,全息照相是根据光的干涉原理,所以要求光源必须具有很好的相干性. 激光的出现,为全息照相提供了一个理想的光源. 这是因为激光具有很好的空间相干性和时间相干性,实验中采用He-Ne激光器,用其拍摄较小的漫散物体,可获得良好的全息图. 在某些技术中还会用到脉冲激光器或双脉冲激光器,如红宝石激光器,铷玻璃-钇铝石榴石(Nd:YAG)激光器等. 有时为了增加激光的相干长度,必须安装法布里-珀罗标准具,例如进口氩离子激光器就常带有这种标准具.

全息照相系统要具有稳定性. 由于全息底片上记录的是干涉条纹,而且是又细又密的干涉条纹,因此在照相过程中极小的干扰都会引起干涉条纹的模糊,甚至使干涉条纹无法记录. 比如,拍摄过程中若底片位移一个微米,则条纹就分辨不清,为此,要求全息实验台是防震的. 全息台上的所有光学器件都用磁性材料牢固地吸在工作台面钢板上. 另外,气流通过光路,声波干扰以及温度变化都会引起周围空气密度的变化. 因此,在曝光时应该禁止大声喧哗,不能随意走动,保证整个实验室绝对安静. 调好光路后离开实验台,稳定一分钟后,再在同一时间内曝光,得到较好的效果. 物光和参考光的光程差应尽量小,两束光的光程相等最好,调光路时用细绳量好;两束光之间的夹角小,干涉条纹就稀,这样对系统的稳定性和感光材料分辨率的要求较低;两束光的光强比要适当.

全息照相还需要种类颇多的光学元件用于分光、折光、扩束、滤波、准直、成像、散射等,以构成各种光路系统. 光学元件一般都安装在金属夹具上,要求安全、稳固. 另外,光学元件夹具底座多为钢铁制品,可用磁铁牢固地定位在台面上,以保证没有元件之间的相对位移,获得较优稳定度.

习题 8

选择题

8-1 在双缝干涉实验中,屏上 P 点处是明条纹,若将缝 S_2 盖住,并在 S_1,S_2 连线的垂直平分面处放一反射镜 M,如图 8-21 图所示,此时(　　).

(A) P 点处为暗条纹

(B) P 点处仍为明条纹

(C) P 点处是明是暗不能确定

(D) P 点处无干涉条纹

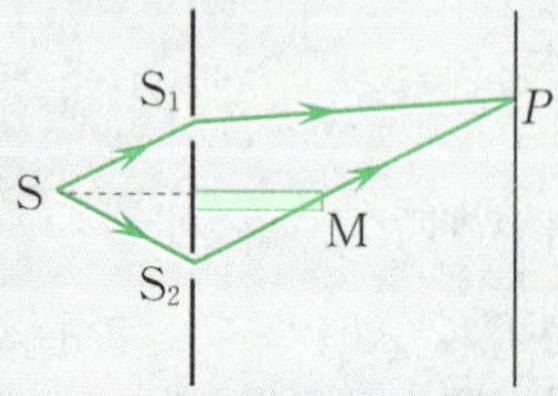

图 8-21

8-2 在双缝干涉实验中,用一折射率为 n 的透明薄片覆盖其中一条狭缝,这时屏上原第 5 级明条纹恰好移到屏幕中央原零级明纹位置处. 如果入射光波长为 λ,则透明薄片的厚度为(　　).

(A) 5λ　　(B) $\dfrac{5\lambda}{n-1}$

(C) $\dfrac{5\lambda}{n}$　　(D) $\dfrac{n-1}{5}\lambda$

8-3 在相同的时间内,一束波长为 λ 的单色光在空气中和在玻璃中(　　).

(A) 传播的路程相等,走过的光程相等

(B) 传播的路程不相等,走过的光程不相等

(C) 传播的路程相等,走过的光程不相等

(D) 传播的路程不相等,走过的光程相等

8-4 单色光垂直照射在薄膜上,经薄膜上、下两表面反射的两束光在薄膜上表面相遇发生干涉,如图 8-22 所示. 若薄膜厚度为 e,且 $n_1 < n_2 > n_3$,λ_1 为入射光在 n_1 中的波长,则两束反射光的光程差为(　　).

(A) $2n_2e$　　(B) $2n_2e-\dfrac{\lambda}{2n_1}$

(C) $2n_2e-\dfrac{1}{2}n_2\lambda_1$　　(D) $2n_2e-\dfrac{1}{2}n_1\lambda_1$

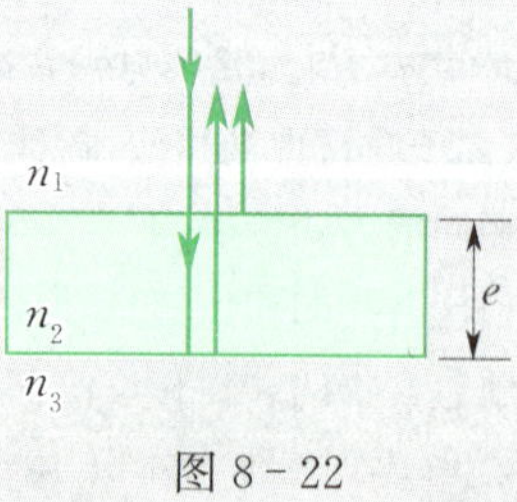

图 8-22

8-5 两块平板玻璃构成空气劈尖，左边为棱边，用单色平行光垂直入射，若上面的平玻璃慢慢地向上平移，则干涉条纹(　　).

(A) 向棱边方向平移，条纹间距不变

(B) 向棱边方向平移，条纹间距变小

(C) 向棱边方向平移，条纹间距变大

(D) 向远离棱边方向平移，条纹间距不变

8-6 用劈尖干涉法可检测工件表面的缺陷，当波长为 λ 的单色光垂直入射时，若观察到的干涉条纹如图 8-23 所示，每一条纹弯曲部分的顶点恰好与其左边条纹的直线部分的连线相切，则工件表面与条纹弯曲处对应的部分(　　).

(A) 凸起，且高度为$\frac{\lambda}{2}$　　(B) 凸起，且高度为$\frac{\lambda}{4}$

(C) 凹陷，且深度为$\frac{\lambda}{2}$　　(D) 凹陷，且深度为$\frac{\lambda}{4}$

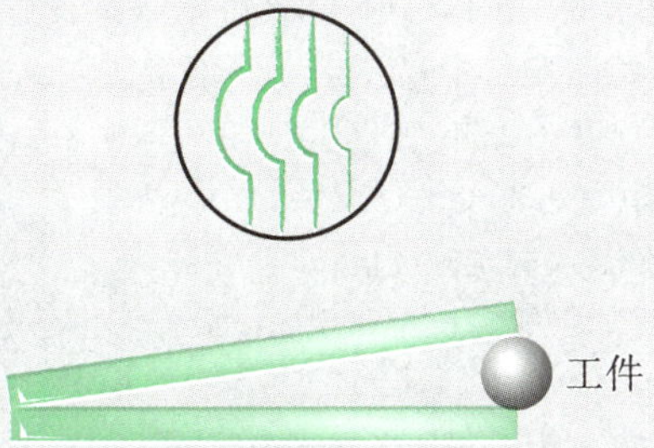

图 8-23

8-7 如图 8-24 所示，用单色光垂直照射在牛顿环装置上，当平凸透镜垂直向上缓慢平移而远离平面玻璃时，可以观察到环状干涉条纹(　　).

(A) 向中心收缩　　(B) 向外扩张

(C) 向右平移　　(D) 静止不动

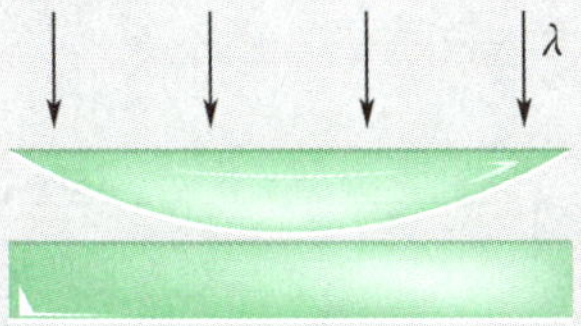

图 8-24

8-8 在迈克耳孙干涉仪的一条光路中，放入一折射率为 n、厚度为 d 的透明薄片，放入后，这条光路的光程改变了(　　).

(A) nd　　(B) $2nd$

(C) $2(n-1)d$　　(D) $(n-1)d$

填空题

8-9 如图 8-25 所示，两相干点光源 S_1 和 S_2，发出波长为 λ 的单色光，P 是它们连线中垂线上的一点. 若在 S_1 与 P 之间插入厚度为 e、折射率为 n 的透明薄片，则两光源发出的光在 P 点的相位差 $\Delta\varphi=$ ________，若已知 $\lambda=500$ nm，$n=1.5$，P 点恰好为第 5 级明纹中心，则 $e=$ ________ nm.

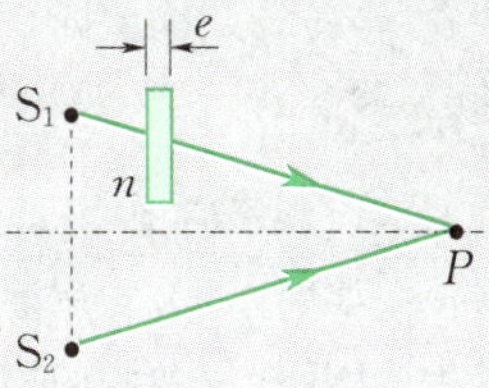

图 8-25

8-10 如图 8-26 所示，两缝 S_1 和 S_2 之间的距离为 d，平行单色光斜入射到双缝上，入射角为 θ，则在屏上 P 点处，两相干光的光程差为________.

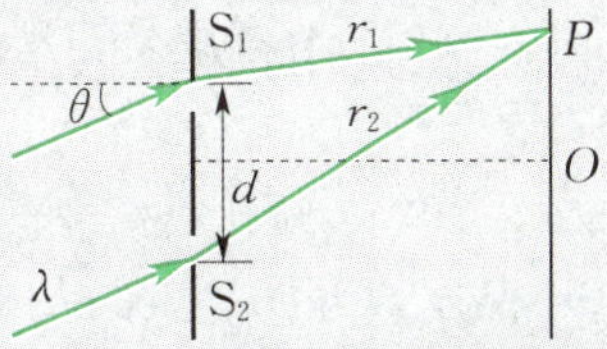

图 8-26

8-11 波长为 λ 的平行单色光垂直照射到如图 8-27 所示的厚度为 e、折射率为 n 的透明薄膜上，透明薄膜放在折射率为 n_1 的媒质中，$n_1<n$，则薄膜上、下两表面反射的两束光在薄膜上表面相遇的相位差为 $\Delta\varphi=$ ________.

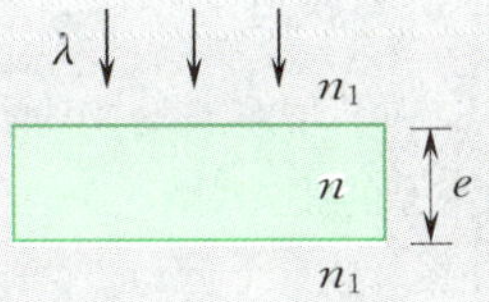

图 8-27

8-12 空气中一透明薄膜，折射率为 n，波长为 λ 的平行单色光垂直照射到薄膜上，要使反射光得到干涉加强，薄膜的最小厚度为________；要使透射光得到干涉加强，薄膜的最小厚度为________.

8-13 如图 8-28 所示，用波长为 λ 的单色光垂直照射折射率为 n_2 的劈尖薄膜($n_1>n_2<n_3$)，观察反射光干涉，从劈尖顶开始，第 2 条明条纹对应的膜厚度 $e=$ ________.

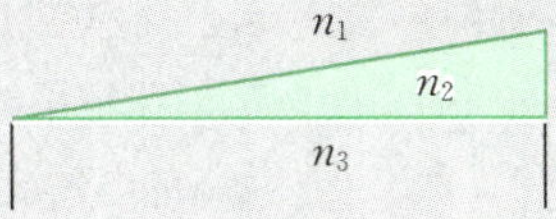

图 8-28

8-14 在牛顿环实验中，用波长为 λ 的单色平行光垂直照射，若平凸透镜沿竖直方向有平移，在位移过程中发现某级明纹处由最亮渐渐变成最暗，则位移距离为__________；若在位移过程中发现某级明纹处有 N 条明纹移过，则位移的距离为__________.

计算题

8-15 在双缝干涉实验中，双缝到屏的距离为 $D=2.00$ m，用波长为 $\lambda=546.1$ nm 的平行光垂直入射到双缝上，测得中央明条纹两侧的第 5 级明条纹间的距离为 $\Delta x=12.0$ mm.

(1) 求两缝间的距离 d；

(2) 从任一明条纹(记作 0)向一边数到第 20 条明条纹，共经过多大距离？

(3) 如果使光波斜入射到双缝上，条纹间距是否改变？

8-16 在双缝干涉实验中，双缝间距为 $d=2.00\times10^{-4}$ m，双缝到屏的距离为 $D=2.00$ m，用波长为 $\lambda=550.0$ nm 的单色平行光垂直入射到双缝上.

(1) 求中央明条纹两侧的第 10 级明条纹中心的距离；

(2) 用一厚度为 $e=6.60\times10^{-6}$ m、折射率为 $n=1.58$ 的玻璃片覆盖一缝后，零级明条纹将移到原来的第几级明纹处？

8-17 如图 8-29 所示，在双缝干涉实验中，单色光源 S 到两缝 S_1 和 S_2 的距离分别为 l_1 和 l_2，且 $l_1-l_2=3\lambda$，λ 为入射光的波长. 求：

(1) 零级明条纹到屏中央 O 点的距离；

(2) 相邻明条纹的间距.

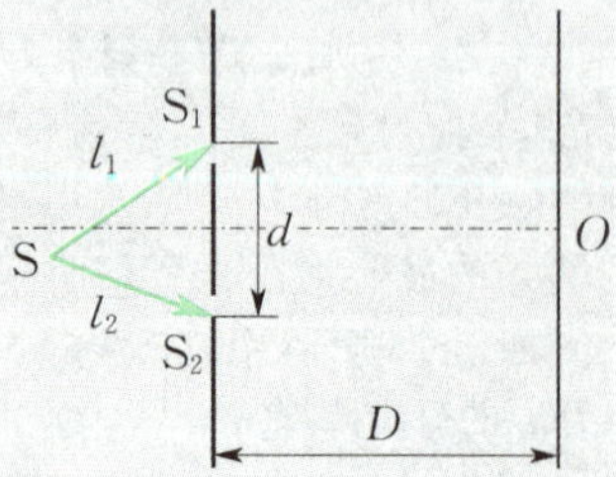

图 8-29

*__8-18__ 如图 8-30 所示，一射电望远镜的天线设在湖岸边，距湖面的高度为 h，对岸地平线上方有一恒星刚在升起，恒星发出波长为 λ 的电磁波. 试求天线测得第一次信号极大时恒星的角位置 θ.

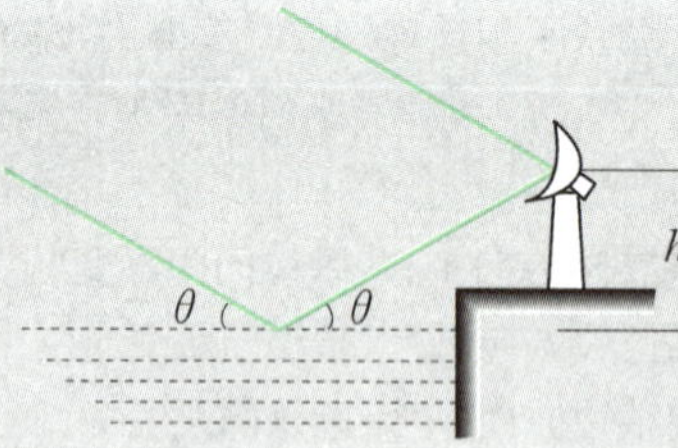

图 8-30

8-19 一平面单色光波垂直照射在厚度均匀的薄油膜上，油膜覆盖在玻璃板上，油的折射率为 1.30，玻璃的折射率为 1.50，若照射单色光的波长可由光源连续可调，观察到 $\lambda_1=500$ nm 与 $\lambda_2=700$ nm 两个波长的单色光在反射中消失，试求油膜层的厚度.

8-20 用白光垂直照射于空气中厚度为 380.0 nm、折射率为 1.33 的肥皂膜上，在可见光范围(400.0 ~ 760.0 nm) 内，从薄膜正面反射光加强的光波波长是多少？在薄膜的反面透射光加强的光波波长是多少？

8-21 空气中有一劈尖，折射率 $n=1.4$，劈尖角 $\theta=10^{-4}$ rad，在某单色光垂直照射下，测得两相邻明条纹的间距为 0.25 cm.

(1) 求入射光的波长；

(2) 如果劈尖长为 3.5 cm，那么总共可出现多少条明条纹？

8-22 为了测量半导体表面 SiO_2 薄膜的厚度，将它的一部分磨成劈尖(图 8-31 中的 AB 段). 现用波长为 600.0 nm 的单色平行光垂直照射，观察反射光形成的等厚干涉条纹. 在图中 AB 段共有 8 条暗纹，且 B 处恰好是一条暗纹. 求薄膜的厚度(半导体 Si 的折射率为 3.42，SiO_2 薄膜的折射率为 1.50).

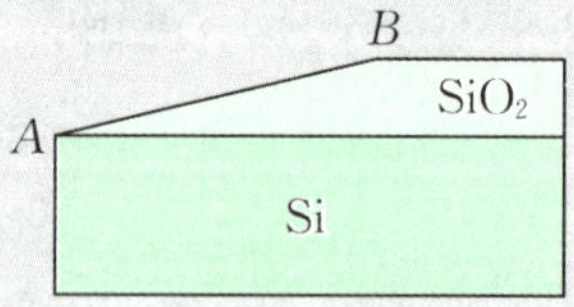

图 8-31

8-23 牛顿环装置的平凸透镜与平板玻璃之间有一小的空气隙 e_0，如图 8-32 所示. 现用波长为 λ 的单色光垂直照射，已知平凸透镜的曲率半径为 R，求反射光形成的牛顿环的各暗环半径.

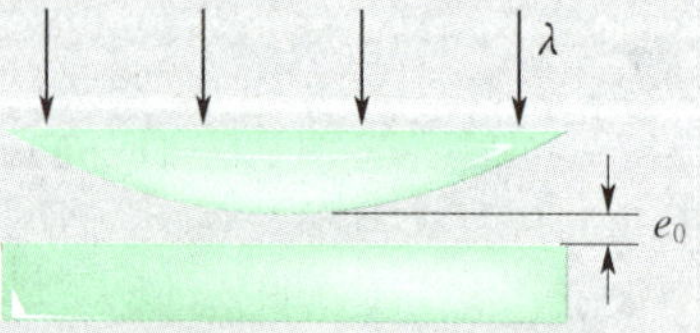

图 8-32

*8-24 一平凸透镜放在一平板玻璃上，以波长为 $\lambda=589.3$ nm 的单色光垂直照射其上，测量反射光的牛顿环. 测得从中央数起第 k 个暗环的弦长为 $l_k=3.00$ mm，第 $(k+5)$ 个暗环的弦长为 $l_{k+5}=4.60$ mm，如图 8-33 所示. 求平凸透镜的球面的曲率半径 R.

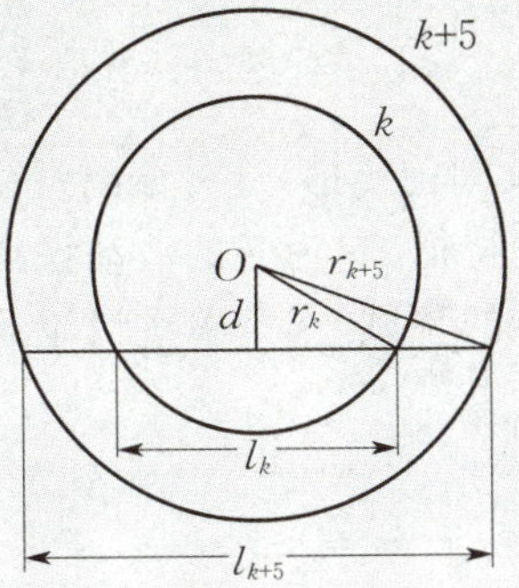

图 8-33

8-25 一柱面平凹透镜 A 放在平玻璃片 B 上，如图 8-34 所示. 现用波长为 λ 的单色平行光从上往下垂直照射，观察 A 和 B 间空气薄膜上下表面反射的光形成的等厚干涉条纹，若空气薄膜的最大厚度 $d=2\lambda$，试在装置图下方的虚框内画出相应的干涉条纹(只画暗条纹)，表示出它们的形状、条数和疏密.

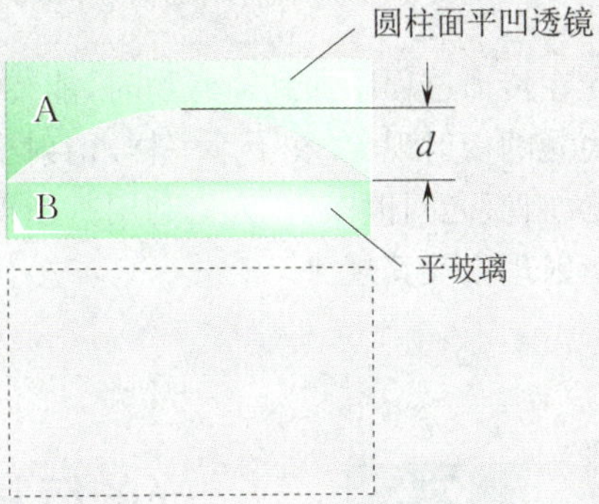

图 8-34

第9章 光的衍射

光在传播过程中遇到障碍物时，能绕过障碍物的边缘继续向前传播，这种偏离直线传播的现象称为光的衍射现象. 和干涉一样，衍射也是波动的一个重要特征，它为光的波动说提供了有力的证据. 自激光问世以后，人们利用其衍射现象开辟了许多新的领域. 本章着重讨论几种典型的光的衍射现象及其规律.

§9.1 光的衍射 惠更斯-菲涅耳原理

9.1.1 光的衍射现象

如图 9-1 所示，单色平行光垂直照射一个宽度可调的狭缝 K，当缝很宽时(见图 9-1(a))，屏幕上的亮斑实为缝的几何投影；逐渐减小缝宽，使之与光的波长可比拟(见图 9-1(b))，则屏上的光斑亮度减小，但宽度增加，同时在其两侧出现明暗相间的条纹. 这种**当缝(孔或障碍物)的线度与光波波长相近时，产生的光偏离直线传播且光强在空间分布不均匀的现象称为光的衍射现象**.

(a) 缝宽较大　　(b) 缝宽缩小

图 9-1　光的衍射现象

9.1.2 惠更斯-菲涅耳原理

惠更斯原理(见 7.6.1) 指出：波阵面上每一点都可以看作是发射子波的新波源，其后任意时刻，这些子波的包迹就构成新的波阵面. 惠更斯原理可以解释光通过狭缝时为什么传播方向会发生改变，但不能解释为什么会出现衍射条纹，更不能计算条纹的位置和光强的分布. 菲涅耳用"子波相干叠加"的思想补充了惠更斯原理，他指出：**从同一波阵面上各点发出的子波在空间相遇时会产生相干叠加，空间任意一点波的强度就是这些子波相干叠加的结果**. 这个发展了的惠更斯原理称为**惠更斯-菲涅耳原理**. 利用该原理可以定量计算波的衍射问题.

根据惠更斯-菲涅耳原理，如果已知光波在某时刻的波阵面 S，如图 9-2 所示，空间任意 P 点的光振动可由波阵面 S 上各面元 dS 发出的子波在该点叠加后的合振动来表示. 菲涅耳指出，每一面元 dS 发出的子波在 P 点引起的光振动的振幅与 dS 成正比，与 P 点到 dS 的距离 r 成反比，还与 $\boldsymbol{r}$ 和 dS 法矢 $\boldsymbol{e}_n$ 间的夹角 θ 有关，若取 $t=0$ 时刻波阵面 S 上各点的初相位为零，则面元 dS 在 P 点引起的光振动可表示为

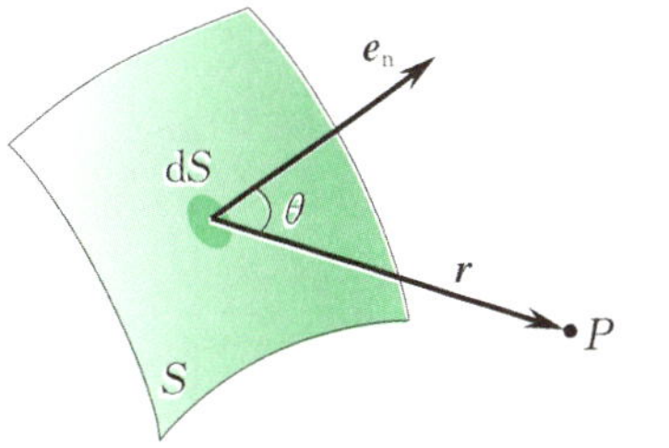

图 9-2　惠更斯-菲涅耳原理说明

$$dE = CK(\theta)\frac{dS}{r}\cos\left(\omega t - \frac{2\pi r}{\lambda}\right),$$

式中 C 为比例系数，$K(\theta)$ 为倾斜因子，它随着 θ 角的增大而缓慢减小. 菲涅耳认为，沿原波传播方向的子波振幅最大，当 $\theta=0$ 时，$K(\theta)$ 最大，可取为 1；而当 $\theta \geqslant \frac{\pi}{2}$ 时，$K(\theta)=0$，表示子波不能向后传播. P 点的合振动就等于波阵面上所有面元 dS 发出的子波在该点引起的振动的叠加，即

$$E(P) = \int_S \frac{CK(\theta)}{r}\cos\left(\omega t - \frac{2\pi r}{\lambda}\right)dS, \tag{9-1}$$

这就是惠更斯-菲涅耳原理的数学表达式. 一般情况下，这个积分是不易计算的. 下面我们用菲涅耳提出的半波带法来讨论光的衍射问题，以避免繁杂的数学计算.

9.1.3　光的衍射分类

观察光的衍射现象的实验装置一般由单色光源、衍射孔（或缝）和接收屏三部分组成. 按它们相互间距离的不同可将衍射分为两类：一类是衍射孔（或缝）离光源或接收屏的距离为有限远的衍射，称为菲涅耳衍射或近场衍射，如图 9-3(a) 所示；另一类是衍射孔（或缝）与光源和接收屏的距离都是无限远的衍射，即入射到衍射屏上的光（称入射光）和离开衍射屏的光（称衍射光）都是平行光的衍射，称为夫琅禾费衍射或远场衍射，如图 9-3(b) 所示. 在实验室中，夫琅禾费衍射可用两个会聚透镜来实现，如图 9-3(c) 所示. 由于夫琅禾费衍射在实际应用和理论上都十分重要，而且这类衍射的分析与计算也比较简单，下面着重讨论夫琅禾费衍射.

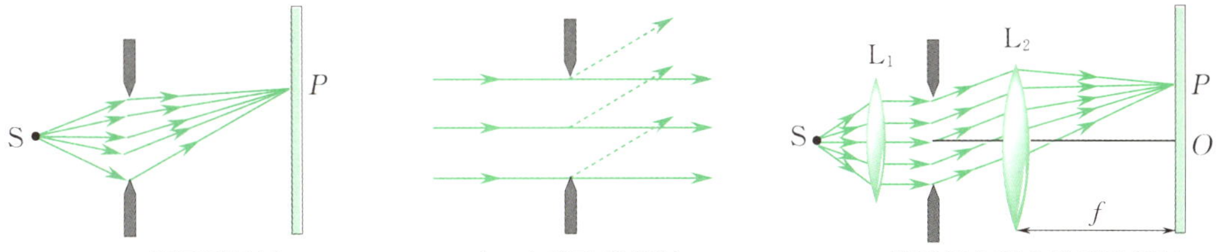

(a) 菲涅耳衍射　(b) 夫琅禾费衍射　(c) 用透镜实现夫琅禾费衍射

图 9-3　两种衍射

§ 9.2　单缝夫琅禾费衍射

单缝夫琅禾费衍射（简称单缝衍射）的实验装置示意图如图 9-4(a) 所示. 单色线光源 S 发出的光经透镜 L_1 成为平行光垂直入射单缝上，通过单缝后的平行衍射光经透镜 L_2 会聚在焦平面处的屏幕 E 上，呈现一些平行于单缝的衍射条纹. 图 9-4(b) 是分析单缝衍射条纹形成的原理图.

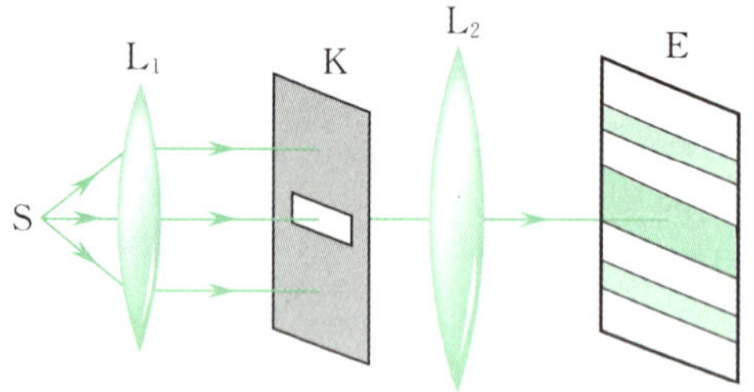

(a) 实验装置示意图

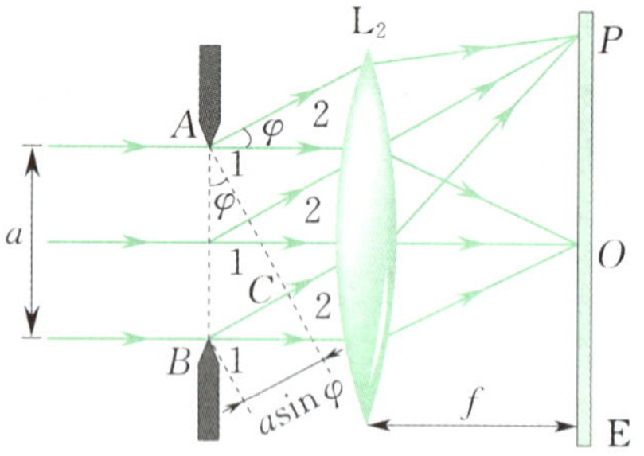

(b) 衍射条纹的原理图

图 9-4　单缝夫琅禾费衍射

9.2.1　半波带

设单缝宽度为 a，入射光波长为 λ. 单缝 AB 为入射平行光波阵面的一部分，其上每一点都发射初相位相同、沿各个方向传播的子波射线（衍射光线）. 衍射线与缝平面法线的夹角称为衍射角，用 φ 表示. 衍射角 $\varphi=0$ 的一组衍射线经透镜 L_2 会聚于焦点（屏幕中心）O 处，O 点应为中央明条纹中心. 衍射角 φ 为其他任意值的平行衍射光经透镜 L_2 会聚于屏幕上 P 点，下面用菲涅耳半波带法来分析 P 点处条纹的明暗.

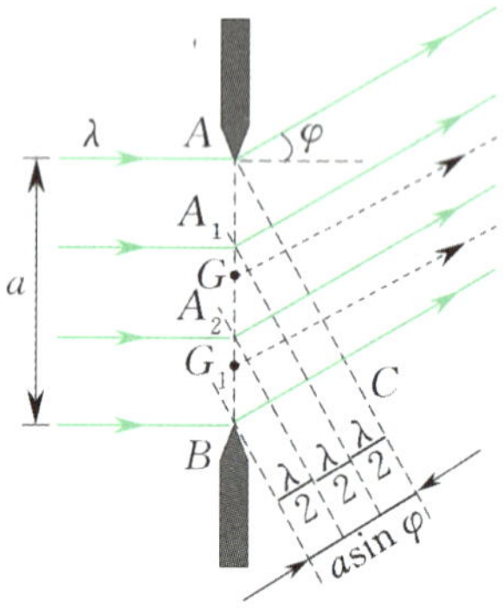

图 9-5　菲涅耳半波带

菲涅耳指出：对于衍射角 φ 为某些特定值的衍射线，单缝 AB 处波阵面可分割成一些面积相等的半波带，屏上 P 点条纹的明暗由单缝处波阵面分出的半波带数目决定. 图 9-5 画出了一组以任意 φ 角衍射的平行衍射线，过 A 点作垂直所有衍射线的平面 AC，A，B 两点（单缝边缘两点）发出的子波到屏上 P 点的光程差为

$$BC = a\sin\varphi,$$

此光程差也就是沿 φ 角方向衍射的各子波射线的最大光程差. 根据此最大光程差 BC 为半波长（$\lambda/2$）的几倍，确定将单缝处波阵面分成几个半波带，或者说，P 点处条纹的明暗就决定此光程差 BC 的量值. 这样分出的波带称为半波带. 显然，衍射角 φ 不同，单缝处波阵面分出的半波带数目不同，且仅当衍射角 φ 为某些特定值，正好将单缝 AB 处波阵面分成整数个半波带.

9.2.2　单缝衍射明暗条纹条件

半波带法把单缝 AB 处的波阵面分成一些面积相等的波带. 如图 9-5 所示，一组与 AC 面平行间距为 $\frac{\lambda}{2}$ 的平面将单缝处波面分成了 3 个半波带（AA_1，A_1A_2，A_2B）. 由于相邻两波带对应点（图中的 G 点和 G_1 点）发出的子波到 P 点的光程差为 $\frac{\lambda}{2}$，它们在 P 点将干涉相消. 显然，对于某衍射角 φ，如果缝 AB 恰好分成偶数个半波带，即 BC 为半波长的偶数倍，P 点处因成对相消将出现暗条纹；如果缝 AB 恰好分成奇数个半波带，即 BC 为半波长的奇数倍，则相邻两波带发出的衍射光干涉相消后余一个半波带，P 点处就形成明条纹.

综上所述，平行单色光垂直单缝入射时，单缝衍射明暗条纹的条件为

$$a\sin\varphi=\begin{cases}\pm 2k\dfrac{\lambda}{2}=\pm k\lambda, & k=1,2,\cdots, \quad \text{暗纹},\\ \pm(2k+1)\dfrac{\lambda}{2}, & k=1,2,\cdots, \quad \text{明纹},\end{cases} \tag{9-2}$$

式中 k 为条纹级次，k 不取为 0，因为 $k=0$ 对应于 $\varphi=0$，为中央明条纹（零级明纹）中心.

必须指出，对于任意衍射角 φ 而言，缝 AB 不一定恰好分成整数个半波带，即 BC 不一定等于 $\dfrac{\lambda}{2}$ 的整数倍，对应的这些衍射线经透镜 L_2 会聚后，在屏上的光强将介于最明与最暗之间，因而在单缝衍射条纹中，光强的分布不是均匀的. 图 9-6 给出了单缝衍射条纹的光强随衍射角增大变化的情况. 中央明纹最亮，同时也最宽. 其余各级明纹中，级次 k 由低到高，光强迅速下降. 这是因为衍射角 φ 越大，单缝处波阵面被分成的半波带数越多而未被抵消的半波带面积越小的缘故.

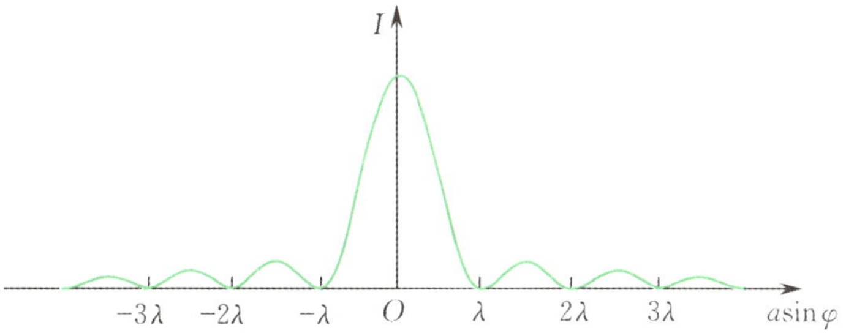

图 9-6 单缝衍射条纹的光强分布

9.2.3 单缝衍射条纹的位置 明条纹宽度

因单缝衍射明条纹的亮度随衍射角增大而迅速下降，故实际中只有中央条纹附近的条纹才能看得见. 下面讨论衍射角 φ 不大时，条纹的位置.

取屏幕中心为坐标原点 O，x 轴正向向上，以 φ 表示透镜光心到 P 点的张角，它近似等于衍射角，因实际中透镜紧贴单缝后面，缝到屏的距离就是透镜的焦距 f. 由图 9-7，有

$$a\sin\varphi\approx a\tan\varphi=a\frac{x}{f}.$$

利用式(9-2)中的明纹条件，并以 x_k 取代上式中的 x，可以得到屏上各级明条纹中心的位置坐标

$$x_k=\pm(2k+1)\frac{f\lambda}{2a}, \quad k=1,2,\cdots. \tag{9-3}$$

同理，利用式(9-2)中的暗纹条件，可以得到屏上各级暗条纹中心的位置坐标

$$x_k=\pm k\frac{f\lambda}{a}, \quad k=1,2,\cdots. \tag{9-4}$$

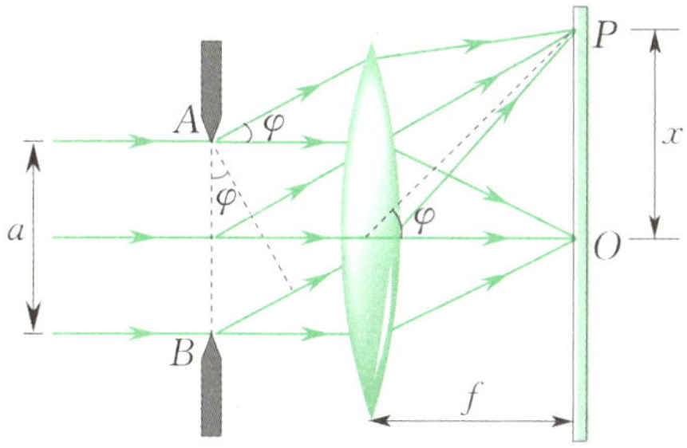

图 9-7 单缝衍射条纹位置的确定

令式(9-4)中的 $k=1$，得到 1 级暗纹的位置

$$x_1=\frac{f\lambda}{a}.$$

±1 级暗纹之间的距离即为**中央明条纹的宽度**（线宽度）

$$\Delta x_0=2x_1=2\frac{f\lambda}{a}. \tag{9-5}$$

中央明条纹也可用角宽度来表示

$$\Delta\varphi_0 = 2\varphi_1 = 2\,\frac{\lambda}{a}, \tag{9-6}$$

式中 φ_1 为第 1 级暗纹对应的衍射角. 任意其他明条纹的宽度(任意两相邻暗纹之间的距离)

$$\Delta x = x_{k+1} - x_k = \frac{f\lambda}{a}. \tag{9-7}$$

可见,其他各级明条纹的宽度相等,都等于中央明纹宽度的一半.

9.2.4 缝宽和照射光波长对衍射图样的影响

缝宽和波长对衍射图样的影响

由式(9-7)可知,照射光波长 λ 一定时,条纹宽度与缝宽成反比. a 小,Δx 大,条纹分得开,衍射现象显著;反之,a 大,Δx 小,当 $a \gg \lambda$ 时,$\Delta x \to 0$,各级衍射条纹全部集中在中央附近,以致无法分辨,呈现单一的明纹,这就相当于光线沿直线传播的情况. 另外,由式(9-2)可知,缝宽 a 一定时,各级明纹的角位置与波长成正比. 如果用白光照射单缝,除中央明条纹仍是白色外,其余各级明条纹中,不同波长的单色光,其衍射角不同,波长越长衍射角越大,这样就形成了一系列由紫到红的彩色条纹,称为衍射光谱,但级次高时,条纹会发生重叠.

例 9-1

用波长为 $\lambda = 632.8$ nm 的平行光垂直照射单缝,缝后放一焦距 $f = 40$ cm 的透镜. 试求缝宽分别为(1) $a = 0.1$ mm,(2) $a = 4.0$ mm 时,中央明纹的线宽度及第 1 级明纹的位置.

解 由式(9-5)和式(9-3)知,中央明纹的线宽度及各级明纹的位置坐标分别为

$$\Delta x_0 = 2f\,\frac{\lambda}{a},\quad x_k = (2k+1)\,\frac{\lambda f}{2a}.$$

(1) 当 $a = 0.1$ mm 时,

$$\Delta x_0 = 2f\,\frac{\lambda}{a} = 2\times 40\times 10^{-2}\times\frac{632.8\times 10^{-9}}{0.1\times 10^{-3}}\ \text{mm} = 5.1\ \text{mm}.$$

令 $k = 1$,有

$$x_1 = \frac{3}{2}\,\frac{f\lambda}{a} = \frac{3}{4}\Delta x_0 = 3.8\ \text{mm}.$$

(2) 当 $a = 4.0$ mm 时,

$$\Delta x_0' = 2f\,\frac{\lambda}{a} = 2\times 40\times 10^{-2}\times\frac{632.8\times 10^{-9}}{4.0\times 10^{-3}}\ \text{mm} = 0.13\ \text{mm}.$$

令 $k = 1$,有

$$x_1' = \frac{3}{2}\,\frac{f\lambda}{a} = \frac{3}{4}\Delta x_0' = 0.1\ \text{mm}.$$

可见,当 $a = 4.0$ mm 时,由于缝太宽,条纹已密集得难以分辨,实际上,除中央明纹以外,已经观察不到衍射条纹.

思考题

9-1 在日常生活中,为什么容易察觉声波的衍射现象而不太容易观察到光波的衍射现象?

9-2 用眼睛通过一单缝直接观察远处与缝平行的光源,看到的衍射图样是菲涅耳衍射图样还是夫琅禾费衍射图样?为什么?

9-3 如图 9-8 所示,用波长为 λ 的单色光垂直照射狭缝 AB.

(1) 若 $AP - BP = 2\lambda$，对 P 点来说，狭缝 AB 处波阵面可分成几个半波带？P 点是明还是暗？

(2) 若 $AP - BP = 1.5\lambda$，再回答上述问题. 对另一点 Q 来说，若 $AQ - BQ = 2.5\lambda$，Q 点是明还是暗？P 点和 Q 点相比，哪一点更亮一些？为什么？

9-4　如图 9-9 所示，缝宽 a 处的波阵面恰好分成 4 个半波带，光线 1 与 3 是同相位的，光线 2 与 4 也是同相位的，为什么在 P 点的光强不是极大而是极小？

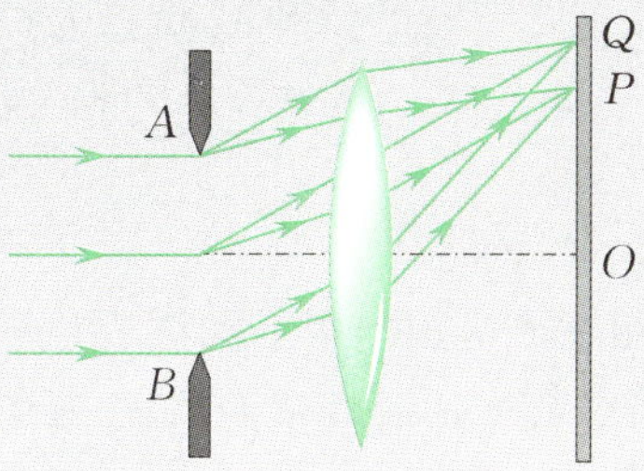

图 9-8

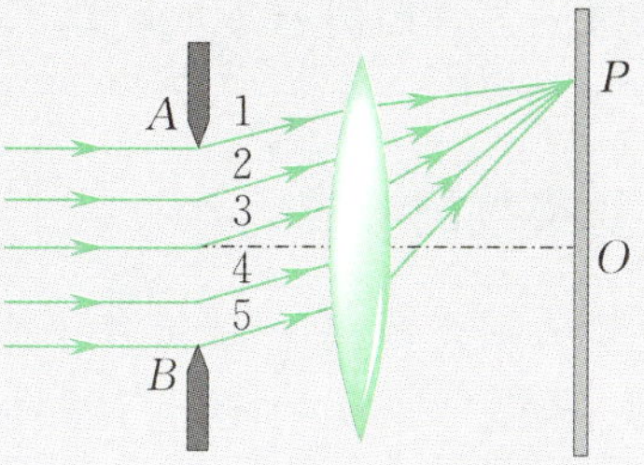

图 9-9

§9.3　光栅衍射

由单缝衍射条纹间距（宽度）公式 $\Delta x_k = \dfrac{f\lambda}{a}$ 知，缝宽（a 大）时，条纹亮度增大，条纹间距减小；相反，缝窄（a 小）时，条纹间距增大，条纹亮度减小. 可见，单缝衍射无论是增大缝宽还是减小缝宽，其衍射条纹都不够清晰. 实际中测量光波波长往往不用单缝衍射，而采用光栅衍射.

9.3.1　衍射光栅及其条纹特征

1. 光栅及光栅常数

由大量等宽、等间距的平行狭缝排列起来形成的光学元件称为光栅. 一般常用的光栅是在玻璃片上刻出一系列等宽、等间距的平行刻痕，刻痕处因漫反射为不透光部分，两刻痕之间的光滑部分相当于一条缝，这种光栅称为透射光栅（或衍射光栅），如图 9-10(a) 所示. 还有利用两刻痕间的反射光衍射的光栅，如在镀有金属层的表面上刻出许多等间距的平行刻痕，两刻痕间的光滑金属面可以反光，这种光栅称为反射光栅（或闪耀光栅），如图 9-10(b) 所示. 下面以透射光栅为例来分析光栅衍射.

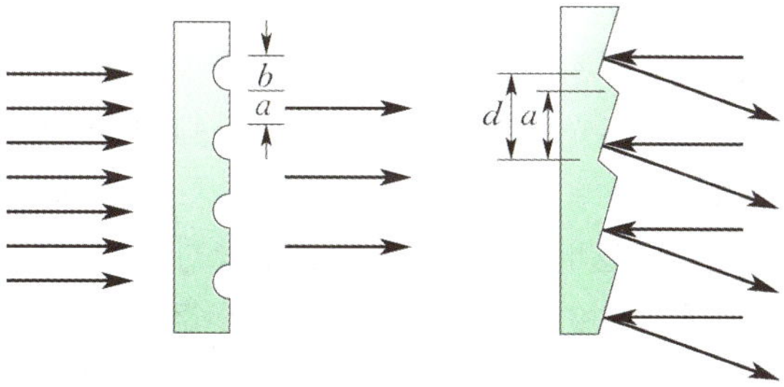

(a) 透射光栅　　(b) 反射光栅

图 9-10　透射光栅与反射光栅

若光栅中每条缝的宽度为 a，两缝间不透光的部分宽度为 b，则 $d = a + b$ 称为光栅常数，它是光栅的一个重要参数.现代用的衍射光栅,每毫米内有上千条甚至上万条刻痕.

2. 光栅衍射的条纹特征

光栅有很多缝,从每一个单缝(相当于一个相干波源)发出的光将发生干涉;而每个单缝又要产生衍射.光栅衍射的条纹(包括亮度和间距等)是单缝衍射与多光束干涉的总效果.因为光栅缝很多,所以条纹亮,又因为光栅衍射形成暗纹的机会很多(详见下面的分析),暗区大,所以条纹细、亮且分得开.

9.3.2 光栅衍射条纹的形成

单色平行光垂直入射光栅,在透镜 L 焦平面处的屏上可看到光栅衍射的图样.图 9-11(a) 为光栅衍射的光路图,图 9-11(b) 为光栅衍射的条纹随衍射缝数增加而变化的情况.显然,光栅的缝数越多,明条纹越亮越窄.下面简要分析光栅衍射条纹的形成.

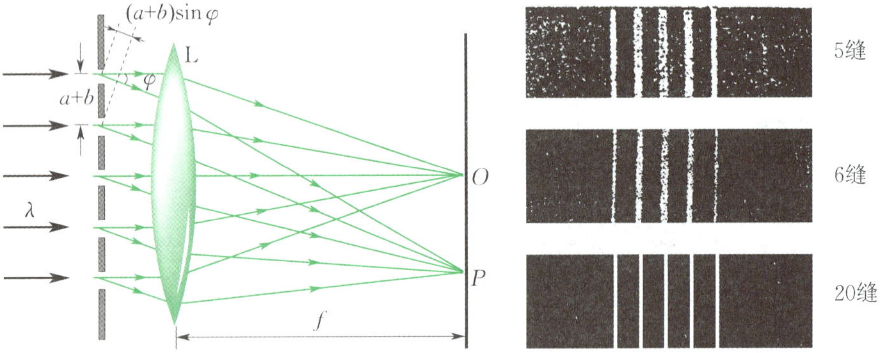

(a) 光路图　　(b) 衍射条纹

图 9-11　光栅衍射

1. 光栅方程

光栅有很多缝,每个缝都在屏上各自形成单缝衍射图样,由于各缝的宽度均为 a,它们形成的衍射图样都相同,且在屏上相互间完全重合.如图 9-11(a) 所示,φ 角为零的衍射光经透镜 L 后,会聚于透镜主光轴的焦点 O 处,这就是各单缝衍射的中央明纹的中心位置;另一方面,各单缝的衍射光在屏上叠加时,由于它们都是相干光,缝与缝之间的衍射光还将产生干涉,其干涉条纹的明暗分布取决于相邻两缝到会聚点的光程差.因此,分析屏上形成的光栅衍射条纹,既要考虑各单缝的衍射,又要顾及各缝之间的干涉.总之,光栅衍射的条纹是单缝衍射与多光束干涉的总效果.下面先讨论主极大的形成.

单色平行光垂直入射时,每个缝都向各方向发出衍射光线,一组以 φ 角衍射的衍射光线经透镜会聚于屏上的 P 点,P 点将产生多光束干涉.从图 9-11(a) 可以看出,任意相邻两缝射出衍射角为 φ 的两衍射光到达 P 点处的光程差均为 $(a+b)\sin\varphi$,如果此值恰好为入射光波长 λ 的整数倍,则这两衍射光在 P 点将干涉加强.这时,其他任意相邻两缝对应点沿该衍射角 φ 方向射出的两衍射光,到达 P 点的光程差也一定是 λ 的整数倍,于是所有各缝沿该衍射角 φ 方向射出的衍射光在屏上会聚时,均相互加强,形成明条纹,P 点处的光强将有极大值,称为**主极大**.综上所述,光栅衍射的明纹条件为

$$(a+b)\sin\varphi = \pm k\lambda, \quad k = 0,1,2,\cdots, \tag{9-8}$$

式(9-8)称为**光栅衍射主极大条件**或**光栅方程**.该式表明,入射光波长 λ 一定时,光栅常数 $(a+b)$

越小，各级明条纹的 φ 越大，因而相邻两个明条纹分得越开.

2. 光栅衍射暗纹条件

在光栅衍射中，相邻两主极大之间还分布着一些暗纹，这些暗纹是由各缝衍射出的衍射光因干涉相消而形成的. 如果从各缝射出的光在屏上 P 点叠加时合振幅等于0，就形成暗条纹. 从振幅矢量角度理解，这时各分振动的振幅矢量组成一闭合多边形.

以6条缝的光栅为例，当相邻两缝衍射光的相位差 $\varphi'=0$ 时，对应 $\varphi=0$，为中央(零级) 主极大；随着衍射角 φ 的增大，相邻两衍射光的相位差 φ' 也会随之增大，当 $\varphi'=\frac{\pi}{3}$ 时出现第一个暗纹(合振幅为0)；同理，当 $\varphi'=\frac{2\pi}{3},\pi,\frac{4\pi}{3},\frac{5\pi}{3}$ 时，分别出现第2,3,4,5个暗纹，如图9-12所示. 当 $\varphi'=\frac{6\pi}{3}=2\pi$ 时，φ 方向出现 $k=1$ 的主极大. 可见，在零级和一级主极大之间有5个极小(暗纹). 以上为缝数 $N=6$ 的情况，对有 N 条缝的光栅，其暗纹所满足的光程差条件可写为

$$(a+b)\sin\varphi=\pm k'\frac{\lambda}{N}. \tag{9-9}$$

注意：式(9-9) 中 $k'\neq 0,N,2N,\cdots,k'$ 的取值为 $k'=1,2,\cdots,(N-1),(N+1),\cdots,(2N-1),(2N+1),\cdots$，即在相邻两主极大($k$ 级和 $k+1$ 级) 之间有 $N-1$ 个极小(暗纹)，有 $N-2$ 个次极大. 这些次极大几乎是观察不到的，所以在两主极大之间实际上是一片暗区. 从式(9-9) 可知，光栅缝数 N 越大，暗条纹越多，暗区越宽，明纹越细窄.

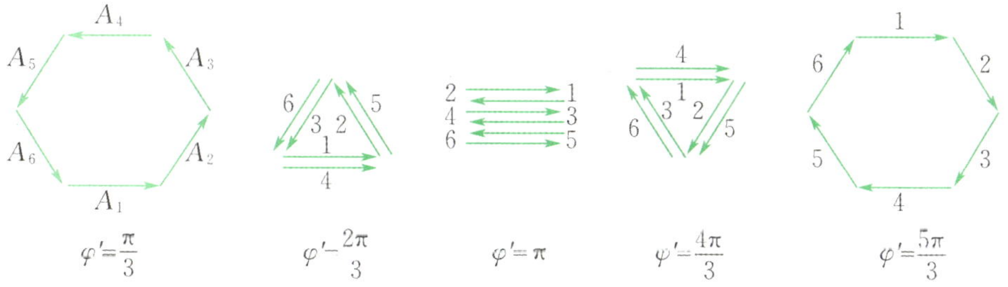

图9-12 $N=6$ 时的矢量合成图

以上讨论多光束干涉时，没有考虑各单缝衍射对屏上条纹强度分布的影响. 实际上，由于光栅上每条单缝发出的光在不同的衍射方向上强度是不同的，它随衍射角 φ 的增大而迅速衰减，因此，光栅衍射主极大光强的包络线形状(图9-13(c) 中的虚线) 由单缝衍射的条纹分布决定. 单缝衍射对多缝干涉的这种影响，也称为"调制" 作用. 图9-13给出了多缝干涉、单缝衍射以及两者的综合效果.

3. 条纹缺级

前面讨论光栅方程(主极大条件) 时，只是从多光束干涉的角度说明了叠加光强最大而形成主极大的必要条件，没有考虑每个单缝衍射对主极大的影响. 设想光栅中只留下一条透光缝(其余全部遮住)，这时屏上看到的是单缝衍射条纹. 无论留下哪条缝，屏上的衍射图样都一样，而且条纹位置也完全重合. 这是因为同一衍射角 φ 的平行光经透镜后都会聚于同一点之故. 因此，如果对应于某衍射角 φ 满足光栅方程，而同时又满足单缝衍射的暗纹条件，即

$$(a+b)\sin\varphi=\pm k\lambda,\quad k=0,1,2,\cdots,$$
$$a\sin\varphi=\pm k'\lambda,\quad k'=1,2,\cdots,$$

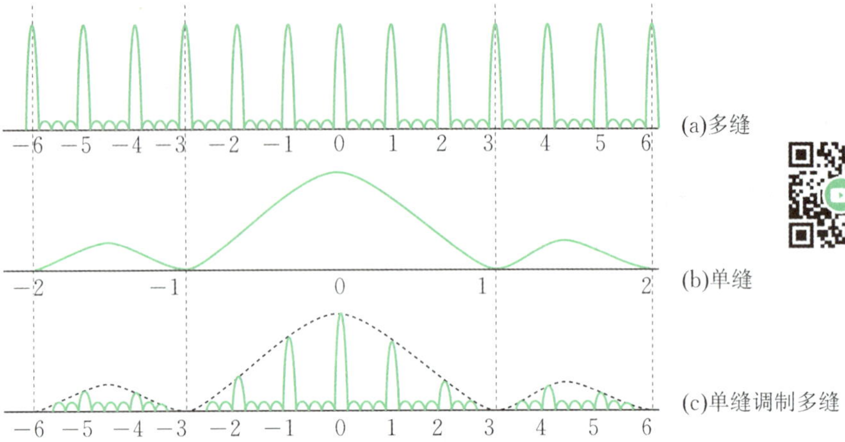

图 9-13 衍射对多缝干涉的影响

则 k 级主极大将不出现,这种现象称为**缺级**. 上两式相除,可得缺级条件

$$k=\pm\frac{a+b}{a}k',\quad k'=1,2,\cdots. \tag{9-10}$$

例如,当$\frac{a+b}{a}=3$时,$k=\pm3,\pm6,\cdots$ 诸级主极大将缺级. 图 9-13 所示正好就是这种情况.

9.3.3 光栅光谱

根据光栅衍射条纹细锐、明亮的特点,可利用光栅衍射准确地测定照射单色光的波长. 另外,由光栅方程式(9-8)可知,对于特定的光栅,衍射角 φ 只与入射光波长有关,如果用复色光照射光栅,除中央明条纹之外,其他各级明纹均按波长的顺序排列形成光谱,称为**光栅光谱**. 衍射条纹级次越高,光谱分裂越开,不同波长的谱线越容易分辨.

各种元素或化合物都有它们自己特定的谱线,测定光谱中各谱线的波长和相对强度,可以确定该物质的化学成分及含量. 这种分析方法称为**光谱分析**,在科学研究和工程技术上有着广泛的应用.

例 9-2

波长为 $\lambda_1=500\ \text{nm}$ 及 $\lambda_2=520\ \text{nm}$ 的两种单色光同时垂直入射到每厘米有 500 条缝的光栅上,紧靠光栅后用焦距 $f=2.0\ \text{m}$ 的透镜把光线聚焦在屏幕上. 求两种单色光第 2 级主极大之间的距离.

解 由光栅衍射主极大条件

$$(a+b)\sin\varphi=\pm k\lambda,$$

其中光栅常数

$$a+b=\frac{10^{-2}}{500}\ \text{m}=2.0\times10^{-5}\ \text{m},$$

由于 $f\gg(a+b)$,有 $\sin\varphi\approx\tan\varphi=\frac{x}{f}$,代入光栅方程,得

$$(a+b)\frac{x}{f}=\pm k\lambda,\quad k=0,1,2,\cdots,$$

即 k 级主极大的位置坐标为

$$x_k=k\frac{\lambda f}{a+b}.$$

取 $k=2$,有

$$\Delta x=x_2-x'_2=\frac{kf}{a+b}(\lambda_2-\lambda_1)$$

$$=\frac{2\times2.0}{2.0\times10^{-5}}\times(520-500)\times10^{-9}\ \text{m}$$

$$=4.0\times10^{-3}\ \text{m}.$$

例 9-3

用波长为 $\lambda=600\ \text{nm}$ 的单色平行光垂直照射光栅，发现某相邻两明纹分别出现在 $\sin\varphi=0.2$ 和 $\sin\varphi=0.3$ 的位置上，第一次缺级发生在第 4 级．(1) 求光栅常数；(2) 求光栅上每条缝的宽度；(3) 总共可产生多少级明条纹？

解 (1) 由光栅方程，产生明纹的条件为

$$(a+b)\sin\varphi=\pm k\lambda,\quad k=0,1,2,\cdots.$$

由题意

$$0.2(a+b)=k\lambda,\quad k=0,1,2,\cdots,$$

$$0.3(a+b)=(k+1)\lambda,\quad k=0,1,2,\cdots,$$

两式相除，解得 $k=2$，代入第一式

$$a+b=\frac{k\lambda}{0.2}=\frac{2\times600\times10^{-9}}{0.2}\ \text{m}$$

$$=6\times10^{-6}\ \text{m}.$$

(2) 由缺级条件 $k=\pm\dfrac{a+b}{a}k'$，$k'=1,2,\cdots$ 第一次缺级发生在第 4 级，所以 $k'=1$，$k=4$，即

$$a=\frac{a+b}{k}k'=\frac{1}{4}\times6\times10^{-6}\ \text{m}$$

$$=1.5\times10^{-6}\ \text{m}.$$

(3) 取 $\varphi=\dfrac{\pi}{2}$，可得

$$k=\frac{a+b}{\lambda}\sin\varphi=\frac{6\times10^{-6}}{600\times10^{-9}}\times1=10,$$

故全部可以看到的条纹级次为 0，±1，±2，±3，±5，±6，±7，±9 级，±4，±8 缺级，±10 在 $\varphi=90^\circ$ 的方向上，实际看不到．

例 9-4

白光(波长 400～760 nm)垂直入射在光栅上，问第 2 级与第 3 级光谱是否重叠？如果重叠，重叠的波长范围是多少？

解 由光栅方程 $(a+b)\sin\varphi=k\lambda$，第 2 级光谱($k=2$)红光(波长 $\lambda=760\ \text{nm}$)对应的衍射角最大，即

$$\sin\varphi_{2\max}=\frac{k\lambda}{a+b}=\frac{2\times760\times10^{-9}}{a+b};$$

第 3 级光谱($k=3$)紫光(波长 $\lambda=400\ \text{nm}$)对应的衍射角最小，即

$$\sin\varphi_{3\min}=\frac{k\lambda}{a+b}=\frac{3\times400\times10^{-9}}{a+b}.$$

因为 $\sin\varphi_{2\max}>\sin\varphi_{3\min}$，故第 2 级光谱与第 3 级光谱有重叠．

设第 2 级光谱中的 λ_2 与第 3 级光谱中的紫光有相同的衍射角，则

$$2\lambda_2=3\times400\ 或\ \lambda_2=600\ \text{nm}.$$

又设第 2 级光谱中的红光与第 3 级光谱中的 λ_3 有相同的衍射角，则

$$2\times760=3\lambda_3\ 或\ \lambda_3=506.7\ \text{nm},$$

即第 2 级光谱中 600～760 nm 与第 3 级光谱中 400～506.7 nm 的光重叠．

思考题

9-5 波长为 500 nm 的单色平行光垂直入射到每厘米有 5 000 条刻线的光栅上，实际可能观察到的最高级次的主极大是第几级？

9-6 光栅衍射光谱和棱镜的色散光谱主要有什么不同？

9-7 什么是缺级？一般光栅可能形成缺级吗？为什么？

§9.4 圆孔衍射　光学仪器分辨率

9.4.1 圆孔衍射

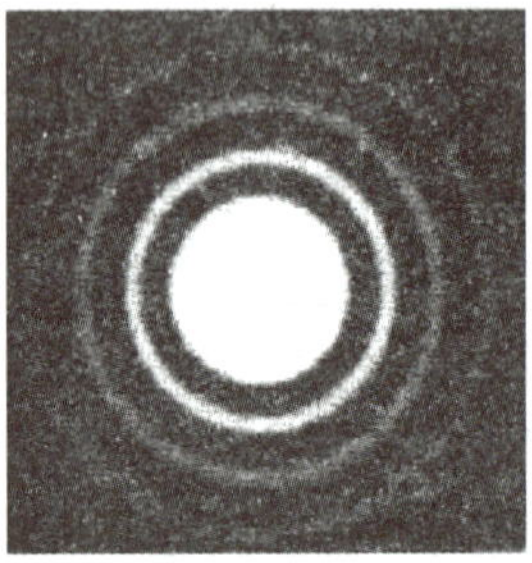
图 9-14　圆孔衍射图样

如果把单缝夫琅禾费衍射实验中的狭缝换成小圆孔,平行单色光垂直照射圆孔时,屏上衍射图样中央为一亮斑,周围为一组同心的明暗交替的圆环,如图 9-14 所示,这种衍射称为圆孔衍射.中央的亮斑称为艾里斑.光学仪器中所用的孔径光阑、透镜的边缘等都相当于一个透光的圆孔,在成像问题中常涉及圆孔衍射问题,所以圆孔夫琅禾费衍射具有重要的意义.

理论计算表明,第 1 级暗环的衍射角 θ_1 满足下式:

$$\theta_1 = 1.22\,\frac{\lambda}{d}, \tag{9-11}$$

式中 λ 是入射单色光的波长,d 是圆孔的直径.θ_1 也称为艾里斑的半角宽度,即艾里斑的半径对透镜光心的张角.上式与单缝衍射第 1 级暗纹的条件 $\theta_1 = \frac{\lambda}{a}$ 相比较,除了一个反映几何形状不同的因数 1.22 外,在衍射现象的定性分析方面是一致的.由式(9-11)可知,λ 越大或 d 越小,衍射现象越显著,$\frac{\lambda}{d} \ll 1$ 时,衍射现象可忽略.

9.4.2 光学仪器的分辨率

由几何光学的知识知道,一物点经透镜后,其像也是一个点.但从波动光学的观点来看,由于光的衍射,像点不再是一个几何点,而是一个具有一定大小的光斑,并在其周围还分布有明暗交替的环状衍射条纹.显然,如果两个物点距离较远,经透镜成像后的两个光斑也隔得较远,两物点的像还可以分辨,如图 9-15(a) 所示;但如果两个物点距离很近,或者说两物点对透镜光心的张角 θ 很小,对应的两个光斑就会重叠,这时就不能清楚地分辨出两个物点的像了,如图 9-15(c) 所示.因此,光的衍射现象限制了光学仪器的分辨能力.

对于一个光学仪器来说,能分辨的两个物点的最小距离,或者说两物点对透镜光心的最小张角 θ_0 等于多少呢?德国物理学家瑞利(Rayleigh) 提出一个判据:一个物点(如 a 点) 的衍射图样的中央亮斑的中心正好与另一个物点(如 b 点) 的衍射图样的第一个暗环的位置(即艾里斑的边缘) 相重合,如图 9-15(b) 所示,这时两个艾里斑重叠部分的中心光强约为单个衍射图样中央亮斑最大光强的 80%,一般人的眼睛刚刚能够判断出这是两个物点的像,此时两个物点恰好被这一光学仪器所分辨,这一条件称为瑞利判据.

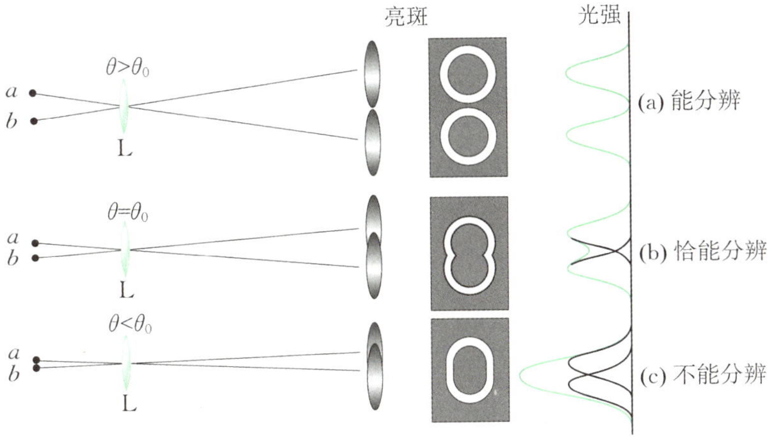

图 9-15　分辨两个衍射图像的条件

恰能分辨时，两物点对透镜光心的张角称为**最小分辨角**，用 θ_0 表示，它应等于艾里斑的半角宽度，即

$$\theta_0 = 1.22\,\frac{\lambda}{d}. \tag{9-12}$$

最小分辨角的倒数称为**光学仪器的分辨率**，用 R 表示，即

$$R = \frac{1}{\theta_0} = \frac{d}{1.22\lambda}, \tag{9-13}$$

式中 d 为光学意义的通光孔径. 式(9-13)表明，光学仪器的分辨率与波长成反比，与透镜的直径成正比. 提高望远镜的分辨本领的有效途径是增大物镜的直径，例如，最大的反射式望远镜的孔径可达 10 m 以上. 而显微镜由于其焦距较短，应尽量采用波长较短的光照射以提高其分辨本领. 电子显微镜利用电子束的波动性来成像，由于电子束的波长可以小到0.1 nm的数量级，与普通光学显微镜相比，电子显微镜的分辨率可以提高上千倍.

例 9-5

汽车前灯相距100 cm，设人眼瞳孔直径约为 3.0 mm，照射光波长为 550 nm. 问汽车离人多远的地方，眼睛恰可分辨这两盏灯？

解　此时人眼充当衍射屏的作用. 由式(9-12)，有

$$\theta_0 = 1.22\,\frac{\lambda}{d}.$$

两灯对人眼的张角为

$$\theta = \frac{l}{D},$$

式中 l 为两灯间距，D 为人与车之间的距离. 当 $\theta < \theta_0$ 时，两灯就不能分辨，当 $\theta = \theta_0$ 时，恰能分辨. 此时，人与车之间的距离为

$$\begin{aligned} D &= \frac{ld}{1.22\lambda} \\ &= \frac{100\times10^{-2}\times3.0\times10^{-3}}{1.22\times550\times10^{-9}}\ \text{m} \\ &= 4.47\times10^{3}\ \text{m}. \end{aligned}$$

思考题

9-8 为什么光学显微镜的放大率不可能提高?为什么电子显微镜的放大率可以比光学显微镜的放大率大几百倍?

9-9 X射线为什么不能用一般光栅观察其衍射现象而要改用晶体的晶格作为光栅来观测?

§9.5 X射线衍射

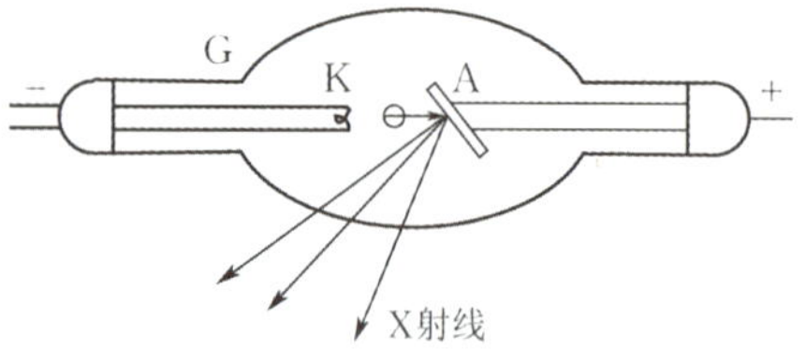

图9-16　X射线管

1895年，德国物理学家伦琴(W.C.Röntgen，1845—1923)发现，受高速电子撞击的金属会发射一种穿透力很强的射线，称为X射线，也称为伦琴射线.它是一种波长在0.001～10 nm范围内的电磁波.图9-16是产生X射线的真空管的结构示意图，图中G是一抽成真空的玻璃泡，K是发射电子的热阴极，A是阳极(又称为对阴极).两极间加数万伏的直流高压，阴极发射的电子在强电场作用下加速，高速电子流撞击阳极(靶)时产生X射线.

由于X射线波长很短，用普通的光栅观察不到X射线的衍射.1912年，德国物理学家劳厄(M.von Laue)提出用晶体作为天然光栅进行X射线衍射实验，因为晶体内原子有规律的对称排列形成空间点阵，称为晶格.晶体内相邻原子之间的距离称为晶格常数，用d表示，其数量级与X射线波长的数量相同.因此晶体相当于一个光栅常数很小的三维空间光栅.劳厄设计了如图9-17所示的实验，让一束X射线穿过铅板上的小孔后，照射在薄片晶体C上，经晶片衍射后打在照相底片E上.结果果然观察到了X射线的衍射图样(底片上出现一些规则分布的衍射斑点，称为劳厄斑)，从而证实了X射线的波动性.

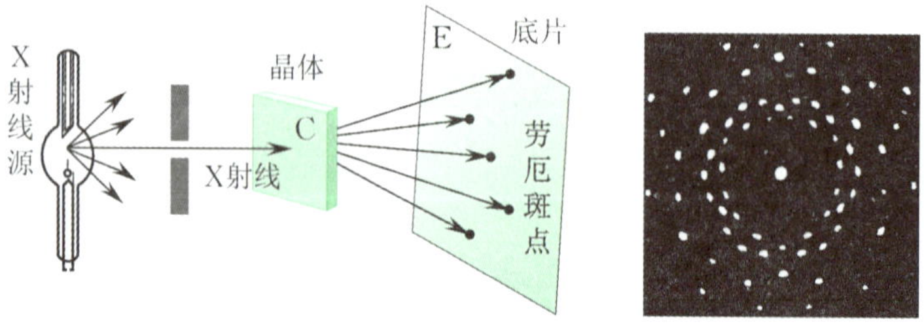

图9-17　劳厄实验

1913年，英国物理学家布拉格父子对X射线在晶体上的衍射现象提出了一种简单而有效的解释方法.他们认为，X射线照射晶体时，晶体点阵中的每一个原子(或离子)都是发射子波的衍射中心，向各个方向发射子波.劳厄斑点就是这些子波相干叠加的结果.

如图9-18所示，一束平行的X射线以掠射角φ入射到晶面上时，一部分将为表面层原子散射，其余部分将为内部各原子层所散射.但是，在各原子层所散射的射线中，只有在符合反射定律

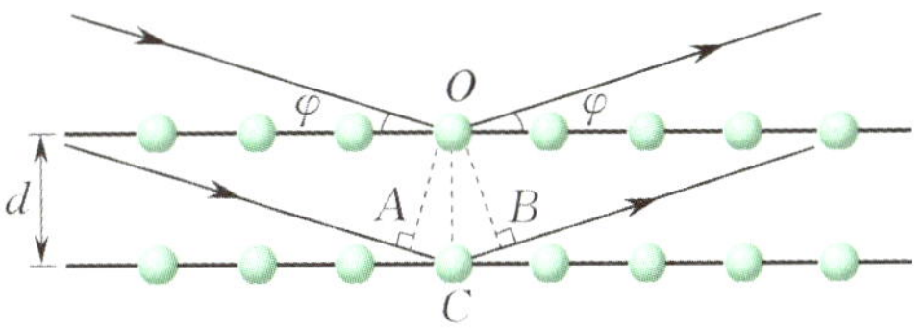

图9-18 布拉格公式导出图示

的方向上可以得到强度最大的散射线. 由图中几何关系可知,相邻两个晶面反射的两反射线的光程差为

$$\delta = AC + CB = 2d\sin\varphi.$$

显然,各层散射线相互加强而形成亮点的条件是

$$2d\sin\varphi = k\lambda,\quad k = 1,2,\cdots, \qquad (9-14)$$

上式称为布拉格公式.

应该指出的是,同一块晶体的空间点阵可以有许多取不同方向的晶面族,不同的晶面族,其晶面间距也不同. 当X射线入射到晶体表面时,对于不同的晶面族,产生反射加强的掠射角是不同的.

布拉格公式不但能解释劳厄斑点的形成,而且能用于对晶体结构的分析研究. 目前已广泛利用X射线衍射来解决如下两方面的问题:① 如果已知晶体的晶格常数,则根据式(9-14)可测定X射线的波长. 这方面的工作,发展了X射线的光谱分析,对原子结构的研究极为重要;② 用已知波长的X射线在晶体上发生衍射,就可以测定晶体的晶格常数. 这一应用发展为X射线的晶体结构分析,它在结晶学理论和工业技术上有十分重要的应用.

阅读材料(8)

光纤通信

光纤通信的诞生和发展是电信史上的一次重要革命. 通信的发展过程是以不断提高载波频率扩大通信容量的过程,光是一种频率极高的电磁波,用光作为载波进行通信,容量极大,是过去通信方式的千万倍,具有极大的吸引力,光通信是人们早就追求的目标,也是通信发展的必然方向.

光纤通信就是利用光波作为载波,以光纤为传输介质实现信息传输,达到通信目的的一种通信技术. 与传统通信相比,由于光纤通信用的近红外光的频率(约300 THz)比微波频率(3～300 GHz)高3～5个数量级,光纤通信用的近红外光(波长为0.7～1.7 μm)频带宽度约为200 THz,在常用的1.31 μm和1.55 μm两个波长窗口,频带宽度也在20 THz以上. 采用这样的频带宽度,只需1 s左右即可将古今中外全部文字资料传送完毕. 因此光纤通信的容量十分巨大,是以往任何通信方式都无法比拟的. 同时,光纤的损耗极低,在光波长为1.55 μm附近,石英光纤损耗可低于0.2 $\mathrm{dB\cdot km^{-1}}$,这比目前任何传输介质的损耗都低. 因此,无中继传输距离可达几十甚至上百千米,比传统的电通信要高几到上百倍. 光纤通信成为现代通信网的重要传输手段.

作为信号传输通道的光纤一般采用芯包结构,纤芯的折射率略大于包层. 纤芯直径一般在8～50 μm,包层直径125 μm,影响光纤传输质量的两个重要参数是损耗和色散,损耗是指信号光能量的损失,影响其大小的主要因素为材料及杂质的吸收及散射,根据石英光纤的损耗曲线,选择3个低损耗通信窗口(见图9-19):850 nm,1 310 nm和1 550 nm. 石英光纤损耗的理论极限在1 550 nm附近,为0.1 $\mathrm{dB\cdot km^{-1}}$.

色散是指信号脉冲的展宽,它会使信号失真. 光纤色散主要有模间色散、材料色散及波导色散. 一般分析光纤色散要用电磁场理论,在$\lambda\to0$时,我们可以用几何光学近似讨论其产生原理. 模式可以近似认为是几何光学中的轨迹,模间色散(见图9-20)是在入射光波长相同的条件下,由于光线的轨迹不同,行进相同的轴向距离而产生的时延差,时延差产生色散. 材料色散(见图9-21)是在光线轨迹(模式)相同的情况下,由于入射光波长不同,而材料的折射率依赖于波长,行进相同轴向距离而引起的色散. 波导结构参数随波长λ而变,从而引起色散,称为波导色散. 普通的单模光纤色散零点在1 310 nm,色散与入射波长及材料结构有关,可以通过改变光纤结构制造特种光纤,使色散零点移至1 550 nm,从而在1 550 nm窗口有最小的损耗及色散,获得较长的无中继传输距离.

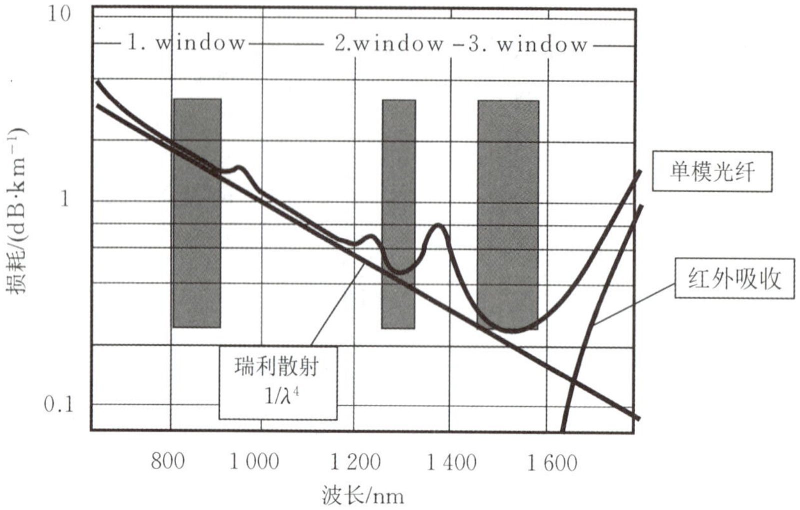

图 9-19　光纤损耗曲线

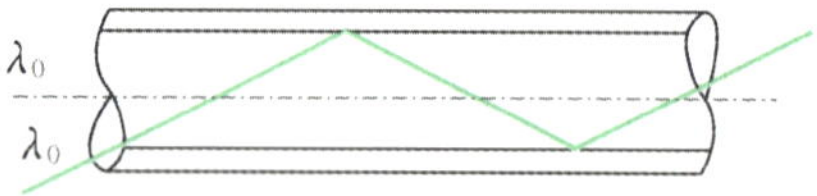

图 9-20　模间色散

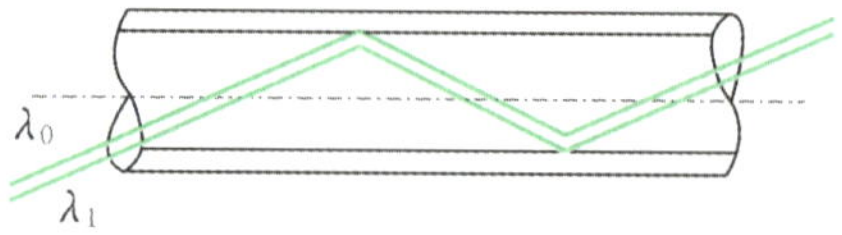

图 9-21　材料色散

光纤通信与以往的电通信相比,除了传输频带宽、通信容量大、传输损耗低、中继距离长以外,还有线径细、重量轻,原料为石英,成本低;绝缘、抗电磁干扰性能强;稳定,抗腐蚀能力强、抗辐射能力强、可绕性好、无电火花、泄露小、保密性强等优点.可在特殊环境或军事上使用.

光纤通信系统的基本结构如图 9-22 所示,在信号传送端,将电信号调制到半导体激光器产生的激光上,然后光波经光纤传输到接收端,被光电检测器接收,将光信号还原成电信号.

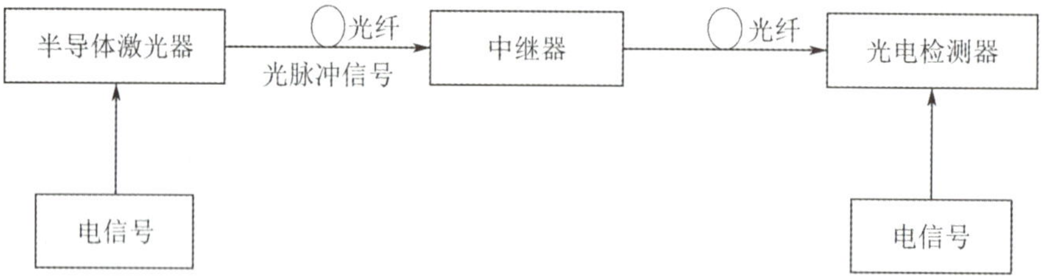

图 9-22　光纤通信系统结构简图

由于长距离传输,信号光会因光纤的损耗及色散发生衰减及形变,因此每隔一段距离需插入中继器对光信号进行整形放大.

进入 21 世纪后,由于因特网业务的迅速发展和音频、视频、数据、多媒体应用的增长,对大容量(超高速和超长距离)光波传输系统和网络有了更为迫切的需求.光纤通信系统由单信道的同步数字(SDH)体系向多信道的波分复用(WDM)体系(见图 9-23)发展.波分复用技术即一根光纤中同时传输多个载波光信号,每个载波上可承载不同制式、速率的信号,可大大提高光纤的单纤容量,提高系统的兼容性.波分复用技术本质上是光纤工作波长范围分割复用,故简称波分复用.按照工作波长间隔的宽窄,波分复用可以进一步细分为粗波分复用(CWDM,波长间隔$<$50 nm)、密集波分复用(DWDM,波长间隔$\leqslant$2 nm)、超密集(频分)波分复用(SDWDM,波长间隔$\leqslant$0.2 nm).

从图 9-23 中可看出:WDM 体系对波长的频谱宽度及波长的稳定性有严格的要求,故一般的半导体激光器

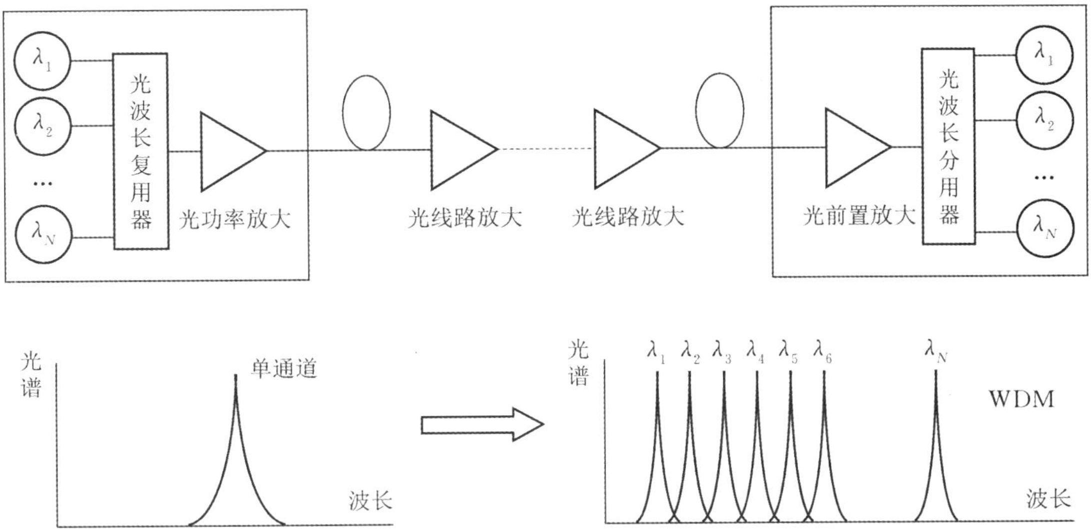

图 9-23 WDM 技术原理

(LD) 不能满足要求，而应采用分布式反馈激光器(DFB). 光纤线路中的放大器则用宽光谱的光纤放大器同时放大多个波长(信道).

近年来，随着互联网业务、宽带业务、移动业务的快速发展，光纤通信网络在适应 IP 化、移动化、宽带化的过程中，向高速、相干、多业务传输方向发展，呈现如下几个热点：

(1) SDH(同步数字序列) 增强传输 IP 业务的能力，发展成为多业务传送平台(MSTP).

(2) MSTP 增强网络控制平面，发展成为自动交换光网络(ASON). 使得由 MSTP 设备组成的传输网络设备具备智能功能，形成分布式的控制平面，能自动发现网络资源、动态建立连接. 网络结构也由环网发展为格型网络，具备多路保护恢复功能.

(3) DWDM 增强组网能力，发展为光传送网(OTN). OTN 是基于 DWDM 传输功能，在原来 DWDM 网络中增加了光交换节点，使得原来传统的 DWDM 传输系统可以组成环网、格型网络等复杂的光网络，具有带宽管理、调度、保护等功能，可快速开放和维护业务，提高网络保护恢复水平，从而真正演变为光网络.

(4) DWDM 传输技术向偏振和相干光方向发展. 由于对传输带宽要求的提高，在 100 G DWDM 系统中传统的强度调制、相位调制及相应的检测技术无法满足需求，为此正在发展基于偏振和相干光的调制及检测技术，目前已有试验系统，预计未来 3 ～ 5 年可投入商用.

光纤技术飞速发展，时至今日，与激光技术、计算机技术、多媒体技术、网络通信技术和卫星通信技术等相结合，一个覆盖全球即将进入亿万家庭的光纤通信网络正引领人类进入信息化的新时代.

习题 9

选择题

9-1 根据惠更斯-菲涅耳原理，若已知光在某时刻的波阵面为 S，则 S 前方某点 P 处的光强度决定于波阵面 S 上所有面积元发出的子波各自在 P 点的(　　).

(A) 振动振幅之和

(B) 光强之和

(C) 振动的相干叠加

(D) 振动振幅之和的平方

9-2 在单缝夫琅禾费衍射实验中，波长为 λ 的单色光垂直入射单缝上，对应衍射角为 $30°$ 的方向上，若单缝处波阵面可分成 3 个半波带，则缝宽 a 为(　　).

(A) λ　　(B) 1.5λ

(C) 2λ　　(D) 3λ

9－3　在单缝夫琅禾费衍射实验中,若把单缝沿垂直于透镜主光轴方向向上平移少许,则在屏上(　　).

(A) 整个衍射图样向下平移

(B) 整个衍射图样保持不变

(C) 整个衍射图样向上平移

(D) 整个衍射图样位置和相对分布均不变

9－4　波长为$\lambda=550$ nm的单色光垂直入射于光栅常数为2×10^{-4} cm的平面衍射光栅上,可能观察到的光谱线的最大级次为(　　).

(A) 2　　(B) 3

(C) 4　　(D) 5

9－5　用波长为400.0～760.0 nm的白光垂直入射于某光栅上,发现其衍射光谱的第2级和第3级有重叠,则第3级光谱被重叠部分的波长范围是(　　).

(A) 400.0～506.7 nm　(B) 400.0～600.0 nm

(C) 506.7～760.0 nm　(D) 600.0～760.0 nm

9－6　平行单色光垂直入射于光栅上,当光栅常数$(a+b)$为下列哪种情况时,$k=3,6,9$等级次的主极大均不出现(　　).

(A) $a+b=2a$　　(B) $a+b=3a$

(C) $a+b=4a$　　(D) $a+b=6a$

9－7　设光栅平面、透镜均与屏幕平行,则当入射的平行单色光从垂直于光栅平面入射变为斜入射时,能观察到的光谱线的最高级数k(　　).

(A) 不变　　(B) 变小

(C) 变大　　(D) 无法确定

9－8　波长范围为0.095～0.140 nm的X射线照射于某晶体上,入射光方向与某晶面的夹角为30°,此晶面间的间距为0.275 nm,则X射线对该晶面能产生强反射的波长是(　　).

(A) 0.138 nm　　(B) 0.119 nm

(C) 0.095 nm　　(D) 0.140 nm

9－9　在双缝衍射实验中,若保持双缝S_1和S_2的中心之间的距离d不变,而把两条缝的宽度a略微加宽,则(　　).

(A) 单缝衍射的中央主极大变宽,其中所包含的干涉条纹数目变少

(B) 单缝衍射的中央主极大变宽,其中所包含的干涉条纹数目变多

(C) 单缝衍射的中央主极大变窄,其中所包含的干涉条纹数目变少

(D) 单缝衍射的中央主极大变窄,其中所包含的干涉条纹数目变多

填空题

9－10　惠更斯引入________的概念提出了惠更斯原理,菲涅耳再用________的思想充实了惠更斯原理,发展成为惠更斯-菲涅耳原理.

9－11　平行单色光垂直入射单缝上,屏上第3级暗纹对应单缝处波阵面可划分为________个半波带;若将缝宽缩小一半,原来第3级暗纹处将是________级________纹.

9－12　一束单色光垂直入射在光栅上,衍射光谱中共出现5条明纹.若已知此光栅缝宽度与不透光部分的宽度相等,那么在中央明纹一侧的两条明条纹分别是第________级谱线.

9－13　用波长为λ的单色平行光垂直入射在一块多缝光栅上,其光栅常数$a+b=3\times10^{-6}$ m,缝宽$a=10^{-6}$ m,则在单缝衍射的中央明条纹中共有________条谱线(主极大).

计算题

9－14　用波长为500 nm的单色光垂直照射在缝宽为0.25 mm的单缝上,在位于透镜焦平面的屏上,测得中央明条纹的两侧第3级暗纹之间的间距为3.0 mm,求透镜的焦距.

9－15　在单缝夫琅禾费衍射实验中,缝宽$a=0.100$ mm,波长为$\lambda=500$ nm的单色平行光垂直入射于单缝上,会聚透镜的焦距$f=1.00$ m.求中央亮纹旁的第一个亮纹的宽度.

9－16　单缝缝宽$a=0.10$ mm,在缝后放一焦距为50 cm的会聚透镜,用波长为$\lambda=546$ nm的绿光垂直入射于单缝上,求位于透镜焦平面处屏上的中央明条纹的宽度;如果把此装置浸入水中,并设透镜的焦距不变,则中央明条纹的角宽度如何变化?

9－17　一光源发出的光含有两种波长λ_1和λ_2,垂直入射于单缝上,若λ_1的第1级衍射极小与λ_2的第2级衍射极小相重合,问:

(1) 这两种波长(λ_1和λ_2)之间有何关系?

(2) 在这两种波长的光所形成的衍射图样中,是否还有其他极小相重合?

9－18　(1) 在单缝夫琅禾费衍射实验中,垂直入射的光含有两种波长,$\lambda_1=400$ nm,$\lambda_2=760$ nm;已知单缝缝宽$a=1.0\times10^{-2}$ cm,透镜焦距$f=50$ cm,求

两种光第 1 级衍射明纹中心之间的距离；

(2) 若用光栅常数为 1.0×10^{-3} cm 的光栅替换上述单缝，其他条件不变，求两种光第 1 级主极大之间的距离.

9-19 如图 9-24 所示，设波长为 λ 的单色平行光沿与单缝平面法线成 θ 角的方向入射，单缝缝宽为 a，观察夫琅禾费衍射，试求出各极小值的衍射角 φ.

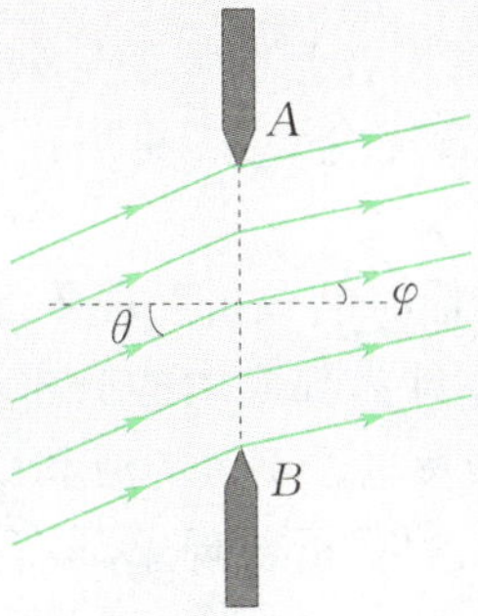

图 9-24

9-20 钠黄光中含有两个相近的波长 $\lambda_1 = 589.0$ nm 和 $\lambda_2 = 589.6$ nm；用平行的钠黄光垂直入射在每毫米有 600 条缝的光栅上，会聚透镜的焦距 $f = 1.00$ m，求在屏上形成的第 2 级光谱中 λ_1 和 λ_2 的光谱之间的距离.

9-21 一衍射光栅，每厘米有 200 条透光缝，每条透光缝的宽度为 $a = 2\times10^{-3}$ cm，在光栅后放一焦距 $f = 1$ m 的凸透镜. 现以 $\lambda = 600$ nm 的单色平行光垂直照射光栅，问：

(1) 透光缝 a 的单缝衍射中央明条纹的宽度为多少？

(2) 在该宽度内，有几个光栅衍射主极大？

9-22 一束平行光垂直入射到某光栅上，该光束含有两种波长的光，$\lambda_1 = 440$ nm，$\lambda_2 = 660$ nm. 实验发现，两种波长的谱线(不计中央明纹) 第二次重合于衍射角 $\theta = 60^\circ$ 的方向上，求此光栅的光栅常数.

9-23 波长为 600 nm 的平行光垂直入射一光栅上，测得第 2 级主极大的衍射角为 $\theta = 30^\circ$，且第 3 级缺级. 求：

(1) 光栅常数 $(a+b)$；

(2) 透光缝可能的最小宽度 a；

(3) 按上述选定的 a，b 值，确定在 $90^\circ > \theta > -90^\circ$ 范围内，实际呈现的全部级数.

9-24 在夜间，人眼瞳孔的直径约为 5.0 mm，在可见光中，人眼最灵敏的波长为 550 nm，此时人眼的最小分辨角是多少？在迎面驶来的汽车上，两盏前灯相距 120 cm，当汽车离人的距离为多少时，眼睛恰好可分辨这两盏灯.

第10章　光的偏振

光的干涉和衍射现象表明了光的波动性，但还不能由此确定光波是横波还是纵波. 光的偏振现象从实验上证明光的横波特性. 这一点与光的电磁理论的预言完全一致. 可以说，光的偏振现象为光的电磁波本性提供了进一步的证据.

光的偏振现象普遍存在. 光的反射、折射以及光在晶体中传播时的双折射现象都与光的偏振有关. 利用光的偏振性质可以研究晶体的结构、模拟测定机械零件内部应力的分布情况. 激光器就是一种偏振光源. 此外，糖量计、偏振光立体电影、袖珍计算器及电子手表的液晶显示等都属于偏振光的应用. 本章首先介绍偏振光的获得和检验，然后介绍光的双折射现象，最后简略介绍偏振光的干涉及其应用.

§ 10.1　自然光和偏振光

10.1.1　横波的偏振性

从光的电磁理论中知道，光波是电磁波，包括 $\boldsymbol{E}$ 振动和 $\boldsymbol{H}$ 振动，$\boldsymbol{E}$ 和 $\boldsymbol{H}$ 的振动方向都与传播方向垂直，因此光波是横波. 引起视觉和感光作用的是 $\boldsymbol{E}$ 矢量，$\boldsymbol{E}$ 矢量称为光矢量，$\boldsymbol{E}$ 的振动称为光振动.

我们先看一个机械波的实验. 如图 10－1 所示，将绳子一端固定，用手拉着穿过缝隙的绳子的另一端上下抖动，于是就有横波沿绳传播. 如果 G_1，G_2 两者的缝隙方向垂直，那么通过 G_1 的波传到 G_2 处就被挡住了，在 G_2 之后不再有波动. 如果以波动的传播方向为轴转动 G_2，使两缝的方向一致，则通过 G_1 的波可以无阻碍地通过 G_2. 显然，这种现象只能在横波的情况下才发生，而纵波的振动方向与传播方向一致，转动 G_2，无论缝的取向如何，对波的传播没有任何影响.

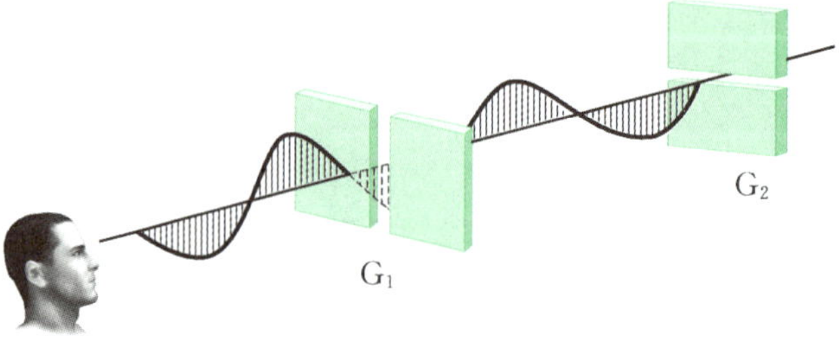

图 10－1　横波的偏振性

对光波来说，当光的传播方向确定后，$\boldsymbol{E}$ 矢量在与传播方向垂直的平面内的振动方向仍然是不确定的，这种 $\boldsymbol{E}$ 振动方向的任意性，构成了对于光传播方向的不对称性，称为偏振. 偏振是横波区别于纵波的一个显著标志，因为纵波的振动方向对于传播方向来说，永远是对称的，只有横波才有偏振现象. 按照光振动状态的不同，可以把光分为五种：自然光、线偏振光、部分偏振光、椭圆偏振光和圆偏振光. 下面仅对前三种光分别予以说明.

10.1.2　自然光

普通光源发出的光是大量原子或分子发光的总和，不同原子或同一原子不同时刻发出的光的波列不仅初相互不相关，而且光振动的方向也是彼此互不相关且随机分布. 从宏观上看，光源发出的光中包含各个方向的光振动，没有哪个方向的光振动比其他方向更占优势. 在垂直于光传播方向的平面内，沿各个方向振动的光矢量都有振幅相等、分布对称，具有这种特性的光称为自然光，如图 10-2(a) 所示. 自然光中各光矢量之间没有固定的相位关系，我们常把自然光中各个方向的光振动在两个互相垂直的方向分解，即把自然光表示成两个相互垂直、振幅相等的独立光矢量，如图 10-2(b) 所示. 这种分解在任意两个相互垂直的方向上进行，其结果都是相同的. 显然，这两个光振动的能量相同，均为自然光能量的一半. 因自然光振动的随机性，这两个相互垂直的光矢量之间没有恒定的相位差，因而它们不能相干. 图 10-2(c) 是自然光的平面表示法.

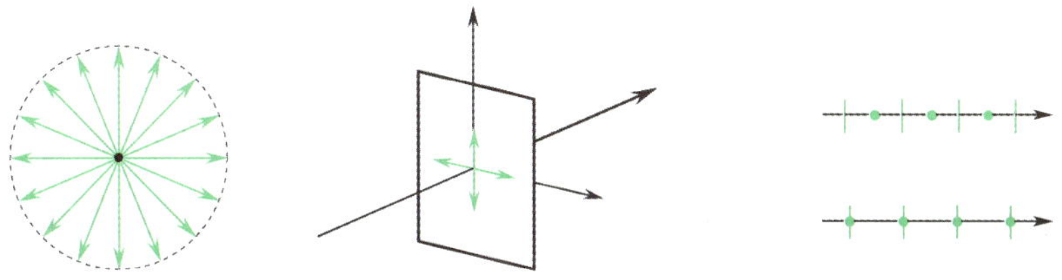

(a) 自然光的均匀性　　(b) 自然光的分解　　(c) 自然光的表示法

图 10-2　自然光及其图示法

10.1.3　线偏振光

如果在垂直于传播方向的平面内，光矢量 $\boldsymbol{E}$ 只沿一个固定的方向振动，这种光就是线偏振光，简称偏振光，如图 10-3 所示. 线偏振光的光矢量方向和光的传播方向构成的平面称为振动面(图 10-3 中方框所在的平面).

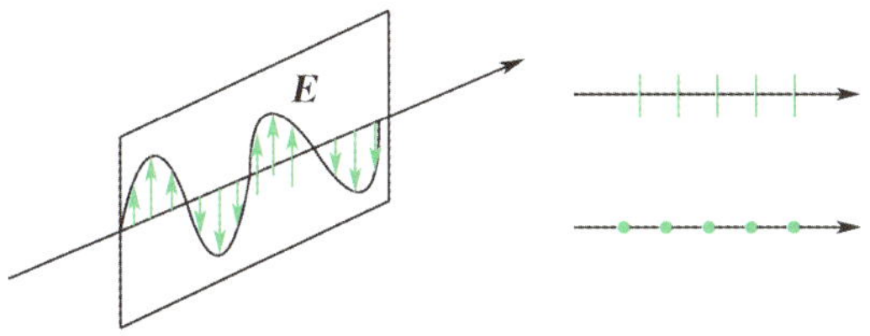

图 10-3　线偏振光及其图示法

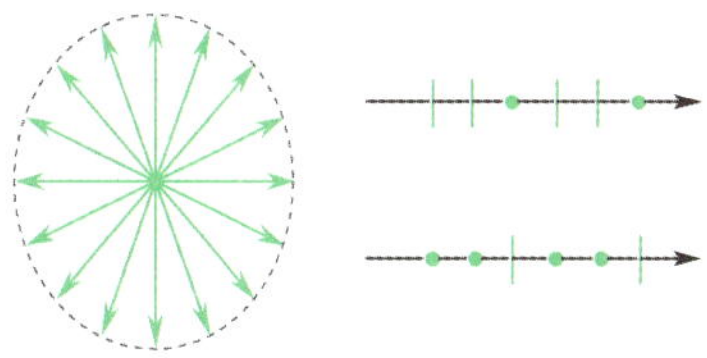

图 10-4　部分偏振光及其图示法

10.1.4　部分偏振光

在垂直于光的传播方向的平面内，光振动在某一个方向较强，而在与此垂直的方向上较弱(但不为零)，这种光称为部分偏振光，如图 10-4 所示. 这是介于线偏振光和自然光之间的一种光，也可以看成是自然光和线偏振光的混合. 部分偏振光各方向的光矢量之间也没有固定的相位关系.

§10.2 起偏和检偏　马吕斯定律

除了用激光光源可以获得偏振光外，一般光源(太阳光、日光灯等)发出的光都是自然光. 在实验室中，可以通过许多途径来获得偏振光，最常用、最方便的方法是利用偏振片获得线偏振光.

10.2.1 偏振片的起偏和检偏

实验发现，某些晶体(例如硫酸碘奎宁、电气石等)只允许某一方向的光振动通过(实际上存在少量的吸收)，而有选择地吸收与该方向垂直的光振动(实际上也有少量通过). 晶体的这种性质称为二向色性. 偏振片就是在透明基片上涂上一层具有二向色性的晶粒做成的. 为方便使用，在偏振片上用符号"↕"标出该偏振片允许通过的光振动方向，称为偏振片的偏振化方向.

自然光通过偏振片后成为偏振光，这个过程称为起偏，所用的偏振片称为起偏器. 若将偏振片绕光的传播方向转动时，透过偏振片的光强不变，为入射光强的一半. 若自然光的光强为 I_0，则通过起偏后的光强为$\frac{I_0}{2}$.

检验某光是否为线偏振光的过程称为检偏，所用的偏振片就称为检偏器. 如图 10－5 所示，两个平行放置的偏振片 P_1 和 P_2，它们的偏振化方向如图中箭头所示. 自然光通过 P_1 后成为线偏振光. 由于自然光中光矢量对称均匀分布，因此将 P_1 绕光的传播方向缓慢转动时，透过 P_1 的光强不随 P_1 的转动而变化. 若在 P_1 后面再放一偏振片 P_2，将 P_2 绕光的传播方向慢慢转动，因为只有平行于 P_2 偏振化方向的光振动才能通过，所以透过 P_2 的光强将随 P_2 的转动而变化. 当 P_2 的偏振化方向转到平行于入射线偏振光的光矢量方向时，光强最强. 当 P_2 的偏振化方向转到垂直于入射线偏振光的光矢量方向时，光强最弱，称为消光. 将 P_2 旋转一周时，透过 P_2 的光强出现两次最强、两次消光，这种情况只有在入射到 P_2 的光是线偏振光时才会发生，因而这也就成为识别线偏振光的依据.

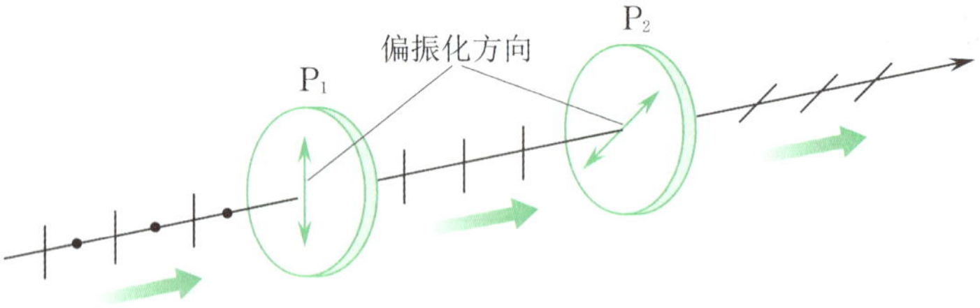

图 10－5　起偏和检偏

当部分偏振光垂直入射偏振片时，旋转偏振片，透射光的光强也要发生变化，但不存在光强为零的情况. 可见，用一个偏振片就可以区分自然光、部分偏振光和线偏振光.

10.2.2 马吕斯定律

马吕斯在研究线偏振光通过偏振片后透射光的强度时发现，如果入射线偏振光的光强为 I_1，则透射光的光强为

$$I_2 = I_1 \cos^2\alpha, \tag{10－1}$$

式中 α 是偏振片的偏振化方向与入射线偏振光的光矢量振动方向之间的夹角，这就是马吕斯

定律.

马吕斯定律的证明如下.如图10-6所示,设A_1为入射线偏振光的振幅,OP_2是偏振片的偏振化方向,入射光矢量的振动方向与P_2偏振化方向间的夹角为α,将光振动分解为平行于P_2和垂直于P_2的两个分振动,它们的振幅分别为$A_1\cos\alpha$和$A_1\sin\alpha$.因为只有平行分量可以透过P_2,所以透射光的振幅为$A_2=A_1\cos\alpha$.光强正比于振幅的平方,因此有

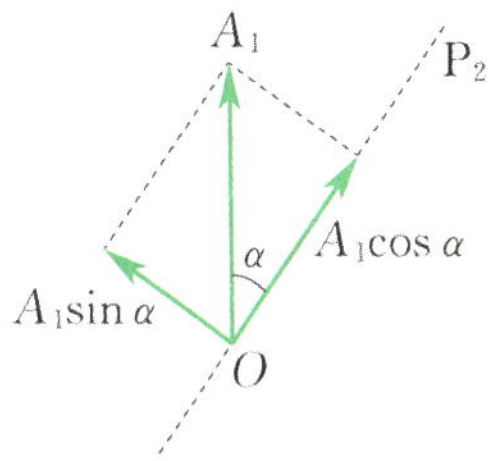

图10-6 马吕斯定律

$$\frac{I_2}{I_1}=\frac{A_2^2}{A_1^2}=\frac{A_1^2\cos^2\alpha}{A_1^2}=\cos^2\alpha,$$

这就是式(10-1).由此式可以看出,当$\alpha=0°$或$180°$时,$I_2=I_1$,光强最强;当$\alpha=90°$或$270°$时,$I_2=0$,这时,没有光透射出来.当α为其他值时,透射光强介于0和I_1之间.

偏振片的应用很广,如汽车夜间行车时,为了避免对方汽车灯光晃眼以保证行车安全,可以在所有汽车的车窗玻璃和车灯前装上偏振化方向与水平方向成45°角且向同一方向倾斜的偏振片.这样,相向行驶的汽车可以不必熄灯,各自前方的道路仍然照亮,而不会被对方车灯晃眼.

偏振片也可用于制成太阳镜和照相机的滤光镜.观看立体电影的眼镜的左右两个镜片就是用偏振片做的,它们的偏振化方向互相垂直.我们知道通过双眼观察世界才能获得立体感.立体电影从拍摄开始,就模拟人眼观察景物的方法,用两台并列安置的摄影机,同步拍摄出两条略带水平视差的电影画面,放映时在两个放映机前分别装一片偏振片,两偏振片的偏振化方向互相垂直,从两架放映机射出的光,通过偏振片后,就成了偏振光.这两束偏振光投射到银幕上再反射到观众处,偏振光方向不改变.当观众带上偏振眼镜后,左右两片偏振镜的偏振化方向互相垂直并与放映镜头前的偏振化方向一致,所以每只眼睛只看到相应的偏振光图像,即左眼只能看到左机映出的画面,右眼只能看到右机映出的画面,这样就会像直接观看那样产生立体感觉.

例10-1

如图10-7所示,光强为I_0的自然光相继通过三个偏振片P_1,P_2和P_3后的光强为$I_0/8$,已知P_1和P_3的偏振化方向相互垂直,求P_1和P_2偏振化方向之间的夹角α为多少?

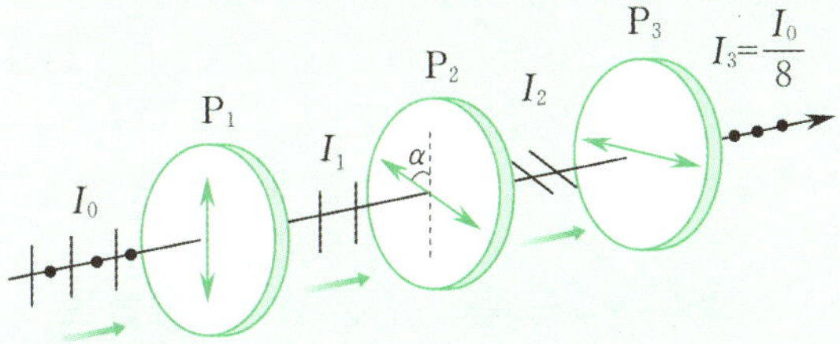

图10-7

解 自然光通过P_1后的光强为

$$I_1=\frac{I_0}{2}.$$

P_1,P_2间夹角为α,由马吕斯定律,通过P_2后仍为线偏振光,光强为

$$I_2=I_1\cos^2\alpha.$$

再通过P_3,光强为

$$I_3=I_2\cos^2\left(\frac{\pi}{2}-\alpha\right)=I_2\sin^2\alpha$$
$$=\frac{I_0}{2}\cos^2\alpha\sin^2\alpha=\frac{I_0}{8},$$

解得

$$\alpha=45°.$$

§ 10.3 反射和折射时光的偏振

实验表明，自然光在两种各向同性介质的分界面上反射和折射时，不仅光的传播方向要改变，而且偏振状态也要发生变化. 一般情况下，反射光和折射光都不再是自然光，而是部分偏振光. 反射光中垂直于入射面的光振动占优势，而折射光中平行于入射面的光振动占优势，如图 10 - 8(a) 所示.

实验还发现，反射光的偏振化程度与入射角有关，当入射角 $i = i_0$，且满足

$$\tan i_0 = \frac{n_2}{n_1} \tag{10-2}$$

时，反射光成为光振动垂直于入射面的线偏振光，但折射光仍为部分偏振光，如图 10 - 8(b) 所示. 式(10 - 2) 称为**布儒斯特定律**，i_0 称为**起偏振角**或**布儒斯特角**.

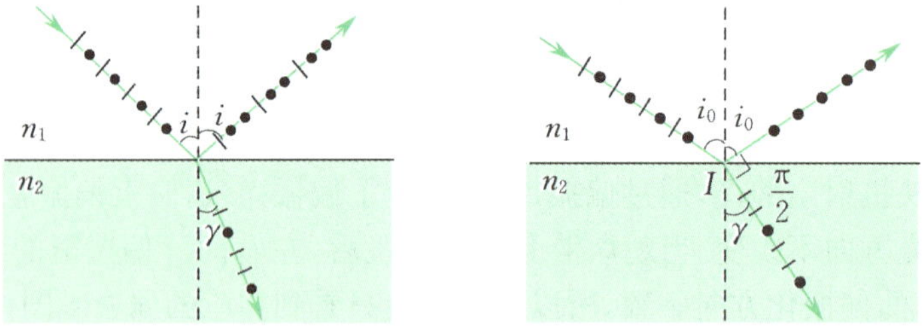

(a)　　(b)

图 10 - 8　反射和折射时光的偏振

由几何光学中的折射定律 $\frac{\sin i_0}{\sin \gamma} = \frac{n_2}{n_1}$，有 $\tan i_0 = \frac{\sin i_0}{\cos i_0} = \frac{\sin i_0}{\sin \gamma}$，可得 $\sin \gamma = \cos i_0$，即

$$i_0 + \gamma = 90°.$$

上式表明，当自然光以起偏振角 i_0 入射时，反射光线和折射光线互相垂直. 应该指出，自然光以起偏振角入射时，反射光虽然是线偏振光，但是光强很弱. 例如，自然光从空气中以入射角 i_0 射向玻璃而反射时，反射的线偏振光只占自然光中垂直振动光强的约 15%，而折射光中含有平行振动的全部光强和垂直振动的 85% 的光强. 因此，折射光的偏振化程度是很低的.

为了增强折射光的偏振化程度，可以把许多相互平行的玻璃片叠起来，成为**玻璃片堆**. 如图 10 - 9 所示，自然光以起偏振角 i_0 入射到玻璃片堆上时，光在各层玻璃面上经多次反射和折射，折射光中的垂直振动成分因多次被反射而不断减弱. 如果玻璃片足够多，可使最后透射出来的折射光成为振动方向平行于入射面的线偏振光. 同时，由于玻璃片堆各层反射光的累加，反射光的光强也得到增强，利用这种方法，可以获得两束振动方向相互垂直的线偏振光.

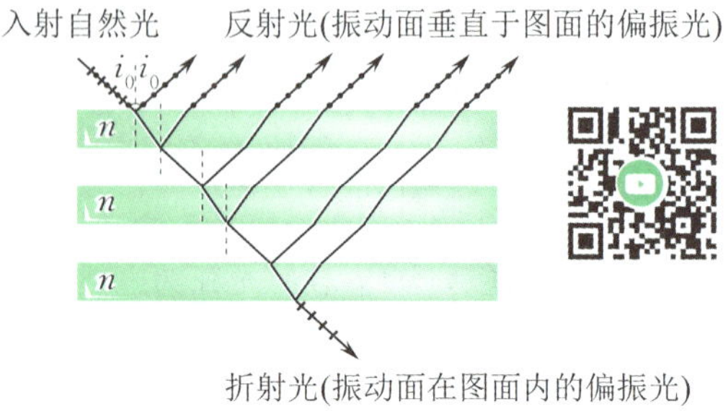

图 10 - 9　利用玻璃片堆获得线偏振光

思考题

10-1　自然光与线偏振光、部分偏振光有何区别?用哪些方法可以获得线偏振光?

10-2　在图 10-10 中,前四个图表示线偏振光入射于两种介质的分界面上,最后两个图表示入射光是自然光. n_1 和 n_2 为两种介质的折射率;图中入射角 $i_0 = \arctan \frac{n_2}{n_1}$, $i \neq i_0$. 试在图中画出实际存在的反射光和折射光,并用点或短线把振动方向表示出来.

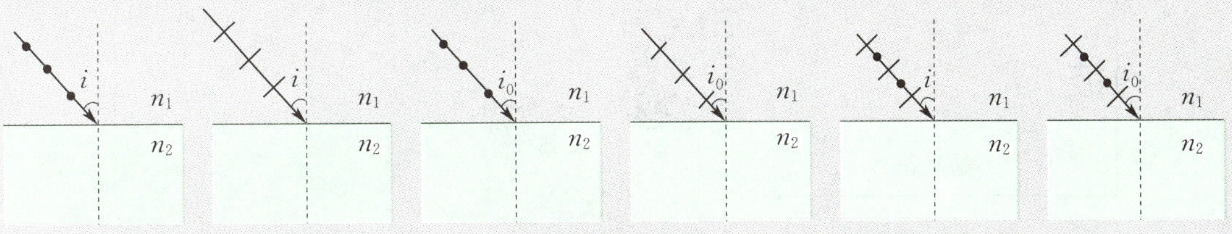

图 10-10

10-3　如图 10-11 所示,P_1 为起偏振片,P_3 为检偏振片,且使 P_1 和 P_3 的偏振化方向相互垂直;今以单色自然光垂直入射 P_1,并在 P_1 和 P_3 之间插入另一偏振片 P_2,它的偏振化方向与 P_1 成 α 角.

(1) 透过 P_3 后的光强如何?

(2) 若将 P_2 以入射光线为轴转动一周,试定性画出透射光强随转动角度 α 变化的关系曲线.

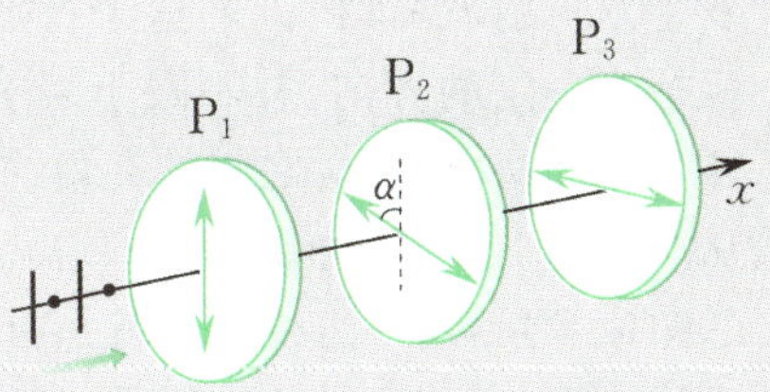

图 10-11

10-4　某光束可能是:(A) 自然光;(B) 线偏振光;(C) 部分偏振光. 如何通过实验来区分?

§ 10.4　光的双折射现象

除了光在两种各向同性介质分界面上反射、折射时产生光的偏振现象外,自然光通过晶体后,也可以观察到光的偏振现象. 光通过晶体后的偏振现象是和晶体对光的双折射现象同时发生的.

10.4.1　双折射现象　晶体的光轴

1. 双折射现象

把一块普通的玻璃放在有字的纸上,看到的是一个字成一个像,这是通常的光折射的结果. 如果改用各向异性的晶片(如方解石)放在纸上,通过玻璃片看到的却是一个字呈现出双像,如图 10-12(a) 所示. 这说明光进入各向异性晶体后折射线有两束,这一现象称为光的双折射现象. 两束光中的一束光线遵从折射定律，称为寻常光，简称 o 光；另一束不遵从折射定律，即当入射角改变时，$\frac{\sin i}{\sin \gamma}$ 不是常数，该光束一般也不在入射面内. 这束光称为非常光，简称 e 光. 当光线垂直于晶体表面入射而产生双折射现象时，如果将晶体绕光的入射方向慢慢转动，按原方向传播的 o 光不动，而 e 光则随着晶体的转动绕 o 光旋转，如图 10－12(b) 所示. 用检偏器检验表明，o 光和 e 光都是线偏振光.

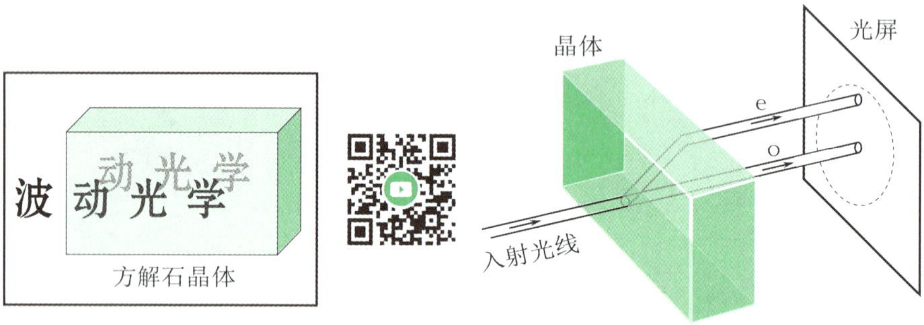

(a) 各向异性晶体　　(b) o光和e光

图 10－12　双折射现象

2. 晶体的光轴

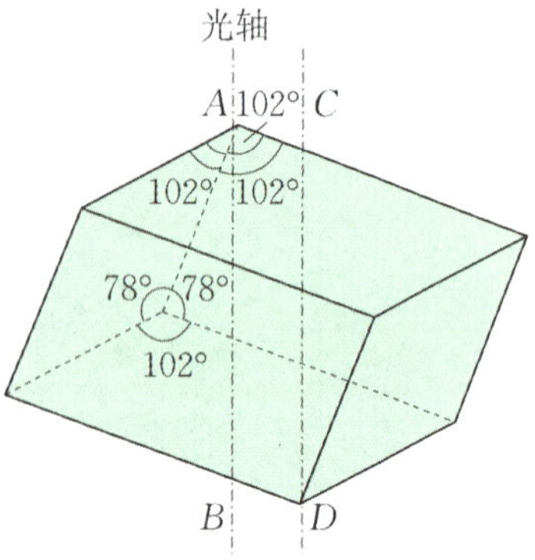

图 10－13　方解石晶体的光轴

实验指出，在晶体内部存在着某些特殊的方向，光沿着这些方向传播时，o 光和 e 光的折射率相等，传播速度也相等，因而不发生双折射. 晶体内部的这个特殊的方向称为晶体的光轴. 光轴仅标志一定的方向，并不限于某一条特殊的直线. 天然方解石晶体是六面棱体，两棱之间的夹角约 78° 或 102°，如图 10－13 所示. 从其三个 102° 钝角相会合的顶点 A 引一条直线，并使该直线与各邻边成等角，这一直线方向就是方解石晶体的光轴，如图中的 AB 直线方向. 晶体中与该直线平行的其他直线，如图中的点划线 CD 也是晶体的光轴.

只有一个光轴的晶体称为单轴晶体，有两个光轴的晶体称为双轴晶体. 方解石、石英、红宝石等是单轴晶体；云母、硫黄、蓝宝石等是双轴晶体.

10.4.2　o 光和 e 光的特性

在晶体中，通常把包含光轴和晶体表面法线的平面称为晶体的主截面，把晶体内任一光线和光轴构成的平面称为该光线的主平面. 由 o 光和光轴所构成的平面，就是 o 光的主平面；由 e 光和光轴所构成的平面，就是 e 光的主平面. o 光和 e 光都是线偏振光，但它们的光矢量的振动方向不同，o 光的振动方向垂直于它的主平面；e 光的振动方向平行于它的主平面. 在一般情况下，对应于给定的入射光来说，o 光和 e 光的主平面并不重合，但当光轴位于入射面内时（见图 10－14），这两个主平面是重合的. 在大多数情况下，这两个主平面之间的夹角很小，因而 o 光和 e 光的光振动方向可以认为是互相垂直的.

由于晶体的各向异性的性质，o 光和 e 光在晶体中的传播速度是不同的，o 光沿各个方向的速率相同，因此在晶体中任意一点所引起的子波波面是一球面；e 光沿各个方向的速率不同，所以在晶体中任意一点所引起的子波波面是一旋转椭球面. 两束光只有沿光轴方向传播时，它们的速率才相等，因此上述两子波波面在光轴上相切，在垂直于光轴的方向，两束光的速率相差最大. 如图 10-15 所示，$v_o > v_e$ 的晶体，球面包围椭球面，称为正晶体，如石英；另一类晶体，$v_e > v_o$，椭球面包围球面，称为负晶体，如方解石.

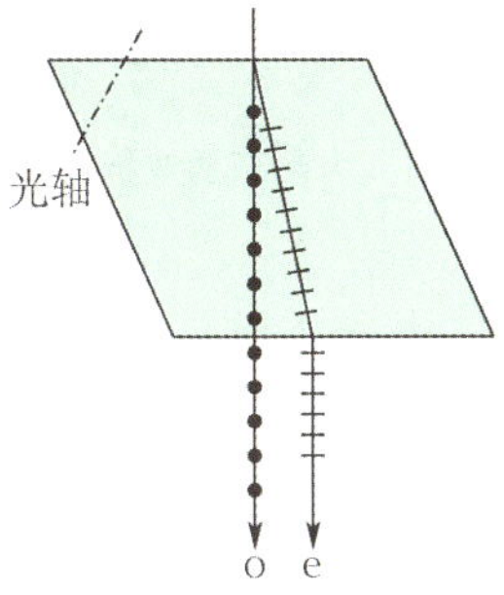

图 10-14　寻常光和非常光

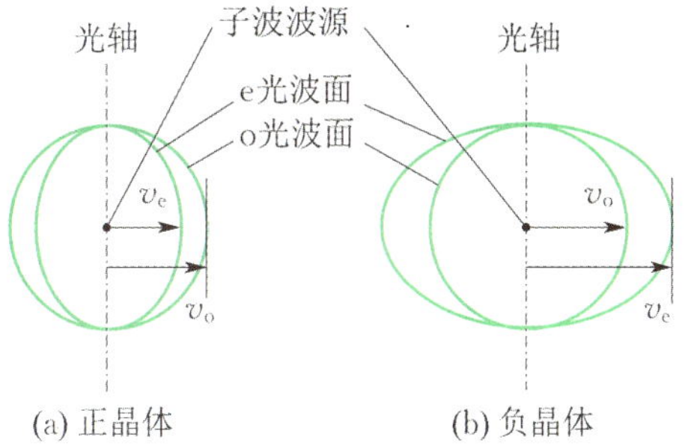

图 10-15　晶体中的子波波阵面

根据折射率的定义，$n = \frac{c}{v}$. 由于 o 光沿各方向的传播速度相同，因此 o 光的折射率 n_o 是一常数；对于 e 光，因其沿各方向的传播速度不同，所以折射率是一变量，通常把真空中的光速与 e 光沿垂直于光轴方向的传播速率之比，称为 e 光的主折射率 n_e. 在正晶体中 $n_e > n_o$，在负晶体中，$n_e < n_o$.

*10.4.3　用惠更斯原理解释双折射现象

自然光入射到晶体上时，波阵面上的每一点都可作为子波源，向晶体内发出球面子波和椭球面子波. 作所有各点发出的子波的包络面，即得晶体中 o 光波面和 e 光波面，从入射点向相应子波波面与公切面的切点作连线，连线方向就是晶体中 o 光和 e 光的传播方向. 下面以负晶体为例，讨论平行光射入晶体的几种特殊情况.

(1) 自然光斜入射晶面，光轴在入射面内，且与晶面斜交.

如图 10-16(a) 所示，AC 是入射波的波阵面，当入射波由 C 点传到 D 点时，自 A 已向晶体内发出球面子波和椭球面子波. 这两个子波的波阵面相切于光轴上的 G 点. 从 D 点画出两个平面 DE 和 DF 分别与两个子波面相切. DE 和 DF 分别是 o 光和 e 光的新波阵面. 引 AE 和 AF 两线，就得到在晶体中传播的 o 光和 e 光两条光线. 由图可见发生了双折射现象.

(2) 自然光垂直入射晶面，光轴在入射面内，且与晶面斜交.

如图 10-16(b) 所示，晶体表面是波阵面. 按照惠更斯原理，波阵面上任意两点 B，D 可看作新的波源，并向晶体内发出球面子波和椭球面子波，它们在光轴方向上相切. 分别作这些球面和椭球面的包络面 EE' 和 FF'，就是 o 光和 e 光的波阵面. 由入射点向切点 E，E' 和 F，F' 引线，得 o 光和 e 光的折射线. 可见 o 光和 e 光的传播方向不同，发生了双折射现象.

(3) 自然光垂直入射晶面，光轴在入射面内，并与晶体表面平行.

如图 10-16(c) 所示，可以看出，o 光和 e 光仍在原方向传播，但是两者的传播速度不同，即 o 光波面和 e 光波面不重合，这种情况我们仍然认为是发生了双折射.

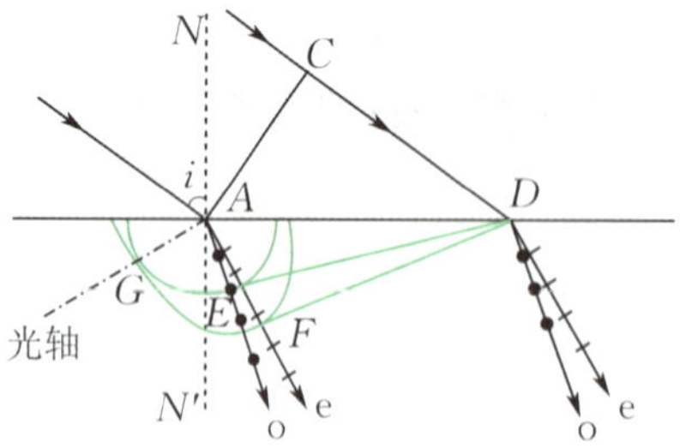

(a) 平面波倾斜地射入方解石的双折射现象

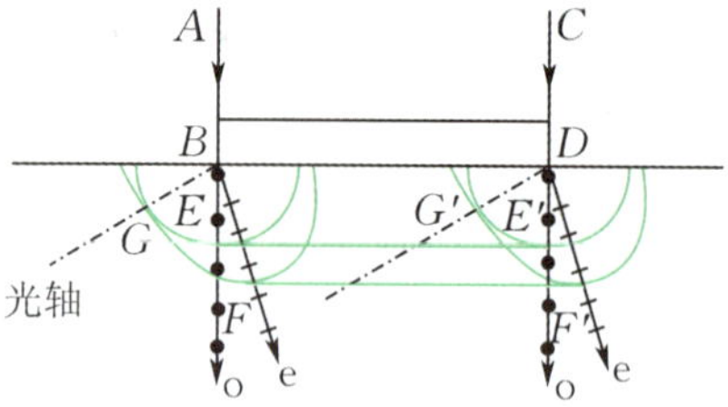

(b) 平面波垂直射入方解石的双折射现象

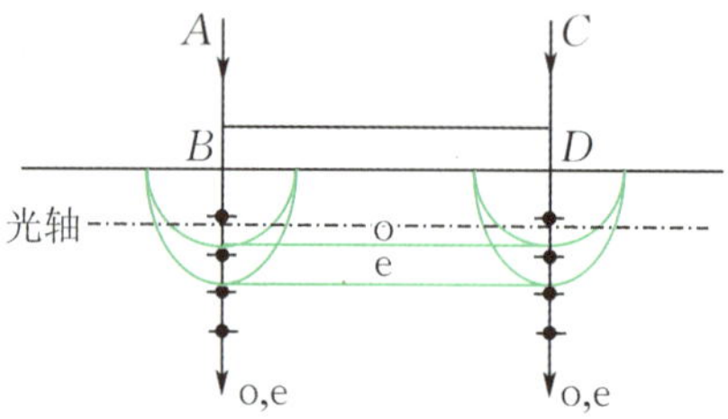

(c) 平面波垂直射入方解石（光轴在折射面内并平行于晶面）的双折射现象

图 10－16　晶体内 o 光和 e 光的传播

10.4.4　偏振棱镜

利用晶体的双折射现象，从一束自然光可以获得振动相互垂直的两束线偏振光，这两束偏振光的分开程度决定于晶体的厚度. 纯净天然晶体的厚度一般都较小，因而两偏振光的分开程度很小，实用价值不大. 下面介绍一种常用的获得偏振光的器件 —— 尼科耳棱镜.

尼科耳棱镜的制作方法如图 10－17(a) 所示，一块长度约为宽度的三倍的方解石晶体，将其两端磨去约 3°，使其主截面的角度由 71° 变为 68°，然后将晶体沿对角线 AN，即与主截面垂直的平面把方解石切成两部分，切面磨光后再用加拿大树胶粘合起来，就构成了尼科耳棱镜. 利用尼科耳棱镜可以很方便地获得线偏振光. 方解石对 o 光的折射率 $n_o = 1.658$，对 e 光的折射率 $n_e = 1.486$，而加拿大树胶的折射率 $n = 1.55$，介于 n_o 和 n_e 之间. 入射自然光从平行于底面 CN 的方向从端面 AC 射入棱镜后分为 o 光和 e 光，到达方解石和树胶层的分界面时，o 光产生全反射而被涂黑了的 CN 面所吸收，而 e 光通过树胶层后从棱镜的另一端面 MN 射出. 这样，自然光通过尼科耳

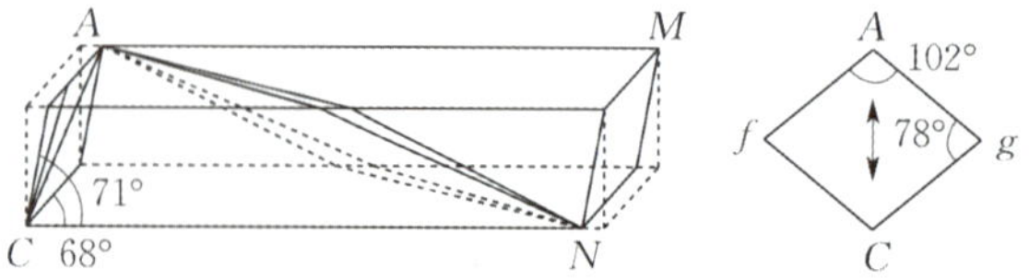

(a)

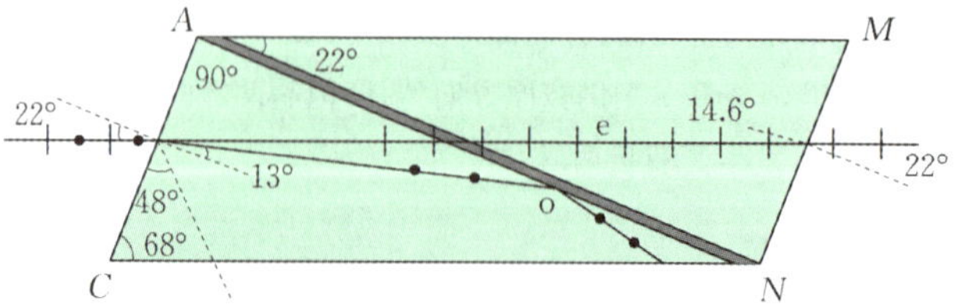

(b)

图 10－17　利用尼科耳棱镜获得线偏振光

棱镜就成为光振动方向平行于主截面的线偏振光,如图 10－17(b) 所示. 尼科耳棱镜既可以用作起偏器,也可以用作检偏器.

*§ 10.5 偏振光的干涉 人为双折射现象

10.5.1 偏振光的干涉

图 10－18 是产生偏振光干涉的实验装置示意图,其中 P_1,P_2 为两偏振化方向正交的偏振片,C 为厚度为 d、光轴平行于晶面的双折射晶片,偏振片 P_1 的偏振化方向与晶体的光轴方向成 α 角. 单色自然光垂直入射偏振片 P_1,设通过 P_1 后线偏振光的振幅为 A,此线偏振光进入晶体 C 后产生双折射,o 光垂直自己的主平面,e 光平行自己的主平面. 通过晶片 C 后,o 光和 e 光的振幅为

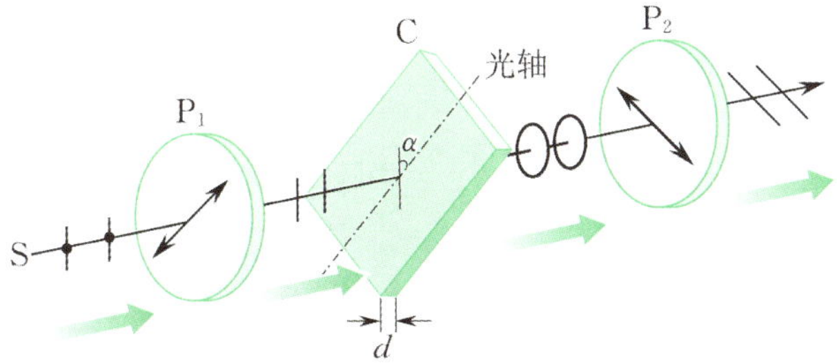

图 10－18 偏振光干涉实验装置示意图

$$A_o = A\sin\alpha,\quad A_e = A\cos\alpha.$$

o 光、e 光沿同一方向传播,但 $v_o \neq v_e$ 即 $n_o \neq n_e$,通过晶片 C 后,o 光、e 光的光程差为

$$\delta = (n_o - n_e)d,$$

或相位差为

$$\Delta\varphi = \frac{2\pi}{\lambda}(n_o - n_e)d. \tag{10-3}$$

虽然通过晶片 C 后,o 光、e 光频率相同,且有恒定相位差,但 o 光、e 光振动方向互相垂直,不满足相干条件. 要获得偏振光干涉,还必须在晶片 C 后再加一偏振片 P_2,P_2 的作用是把两个相互垂直的光振动引到同一直线方向上来. 因为只有与 P_2 偏振化方向相同的光振动才能通过. 这样,在 P_2 后面就得到了两束振动方向相同、频率相同、相位差恒定的相干光.

通过 P_2 后,由图 10－19 可知,o 光、e 光的振幅为

$$A_{2o} = A_o\cos\alpha = A\sin\alpha\cos\alpha,$$
$$A_{2e} = A_e\sin\alpha = A\sin\alpha\cos\alpha,$$

即 $A_{2o} = A_{2e}$,两相干偏振光的振幅相等,振动方向又在同一直线上,若在 P_2 后面竖一屏幕,在屏幕上应可以看到偏振光的干涉.

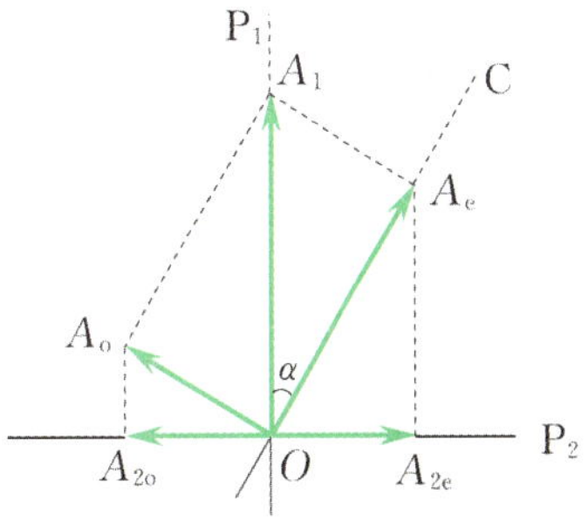

图 10－19 两束相干偏振光的振幅

从图 10－19 还可以看出,A_{2o} 和 A_{2e} 的方向相反,表明从晶片 C 射出时,两束光通过偏振片 P_2 后,产生了附加的相位差 π. 这样,从偏振片 P_2 射出的两束相干光总的相位差应为

$$\Delta\varphi = \frac{2\pi}{\lambda}(n_o - n_e)d + \pi. \tag{10-4}$$

根据干涉加强、减弱的条件,当 $\Delta\varphi = \pm 2k\pi$ 或 $(n_o - n_e)d = \pm(2k-1)\dfrac{\lambda}{2}$,$k = 1,2,\cdots$ 时,干涉加强;当 $\Delta\varphi =$

$\pm(2k+1)\pi$ 或$(n_o-n_e)d=\pm k\lambda, k=1,2,\cdots$ 时,干涉减弱.

由此可见,当用单色偏振光照射时,如果晶片厚度均匀,则视场上的光强由晶片的厚度决定,视场呈现最亮、最暗或介于两者之间,但无干涉条纹;当晶片厚度不均匀时,各处干涉情况不同,视场中将出现干涉条纹.当用白光入射时,由于各种波长的光干涉加强和减弱的条件不同,当晶片的厚度一定时,视场将呈现一定彩色;若晶片厚度不均匀,视场将出现彩色条纹,这种现象称为色偏振.

10.5.2 椭圆偏振光和圆偏振光　波片

根据振动合成理论,两振动方向互相垂直、频率相同又有恒定相位差的简谐振动合成后,合振动的轨迹一般是椭圆.图 10-18 中,线偏振光进入晶片 C 产生双折射,出来的 o 光和 e 光振动方向互相垂直,且有恒定相位差,合成后就可以获得椭圆偏振光或圆偏振光.

由式(10-3),当晶片 C 的厚度 d 满足

$$\Delta\varphi=\frac{2\pi}{\lambda}(n_o-n_e)d=\frac{\pi}{2},$$

或光程差 $\delta=(n_o-n_e)d=\dfrac{\lambda}{4}$,则 o 光和 e 光通过晶片后叠加的结果为正椭圆偏振光,称这样厚度的晶片为四分之一波片,即

$$\text{线偏振光}\xrightarrow{\text{四分之一波片}}\text{椭圆(或圆)偏振光}.$$

同理,若晶片 C 的厚度 d 满足

$$\Delta\varphi=\frac{2\pi}{\lambda}(n_o-n_e)d=\pi,$$

或光程差为 $\delta=(n_o-n_e)d=\dfrac{\lambda}{2}$,则 o 光和 e 光通过晶片后叠加的结果仍为线偏振光,但其振动面相对入射的线偏振光转过了 2α 角.称这样的晶片为二分之一波片,即

$$\text{线偏振光}\xrightarrow{\text{二分之一波片}}\text{线偏振光}.$$

10.5.3 人为双折射现象

某些各向同性的非晶体物质本来不具备双折射性质,但在人为条件下(加力或加电场等)可以显示出各向异性而产生双折射现象.下面简单介绍两种人为双折射现象.

1. 光弹效应

塑料、玻璃、环氧树脂等非晶物质,当它们受到机械应力作用时,会呈现光学上的各向异性而表现出双折射性质,这种现象称为光弹效应.利用光弹效应可以研究物体受力后其内部应力的分布情况.把待分析的机械零件用透明材料制成一定比例的模型,如设计扳手时,欲想知道扳手实际使用时其内部应力的分布情况,可用透明的环氧树脂制成模拟扳手,并按实际受力情况用相似理论对模型施力,在各受力部分会产生相应的双折射,通过光弹效应,就可以了解其内部应力的分布.实验表明,在一定范围内,o 光和 e 光的折射率之差与应力 p 成正比,即

$$n_e-n_o=kp,\tag{10-5}$$

式中 k 为应力光学系数,由材料的性质决定.把受力的透明模型取代图 10-18 中的晶片 C,在 P_2 后面的屏幕上便可看到干涉条纹.观察和分析条纹的形状和分布便可以了解物体内部的应力情况.

图 10-20 为一个扳手的塑料模型经模拟实际情况施加作用力后所产生的干涉图样照片.图中有条纹分布的地方表示有应力存在,条纹越密的地方,应力越集中.许多物体的应力分布复杂,实际上是不可能用数学方法分析的,但用这种偏振光干涉的方法却可以直观地表现出来.光弹性方法具有直观、可靠、经济、方便等优点,在工程技术上得到了广泛的应用.

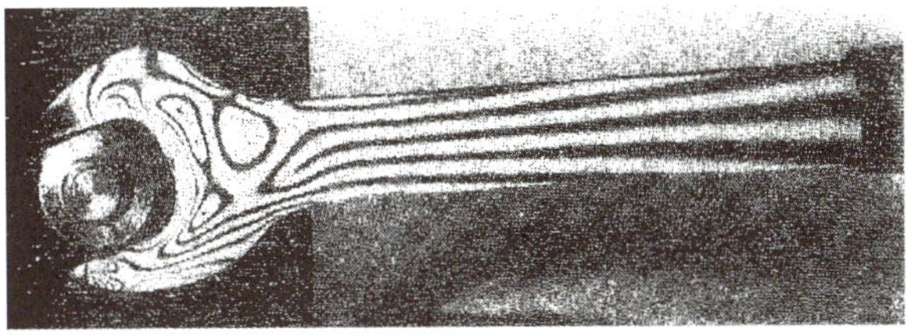

图 10-20　扳手的光测弹性干涉图样

2. 电光效应

有些非晶体或液体在电场的作用下分子会做定向排列，从而具有类似于晶体的各向异性性质，这种现象称为**电光效应**，也称为**电致双折射效应**. 它是由克尔在 1875 年首次发现的，因此也称为**克尔效应**.

电光效应的实验装置如图 10-21 所示. 图中 P_1 和 P_2 是两个偏振化方向正交的偏振片，M 为盛有液体（如硝基苯）的容器，称为克尔盒. 盒内装有长为 l、极间距离为 d 的平行板电极，在不加电场时，没有光通过 P_2. 接通电源（加上电场）后，两极板间的液体将产生双折射. 实验表明，o 光和 e 光的折射率之差正比于电场强度的平方，即

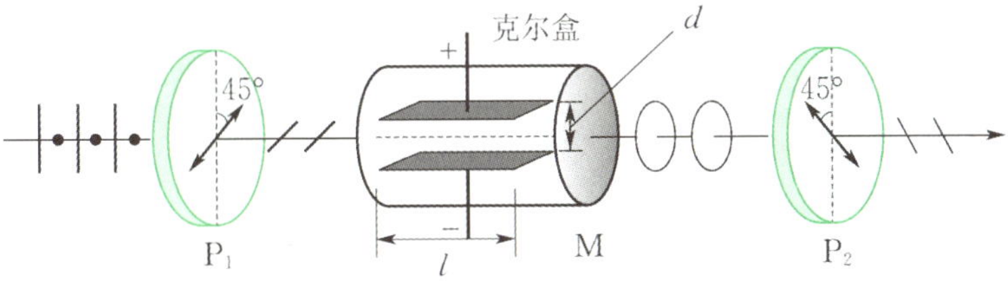

图 10-21　克尔电光效应

$$n_o - n_e = kE^2, \qquad (10-6)$$

式中 k 为克尔常数，其值与液体的种类有关.

克尔效应产生和消失的时间极短，约为 10^{-9} s，利用克尔效应做成的克尔开关作为一种高速开关，广泛应用于许多科学技术领域，例如高速摄影、测距、激光通信等领域.

此外，一些晶体（如压电晶体）在电场作用下会改变其各向异性性质，o 光和 e 光折射率之差与所加电场强度的一次方成正比，这是 1893 年由德国物理学家泡克耳斯（Pockels）发现的，称为**泡克耳斯效应**.

10.5.4　旋光现象

偏振光通过某些物质后，其振动面将以光的传播方向为轴转过一定的角度，这种现象称为**旋光现象**. 能产生旋光现象的物质称为**旋光物质**. 石英晶体、糖溶液、酒石酸溶液等都是旋光物质.

图 10-22 是旋光仪的原理图. A 为起偏器，B 为检偏器，L 为盛有液体旋光物质的管子，L 两端为透明的玻璃片. 观察前，管中没有注入液体，并使 A 和 B 的偏振化方向互相垂直，这时，若以单色自然光照射 A，则透过 B 的光强为零，视场是暗的. 然后将液体旋光物质注入管内，由于偏振面的旋转，在 B 后将看到视场由原来的全暗变为明亮，旋转检偏器 B，使视场再度变为全暗，这时 B 所转过的角度，就是偏振光振动面所转过的角度 $\Delta\varphi$. 实验证明，对溶液性的旋光物质，$\Delta\varphi$ 与其所通过旋光物质的厚度 l 以及溶液的浓度 c 的乘积成正比，即

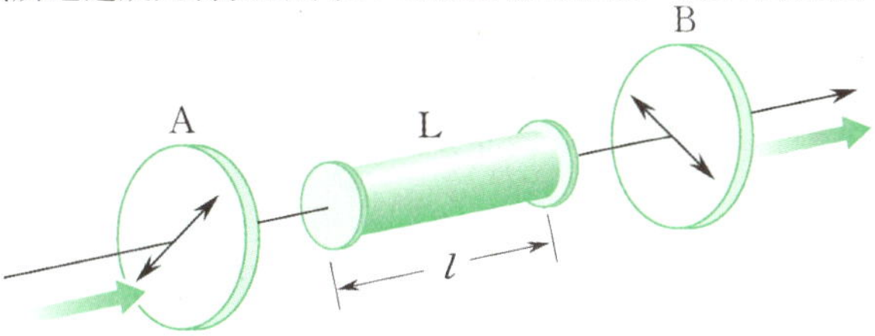

图 10-22　旋光仪

$$\Delta\varphi = \alpha l c, \tag{10-7}$$

式中 α 为与旋光物质的性质、入射光波长有关的常数，称为旋光物质的旋光率. 制糖工业中，测定糖溶液浓度的糖量计就是根据糖溶液的旋光性质而制成的一种仪器. 若已知糖溶液的旋光率 α 和厚度 l，并测得旋转角 $\Delta\varphi$，就可由式(10-7)算出糖溶液浓度 c.

有的旋光物质使偏振光的振动面顺时针方向旋转，称为右旋物质，反之称为左旋物质.

思考题

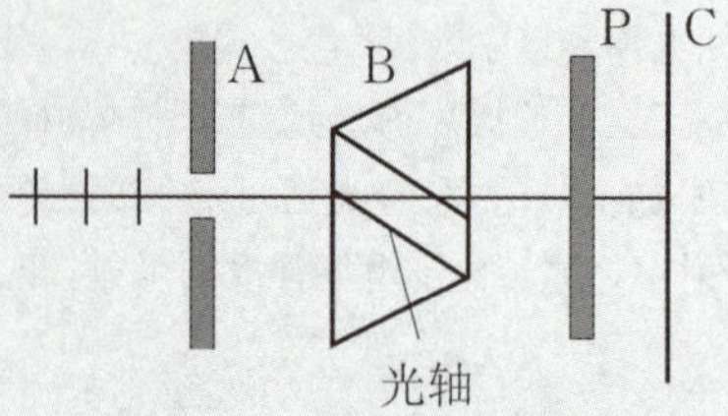

图 10-23

10-5 如图 10-23 所示，A 是一块开有小孔的金属挡板，B 是一块方解石，其光轴方向在纸面内，P 是一块偏振片，C 是屏幕. 一束平行的自然光穿过小孔后，垂直入射到方解石的端面上，当以入射光线为轴，转动方解石时，在屏幕 C 上能看到什么现象？

10-6 单色光通过两个偏振化方向正交的偏振片，若在两偏振片之间插入一双折射晶片，问在下述两种情况下，能否观察到干涉图样？

(1) 晶片的光轴方向与第一个偏振片的偏振化方向平行.

(2) 晶片的光轴方向与第一个偏振片的偏振化方向垂直.

阅读材料(9)

液　晶

液晶是一种介于固体和液体之间的物质中间相，既具有液态的流动性，又具有晶体的各向异性. 人们熟悉的物质状态(又称为相)为气、液、固，而液晶作为独特的中间相是由特殊形状分子组合而成的高分子材料，它们可以流动，又具有结晶的物理性质. 因为其特殊的物理、化学、光学特性，20 世纪中叶开始而被广泛地应用.

1888 年，奥地利植物学家莱尼茨尔(F. Reinitzer)用胆甾醇苯酸酯做实验时发现它有两个熔点：在 145.5 ℃ 时，固态晶体熔成浑浊的液体，而在 178.5 ℃ 时，它又突然地变成清澈透明的液体. 后来，德国物理学家雷曼(O. Lehmann)通过实验确信它是一种新的物质态，把这种处于"中间地带"的浑浊液体叫作液晶. 莱尼茨尔和雷曼后来被誉为液晶之父. 液晶分子的形状呈棒状，宽约十分之几纳米，长为数纳米，长度约为宽度的 4～8 倍. 它有较强的电偶极矩和容易极化的化学团，分子间作用力比固体弱. 微小的外部能量——电场、磁场、热能等就能实现各分子状态间的转变，从而引起液晶的光、电、磁的物理性质发生变化. 图 10-24 显示出液晶分子排列的三种类型：向列相、胆甾相和近晶相.

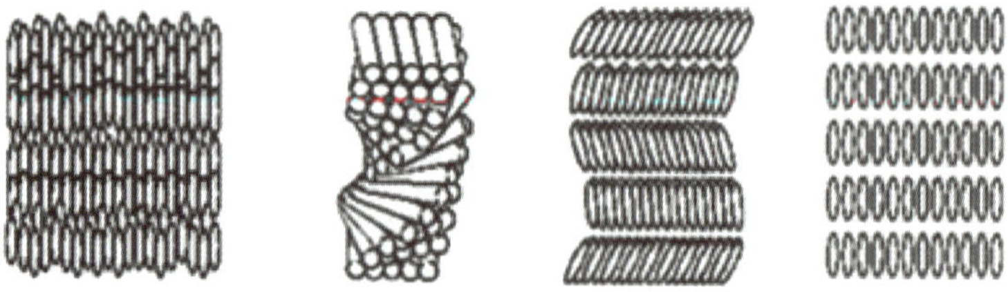

(a) 向列相　(b) 胆甾相　(c) 近晶相A　(d) 近晶相C

图 10-24　液晶分子排列的三种类型

近晶相(smectic)(如对氧化偶氮苯甲醚[$CH_3OC_6H_4(NO)=NC_6H_4OCH_3$])是所有液晶中具有最接近结晶结构的一类. 棒状分子依靠所含官能团提供的垂直于分子的长轴方向的强有力的相互作用，排列成整齐的层状结构，分子能在层内滑动，但不能在上下层之间移动. 材料表现出黏度和表面张力都比较大，对外界电、磁、温度等的变化不敏感. 向列相(nematic)(如油酸铵[$CH_3(CH_2)_7CH=CH(CH_2)_7COONH_4$])是最简单的液晶相. 棒状分子排列只是一维有序，分子长轴方向上相互近似平行，分子运动比较自由，能上下、左右、前后滑动，具有相当大的流动性. 液晶分子对外界电、磁、温度、应力都比较敏感，是液晶显示的主要材料. 胆甾相(cholesteric)(如苯甲酸胆甾酶酯[$C_6H_5COOC_{27}H_{45}$]) 实际上是向列相的一种畸变状态. 液晶的分子排列成层，层内分子长轴相互平行，且平行于层面. 相邻两层分子长轴有一微小扭角(约 15 分)，多层扭转呈螺旋形，旋转 360° 的层间距离称为螺距，螺距大致与可见光波长相当. 胆甾相对温度特别敏感，会随冷热而改变颜色. 通过左、右旋胆甾相的适当混合或在一定的电场、磁场作用下，易使其转变为向列相液晶.

对于液晶态的研究，通常采用的物理手段是利用液晶态的光学双折射现象，在带有控温热台的偏光显微镜下，可以观察液晶物质的组织结构，测定转变温度. 例如，利用正交偏光显微镜的平行光系统观察液晶薄膜(厚度约 10 ~ 100 μm) 的图像，特别是包括消光点或者其他形式的消光结构乃至颜色的差异等. 热分析研究液晶态，可以利用差式扫描量热仪(DSC/DTA) 直接测定液晶相变时的热效应及其转变温度，但不能直接观察液晶形态，并且少量杂质出现的吸热峰或者放热峰，也会影响液晶态的准确判断. 除此之外，还有 X 射线衍射、电子衍射、核磁共振、电子自旋共振、流变学和流变光学等手段.

自发现液晶后，人们开始并不知道它有何用途，直到 1968 年，才把它作为电子工业上的材料. 液晶的电光效应，即它的干涉、散射、衍射、旋光、吸收等受电场调制的光学现象，使它成为当前最主要的光电显示材料. 液晶种类很多，通常按液晶分子的中心桥键和环的特征进行分类. 目前已合成了 1 万多种液晶材料，其中常用的液晶显示材料就有上千种，主要有联苯液晶、苯基环己烷液晶及酯类液晶等. 液晶材料用于显示，是利用它在电场作用下光学性质发生变化，从而对外部入射光产生调制. 单一液晶材料不能满足显示技术的各种要求，实用中是用 30 多种单质液晶组成的混合液晶. 液晶显示材料具有明显的优点：驱动电压低、功耗微小、可靠性高、显示信息量大、彩色显示、无闪烁、对人体无危害、生产过程自动化、成本低廉、可以制成各种规格和类型的液晶显示器和便于携带等. 用液晶材料制成的计算机终端和电视机已进入千家万户，渗透到我们生活的各个方面. 液晶显示技术对成像显示的产品结构产生了深刻影响，促进了微电子技术和光电信息技术的发展.

液晶显示器(见图 10 - 25) 或称 LCD(liquid crystal display)，是一种平面超薄的显示设备，它由一定数量的像素组成，每个像素由悬浮于两个透明电极 —— 氧化铟锡(ITO) 间的一列液晶分子和两个偏振方向互相垂直的偏振过滤片构成. 其显示原理如下：自然光经过一偏振片后变为线性偏振光，由于液晶分子在盒子中的扭曲螺距远比可见光波长大得多，当沿取向膜表面的液晶分子排列方向一致或正交的线性偏振光入射后，其偏光方向在经过整个液晶层后会扭曲 90°，由另一侧射出，正交偏振片起到透光的作用；如果在液晶盒上施加一定值的电压，液晶长轴开始沿电场方向倾斜，当电压达到约 2 倍阈值电压后，除电极表面的液晶分子外，所有液晶盒内两电极之间的液晶分子都变成沿电场方向的再排列，这时 90° 旋光的功能消失，在正交偏振片间失去了旋光作用，使器件不能透光. 正是利用这种给液晶盒通电或断电的办法使光改变其透或遮状态，从而实现显示.

图 10 - 25 液晶显示屏

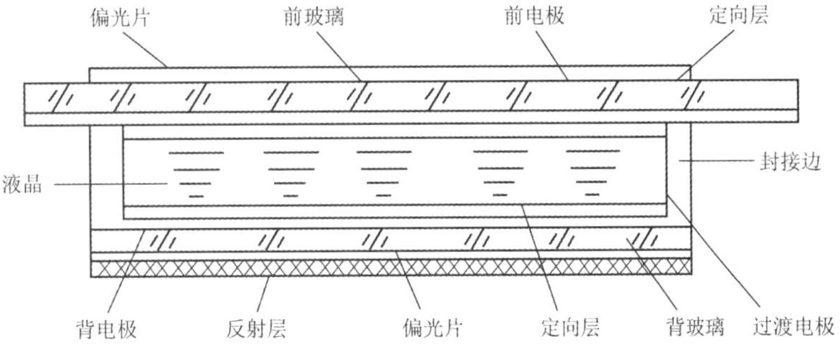

图 10 - 26 TN - LCD 液晶盒

图 10 - 26 是扭曲向列型液晶盒的基本结构. 在两块带有氧化铟锡透明导电电极的玻璃基板上涂有聚酰亚胺聚合物薄膜(称为取向层)，用摩擦的方法在薄膜上形成平行微细沟槽. 在严格保证两块基板上沟槽方向正交的条件下，将两块基板密封成间隙只有几个微米的液晶盒，用真空压注法灌入 P 型向列相液晶并密封. 由于上下基板上取向槽方向正交，液晶分子从上到下扭曲 90°. 在液晶盒玻璃基板外面粘贴上偏振片，保证其透光方向与该基片上的摩擦方向一致.

图10-27示出了TN-LCD的工作原理. 入射光经过上偏振片变为线偏振光,液晶盒未加电时,其偏振面将顺着液晶分子扭曲方向旋转. 液晶分子长轴90°的扭曲导致了90°的旋光. 这样入射光就可透过下偏振片,呈现亮场. 当在ITO电极上加电压,使电场大于阈值场强,液晶分子长轴就沿电场方向垂直排列,丧失了旋光能力. 这样入射线偏振光的偏振方向不变,不能通过下偏振片,呈现黑色.

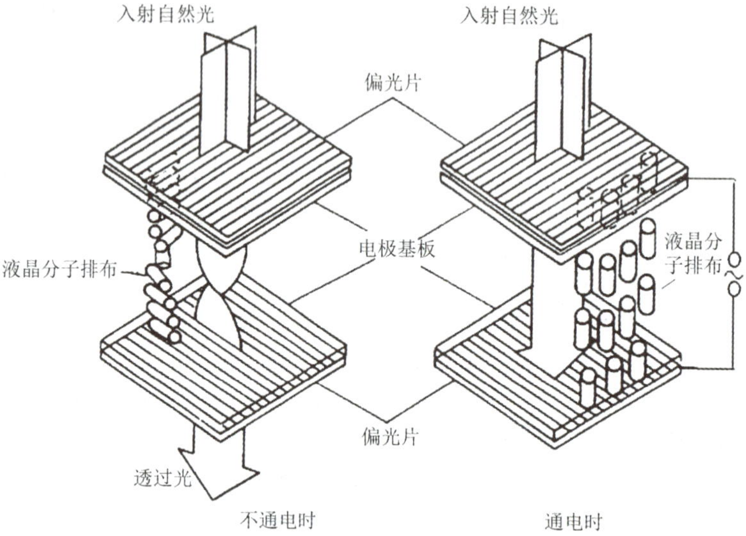

图10-27 TN-LCD的工作原理

采用光刻技术使得ITO玻璃上的显示电极可以是段式电极(用于显示数字和字母)、固定图形电极(用于显示固定符号、图形)和矩阵型电极(可任意显示). 根据待显示的文字、图形加电压到相应电极上,文字、图形便以黑色显示出来. 白底黑字称为正显示,若想要黑底白字(负显示),只要上下偏振片透光方向平行.

要实现彩色显示,可通过彩色滤色器将每个像素分成三个单元,附加的滤光片分别标记三个基色:红色(R)、绿色(G)和蓝色(B),三基色点阵对应的像素便产生了成千上万甚至上百万种颜色. 随着对显示器影像品质的需求不断地提升,在液晶材料、电路设计及驱动方式上,已取得了长足的进步. 例如,有源矩阵液晶显示器件(AM-LCD)采取在每一个像素上设计一个非线性的有源器件,使每个像素可以被独立驱动,克服交叉效应,可以提高液晶的分辨率和多灰度级显示. 最典型的是薄膜晶体管液晶显示器件(TFT-LCD),它是在每一个像素上都串入一个薄膜晶体管,晶体管的栅极G接扫描电压,漏极D接信号电压,源极S接ITO像素电极,与液晶像素串联,是目前性能较好的有源矩阵液晶显示器件. 由于LCD具有上述优点,使它成为应用最广泛的平板显示器之一. 应用于钟表、计算器、仪器仪表、手机等显示,还有计算机液晶显示器、液晶彩电、液晶投影机等,市场十分广阔.

习题10

选择题

10-1 两偏振片叠在一起,一束自然光垂直入射其上时没有光线通过. 当其中一偏振片慢慢转动180°时透射光强度发生的变化为( ).

(A) 光强不变

(B) 光强单调增加

(C) 光强先增加,后又减小至零

(D) 光强先增加,然后又减小,再增加,再减小至零

10-2 一束自然光自空气射向一块平板玻璃,如图10-28所示. 设入射角为起偏振角 i_0,在界面2处的反射光透过玻璃后的光线 B( ).

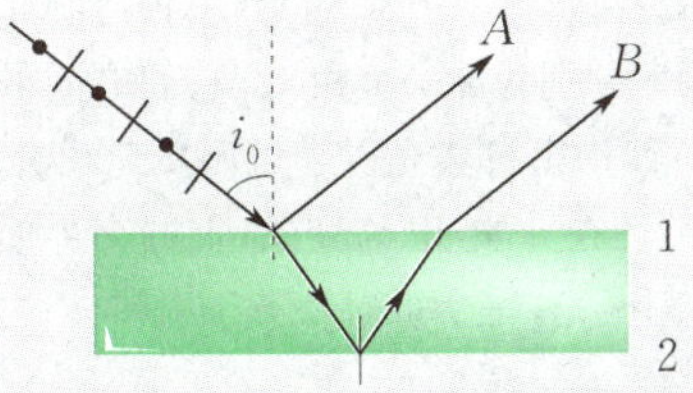

图 10-28

(A) 是自然光

(B) 是部分偏振光

(C) 是线偏振光且光矢量的振动方向平行于入射面

(D) 是线偏振光且光矢量的振动方向垂直于入射面

10-3 两个偏振片堆叠在一起，它们的偏振化方向之间的夹角为 60°，设两者对光无吸收，光强为 I_0 的自然光垂直入射在偏振片上，则出射光强为(　　).

(A) $\frac{I_0}{8}$　　(B) $\frac{I_0}{4}$

(C) $\frac{3}{8}I_0$　　(D) $\frac{3}{4}I_0$

10-4 一束光强为 I_0 的自然光，相继通过三个偏振片 P_1，P_2，P_3 后，出射光的强度为 $I=\frac{I_0}{8}$. 已知 P_1 和 P_3 的偏振化方向相互垂直，若以入射光线为轴旋转 P_2，要使出射光的强度为零，P_2 至少要转过的角度是(　　).

(A) 90°　　(B) 60°

(C) 45°　　(D) 30°

10-5 某透明媒介对于空气的临界角(指全反射)等于 45°，光从空气射向此介质的布儒斯特角是(　　).

(A) 35.3°　　(B) 40.9°

(C) 57.3°　　(D) 54.7°

10-6 如图10-29所示，$ABCD$ 为一块方解石的一个截面，AB 为垂直于纸面的晶体平面与纸面的交线，光轴方向在纸面内且与 AB 成一锐角 θ；一束平行的单色自然光垂直于 AB 端面入射，在方解石内折射光分解为 o 光和 e 光，则 o 光和 e 光的(　　).

(A) 传播方向相同，光矢量的振动方向相互垂直

(B) 传播方向相同，光矢量的振动方向不相互垂直

(C) 传播方向不同，光矢量的振动方向相互垂直

(D) 传播方向不同，光矢量的振动方向不相互垂直

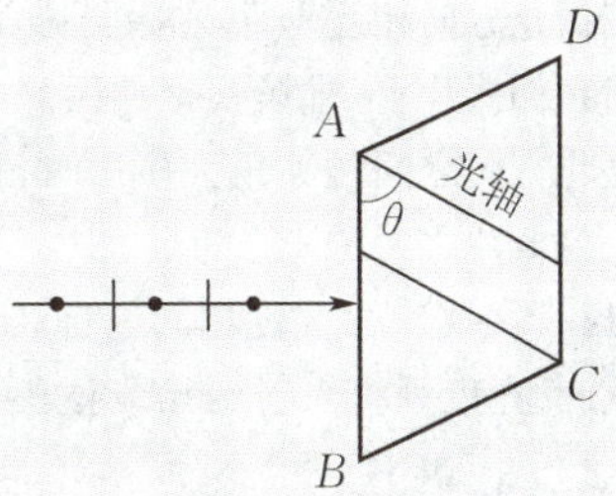

图 10-29

填空题

10-7 要使一束线偏振光通过偏振片之后振动方向转过 90°，至少需要让这束光通过________块理想偏振片. 在此情况下，透射光强最大是原来光强的________倍.

10-8 用相互平行的一束自然光和一束线偏振光构成的混合光垂直照射在一偏振片上，以光的传播方向为轴旋转偏振片时，发现透射光强的最大值为最小值的 5 倍，则入射光中，自然光强 I_0 与线偏振光强 I 之比为________.

10-9 在两个偏振化方向正交的偏振片之间平行于偏振片插入一厚度为 d 的双折射晶片，晶片对 o 光、e 光的折射率为 n_o 和 n_e. 晶片光轴平行于晶面且与前一偏振片的偏振化方向间有一夹角. 一单色自然光垂直入射于系统，通过后一偏振片射出的两束光的振幅大小为________，它们的相位差 $\Delta\varphi=$________.

计算题

10-10 一束自然光以 58°角入射到玻璃表面时，发现反射光成为线偏振光，求：

(1) 折射光的折射角；

(2) 玻璃的折射率.

10-11 使自然光通过两个偏振化方向成 60°角的偏振片，透射光的强度为 I_1，今在两个偏振片之间再插入一个偏振片，它的偏振化方向与前后两个偏振片的偏振化方向成 30°角，则透射光强度为多大?

10-12 两个偏振片堆叠在一起，它们的偏振化方向之间的夹角为 60°，设两者对光无吸收，光强为 I_0 的线偏振光垂直入射在偏振片上，该光束的光矢量振动方向与两偏振片的偏振化方向皆成 30°角.

(1) 求透过每个偏振片后的光强度；

(2) 若将入射光换为强度相同的自然光，求透过每个偏振片后的光强度.

10-13 有三个偏振片叠在一起，已知第一个与

第三个的偏振化方向相互垂直，一束光强为 I_0 的自然光垂直入射在偏振片上，求第二个偏振片与第一个偏振片的偏振化方向之间的夹角为多大时，该入射光连续通过三个偏振片之后的光强为最大.

*10-14　一光束由强度相同的自然光和线偏振光混合而成. 此光束垂直入射到几个叠在一起的偏振片上.

(1) 欲使最后出射光振动方向垂直于原来入射光中线偏振光的振动方向，并且入射光中两种成分的光的出射光强相等，至少需要几个偏振片?它们的偏振化方向应如何放置?

(2) 这种情况下最后出射光强与入射光强的比值是多少?

10-15　如图 10-30 所示，三种透明介质 Ⅰ，Ⅱ，Ⅲ 的折射率分别为 n_1，n_2 和 n_3，它们之间的两个交界面互相平行. 一束自然光以起偏振角 i_0 由介质 Ⅰ 射向介质 Ⅱ，欲使在介质 Ⅱ 与介质 Ⅲ 的交界面上的反射光也是线偏振光，三个折射率 n_1，n_2 和 n_3 之间应满足什么关系?

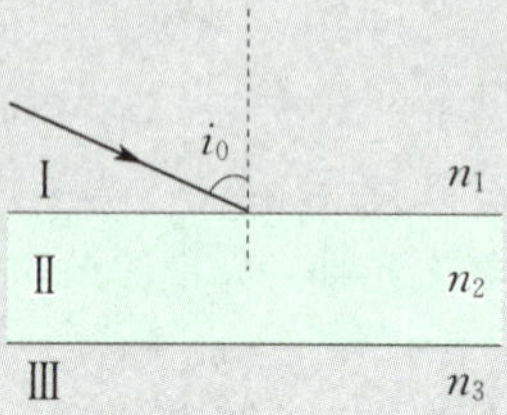

图 10-30

附　　录

附录 1　　矢　　量

1. 矢量及其表示

大学物理学中，常涉及两类物理量：一类是只有大小和正负，而没有方向的量，如质量、长度、时间、能量、温度等，这类物理量称为标量．另一类是既有大小又有方向的物理量，如力、位移、速度、加速度、动量等，这类物理量称为矢量．矢量的加减法遵从平行四边形或三角形运算法则．

印刷中矢量常用黑体字母（例如 $\boldsymbol{A}$）表示；手书写时用字母上面加箭头（例如 $\vec{A}$）表示矢量．矢量可用一条带有方向的线段来图示，线段长度表示矢量的大小，箭头指向表示矢量的方向，如图 1 所示．运算时矢量可以平移．

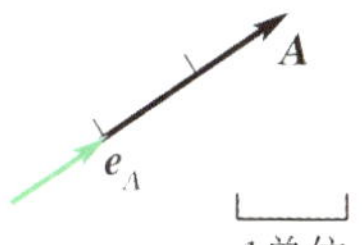

图 1　矢量的图示

矢量的大小称为矢量的模，矢量 $\boldsymbol{A}$ 的模常用符号 $|\boldsymbol{A}|$ 或 A 表示．如果矢量 $\boldsymbol{e}_A$ 的模等于 1，且方向与矢量 $\boldsymbol{A}$ 相同，则 $\boldsymbol{e}_A$ 称为矢量 $\boldsymbol{A}$ 方向上的单位矢量．

引入单位矢量后，矢量 $\boldsymbol{A}$ 可以表示为

$$\boldsymbol{A} = |\boldsymbol{A}|\boldsymbol{e}_A = A\boldsymbol{e}_A.$$

直角坐标系中，x, y, z 轴正向的单位矢量通常用 $\boldsymbol{i}, \boldsymbol{j}, \boldsymbol{k}$ 表示，而自然坐标系中切向和法向的单位矢量则通常用 $\boldsymbol{e}_\mathrm{t}$ 和 $\boldsymbol{e}_\mathrm{n}$ 表示．

2. 矢量的合成与分解

（1）两矢量的合成——平行四边形法则

设有两个矢量 $\boldsymbol{A}$ 和 $\boldsymbol{B}$，如图 2 所示．将它们相加时，先将两矢量平移，让它们的始端重合，然后以这两个矢量为邻边作平行四边形，其对角线即为两矢量的和，用矢量 $\boldsymbol{C}$ 表示，即

$$\boldsymbol{C} = \boldsymbol{A} + \boldsymbol{B} = \boldsymbol{B} + \boldsymbol{A}.$$

$\boldsymbol{C}$ 称为合矢量，而 $\boldsymbol{A}$ 和 $\boldsymbol{B}$ 称为 $\boldsymbol{C}$ 矢量的分矢量．因为平行四边形的对边平行且相等，所以两矢量合成的平行四边形法则可简化为三角形法则，即以矢量 $\boldsymbol{A}$ 的末端为起点，作矢量 $\boldsymbol{B}$（见图 2(b)），由 $\boldsymbol{A}$ 的起点画到 $\boldsymbol{B}$ 的末端的矢量就是合矢量 $\boldsymbol{C}$．同样，如以矢量 $\boldsymbol{B}$ 的末端为起点，作矢量 $\boldsymbol{A}$，由 $\boldsymbol{B}$ 的起点画到 $\boldsymbol{A}$ 的末端的矢量也是合矢量 $\boldsymbol{C}$，即矢量的加法满足交换律．

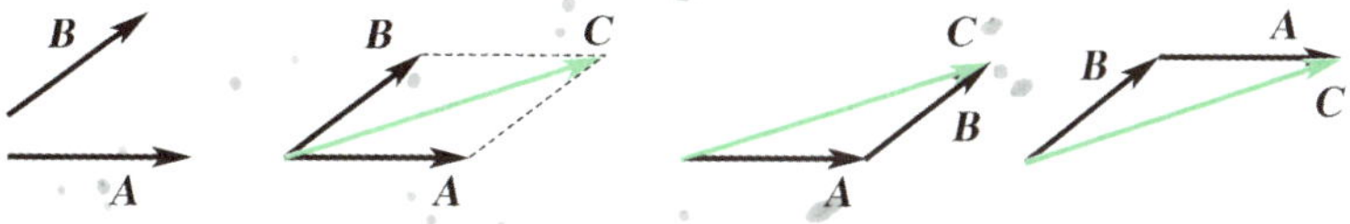

(a) 平行四边形法则　　(b) 三角形法则

图 2　两矢量的合成

(2) 多个矢量的合成 —— 多边形法则

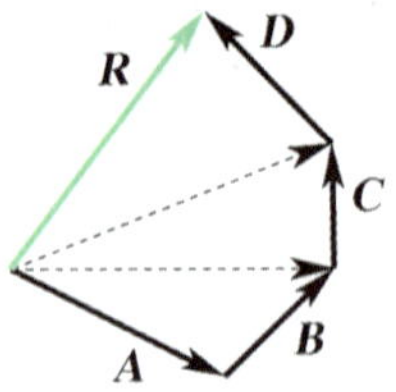

图 3 多个矢量的合成

求多个矢量的合成时,可根据三角形法则,先求其中两个矢量的合矢量,然后将该矢量与第3个矢量相加,求出这3个矢量的合矢量,依此类推,就可以求出多个矢量的合矢量(见图 3). 从图中可以看出,如果在第 1 个矢量的末端画出第 2 个矢量,再在第 2 个矢量的末端画出第 3 个矢量…… 即把所有相加的矢量首尾相连,然后由第 1 个矢量的起点到最后 1 个矢量的末端作一矢量,这个矢量就是它们的合矢量. 由于所有的分矢量与合矢量在矢量图上围成一个多边形,这种求合矢量的方法称为多边形法则.

(3) 矢量的分解 —— 正交分解法

两个或多个矢量可以合成一个矢量,同样,一个矢量也可以分解为两个或多个矢量. 任意分解显然没有实际意义,一般常将一个矢量沿直角坐标轴分解(正交分解). 由于坐标轴的方向已确定,任一矢量分解在各坐标上的分矢量只需用带有正、负号的数值表示即可,这些分矢量的量值都是标量,一般称为分量. 图 4 和图 5 分别为平面矢量的分解和空间矢量的分解.

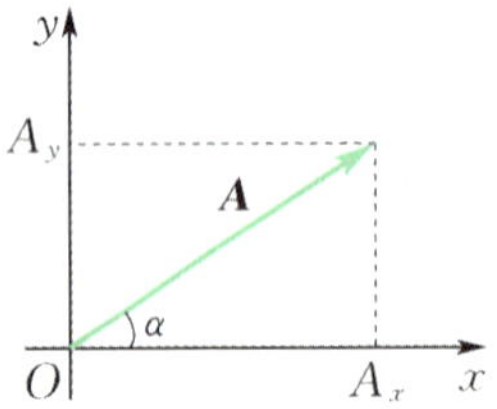

图 4 平面矢量的分解

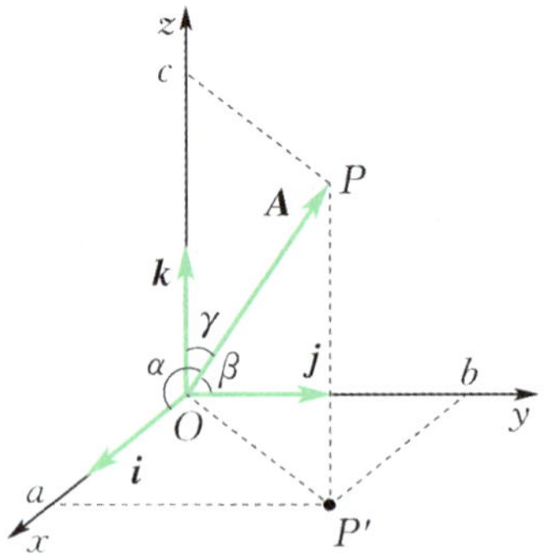

图 5 空间矢量的分解

图 4 中,**A** 可表示为

$$\boldsymbol{A} = A_x\boldsymbol{i} + A_y\boldsymbol{j} = A\cos\alpha\boldsymbol{i} + A\sin\alpha\boldsymbol{j},$$

其中 $A_x = A\cos\alpha$,$A_y = A\sin\alpha$ 为矢量 **A** 在 x 和 y 轴上的分量.

A 的大小为

$$A = |\boldsymbol{A}| = \sqrt{A_x^2 + A_y^2},$$

A 的方向 α 满足

$$\tan\alpha = \frac{A_y}{A_x}.$$

图 5 中 **A** 可表示为

$$\boldsymbol{A} = \overrightarrow{OP'} + \overrightarrow{Oc} = \overrightarrow{Oa} + \overrightarrow{Ob} + \overrightarrow{Oc} = A_x\boldsymbol{i} + A_y\boldsymbol{j} + A_z\boldsymbol{k},$$

其中 $A_x = |Oa|$,$A_y = |Ob|$,$A_z = |Oc|$ 为矢量 **A** 在 x,y,z 轴上的分量.

A 的大小为

$$A = |\boldsymbol{A}| = \sqrt{A_x^2 + A_y^2 + A_z^2},$$

A 的方向用三个方向余弦表示:

$$\cos\alpha = \frac{A_x}{A}, \quad \cos\beta = \frac{A_y}{A}, \quad \cos\gamma = \frac{A_z}{A}.$$

(4) 两矢量相减

设有两个矢量 **A** 和 **B**,如图 6(a) 所示. 将它们相减时,先将两矢量平移,让它们的始端重合,然后从减矢量的末端向被减矢量的末端作一矢量,该矢量即为两矢量的差,用矢量 **D** 表示,即

$$\boldsymbol{D} = \boldsymbol{A} - \boldsymbol{B} = \boldsymbol{A} + (-\boldsymbol{B}).$$

矢量相减也可写成加负矢量，然后用平行四边形或三角形作图法求解，如图 6(b) 所示.

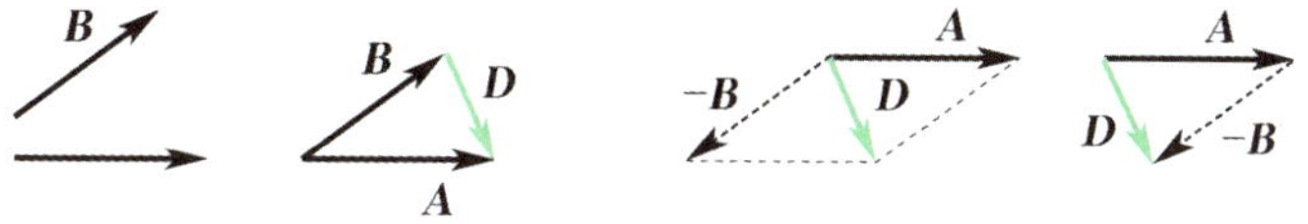

(a) 三角形法则　　(b) 平行四边形法则

图 6　两矢量相减

3. 矢量的代数运算

如果已知两矢量的坐标分量表达式，如 $\boldsymbol{A}=A_x\boldsymbol{i}+A_y\boldsymbol{j}+A_z\boldsymbol{k}$，$\boldsymbol{B}=B_x\boldsymbol{i}+B_y\boldsymbol{j}+B_z\boldsymbol{k}$，作如下代数运算.

(1) 两矢量的和与差

$$\boldsymbol{A}\pm\boldsymbol{B}=(A_x\pm B_x)\boldsymbol{i}+(A_y\pm B_y)\boldsymbol{j}+(A_z\pm B_z)\boldsymbol{k},$$

即两矢量的和与差等于它们同名坐标的和与差.

(2) 矢量的数乘

矢量 $\boldsymbol{A}$ 与一个数 m 相乘，得到的是另一个矢量 $m\boldsymbol{A}$，其大小为 mA，如果 $m>0$，其方向与 $\boldsymbol{A}$ 相同；如果 $m<0$，其方向与 $\boldsymbol{A}$ 相反.

(3) 两矢量的点乘(标积)

$$\boldsymbol{A}\cdot\boldsymbol{B}=AB\cos\alpha,$$

式中 α 为 $\boldsymbol{A}$ 与 $\boldsymbol{B}$ 的夹角. 两矢量点乘等于两个矢量的大小乘以它们夹角的余弦，其结果为一标量. 两矢量点乘有如下性质：

① $\boldsymbol{A}/\!/\boldsymbol{B}$，$\boldsymbol{A}\cdot\boldsymbol{B}=AB$；

② $\boldsymbol{A}\perp\boldsymbol{B}$，$\boldsymbol{A}\cdot\boldsymbol{B}=0$；

③ $\boldsymbol{A}\cdot\boldsymbol{B}=\boldsymbol{B}\cdot\boldsymbol{A}$.

单位矢量的点乘

$$\boldsymbol{i}\cdot\boldsymbol{i}=\boldsymbol{j}\cdot\boldsymbol{j}=\boldsymbol{k}\cdot\boldsymbol{k}=1,\quad \boldsymbol{i}\cdot\boldsymbol{j}=\boldsymbol{j}\cdot\boldsymbol{k}=\boldsymbol{k}\cdot\boldsymbol{i}=0.$$

利用上述性质，可得 $\boldsymbol{A}$，$\boldsymbol{B}$ 两矢量点乘的结果为

$$\boldsymbol{A}\cdot\boldsymbol{B}=(A_x\boldsymbol{i}+A_y\boldsymbol{j}+A_z\boldsymbol{k})\cdot(B_x\boldsymbol{i}+B_y\boldsymbol{j}+B_z\boldsymbol{k})=A_xB_x+A_yB_y+A_zB_z.$$

(4) 两矢量的叉乘(矢积)

$$\boldsymbol{A}\times\boldsymbol{B}=\boldsymbol{C},\quad C=|\boldsymbol{C}|=AB\sin\theta,$$

式中 θ 为 $\boldsymbol{A}$ 与 $\boldsymbol{B}$ 的夹角. 两矢量叉乘的结果为一矢量 $\boldsymbol{C}$，$\boldsymbol{C}$ 的大小等于两个矢量的大小乘以它们夹角的正弦，$\boldsymbol{C}$ 矢量的方向垂直于 $\boldsymbol{A}$ 和 $\boldsymbol{B}$ 两矢量构成的平面，其指向由右手螺旋法则确定，即从 $\boldsymbol{A}$ 经小于 180° 的角转向 $\boldsymbol{B}$ 时大拇指所指的方向(见图 7). 两矢量叉乘有如下性质：

① $\boldsymbol{A}/\!/\boldsymbol{B}$，$\boldsymbol{A}\times\boldsymbol{B}=\boldsymbol{0}$；

② $\boldsymbol{A}\perp\boldsymbol{B}$，$|\boldsymbol{A}\times\boldsymbol{B}|=AB$；

③ $\boldsymbol{A}\times\boldsymbol{B}=-\boldsymbol{B}\times\boldsymbol{A}$.

单位矢量的叉乘

$$\boldsymbol{i}\times\boldsymbol{i}=\boldsymbol{j}\times\boldsymbol{j}=\boldsymbol{k}\times\boldsymbol{k}=\boldsymbol{0},$$

$$\boldsymbol{i}\times\boldsymbol{j}=-\boldsymbol{j}\times\boldsymbol{i}=\boldsymbol{k},\boldsymbol{j}\times\boldsymbol{k}=-\boldsymbol{k}\times\boldsymbol{j}=\boldsymbol{i},\boldsymbol{k}\times\boldsymbol{i}=-\boldsymbol{i}\times\boldsymbol{k}=\boldsymbol{j}.$$

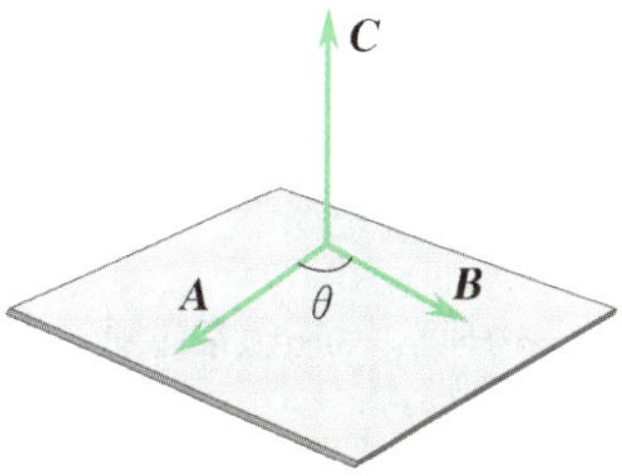

图 7　两矢量的叉乘

利用上述性质，可得 $\boldsymbol{A}$，$\boldsymbol{B}$ 两矢量叉乘的结果为

$$\begin{aligned}\boldsymbol{A}\times\boldsymbol{B}&=(A_x\boldsymbol{i}+A_y\boldsymbol{j}+A_z\boldsymbol{k})\times(B_x\boldsymbol{i}+B_y\boldsymbol{j}+B_z\boldsymbol{k})\\&=(A_yB_z-A_zB_y)\boldsymbol{i}+(A_zB_x-A_xB_z)\boldsymbol{j}+(A_xB_y-A_yB_x)\boldsymbol{k}.\end{aligned}$$

两矢量叉乘也可用行列式表示：

$$\boldsymbol{A}\times\boldsymbol{B}=\begin{vmatrix}\boldsymbol{i}&\boldsymbol{j}&\boldsymbol{k}\\A_x&A_y&A_z\\B_x&B_y&B_z\end{vmatrix}=(A_yB_z-A_zB_y)\boldsymbol{i}+(A_zB_x-A_xB_z)\boldsymbol{j}+(A_xB_y-A_yB_x)\boldsymbol{k}.$$

4. 矢量函数的微分

矢量具有大小和方向两个要素，若一个矢量的大小和方向都不改变，称为恒矢量；若一个矢量的大小虽不变，但方向却在改变，或方向虽不变，但大小却在改变，或大小和方向两者同时都在改变，则称为变矢量．物理学中经常遇到变矢量，变矢量往往是某一标量(例如时间 t) 的函数，我们把该函数称为矢量函数．设矢量 $\boldsymbol{A}$ 是标量 t 的函数，则记作 $\boldsymbol{A}=\boldsymbol{A}(t)$.

在直角坐标系中，矢量函数 $\boldsymbol{A}(t)$ 可表示为

$$\boldsymbol{A}(t)=A_x(t)\boldsymbol{i}+A_y(t)\boldsymbol{j}+A_z(t)\boldsymbol{k},$$

这里 $\boldsymbol{i},\boldsymbol{j},\boldsymbol{k}$ 是直角坐标系 x,y,z 轴正向单位矢量，是固定不变的(即恒矢量)，而 $A_x(t),A_y(t),A_z(t)$ 则是 t 的函数．若这三个标量函数都是可导的，且在自变量 t 改变 Δt 时，矢量 $\boldsymbol{A}$ 变为 $\boldsymbol{A}(t+\Delta t)$，于是矢量 $\boldsymbol{A}$ 的增量为

$$\Delta\boldsymbol{A}=\boldsymbol{A}(t+\Delta t)-\boldsymbol{A}(t)=\Delta A_x\boldsymbol{i}+\Delta A_y\boldsymbol{j}+\Delta A_z\boldsymbol{k},$$

以 Δt 相除，并令 $\Delta t\to 0$，求极限，得

$$\lim_{\Delta t\to 0}\frac{\Delta\boldsymbol{A}}{\Delta t}=\lim_{\Delta t\to 0}\frac{\Delta A_x}{\Delta t}\boldsymbol{i}+\lim_{\Delta t\to 0}\frac{\Delta A_y}{\Delta t}\boldsymbol{j}+\lim_{\Delta t\to 0}\frac{\Delta A_z}{\Delta t}\boldsymbol{k},$$

故

$$\frac{\mathrm{d}\boldsymbol{A}}{\mathrm{d}t}=\frac{\mathrm{d}A_x}{\mathrm{d}t}\boldsymbol{i}+\frac{\mathrm{d}A_y}{\mathrm{d}t}\boldsymbol{j}+\frac{\mathrm{d}A_z}{\mathrm{d}t}\boldsymbol{k},$$

即矢量函数 $\boldsymbol{A}(t)$ 的导数$\frac{\mathrm{d}\boldsymbol{A}}{\mathrm{d}t}$仍是矢量，它的三个分量为$\frac{\mathrm{d}A_x}{\mathrm{d}t},\frac{\mathrm{d}A_y}{\mathrm{d}t},\frac{\mathrm{d}A_z}{\mathrm{d}t}$．因此，求一个矢量函数 $\boldsymbol{A}(t)$ 对自变量 t 的导数，就归结为求它的三个分量 $A_x(t),A_y(t),A_z(t)$ 对自变量 t 的导数．同理，高阶导数的概念也可应用于矢量函数上，例如 $\boldsymbol{A}(t)$ 的二阶导数为

$$\frac{\mathrm{d}^2\boldsymbol{A}}{\mathrm{d}t^2}=\frac{\mathrm{d}^2A_x}{\mathrm{d}t^2}\boldsymbol{i}+\frac{\mathrm{d}^2A_y}{\mathrm{d}t^2}\boldsymbol{j}+\frac{\mathrm{d}^2A_z}{\mathrm{d}t^2}\boldsymbol{k}.$$

下面列出一些有关矢量函数的导数的常用公式：

$$\frac{\mathrm{d}}{\mathrm{d}t}(\boldsymbol{A}+\boldsymbol{B})=\frac{\mathrm{d}\boldsymbol{A}}{\mathrm{d}t}+\frac{\mathrm{d}\boldsymbol{B}}{\mathrm{d}t},$$

$$\frac{\mathrm{d}}{\mathrm{d}t}(C\boldsymbol{A})=C\frac{\mathrm{d}\boldsymbol{A}}{\mathrm{d}t}(C\text{ 为常数}),$$

$$\frac{\mathrm{d}}{\mathrm{d}t}[f(t)\boldsymbol{A}(t)]=f(t)\frac{\mathrm{d}\boldsymbol{A}}{\mathrm{d}t}+\frac{\mathrm{d}f(t)}{\mathrm{d}t}\boldsymbol{A}(f(t)\text{ 是 }t\text{ 的可微函数}),$$

$$\frac{\mathrm{d}}{\mathrm{d}t}(\boldsymbol{A}\cdot\boldsymbol{B})=\frac{\mathrm{d}\boldsymbol{A}}{\mathrm{d}t}\cdot\boldsymbol{B}+\boldsymbol{A}\cdot\frac{\mathrm{d}\boldsymbol{B}}{\mathrm{d}t},$$

$$\frac{\mathrm{d}}{\mathrm{d}t}(\boldsymbol{A}\times\boldsymbol{B})=\frac{\mathrm{d}\boldsymbol{A}}{\mathrm{d}t}\times\boldsymbol{B}+\boldsymbol{A}\times\frac{\mathrm{d}\boldsymbol{B}}{\mathrm{d}t}.$$

5. 矢量函数的积分

物理学中，还经常遇到矢量函数的积分问题．先说明上述导数的逆问题，设矢量函数 $\boldsymbol{A}(t)$ 的导数为

$$\frac{\mathrm{d}\boldsymbol{A}}{\mathrm{d}t}=\boldsymbol{B}(t)=B_x(t)\boldsymbol{i}+B_y(t)\boldsymbol{j}+B_z(t)\boldsymbol{k},$$

式中三个标量函数 $B_x(t),B_y(t),B_z(t)$ 分别代表$\frac{\mathrm{d}A_x}{\mathrm{d}t},\frac{\mathrm{d}A_y}{\mathrm{d}t},\frac{\mathrm{d}A_z}{\mathrm{d}t}$．将 $\boldsymbol{B}(t)$ 对时间 t 求积分，可改变为将 $B_x(t)$，$B_y(t),B_z(t)$ 分别对 t 求积分，即

$$\boldsymbol{A}+\boldsymbol{C}=\int\boldsymbol{B}(t)\mathrm{d}t=\boldsymbol{i}\int B_x(t)\mathrm{d}t+\boldsymbol{j}\int B_y(t)\mathrm{d}t+\boldsymbol{k}\int B_z(t)\mathrm{d}t,$$

式中 $\boldsymbol{C}$ 为任意恒矢量. 可见,求一个矢量函数的不定积分问题归结为求该矢量的三个分量的标量积分. 例如,质点运动的速度设为

$$\boldsymbol{v}(t)=v_x(t)\boldsymbol{i}+v_y(t)\boldsymbol{j}+v_z(t)\boldsymbol{k},$$

将 $\boldsymbol{v}(t)$ 对 t 求定积分,可得质点在空间的位移和位置,其中 0 到 t 时刻的位移为

$$\int_0^t \boldsymbol{v}(t)\mathrm{d}t=\boldsymbol{i}\int_0^t v_x(t)\mathrm{d}t+\boldsymbol{j}\int_0^t v_y(t)\mathrm{d}t+\boldsymbol{k}\int_0^t v_z(t)\mathrm{d}t,$$

其位置矢量为

$$\boldsymbol{r}(t)=\int_0^t \boldsymbol{v}(t)\mathrm{d}t+\boldsymbol{r}_0,$$

$\boldsymbol{r}_0$ 是由初始条件决定的常矢量,即 $t=0$ 时刻质点的位置矢量. 又如,设质点所受的变力 $\boldsymbol{F}(t)$ 为

$$\boldsymbol{F}(t)=F_x(t)\boldsymbol{i}+F_y(t)\boldsymbol{j}+F_z(t)\boldsymbol{k},$$

将 $\boldsymbol{F}(t)$ 对 t 求定积分,可得质点所受力的冲量

$$\boldsymbol{I}=\int_0^t \boldsymbol{F}(t)\mathrm{d}t=\boldsymbol{i}\int_0^t F_x(t)\mathrm{d}t+\boldsymbol{j}\int_0^t F_y(t)\mathrm{d}t+\boldsymbol{k}\int_0^t F_z(t)\mathrm{d}t.$$

当矢量函数是空间坐标 x,y,z 的多元函数时,矢量函数的积分也有线积分、面积分等其他较复杂的积分计算,需按不同的定义式进行. 例如,力学中功的计算就是一个矢量函数求线积分的问题,而电磁学中各种通量的计算则是矢量函数求面积分的问题.

一般地,对一个矢量函数 $\boldsymbol{A}(x,y,z)$ 沿某曲线 L(起点 a,终点 b) 求线积分,可写作 $\int_{L_{ab}}\boldsymbol{A}\cdot\mathrm{d}\boldsymbol{r}$. 由于

$$\boldsymbol{A}=A_x\boldsymbol{i}+A_y\boldsymbol{j}+A_z\boldsymbol{k},\quad \mathrm{d}\boldsymbol{r}=\mathrm{d}x\boldsymbol{i}+\mathrm{d}y\boldsymbol{j}+\mathrm{d}z\boldsymbol{k},$$

$$\boldsymbol{A}\cdot\mathrm{d}\boldsymbol{r}=A_x\mathrm{d}x+A_y\mathrm{d}y+A_z\mathrm{d}z,$$

因此

$$\int_{L_{ab}}\boldsymbol{A}\cdot\mathrm{d}\boldsymbol{r}=\int_a^b A_x\mathrm{d}x+\int_a^b A_y\mathrm{d}y+\int_a^b A_z\mathrm{d}z,$$

即化为计算三个标量函数的积分的总和,对于力 $\boldsymbol{F}$ 而言,这三个积分就是分力 F_x,F_y 和 F_z 所做的功.

附录 2　国际单位制(SI)

鉴于国际上使用的单位制种类繁多,换算也十分复杂,对科学与技术交流带来诸多不便,1954 年,国际度量衡会议决定,自 1978 年 1 月 1 日起实行国际单位制,代号为 SI. 我国国务院于 1984 年 2 月 27 日颁布了《中华人民共和国法定计量单位》(详见 1984 年 3 月 4 日的《人民日报》).

国际单位制是在国际公制和米千克秒制基础上发展起来的,在国际单位制中,规定了七个基本单位,即米(长度单位)、千克(质量单位)、秒(时间单位)、安培(电流单位)、开尔文(热力学温度单位)、摩尔(物质的量单位)、坎德拉(发光强度单位),还规定了两个辅助单位,即弧度(平面角单位)、球面度(立体角单位),其他单位均由这些基本单位和辅助单位导出. 现将国际单位制的基本单位及辅助单位名称、符号及其定义列表如下:

表 1　国际单位制(SI) 的基本单位

量的名称	单位名称	单位符号	定义
长度	米	m	米是光在真空中(1/299 792 458) 秒时间间隔内所经路程的长度.
质量	千克	kg	千克是质量单位,等于国际千克原器的质量.

续表

量的名称	单位名称	单位符号	定义
时间	秒	s	秒是铯-133原子基态的两个超精细能级之间跃迁所对应的辐射的9 192 631 770个周期的持续时间.
电流	安[培]	A	在真空中,截面积可忽略的两根相距1 m的无限长平行圆直导线内通以等量恒定电流时,若导线间相互作用力在每米长度上为2×10^{-7} N,则每根导线中的电流为1安培.
热力学温度	开[尔文]	K	热力学温度单位开尔文是水的三相点热力学温度的1/273.16.
物质的量	摩[尔]	mol	(1) 摩尔是一系统的物质的量,该系统中所包含的基本单元数与0.012 kg碳-12的原子数目相等. (2) 在使用摩尔时,基本单元应予指明,可以是原子、分子、离子、电子及其他粒子,或是这些粒子的特定组合.
发光强度	坎[德拉]	cd	坎德拉是一光源在给定方向上的发光强度,该光源发出频率为540×10^{12} Hz的单色辐射,且在此方向上的辐射强度为1/683 $W\cdot sr^{-1}$.

表2 国际单位制(SI)的辅助单位

量的名称	单位名称	单位符号	定义
[平面]角	弧度	rad	弧度是一个圆内两条半径之间的平面角,这两条半径在圆周上截取的弧长与半径相等.
立体角	球面度	sr	球面度是一立体角,其顶点位于球心,而它在球面上所截取的面积等于球半径为边长的正方形面积.

表3 国际单位制(SI)的词头

词头名称	符号	幂	词头名称	符号	幂
尧[它]	Y	10^{24}	分	d	10^{-1}
泽[它]	Z	10^{21}	厘	c	10^{-2}
艾[可萨]	E	10^{18}	毫	m	10^{-3}
拍[它]	P	10^{15}	微	μ	10^{-6}
太[拉]	T	10^{12}	纳[诺]	n	10^{-9}
吉[咖]	G	10^{9}	皮[可]	p	10^{-12}
兆	M	10^{6}	飞[母托]	f	10^{-15}
千	k	10^{3}	阿[托]	a	10^{-18}
百	h	10^{2}	仄[普托]	z	10^{-21}
十	da	10	幺[科托]	y	10^{-24}

附录 3　常用物理常量表

表 1　基本物理常量表(2002 年的推荐值)

物理量	符号	数值
真空中的光速	c	299 792 458 m·s^{-1}
真空磁导率	μ_0	1.256 637 061 4…×10^{-6} H·m^{-1}
真空电容率	ε_0	8.854 187 817…×10^{-12} F·m^{-1}
万有引力常量	G	6.674 2×10^{-11} m^3·kg^{-1}·s^{-2}
普朗克常量	h	6.626 069 3×10^{-34} J·s
基本电荷	e	1.602 176 53×10^{-19} C
里德伯常量	R_∞	10 973 731.568 525 m^{-1}
玻尔半径	a_0	5.291 772 108×10^{-11} m
电子质量	m_e	9.109 382 6×10^{-31} kg
质子质量	m_p	1.672 621 71×10^{-27} kg
中子质量	m_n	1.674 927 28×10^{-27} kg
阿伏伽德罗常数	N_A	6.022 141 5×10^{23} mol^{-1}
普适气体常量	R	8.314 472 J·mol^{-1}·K^{-1}
玻尔兹曼常量	k	1.380 650 5×10^{-23} J·K^{-1}
斯特藩常量	σ	5.670 400×10^{-8} W·m^{-2}·K^{-4}
维恩常量	b	2.897 768 5×10^{-3} m·K
电子伏	eV	1.602 176 53×10^{-19} J
原子质量单位	u	1.660 538 86×10^{-27} kg
标准大气压	atm	101 325 Pa
标准重力加速度	g	9.806 65 m·s^{-2}

表 2　有关太阳和地球的数据

名称	数值
太阳的质量 m_S	1.99×10^{30} kg
太阳的半径 R_S	6.960×10^8 m
太阳中心到地球中心的距离	1.496×10^{11} m(平均值)
地球的质量 m_E	5.97×10^{24} kg
地球的半径 R_E	6.38×10^6 m(平均值)
地球公转的周期 T_E	3.156×10^7 s

附录4 物理量的名称、符号和单位(SI)一览表

下表列出本书中所用物理量的名称、符号和单位(SI).

物理量名称	物理量符号	单位名称	单位符号
长度	l,L	米	m
质量	m	千克	kg
质量密度	ρ	千克每立方米	$kg \cdot m^{-3}$
时间	t	秒	s
速度	v,u	米每秒	$m \cdot s^{-1}$
加速度	a	米每二次方秒	$m \cdot s^{-2}$
平面角	$\theta,\alpha,\beta,\gamma,\varphi$	弧度	rad
角速度	ω	弧度每秒	$rad \cdot s^{-1}$
角加速度	α	弧度每二次方秒	$rad \cdot s^{-2}$
力	F	牛[顿]	N
重力	G	牛[顿]	N
摩擦力	F_r	牛[顿]	N
正压力	F_N	牛[顿]	N
张力	F_T	牛[顿]	N
摩擦系数	μ	—	—
动量	p	千克米每秒	$kg \cdot m \cdot s^{-1}$
冲量	I	牛[顿]秒	$N \cdot s$
功	W	焦[耳]	J
能量,热量	E,E_k,E_p,Q	焦[耳]	J
功率	P	瓦[特]	$W(J \cdot s^{-1})$
力矩	M	牛[顿]米	$N \cdot m$
转动惯量	J	千克二次方米	$kg \cdot m^2$
角动量	L	千克二次方米每秒	$kg \cdot m^2 \cdot s^{-1}$
劲度系数	k	牛[顿]每米	$N \cdot m^{-1}$
压强	p	帕[斯卡]	$N \cdot m^{-2}$
体积	V	立方米	m^3
热力学温度	T	开[尔文]	K
摄氏温度	t	摄氏度	℃

续表

物理量名称	物理量符号	单位名称	单位符号
摩尔数	ν	—	—
摩尔质量	M	千克每摩[尔]	$kg \cdot mol^{-1}$
比热[容]	c	焦[耳]每千克开[尔文]	$J \cdot kg^{-1} \cdot K^{-1}$
摩尔热容	$C_m, C_{V,m}, C_{p,m}$	焦[耳]每摩[尔]开[尔文]	$J \cdot mol^{-1} \cdot K^{-1}$
摩尔热容比	γ	—	—
热机效率	η	—	—
制冷系数	w	—	—
熵	S	焦[耳]每开[尔文]	$J \cdot K^{-1}$
分子自由程	$\bar{\lambda}$	米	m
分子碰撞频率	$\bar{Z}$	次每秒	s^{-1}
黏滞系数	η	帕秒	$Pa \cdot s$
扩散系数	D	平方米每秒	$m^2 \cdot s^{-1}$
频率	ν	赫[兹]	Hz
周期	T	秒	s
相[位]	φ	弧度	rad
角频率	ω	弧度每秒	$rad \cdot s^{-1}$
波长	λ	米	m
振幅	A	米	m
声强	I	瓦[特]每平方米	$W \cdot m^{-2}$
光速	c	米每秒	$m \cdot s^{-1}$
光强	I	瓦[特]每平方米	$W \cdot m^{-2}$
折射率	n	—	—
电荷	q, Q	库[仑]	C
电荷线密度	λ	库[仑]每米	$C \cdot m^{-1}$
电荷面密度	σ	库[仑]每平方米	$C \cdot m^{-2}$
电荷体密度	ρ	库[仑]每立方米	$C \cdot m^{-3}$
电场强度	E	伏[特]每米	$V \cdot m^{-1}$
真空电容率	ε_0	法[拉]每米	$F \cdot m^{-1}$
相对电容率	ε_r	—	—
介电常数	ε	法[拉]每米	$F \cdot m^{-1}$
电场强度通量	Φ_e	伏[特]米	$V \cdot m$
电势能	W	焦[耳]	J
电势	U	伏[特]	V

续表

物理量名称	物理量符号	单位名称	单位符号
电势差	$U_{12}, U_1 - U_2$	伏[特]	V
电偶极矩	p_e	库[仑]米	C•m
电容	C	法[拉]	F
电位移	D	库[仑]每平方米	$C \cdot m^{-2}$
电位移通量	Φ_D	库[仑]	C
电流	I	安[培]	A
电流密度	j	安[培]每平方米	$A \cdot m^{-2}$
电阻	R	欧[姆]	Ω
电阻率	ρ	欧[姆]米	Ω•m
电动势	$\mathscr{E}$	伏[特]	V
磁感应强度	B	特[斯拉]	T
磁矩	m	安[培]平方米	$A \cdot m^2$
真空磁导率	μ_0	亨[利]每米	$H \cdot m^{-1}$
相对磁导率	μ_r	—	—
磁导率	μ	亨[利]每米	$H \cdot m^{-1}$
磁场强度	H	安[培]每米	$A \cdot m^{-1}$
磁通量	Φ_m	韦[伯]	Wb
自感系数	L	亨[利]	H
互感系数	M	亨[利]	H
位移电流	I_d	安[培]	A
辐射强度	I	瓦[特]每平方米	$W \cdot m^{-2}$
磁能密度	w	焦[耳]每立方米	$J \cdot m^{-3}$
电子静质量	m_e	千克	kg
质子静质量	m_p	千克	kg
中子静质量	m_n	千克	kg
普朗克常量	h	焦[耳]秒	J•s
波数	$\tilde{\nu}$	每米	m^{-1}
玻尔半径	a_0	米	m
里德伯常量	R_∞	每米	m^{-1}
主量子数	n	—	—
角量子数	l	—	—
磁量子数	m_l	—	—
自旋磁量子数	m_s	—	—
波函数	Ψ	—	—

习 题 答 案

习题 1

1-1　D　1-2　C　1-3　D　1-4　C
1-5　D　1-6　B　1-7　D　1-8　A
1-9　B
1-10　(1) $5\ \mathrm{m\cdot s^{-1}}$;
　　(2) $17\ \mathrm{m\cdot s^{-1}}$
1-11　$23\ \mathrm{m\cdot s^{-1}}$
1-12　$6\ \mathrm{m\cdot s^{-2}}, 450\ \mathrm{m\cdot s^{-2}}$
1-13　$-\dfrac{g}{2}, \dfrac{2\sqrt{3}v^2}{3g}$
1-14　抛物线, $y=\dfrac{v_0 x}{v}-\dfrac{gx^2}{2v^2}$
1-15　(1) $-0.5\ \mathrm{m\cdot s^{-1}}$;
　　(2) $-6\ \mathrm{m\cdot s^{-1}}$;
　　(3) 2.25 m
1-16　(1) $y=19-\dfrac{x^2}{2}$;
　　(2) $4\boldsymbol{i}+11\boldsymbol{j}, 6.32\ \mathrm{m\cdot s^{-1}}$;
　　(3) $2\boldsymbol{i}-8\boldsymbol{j}\ \mathrm{m\cdot s^{-1}}, -4\boldsymbol{j}\ \mathrm{m\cdot s^{-2}}$
1-17　$v=\sqrt{2x^2-2x+36}$
1-18　$v=v_0 e^{-kt}, x=x_0+\dfrac{v_0}{k}(1-e^{-kt})$
1-19　$B, \dfrac{A^2}{R}+4\pi B$
1-20　(1) 1 s;
　　(2) 1.5 m, 0.5 rad
1-21　$8\ \mathrm{m\cdot s^{-1}}; 35.8\ \mathrm{m\cdot s^{-2}}$
1-22　略
1-23　$69.92^\circ\leqslant\theta_1\leqslant 71.11^\circ$ 及 $18.89^\circ\leqslant\theta_2\leqslant 27.92^\circ$
1-24　北偏东19.4°, $170\ \mathrm{km\cdot h^{-1}}$

习题 2

2-1　B　2-2　C　2-3　B　2-4　D
2-5　A　2-6　D　2-7　B　2-8　B
2-9　C　2-10　D　2-11　D　2-12　B
2-13　D　2-14　B　2-15　C　2-16　D
2-17　$1:\cos^2\theta$
2-18　$\arccos\dfrac{g}{R\omega^2}$
2-19　$-\dfrac{2Gmm_0}{3R}$
2-20　4 000 J
2-21　$\dfrac{2}{k}(F-\mu mg)^2$
2-22　$\sqrt{\dfrac{k}{mr}}, -\dfrac{k}{2r}$
2-23　$4\ \mathrm{m\cdot s^{-1}}, 2.5\ \mathrm{m\cdot s^{-1}}$
2-24　$356\ \mathrm{N\cdot s}, 160\ \mathrm{N\cdot s}$
2-25　$16\ \mathrm{N\cdot s}$, 176 J
2-26　$-\dfrac{1}{2}m_0 v_0^2\left[1-\left(\dfrac{m_0}{m+m_0}\right)^2\right]$,
　　$\dfrac{1}{2}m\left(\dfrac{m_0}{m+m_0}v_0\right)^2$
2-27　3.00 m
2-28　$F\geqslant\mu(m_1+m_2)g$
2-29　$\dfrac{(m_1-m_2)g+m_2 a}{m_1+m_2}, \dfrac{m_1 a-(m_1-m_2)g}{m_1+m_2}$,
　　$\dfrac{m_1 m_2}{m_1+m_2}(2g-a)$
2-30　0.17 N, 1.86 N
2-31　$2\sqrt{\dfrac{k}{mA}}$
2-32　$v=\dfrac{mg-F_R}{k}(1-e^{-\frac{k}{m}t})$
2-33　(1) $\mu m\dfrac{v^2}{R}, -\mu\dfrac{v^2}{R}$;
　　(2) $\dfrac{2R}{v\mu}$
2-34　(1) $(10-0.2y)\,g\mathrm{d}y$;
　　(2) 882 J
2-35　(1) $-\dfrac{\mu mg}{2L}(L-a)^2, \dfrac{mg}{2L}(L^2-a^2)$;
　　(2) $\sqrt{\dfrac{g}{L}[(L^2-a^2)-\mu(L-a)^2]}$

2-36 $\arccos\frac{1}{3}$

2-37 $-(\sqrt{2}-1)kl^2$

2-38 0.739 N·s,方向与 x 轴正向成 202.5°

2-39 $\frac{m_0 v\cos\theta - m\sqrt{2gl\sin\theta}}{m_0+m}$

2-40 (1) 26.5 N;

(2) −4.7 N·s

2-41 $-\frac{2m_0 v}{m_0+m},\frac{2m_0 v}{m}$

2-42 (1) $\sqrt{\frac{m}{6k}}v_0$;

(2) $\frac{2}{3}v_0$

2-43 $\frac{2m}{m_0}\sqrt{gl},\frac{m}{m_0}\sqrt{5gl}$

2-44 $\frac{mv_0^2}{2g(m_0+m)},\frac{m_0-m}{m_0+m}v_0$

2-45 (1) $\sqrt{\frac{2(m+m_0)gR}{m}},m_0\sqrt{\frac{2gR}{m(m+m_0)}}$;

(2) $\frac{2m_0+3m}{m}m_0 g$

习题 3

3-1 B 3-2 C 3-3 A 3-4 C

3-5 B 3-6 C 3-7 A 3-8 D

3-9 D

3-10 2 rad·s^{-1},6 rad·s^{-2},0.3 m·s^{-2}

3-11 $\frac{4M}{mR},\frac{16M^2t^2}{m^2R^3}$

3-12 $\frac{1}{2}(4m-3m_0)r^2$

3-13 mvd

3-14 $\frac{1}{3}\omega_0$

3-15 (1) $b+3ct^2,6ct$;

(2) $6crt,r(b+3ct^2)^2$

3-16 $\omega_0+at^2-bt^4,\theta_0+\omega_0 t+\frac{1}{3}at^3-\frac{1}{5}bt^5$

3-17 7.61 m·s^{-2},381 N,440 N

3-18 $mr^2\left(\frac{gt^2}{2s}-1\right)$

3-19 (1) $\frac{3g}{4l}$;

(2) $\frac{3g}{2l}$

3-20 $\frac{11}{8}mg$

3-21 (1) $4ml^2$;

(2) $\frac{g}{4l}$;

(3) $\sqrt{\frac{g}{2l}}$

3-22 (1) 1 kg·m·s^{-1};

(2) 1 m·s^{-1}

3-23 (1) $\frac{r_0}{r_1}v_0$;

(2) $\frac{1}{2}mv_0^2\left[\left(\frac{r_0}{r_1}\right)^2-1\right]$

3-24 (1) $\frac{m_0 v_0}{\left(\frac{1}{2}m+m_0\right)R}$;

(2) $\frac{3m_0 v_0}{2\mu mg}$

3-25 $2m_2\frac{v_1+v_2}{\mu m_1 g}$

3-26 (1) 2.10 rad·s^{-1};

(2) 32.16°

习题 4

4-1 B 4-2 C 4-3 C 4-4 B

4-5 D 4-6 D 4-7 B 4-8 C

4-9 A

4-10 (1) 1.2×10^{-24} kg·m·s^{-1};

(2) $\frac{1}{3}\times10^{28}$ m^{-2}·s^{-1};

(3) 4×10^3 Pa

4-11 $0,kT/m_0$

4-12 $\frac{3}{2}kT,\frac{5}{2}kT,\frac{5}{2}\frac{m}{M}RT$

4-13 (1) 3.44×10^{20};

(2) 1.6×10^{-5} kg·m^{-3};

(3) 3.32 J

4-14 (1) $\int_{v_0}^{\infty}Nf(v)dv$;

(2) $\frac{\int_{v_0}^{\infty}vf(v)dv}{\int_{v_0}^{\infty}f(v)dv}$;

(3) $\int_0^{\infty}\frac{1}{v}f(v)dv$

4-15 318 次

4-16 79.7 Pa

4-17 7.31×10^6 J,4.16×10^4 J,0.856 m·s^{-1}

4-18 (1) 2.45×10^{25} m^{-3};

(2) 1.30 kg·m^{-3};

(3) 5.31×10^{-26} kg;

(4) 6.21×10^{-21} J, 4.14×10^{-21} J

4-19 (1) 1.35×10^{5} Pa;

(2) 7.5×10^{-21} J, 362 K

4-20 (1) 8.28×10^{-21} J;

(2) 400 K

4-21 略

4-22 (1) v_0;

(2) $\frac{2N}{3v_0}$;

(3) $\frac{4}{3}v_0$;

(4) $\frac{11}{12}N$

4-23 (1) $T_{H_2}=1.18\times10^{4}$ K, $T_{O_2}=1.89\times10^{5}$ K;

(2) 略

4-24 8.3%

4-25 3.2×10^{17} m^{-3}, 59.9 s^{-1}, 7.8 m

习题 5

5-1 B 5-2 C 5-3 A 5-4 D

5-5 B 5-6 A 5-7 C 5-8 D

5-9 B 5-10 C

5-11 $\frac{a}{V_1}-\frac{a}{V_2}$

5-12 500, 700

5-13 $\left(\frac{1}{3}\right)^{\gamma-1}T_0$, $\left(\frac{1}{3}\right)^{\gamma}p_0$

5-14 AM; AM, BM

5-15 等压, $\frac{1}{2}RT_0$

5-16 90 J

5-17 略

5-18 (1) 266 J;

(2) 放热, −308 J

5-19 (1) 3.14×10^{3} J, 3.14×10^{3} J;

(2) 2.27×10^{3} J, 2.27×10^{3} J

5-20 (1) 略;

(2) 0;

(3) 5.50×10^{2} J

5-21 (1) $\frac{5}{2}(p_2V_2-p_1V_1)$;

(2) $\frac{1}{2}(p_2V_2-p_1V_1)$;

(3) $3R(T_2-T_1)$;

(4) $3R$

5-22 (1) 7.58×10^{4} Pa;

(2) 60.5 J

5-23 (1) 3.75×10^{3} J;

(2) 5.74×10^{3} J

5-24 $pV^2=$常量

5-25 略

5-26 (1) 5.35×10^{3} J;

(2) 1.34×10^{3} J;

(3) 4.01×10^{3} J

5-27 吸热, 140 J

5-28 (1) $T_C=100$ K, $T_B=300$ K;

(2) $W_{A\to B}=400$ J, $W_{B\to C}=-200$ J, $W_{C\to A}=0$;

(3) 200 J

5-29 (1) 3.22×10^{4} J;

(2) 32.2 W;

(3) 10^{3} s

5-30 (1) 略;

(2) $Q_{ab}=6\,232.5$ J, $Q_{bc}=-3\,739.5$ J,

$Q_{ca}=-1\,727.6$ J;

(3) 765.4 J;

(4) 12.3%

5-31 (1) 800.0 J;

(2) 100.0 J;

(3) 12.5%

5-32 2.0×10^{7} W

5-33 (1) 22.0 $J\cdot K^{-1}$;

(2) $10^{6.9\times10^{23}}$

习题 6

6-1 B 6-2 D 6-3 C 6-4 D

6-5 A 6-6 D 6-7 C 6-8 B

6-9 A 6-10 B

6-11 (1) $2\pi\sqrt{\frac{2m}{k}}$;

(2) $2\pi\sqrt{\frac{m}{2k}}$

6-12 $2\sqrt{m}$

6-13 $2\times10^{-2}\cos\left(\frac{5}{2}t-\frac{\pi}{2}\right)$(SI)

6-14 $\frac{2}{3}$ s

6-15 0, 0

6-16 10, $\frac{\pi}{2}$

6-17 (1) −0.4 m, 0;

(2) 0.2 m, $\sqrt{3}$ $m \cdot s^{-1}$, -0.5 $m \cdot s^{-2}$;

(3) $\sqrt{3}$ $m \cdot s^{-1}$, -5.0 $m \cdot s^{-2}$, -2.0 N

6 - 18 (1) 0.17 m;

(2) 4.18×10^{-3} N, x 轴负方向;

(3) $\frac{2}{3}$ s

6 - 19 (1) $x = 0.04\cos\left(2\pi t - \frac{\pi}{3}\right)$(SI);

(2) $0, \frac{\pi}{3}, \pi, \frac{1}{6}$ s, $\frac{1}{3}$ s, $\frac{2}{3}$ s

6 - 20 (1) 2.0×10^{-5} J;

(2) $\pm 7.1 \times 10^{-3}$ m

6 - 21 略

6 - 22 略

6 - 23 (1) 略;

(2) $T = \sqrt{\frac{3\pi}{\rho G}} = 5.07 \times 10^3$ s

6 - 24 (1) $y = 0.1\cos(7.07\ t)$(SI);

(2) 29.2 N;

(3) 0.074 s

6 - 25 2.76 mm

6 - 26 (1) -6.64 N, -12.9 N;

(2) $\geqslant 6.2 \times 10^{-2}$ m;

(3) $\geqslant 3.5$ Hz

6 - 27 1×10^{-2} m, $\frac{\pi}{6}$

6 - 28 (1) 0.5 m, $\frac{\pi}{4} + \arctan\frac{3}{4}$;

(2) $\pm 2k\pi + \frac{3}{4}\pi$;

(3) $\pm(2k+1)\pi + \frac{\pi}{4}$

习题 7

7 - 1 C 7 - 2 A 7 - 3 C 7 - 4 B

7 - 5 B 7 - 6 C 7 - 7 B 7 - 8 A

7 - 9 D 7 - 10 D 7 - 11 D

7 - 12 $y = A\cos\left[2\pi\left(\nu t - \frac{L_1 + L_2}{\lambda}\right) + \varphi\right]$,

$x = -L_1 + k\lambda (k = \pm 1, \pm 2, \cdots)$

7 - 13 $y = 0.10\cos\left[165\pi\left(t - \frac{x}{330}\right) - \pi\right]$

7 - 14 $-\frac{\pi}{2} - 2\pi\nu\left(\frac{r_2}{u_2} - \frac{r_1}{u_1}\right)$

7 - 15 $A\cos\left[2\pi\left(\frac{t}{T} + \frac{x}{\lambda}\right) + \left(\varphi \pm \pi - 2\pi\frac{2L}{\lambda}\right)\right]$

7 - 16 $x = \left(k + \frac{1}{2}\right)\frac{\lambda}{2}, k = 0, 1, 2, \cdots$

7 - 17 $IS\cos\theta$

7 - 18 (1) $y = 0.05\cos\left[0.2\pi\left(t - \frac{x}{0.04}\right) - \frac{\pi}{2}\right]$(SI);

(2) $y_P = 0.05\cos\left(0.2\pi t - \frac{3\pi}{2}\right)$(SI)

7 - 19 (1) $y = 3\cos\left[4\pi\left(t + \frac{x}{20}\right)\right]$(SI);

(2) $y = 3\cos\left[4\pi\left(t + \frac{x}{20}\right) - \pi\right]$(SI)

7 - 20 (1) $y_0 = A\cos\left[\omega\left(t + \frac{L}{u}\right) + \varphi\right]$(SI);

(2) $y = A\cos\left[\omega\left(t - \frac{x - L}{u}\right) + \varphi\right]$(SI);

(3) $x = L \pm k\frac{2\pi u}{\omega}, k = 0, 1, 2, \cdots$

7 - 21 略

7 - 22 (1) $y_P = A\cos\left(\frac{\pi}{2}t + \pi\right)$(SI);

(2) $y = A\cos\left[2\pi\left(\frac{t}{4} + \frac{x - d}{\lambda}\right) + \pi\right]$(SI);

(3) $y_0 = A\cos\left(\frac{\pi}{2}t\right)$(SI)

7 - 23 (1) $y = 0.03\cos\left(500\pi t + \frac{\pi}{2} - \pi x\right)$(SI);

(2) 略

7 - 24 (1) $y_0 = 0.1\cos\left(\pi t + \frac{\pi}{3}\right)$(SI),

$y_P = 0.1\cos\left(\pi t - \frac{5\pi}{6}\right)$(SI);

(2) $y = 0.1\cos\left(\pi t - 5\pi x + \frac{\pi}{3}\right)$(SI);

(3) $x_P = 0.23$ m

7 - 25 S_1 外侧各点静止;S_2 外侧 $4I$

7 - 26 (1) $y_1 = A\cos(\pi t - \pi)$, $y_2 = A\cos(\pi t)$;

(2) $y = y_1 + y_2 = 0$

7 - 27 6 m, $\varphi_2 - \varphi_1 = \pm\pi$

7 - 28 (1) $y_2 = A\cos 2\pi\left(\frac{t}{T} - \frac{x}{\lambda}\right)$;

(2) $y = 2A\cos\frac{2\pi x}{\lambda}\cos\frac{2\pi}{T}t$;

(3) 波腹位置:$x = k\frac{\lambda}{2}$ $(k = 0, 1, 2, \cdots)$,

波节位置:$x = (2k+1)\frac{\lambda}{4}$ $(k = 0, 1, 2, \cdots)$;

(4) $y_2' = A\cos\left[2\pi\left(\frac{t}{T} - \frac{x}{\lambda}\right) - \pi\right]$

7 - 29 (1) 865.6 Hz, 743.7 Hz; (2) 826.2 Hz

习题 8

8-1 A 8-2 B 8-3 D 8-4 D

8-5 A 8-6 C 8-7 A 8-8 C

8-9 $2\pi\frac{e(n-1)}{\lambda}$, 5×10^{3}

8-10 $d\sin\theta+(r_1-r_2)$

8-11 $\frac{4\pi ne}{\lambda}+\pi$

8-12 $\frac{\lambda}{4n}$, $\frac{\lambda}{2n}$

8-13 $\frac{3\lambda}{4n_2}$

8-14 $\frac{\lambda}{4}$, $N\frac{\lambda}{2}$

8-15 (1) 0.91 mm;

(2) 24 mm;

(3) 不变

8-16 (1) 0.11 m;

(2) 7

8-17 (1) $\frac{3D\lambda}{d}$;

(2) $\frac{D\lambda}{d}$

8-18 $\arcsin\frac{\lambda}{4h}$

8-19 6.73×10^{-4} mm

8-20 正面 673.0 nm, 404.0 nm; 背面 505.0 nm

8-21 (1) 700.0 nm;

(2) 14 条

8-22 1.5 μm

8-23 $r_k=\sqrt{R(k\lambda-2e_0)}$ $\left(k\text{ 为整数,且 }k>\frac{2e_0}{\lambda}\right)$

8-24 1.03 m

8-25 略

习题 9

9-1 C 9-2 D 9-3 B 9-4 B

9-5 A 9-6 B 9-7 C 9-8 A

9-9 C

9-10 略

9-11 6,第 1,明

9-12 1,3

9-13 5

9-14 0.25 m

9-15 5.00 mm

9-16 5.46×10^{-3} m,角宽度减小

9-17 (1) $\lambda_1=2\lambda_2$;

(2) 当 $k_2=2k_1$ 时,相应的两暗纹相重合

9-18 (1) 2.7×10^{-3} m;

(2) 1.8×10^{-2} m

9-19 $\arcsin\left(\pm k\frac{\lambda}{a}+\sin\theta\right)$, $k=1,2,\cdots$

9-20 2.04 mm

9-21 (1) 0.06 m;

(2) 有 0, ±1, ±2 等 5 个主极大

9-22 3.05×10^{-3} mm

9-23 (1) 2.4×10^{-4} cm;

(2) 8.0×10^{-5} cm;

(3) 0, ±1, ±2 级明纹

9-24 1.34×10^{-4} rad, 8.94×10^{3} m

习题 10

10-1 C 10-2 D 10-3 A 10-4 C

10-5 D 10-6 C

10-7 2, $\frac{1}{4}$

10-8 $\frac{1}{2}$

10-9 相等, $\frac{2\pi d}{\lambda}|(n_o-n_e)|+\pi$

10-10 (1) 32°;

(2) 1.60

10-11 $\frac{9}{4}I$

10-12 (1) $\frac{3}{4}I_0$, $\frac{3}{16}I_0$;

(2) $\frac{1}{8}I_0$

10-13 45°

10-14 (1) 两个;

(2) $\frac{1}{4}$

10-15 $n_1=n_3$, n_2 任意

参 考 文 献

程守洙，江之永. 普通物理学(上册)[M]. 7 版. 北京：高等教育出版社，2016.
程守洙，江之永. 普通物理学(下册)[M]. 7 版. 北京：高等教育出版社，2016.
范仰才. 大学物理教程(上)[M]. 北京：北京邮电大学出版社，2012.
范仰才. 大学物理教程(下)[M]. 北京：北京邮电大学出版社，2012.
郭奕玲，沈慧君. 物理学史[M]. 2 版. 北京：清华大学出版社，2005.
李椿，章立源，钱尚武. 热学[M]. 3 版. 北京：高等教育出版社，2015.
陆果. 基础物理学教程(上卷)[M]. 2 版. 北京：高等教育出版社，2006.
陆果. 基础物理学教程(下卷)[M]. 2 版. 北京：高等教育出版社，2006.
马文蔚. 物理学(上册)[M]. 5 版. 北京：高等教育出版社，2006.
马文蔚. 物理学(下册)[M]. 5 版. 北京：高等教育出版社，2006.
母国光，战元龄. 光学[M]. 2 版. 北京：高等教育出版社，2009.
青峰. 简明物理学史[M]. 南京：南京大学出版社，2007.
王少杰，顾牡，王祖源. 大学物理学(上册)[M]. 4 版. 上海：同济大学出版社，2013.
王少杰，顾牡，王祖源. 大学物理学(下册)[M]. 4 版. 上海：同济大学出版社，2013.
吴百诗. 大学物理：第三次修订本(上册)[M]. 西安：西安交通大学出版社，2008.
吴百诗. 大学物理：第三次修订本(下册)[M]. 西安：西安交通大学出版社，2008.
严导淦，王晓鸥，万伟. 大学物理学(上册)[M]. 北京：机械工业出版社，2009.
严导淦，王晓鸥，万伟. 大学物理学(下册)[M]. 北京：机械工业出版社，2009.
姚启均. 光学教程[M]. 5 版. 北京：高等教育出版社，2014.
苑立波. "触摸" 科学体验发现：物理原理展示[M]. 北京：国防工业出版社，2009.
赵近芳. 大学物理学(上)[M]. 3 版. 北京：北京邮电大学出版社，2008.
赵近芳. 大学物理学(下)[M]. 3 版. 北京：北京邮电大学出版社，2008.
赵凯华，罗蔚茵. 新概念物理教程：力学[M]. 2 版. 北京：高等教育出版社，2004.
祝之光. 物理学[M]. 3 版. 北京：高等教育出版社，2009.
HALIDAY D, RESNICK R, WALKER J. Fundamentals of physics[M]. 6th ed. New York: John Wiley & Sons, Inc., 2001.